面向21世纪课程教材

环境评价教程

张　从　主编

中国环境出版社·北京

图书在版编目（CIP）数据

环境评价教程 / 张从主编. —北京：中国环境出版社，2002.9（2016.1 重印）
面向 21 世纪课程教材
ISBN 978-7-80163-397-2

Ⅰ. 环… Ⅱ. 张… Ⅲ.环境质量－评价－高等学校－教材 Ⅳ. X82

中国版本图书馆 CIP 数据核字（2002）第 067340 号

出 版 人　王新程
责任编辑　杨吉林

出版发行　中国环境出版社
（100062　北京市东城区广渠门内大街 16 号）
网　　址：http://www.cesp.com.cn
电子邮箱：bjgl@cesp.com.cn
联系电话：010-67112765（编辑管理部）
发行热线：010-67125803，010-67113405（传真）
印　　刷　北京市联华印刷厂
经　　销　各地新华书店
版　　次　2002 年 10 月第 1 版
印　　次　2016 年 1 月第 8 次印刷
印　　数　35 001—40 000
开　　本　787×960　1/16
印　　张　27.25
字　　数　500 千字
定　　价　50.00 元

《环境评价教程》编写人员

主　编　张　从

副主编　崔理华

编　写　陈玉成　邓仕槐　朱鲁生

李　琳　王玉军

序

我国的高等教育进入了一个迅速发展的时期。我们要在扩大办学规模、提高办学效益的同时，加快教育教学改革的步伐，培养高质量的人才。

根据教育部关于全面开展教学内容和课程体系改革以及调整专业结构的精神，秉承注重基础知识和基本能力、实践动手能力的优良办学传统，1999 年下半年，中国农业大学开展了以创建“两段式”培养模式和“三平台”课程体系，培养具有创新能力和高综合素质农业人才为目标的本科教学改革。这次改革坚持以研究促教改，通过采取校内立项的方式，调动广大教师投身教学改革的积极性，将转变教师的教育思想观念与教学内容、教学方法改革紧密结合起来，使我校的本科教学从培养目标到培养模式，从课程体系到教学内容方法得到了全面而深刻的变革。

教材建设是教学改革的重要组成部分，专业主干课程的教材建设为本科生的基本质量提供了重要保证。继 2000 年编写出版 14 种基础课系列教材之后，我校积极开展专业主干课程系列教材建设，并将动物医学、动物科学、农业资源与环境、植物保护、环境工程和社会学等 6 个优势专业的主干系列课程教材作为第一批建设项目。这次推出的系列教材，是专业主干课教师长期钻研课程体系和教学内容的重要成果。他们从转变教育思想入手，站在 21 世纪科技、社会发展趋势的高度，以“整体优化”和“内容更新”为出发点，对主要农科专业主干系列课程和教学内容进行“精选”、“重组”和“创新”，注重学生基本知识、基本技能和创新能力的培养，注重现代科学技术与国情相结合，注重理论联系实际，强调学生创新能力和综合素质的培养。

在中国农业出版社、中国农业大学出版社、中国环境科学出版社的大力支持下，这套专业主干系列教材已陆续与读者见面。它的出版将对农科本科教材建设做出积极的贡献。

前　　言

环境是人类赖以生存和发展的基本条件和物质基础，进入21世纪以来，环境问题依然是困扰和影响人类生活和社会发展的重大问题之一。近半个世纪以来，随着社会发展和环境污染与破坏的日益加剧，环境科学作为一门新兴学科也在迅速发展。环境质量评价（简称环境评价）是环境科学的一个重要分支，它从环境质量的基本概念出发，依据环境价值的基本原理，运用各种手段和方法，研究、评价人类活动对环境的影响以及环境质量变化对人类社会行为、生存与发展的影响。这门学科对整个环境科学的发展以及经济建设、社会发展都有极其重要的理论和实际意义，特别是环境影响评价已经成为我国环境保护工作中的一项基本制度，并在环境保护法律中明确规定下来。目前在各个高等学校的环境科学与环境工程专业，都把环境评价作为必修的专业课。

2001年5月在北京召开的全国农林院校教学研讨与教材建设会议上，制定了环境学科骨干系列课程教材编写计划，并讨论了编写大纲和分工，确定由中国农业大学牵头编写《环境评价教程》，作为系列教材之一。会议之后，有关院校参加编写的教师在各自教学与科研实践的基础上，经过充分准备和协商，各自完成了编写任务，由主编和副主编整理、修改、加工，终于在一年之后完成了本书的编写工作。因此，本书中浸透着全体编写人员的心血。

参加本书编写工作的有以下人员：张从（中国农业大学，编写第一章、第九章、第十一章第四节，并任主编）、崔理华（华南农业大学，编写第四章、第十章，并任副主编）、陈玉成（西南农业大学，编写第二章、第七章）、邓仕槐（四川农业大学，编写第三章、第八章）、朱鲁生（山东农业大学，编写第十一章）、李琳（江西农业大学，编写第五章）、王玉军（山东农业大学，编写第六章）。

本书在编写过程中得到中国农业大学领导和有关部门的支持，江树人校长在百忙之中为本书写了序言，李绍华处长自始至终予以大力支持；本教材的编写也是原国家教委下达的《高等农林院校环境生态类本科人才培养方案及教学内容和课程体系改革研究与实践》项目（编号04－20）的成果之一，得到了教改项目负责人王礼先教授和农业部教学指导委员会学科组负责人毛达如教授的支持与鼓励；中国环境科学出版社对本教材的编写给予了全力支持，郑春江副社长和杨吉林副编审参加了教材建设会议，杨吉林副编审做了大量认真细致的编辑工作。在此谨向他们表示诚挚的感谢。本书在编写过程中参考了许多国内专家学者的著作和研究成果，在此也向他们表示感谢。

环境评价是一门发展中的学科，由于编写者理论水平和实践经验有限，书中错误、遗漏之处是难免的，恳请读者不吝批评指正。

重印说明

本书自出版以来，承蒙广大读者厚爱，已印刷五次，仍供不应求，实出编者所料。近年来，国家连续颁布新的环境保护法律、法规，有关环境影响评价的技术导则、标准也不断更新，本书的部分内容已不适应新形势的要求。因此，在第六次印刷之前，对本书的部分内容进行了修改和补充，主要是增加了第一章第四节环境影响评价的法律依据和第九章第八节规划的环境影响评价，根据新的技术导则修改了第三章第三节大气环境影响评价和第六章第四节噪声环境影响评价，并对相关的习题进行了补充。

由于时间仓促，编者水平有限，虽然增补和修改了部分章节的内容，书中的疏漏之处依然在所难免，恳请读者提出宝贵意见，以便下次印刷时修改。

编者于二〇一〇年酷暑

目　　录

第一章　环境评价概述

第一节　环境与环境质量

一、环境、环境要素与环境系统

（一）环境的概念与定义

“环境”，是20世纪中叶以来使用最多的名词和术语之一，它的含义和内容都非常丰富。从哲学的角度来看，环境是一个相对的概念，是一个相对于主体的客体，明确环境的主体是正确掌握环境概念的前提。在不同的学科中，环境的定义有所不同，其差异也源于对主体的界定。例如，在社会学中，环境被认为是以人为主体的外部世界；而在生态学中，环境则被认为是以生物为主体的外部世界。在环境科学中，对环境的科学定义是一个决定本学科研究对象和内容，决定本学科性质和特点的极为重要的问题，几十年来许多科学家对此作了长期探讨。由于环境问题的日益严重，人类要提出解决环境问题的方法和途径，也必须对环境给出一个明确而科学的定义。

综合近年来许多著作和辞书的定义，本书认为，把环境定义为“是以人类社会为主体的外部世界的总体，是影响人类生存和发展的各种自然因素和社会因素的总和”比较确切。环境包括自然界和社会中各种物质性的要素，又包括由这些要素所构成的系统及其所呈现出来的状态。

目前，还有一种为适应某些方面工作需要而给“环境”下的定义，它们大多出现在世界各国颁布的环境保护法规中。《中华人民共和国环境保护法》中规定：“本法所称环境，是指影响人类生存和发展的各种天然的和经过人工改造的自然因素的总体，包括大气、水、海洋、土地、矿藏、森林、草原、野生生物、自然遗迹、人文遗迹、自然保护区、风景名胜区、城市和乡村等。”这是一种把环境中应当保护的要素或对象界定为环境的工作定义，其目的是从实际工作的需要出发，对环境一词的法律适用对象或适用范围作出规定，以利于法律的准确实施。

（二）环境的分类

环境是一个非常庞大、复杂的体系，目前还没有形成统一的分类方法。一般按照环境的范围和环境要素或环境的功能进行分类。

按照环境的范围，可把环境分为特定的空间环境（如航空、航天的密封舱环境等）、车间环境（劳动环境）、生活区环境（居室环境、院落环境、小区环境等）、城市环境、区域环境（流域环境、山区环境等）、农村环境（林区、牧区环境等）、全球环境、宇宙环境等。

按环境要素进行分类则比较复杂，可首先按照环境要素的属性分为自然环境和社会环境两大类。在自然环境中，按其主要的组成要素，可再分为大气环境、水环境（如河流环境、湖泊环境、地下水环境）、土壤环境、生物环境（如森林环境、草原环境）等。社会环境是人类社会在长期发展中，为了不断提高人类的物质和文化生活水平而创造出来的，是对自然环境的改造，常依人类对环境的利用或环境的功能再进行下一级的分类，例如聚落环境（村落环境、城镇环境）、生产环境（工厂环境、矿山环境、农场环境等）、交通环境（公路环境、机场环境、港口环境）、文化环境（如学校及文化教育区、文物古迹保护区、风景游览区、自然保护区）等。

此外，在医学和生态学中，还有人把环境分为内部环境和外部环境，内部环境是指人体或生物体内的系统和功能的总体，外部环境则是人体或生物体以外的事物的总和。

（三）环境要素

构成环境整体的各个独立的、性质不同而有服从总体演化规律的基本物质组分称为环境要素。环境要素分为自然环境要素和社会环境要素，目前研究较多的是自然环境要素，故环境要素通常就是指自然环境要素。环境要素主要包括：水、大气、土壤、岩石、生物和阳光等，由它们组成环境的结构单元，环境的结构单元又组成环境的整体或环境系统。如水组成水体，全部水体总称为水圈；由大气组成大气层，全部大气层总称为大气圈；由土壤组成农田、草地和林地等，由岩石构成岩体，全部土壤和岩石组成土壤-岩石圈；由生物体组成生物群落，全部生物总称为生物圈。阳光是地球的能量来源，提供辐射能为其它要素所吸收。

（四）环境系统

地球表面各种环境要素及其相互关系的总和称为环境系统。环境系统概念的提出，是把人类环境作为一个统一的整体看待，避免人为地把环境分割成互不相关的支离破碎的各个部分。环境系统的内在本质在于各种环境要素之间的相互关系和相互作用。揭示这种本质，对研究和解决当前许多环境问题有重大意义。环境系统与生态系统的区别是：前者着眼于环境整体，着眼于人与环境的关系以及各个环境要素之间的关系；而后者侧重生物彼此之间及生物与环境之间的相互关系。环境系统从地球形成后就存在，而生态系统是在生物出现后才存在的。

环境系统的范围可以是全球性的，也可以是局部性的，例如，一个城市或一个海岛都可以是一个单独的环境系统。全球环境系统是由许多亚系统交织而成的，如大气-海洋系统、地下水-岩石系统、土壤-生物系统等。环境系统的局部与整体有着不可分割的关系，局部环境变化，会影响全球环境。例如，热带森林过量采伐，森林面积缩小，将会影响全球气候。环境系统与环境要素是联系在一起的，当各个环境要素之间处于一种协调和适配关系时，环境系统就处于稳定的状态；反之，环境系统就处于不稳定的状态。

二、环境质量

（一）环境质量的概念与定义

环境质量是环境科学中的一个重要的概念。目前，对于环境质量一词存在着许多解释和定义，流行的最广泛的有：环境的优劣程度，对人群的生存和繁衍以及社会发展的适宜程度等。但是有的学者认为这种定义不科学，不准确，是把主体对客体的直觉和评论定义为客体的质量，而忽视了环境质量的客观性。他们提出："环境质量是环境系统客观存在的一种本质属性，是能够用定性和定量的方法加以描述的环境系统所处的状态"（叶文虎等，1994)。由此看来，环境质量这个概念，既有客观性也有主观性，人们认识客观世界是有一个由浅入深、由表及里的过程的。环境质量是客观存在的，但由人们来描述即带有了主观因素。问题是怎样使主观认识和客观存在更加接近和趋于一致，这就需要使用科学的方法和手段，使人们的认识不断地发展，即由必然王国进入自由王国。

（二）环境质量的价值

所谓价值，就是人类对某种客体在物质生活和精神生活方面的需要。几千年来，人们一直认为环境是一种天赐的资源，可以无穷无尽地无代价地使用；近几十年来，人们才逐渐认识到环境是有价值的，同样环境质量对于人类也是有价值的。环境质量的价值主要表现在以下几个方面：

1. 人类健康生存的需要。这是人类生存的第一需要，比如要有和煦的阳光，清新的空气，洁净的水，肥沃的土壤，必要的动植物作为食品等。显然，环境状态能否满足这一需要，满足的程度如何，是环境质量在这方面的体现。

2. 人类生活条件改善和提高的需要。这是人类生存的进一步需要，除了满足上述需要外，还要求有宽敞舒适的住宅，设备齐全的医院，快速方便的交通，使子女受到良好教育的学校以及景色优美的绿地和公园、游览地等。同样，环境状态能否满足或在多大程度上满足这一需要，是环境质量价值在又一个方面的体现。

3. 人类生产发展的需要。生产发展是人类为了更好地生存而进行的社会性活动，它也需要一定的环境质量提供保证。比如，农业生产发展需要环境提供肥沃的土壤和符合要求的灌溉用水，发展工业生产需要环境提供适宜的原料和充足的能源、水源，发展旅游业需要环境提供引人入胜的景色等。这也是环境质量价值的另一体现。

4. 维持自然生态系统良性循环的需要。自然生态系统的良性循环是人类生存和发展的必要条件与后盾，没有这一条件和后盾，人类社会生态系统就无法形成。因此，环境状态能否满足这一需要是环境质量价值的第四方面的体现。

总结以上论述，可以将环境质量的价值至少概括为“健康价值”、“经济价值”、“文化价值”和“生态价值”等四种价值。

需要指出的是环境质量价值的取向在不同的地方、不同的历史时期是不相同的，在贫穷落后的国家，人群对环境最迫切的要求必然是为解决温饱问题提供物质生产的条件；而在一个发达富足的国家，人群对环境质量的要求就是更加清洁、更加舒适和优美的生活条件与旅游景色了。另一方面，人类的社会行为也影响着环境质量，人类的文明程度越高，环境建设得越好，环境质量的价值也就得到提高。反之，人类的文明程度越低，环境被破坏得越严重，环境质量的价值就急剧地降低。人类社会和环境之间的协调发展的水平和程度是人类文明进步的一个重要的标志。

第二节　环境评价

环境评价实际上就是对环境质量的评价，故也称环境质量评价。有的学者认为环境评价是环境质量评价和环境影响评价的总称，但大多数学者认为环境影响评价是环境质量评价的一部分，所以环境评价与环境质量评价的内涵基本一致，本书对这两个名词不再加以区分。

一、环境评价的概念和意义

环境评价是环境科学的一个分支，也是环境保护中的一项重要的工作。环境评价就是对环境质量按照一定的标准和方法给予定性和定量的说明与描述。

环境评价的对象是环境质量及其价值。通过环境评价，不仅可以判断环境质量的优劣，也可以进一步认识环境质量价值的高低，确定环境质量与人类生存发展需要之间的关系，为保护和改善环境，使环境质量符合人群生活与生产的要求，有利于自然生态系统的良性循环而采取行动。所以说，环境评价是一个理论与实践相结合的适用性强的学科，它是人们认识环境的本质和进一步保护与改善环境质量的手段与工具，它为环境管理、环境工程、制定环境标准、环境污染综合防治、生态环境建设和环境规划提供科学依据，为国家制定环境保护政策提供信息，它是环境保护的一项基础工作，是贯彻我国预防为主、防治结合、综合治理的环境管理原则的具体体现。在进行环境评价工作中，要开展大量的各种学科的专项研究与综合研究，以揭示环境的本质，并找出环境质量与人类生存与发展的关系，从而也大大丰富了环境科学的内容，促进了环境科学的发展。

二、环境评价的分类

环境是一个复杂的系统，环境评价的分类方法很多，基本上可以按照以下方法分类：

（一）按照环境要素分类

根据评价的环境要素，主要是自然环境要素，可分为大气环境质量评价、水环境质量评价（地表水环境质量评价、地下水环境质量评价）、声学环境质量评价、土壤环境质量评价、生物环境质量评价、生态环境质量评价，以上都可称为单要素评价；如果对两个或两个以上的要素同时进行评价，称为多要素评价或联合评价；如果在单要素评价的基础上对所有的要素同时进行评价，则称为环境质量综合评价。近年来对社会环境要素的评价开展日益增加，包括人口的、经济的、文化的以及美学方面评价等。

（二）按照评价参数分类

在评价工作中，按照参数的选择，可分为卫生学评价、生态学评价、污染物（化学污染物、生物学污染物）评价、物理学（声学、光学、电磁学、热力学等）评价、地质学评价、经济学评价、美学评价等。

（三）按照评价区域分类

根据评价区域的不同，可将环境质量评价分为城市环境质量评价、农村环境质量评价、流域环境质量评价、风景旅游区环境质量评价、自然保护区环境质量评价、海洋环境质量评价、工矿区环境质量评价、交通环境质量评价（公路、铁路等），也可按照行政区划进行评价，在每个评价区域内，对各个环境要素都要进行评价，当然，评价的重点有所不同。评价的区域大小可能很悬殊，小到一个居民小区，大到一个国家甚至全球。

（四）按照评价时间分类

根据评价的时间不同，可分为三类：依据一个地区历年积累的环境资料对于这一区域过去一段时间的环境质量进行评价，称为回顾性评价；根据近期的环境资料对某一区域现在的环境质量进行评价，称为现状评价；根据一个地区的经济发展规划或一个项目的建设规模，对某一区域未来的环境质量进行预测和评价，或对某一个建设项目对所在区域可能产生的环境影响进行评价，称为预断评价或环境影响评价。目前，环境影响评价开展得最多，是环境评价的重点。

三、环境评价的发展概况

在地学领域内，对一定区域的自然环境和某些自然资源（如矿产、土地、水资源、气候、林地等）本来就有进行评价的传统。从20世纪60年代中期，随着环境科学的发展，环境质量概念的形成，环境质量评价工作逐步开展，在70年代蓬勃发展，80～90年代进入稳定时期，近年来又有新的发展。

（一）国外发展概况

由于20世纪50～60年代世界各地出现许多公害事件，环境污染和生态破坏直接影响了人类的生存和发展，促进了环境科学的发展，环境质量评价作为环境科学的一个分支也随之产生和发展。

1. 美国的环境质量评价开展较早，在水质评价方面，R. P. Iorton1965年提出了质量指数（QI），以后R. M. Brown提出了水质质量指数（WQI），N. L. Nemerow在其《河流污染的科学分析》中提出了另一种指数的计算，对纽约州的一些地面水的情况进行了指数计算。在大气环境评价方面，1966年Green提出了大气污染综合指数，以后陆续提出了白考勃大气污染指数（1970）、橡树岭大气指数（1971）、污染物标准指数等，并用大气污染指数进行了环境预报。美国是世界上第一个把环境影响评价制度在国家法律中肯定下来的国家，1969年制定的《国家环境政策法》中规定，大型工程兴建前必须编制环境影响报告书，各州也相继建立了各种形式的有关制度。

2. 日本从20世纪50～60年代以来经济发展迅速，它的经济密度大，污染负荷重，在出现一系列公害事件后，开始重视环境污染防治与环境评价工作。日本的环境质量评价的一个重要特点就是把评价与污染控制紧密结合起来，先后提出多种控制方式，例如早期的浓度控制方式，以后的总量控制方式，按变化的排放量分配控制方式等。1972年起，把环境影响评价作为一项重要的政策来实施，在评价内容上，不仅包括对自然环境的影响，还包括对社会和经济带来的影响。

3. 东欧与前苏联从20世纪70年代开展环境质量评价，主要侧重于河流和地理的评价，前苏联在伏尔加河、顿河、莫斯科河建立了河流污染平衡模式，许多学者强调，评价时不仅要考虑物理、化学指标，还要考虑生物学指标。捷克在20世纪70年代中期就进行了全国的环境质量评价工作，并出版了一套比例尺为1∶50万的彩色环境质量图。捷克、波兰还开展了旅游地的环境评价研究。

东欧各国与美国、日本、西欧各国在环境质量评价方面的学术交流及双边协作也十分活跃，美俄、日俄、俄波等国都有定期的专题讨论会，并出版相应的会议纪要。例如美国和前苏联 1975 年开始举行两年一次的城市环境质量问题讨论会，主要讨论“现代与未来的城市环境问题”。

（二）我国环境评价的发展概况

我国的环境质量评价工作是 20 世纪 70 年代逐步发展起来的，大体上经过了四个阶段：初步尝试阶段、广泛探索阶段、全面发展阶段和环境影响评价阶段。在初期仅限于城市或小范围区域的现状评价，如北京西郊环境质量评价、官厅水库环境质量评价等，之后的南京市环境质量评价、西安市环境质量评价、沈阳地区环境质量评价与综合防治研究都取得了不少有益的经验。目前我国已经建立了一支有专家和技术人员为主力的环境评价队伍，许多高等院校开设了环境评价课程，在评价方法和理论方面做了许多探讨研究，无论从广度还是深度方面均有很大的进展。主要表现在：

1. 由环境单要素评价发展到区域环境综合评价；

2. 由污染环境评价发展到自然与社会相结合的环境评价；

3. 由城市环境评价发展到农业生态环境、海域环境、风景旅游区与自然保护区环境、工业生产区、道路交通区、高科技开发区等多领域的环境评价；

4. 由以现状环境评价为主发展到以环境影响评价为主，并增加了经济损益分析、风险评价、公众参与等新内容；

5. 在评价理论和方法上，已不局限于一般的指数评价，还进行了主客观相结合的生物学评价、卫生学评价、社会学评价、美学评价等广泛的探索，提出了“污染度”等概念，应用热力学中“熵”的概念分析环境变异，以干燥度和化学平衡理论指导区域环境评价。

我国也吸取了一些国家的经验，将环境影响评价制度以法律形式肯定下来。在 1979 年公布的《中华人民共和国环境保护法（试行）》中就规定：“一切企业、事业单位的选址设计、改建、扩建工程必须提出环境质量报告书，经环境保护部门和其他有关部门审查批准后，才能进行设计。”1986 年国务院环境保护委员会、国家计委、国家经委联合发布《建设项目环境保护办法》指出“对环境有影响的一切基本建设项目和技术改造项目以及区域开发建设项目”都要进行环境影响评价。1989 年公布的《中华人民共和国环境保护法》第十三条明确规定“建设项目的环境影响报告书，必须对建设项目产生的污染和对环境的影响作出评价，规定防治措施，经项目主管部门预审并按照规定程序报环境保护行政主管部门批准。环境影响报告书经批准后，计划部门方可批准项目设计任务书”。1998 年 11 月 29 日国务院令第 253 号发布施行《建设项目环境保护管理条例》第六条更加明确地规定：“国家实行建设项目环境影响评价制度”，并规定了对建设项目的环境影响评价实行分类管理。

目前，在我国环境评价已经成为经济建设和环境保护工作中不可缺少的一个组成部分，其理论和实践都在不断地发展。

第三节　环境评价的方法和程序

一、环境评价的方法

环境评价实际上是对环境质量优劣的评定，这个过程包含许多层次，如环境评价因子的确定，环境识别，环境资料的获取，环境标准的选择，环境评价模式的建立与选择，环境评价结果的检验与应用等。目前国内外使用的环境评价方法很多，主要有：指数评价法、专家评价法、模型预测法、经济分析法、运筹学评价法和模糊综合评价法等。这里重点介绍指数评价法和专家评价法。

（一）指数评价法

1. 环境质量指数的基本形式

指数评价法是最早用于环境评价的一种方法，应用也最广泛。它具有一定的客观性和可比性。根据不同评价目的的需要，环境质量指数可设计为随环境质量提高而递增，也可设计为随污染程度的提高而递增。

设只有一种污染物作用于环境要素的情况下，其环境质量指数的公式可写为：

$$P=\frac{C}{S} \tag{1-1}$$

式中　P——环境质量指数；

C——该污染物在环境中的浓度；

S——该污染物对环境影响程度的某一数值或标准。

若某一环境要素中有多种污染物，并且这些污染物之间没有明显的激发或抑制作用，这时，可近似地认为他们是各自独立地发生作用，那么，环境质量指数可认为是各污染物指数的总和：

$$P=C_1/S_1+C_2/S_2+\cdots+C_n/S_n=\Sigma C_i/S_i \tag{1-2}$$

若考虑多种污染物之间发生明显的化学反应，上式可分别乘以修正系数 K_n；若考虑各环境要素在环境系统中占的比例不相等，则需要根据环境要素与人类行为发生关系式所占的比重来确定其权重。

2. 环境质量指数的作用

环境质量指数有以下作用：

（1）对区域环境质量进行分级，以便对不同区域、不同时期的环境质量进行比较；

（2）可为专家评价法提供比较客观的量化依据；

（3）可作为评价标准的替代形式，进行信息交流；

（4）将大量的环境数据归纳为少数有规律的指数表达形式，提高环境质量评价方法的可比性。

环境质量指数虽然应用普遍，但它仅仅是对环境质量比较粗略的静态描述，对它的研究还需要在理论上进一步完善。

3. 环境质量指数评价的主要步骤

（1）收集、整理环境数据和资料，包括环境背景资料、污染源资料和环境质量监测数据。

（2）确定要评价的环境要素及其评价因子。一般来说，在进行环境现状评价选择的因子应是例行监测浓度较高的和已经对人体健康有影响的因子；在作环境影响评价时，应选择可能受拟议行动影响的要素和因子；在进行区域环境质量综合评价时，要选择较多的环境要素和环境因子参加评价，以作出较全面、确切的评价结论。

（3）评价指数的选用和综合。选用的评价指数要做到有可比性，尽可能选用国内外使用较多、较成熟的指数，实在必要时才自行设计新指数，新设计的指数要求物理概念明确，易于计算。指数的综合通常有三种方法：代数叠加、加权平均、加权平均兼顾极值（例如以后各章要讲到的内梅罗指数和上海大气指数等）。

（4）环境质量分级。为了最终评价环境质量状况，需将指数值与环境质量状况联系起来，建立环境质量分级系统，一般按一定的指标对环境指数范围进行分段，每一段表示一个环境质量级别，分段依据通常是污染物超标倍数、超标污染物的个数，以及不同污染物浓度对应的环境影响程度等。环境质量的级别高低主要从生态状况、人群健康状况出发，力求对划分的级别与生物、人群健康受环境污染的程度相联系。具体方法可采用系统分级法，从污染物的浓度分级，到环境质量指数分级，综合成环境要素的质量级别，进而再综合成区域环境的质量级别。

（二）专家评价法

专家评价法是一种古老的方法，但至今仍有重要的作用，它是将专家们作为索取信息的对象，组织环境领域或多个领域的专家，运用专业方面的知识和经验对环境质量进行评价的一种方法。专家评价法的最大特点是对于某些难以定量化的因素，例如社会政治因素、美学因素等，给予考虑和作出评价，有时还可在缺乏足够的统计数据和原始资料的情况下，作出定性和定量的估计。

现代的专家评价法与古老的专家直观评估法比较，已有本质的不同，它已形成一套组织专家，充分利用专家们创造性思维进行评价的力量和方法，不是利用个别专家，而是依靠专家集体（包括不同领域的专家），可以消除少数专家的局限性。比较有代表性的专家评价方法是德尔斐法。德尔斐法是专家会议预测法的一种发展，是一种系统分析法，其工作程序是：确定评价主题—编制评价事件一览表—选择专家—环境预测和价值判断过程—结果的处理和表达。该方法的特点是：专家匿名函询，轮回反馈沟通情况，采用统计方法对结果定量处理。所谓专家一般是指在该领域从事10年以上技术工作的科学技术人员或专业干部，专家组的人数一般在10～50人。

（三）其他评价方法

1. 经济学评价方法

从经济的角度评价人类活动与环境质量之间的关系，立足于环境质量在人类活动中具有的经济价值。最常用的是效益—费用分析方法。评价过程大致分为四步：

（1）确定经济要素、社会要素与环境要素之间的关系，或确定人类开发建设活动对环境的重要影响；

（2）将以上关系或影响加以定量化，如大气中某些污染物浓度的增加使人群发病率增加多少，污水灌溉了农田使农作物减产多少等；

（3）对这些量的变化加以估价，尽可能用货币价值表示；

（4）进行经济分析。

2. 模糊综合评价法

由于环境质量评价中存在着不确定性，包括认识上的局限性、数据的不充分性和不可靠性、环境质量本身的随机性等，因此有时需要用模糊的语言来表述。模糊数学就是用数学的方法来研究、处理实际中存在的大量不确定的模糊的问题。环境质量评价的模糊数学模型主要使用隶属度来刻画环境质量的分界线，而隶属度可用隶属函数来表达。环境质量评价中，“污染程度”就是一个模糊概念，像水质、大气、土壤的分级界线就是一个模糊界线，在评价过程中，可以用隶属度来描述它。例如有的标准把一级水的溶解氧规定为8.0mg/L，如果实际情况是8.1 mg/L，则算一级水，7.9mg/L则算非一级水，实际上8.1 mg/L和7.9mg/L相差很小，这样分级就不太客观。用隶属度来划分这条界线，比如可以说DO值为8.1 mg/L时隶属一级水的程度达到100%，而DO值为7.9 mg/L时隶属一级水的程度为95%，相应地隶属于一级水的程度就是5%，这样来刻划其界线要好得多。

3. 运筹学评价法

运筹学方法是利用数学模型对于多因素的变量进行动态评价。这种方法理论性强，对于带有不确定因素的环境质量评价来说，能够从本质上逐步逼近，以求出最优解，最适合于复杂的环境质量系统或区域性评价。目前常用的方法有：以图论为工具建立的数学模型-结构模型；以线形理论为基础建立的含有环境因素的投入-产出模型；以控制论为指导建立的系统动力模型等。

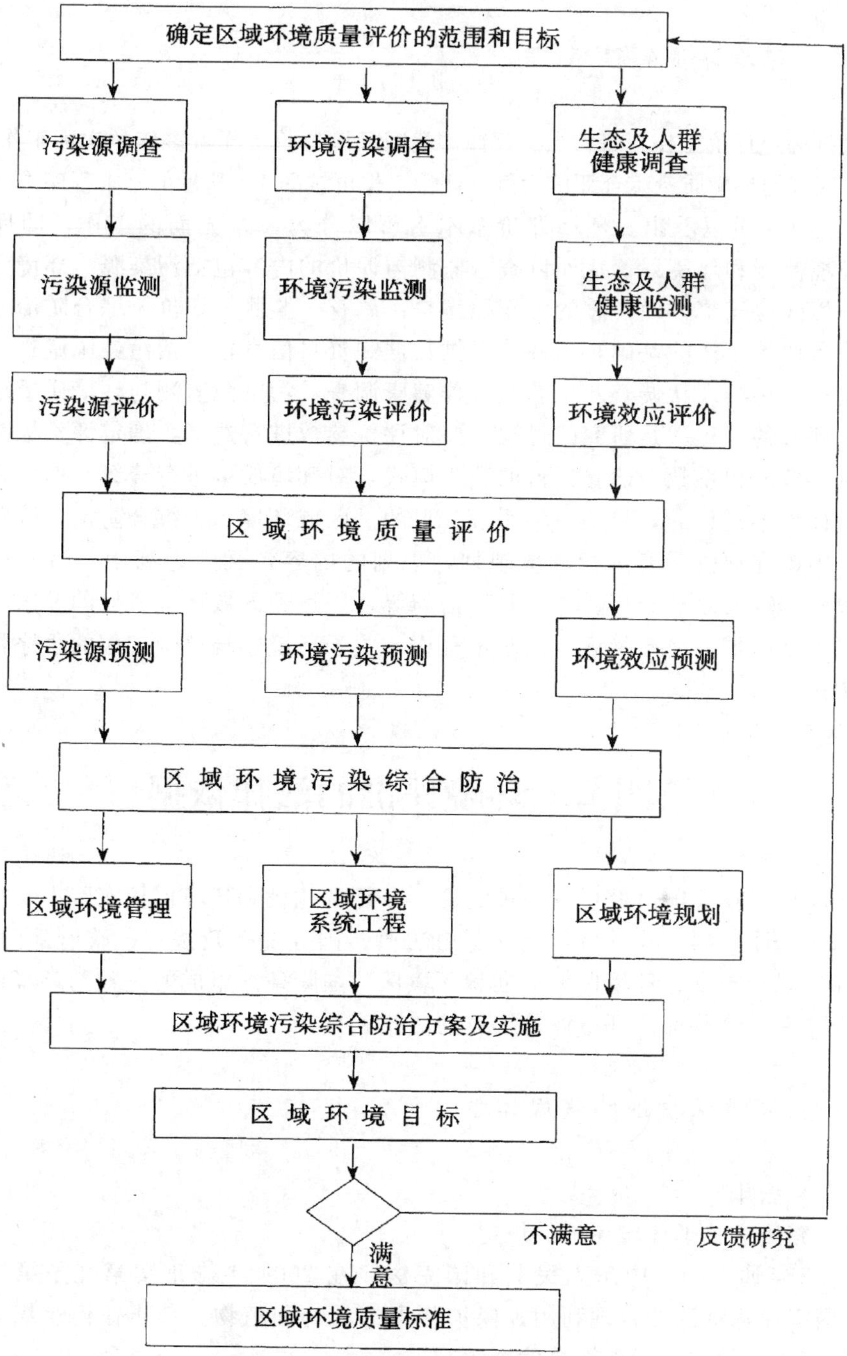

图 1-1　区域环境质量评价的基本程序

二、环境评价的程序

根据环境评价工作自身特点、规律和我国环境评价工作者多年的实际工作经验，以一个区域的环境质量综合评价为例，评价工作可按图 1-1 所示的基本程序进行。

从图 1-1 可以看出，环境评价基本上可以分为三个方面的工作，即环境调查、环境监测和环境评价，而调查、监测与评价的内容包括污染源、环境污染和生态环境效应三个方面，总的工作程序是：调查—监测—评价—综合防治。调查和监测是评价工作的基础，为评价提供数据和资料信息，包括污染源调查、环境背景调查和污染现状调查、生态及人群健康调查，污染源监测与环境质量现状监测等。评价的过程就是研究的过程，要对评价参数进行选择，确定评价标准，确定评价参数的权系数，建立评价的数学模式，对环境质量进行分级，作出评价结论。但评价不是目的，只是一种手段，目的是区域环境污染综合防治，改善环境质量。因此在评价后要进行环境规划，规划的内容包括土地利用、污染治理方案、投资预算及效益分析、环境管理措施等，以达到区域环境目标的要求。

以上是区域环境质量评价的基本程序，关于环境影响评价工作的程序将在第九章中讲述。

第四节　环境评价的法律依据

环境评价在我国已经形成一种制度，在经济建设和环境保护实践中实行，具有严格的法律依据。我国目前建立了由法律、国务院行政法规、政府部门规章、地方性法规和规章、环境保护标准和环境保护国际条约组成的完整的环境保护法律法规体系，这些都是环境评价工作的法律依据。

一、环境保护法律法规体系

（一）法律

1. 宪法中关于环境保护的规定

1982 年通过的《中华人民共和国宪法》在 2004 年修正案第九条第二款规定：“国家保障资源的合理利用，保护珍贵的动物和植物。禁止任何组织或者个人用任何手段侵占或者破坏自然资源。”

第二十六条第一款规定：

“国家保护和改善生活环境和生态环境，防治污染和其他公害。”

这些规定都是环境保护的立法依据和指导原则。

2. 环境保护法律

包括环境保护综合法、环境保护单行法和环境保护相关法。

(1) 环境保护法

1989年12月26日颁布实施的《中华人民共和国环境保护法》是我国环境保护的综合法，该法共47条，分为“总则”、“环境监督管理”、“保护和改善环境”、“防治环境污染和其他公害”、“法律责任”和“附则”六章。其中明确规定了环境影响评价制度的相关要求和对违反环境影响评价制度应承担的法律责任。

(2) 环境影响评价法

2002年10月28日通过的《中华人民共和国环境影响评价法》规定了建设项目和规划环境影响评价相关的法律要求，是我国环境保护立法的重大进展，将环境评价从建设项目扩展到规划即战略层次，从决策的源头防止环境污染和生态破坏，对环境评价有直接的指导作用。

(3) 环境保护单行法

环境保护单行法包括污染防治方面的法律：《中华人民共和国水污染防治法》、《中华人民共和国大气污染防治法》、《中华人民共和国固体废物污染防治法》、《中华人民共和国环境噪声污染防治法》、《中华人民共和国放射性污染防治法》，生态保护方面的法律：《中华人民共和国海洋环境保护法》、《中华人民共和国野生动物保护法》、《中华人民共和国防沙治沙法》等。

(4) 环境保护相关法

环境保护相关法是指一些自然资源保护和其他部门的有关法律，包括《中华人民共和国森林法》、《中华人民共和国草原法》、《中华人民共和国水法》、《中华人民共和国渔业法》、《中华人民共和国矿产资源法》、《中华人民共和国清洁生产促进法》、《中华人民共和国节约能源法》、《中华人民共和国土地管理法》、《中华人民共和国文物保护法》等，都涉及环境保护的有关要求，也是进行环境评价必须遵从的法律依据。

(二) 环境保护行政法规

环境保护行政法规是国务院指定或经国务院批准有关主管部门公布的环境保护规范性文件，例如《中华人民共和国大气污染防治法实施细则》、《中华人民共和国水污染防治法实施细则》、《建设项目环境保护管理条例》、《基本农田保护条例》、《危险化学品安全管理条例》等。

(三) 政府部门规章

政府部门规章是指国务院环境保护行政主管部门单独发布或与国务院有关部门联合发布的环境保护规范性文件，以及政府其他有关行政主管部门共同制定的环境保护规范性文件，是以环境保护法律和行政法规为依据制定的具体规定，或者是针对某些尚未有相应法律和法规的领域做出相应规定。例如国家环境保护总局2005年8月15日发布的《建设项目环境影响评价资质管理办法》、国家环境保护总局会同人事部2004年2月发布的《环境影响评价工程师职业资格制度暂行规定》等。

（四）环境保护地方性法规和地方政府规章

环境保护地方性法规和地方政府规章是依照宪法和法律享有立法权的地方、权力机关（包括省、自治区、直辖市、省会城市、国务院批准的较大的市和计划单列市的人民代表大会及其常务委员会、人民政府）制定的环境保护规范性文件。这些规范性文件是根据本地区的实际情况和特殊环境问题，为实施环境保护法律法规而制定的，具有较强的可操作性。

（五）环境标准

环境标准是我国环境保护法律法规体系的一个组成部分，也是环境评价的技术依据。

（六）环境保护国际条约

环境保护国际公约是指我国缔结和参加的环境保护国际公约、条约和议定书。国际条约与我国环境法律有不同规定时，优先适用于国际条约的规定，但我国声明保留的条款除外。

二、环境保护法律法规体系中各层次间的关系

《宪法》是国家的基本大法和制定其他法律的母法，也是环境保护法律法规体系建立的依据和基础，任何其他法律、法规都不得违反宪法。环境保护的综合法、单行法和相关法，其中对环境保护的要求，在法律上效力是相同的；如果法律规定有不一致的地方，应遵从后法高于先法的原则（即以后制定的法律为准）。

国务院行政法规的法律地位仅次于法律，部门行政规章、地方法规和地方政府规章均不得违背法律和行政法规的规定。地方法规和地方政府规章只在制定法规和规章的辖区内有效。

第五节　环境评价的标准

一、环境标准体系简介

环境标准是为了保护生态环境与人群健康，改善环境质量，有效地控制污染

源排放，以获得最佳的经济和环境效益，由政府所制定的强制性的环境保护技术法规，它是环境保护立法的一部分，也是进行环境评价工作的法律依据。

环境标准体系是所有环境标准的总体或集合。按照标准的内容，环境标准体系包括以下几部分：环境质量标准、污染物排放标准、环境保护基础标准、环境保护方法标准。

（一）环境质量标准

环境质量标准是为了保护人群健康、社会物质财富和维持生态平衡，对一定空间和时间范围内的环境中的有害物质或因素的容许浓度所做的规定。它是环境政策的目标，是制定污染物排放标准的依据，是评价环境质量的标尺和准绳。

环境质量标准包括：大气环境质量标准、水环境质量标准、土壤环境质量标准、环境噪声标准等。

我国已颁布的环境质量标准有：环境空气质量标准、地面水环境质量标准、地下水环境质量标准、海水水质标准、城市区域环境噪声标准、土壤环境质量标准、渔业水质标准、农田灌溉水质标准、景观娱乐用水水质标准等。

（二）污染物排放标准

污染物排放标准是国家（或地方、部门）为实现环境质量标准，结合技术经济条件和环境特点，对污染源排入环境的污染物浓度和数量所做的限量的规定。污染物排放标准是实现环境质量标准的手段，其作用在于直接控制污染源，限制其排放的污染物，从而达到防止环境污染的目的。制定污染物排放标准是一项相当复杂的工作，它涉及生产工艺、污染控制技术、经济条件、污染物在环境中的迁移变化规律等。

污染物排放标准包括大气污染物排放标准、污水排放标准、恶臭污染物排放标准等。

（三）环境保护基础标准

环境保护基础标准是在环境保护工作范围内，对有指导意义的符号、指南、名词术语、代号、标记方法、标准编排方法、导则等所做的规定。它为各种标准提供了统一的语言，是制定其他环境保护标准的基础。例如，《中华人民共和国环境保护标准的编制、出版印刷标准》等。

（四）环境保护方法标准

环境保护方法标准是在环境保护工作范围内，对抽样、分析、实验操作规程、误差分析、模拟公式等方法制定的标准。例如《水质　采样技术指导》、《水质　分析方法标准》、《环境空气　总悬浮颗粒物的测定（重量法）》、《城市环境噪声测量方法》等，都属于这一类。

按颁布标准的机构分类，可分为国家环境保护标准、地方环境保护标准两级。对于上述标准，则有国家环境质量标准、地方环境质量标准，国家污染物排放标准、地方污染物排放标准。基础标准和方法标准没有地方标准，只有国家标准。

国家级是指导标准，地方标准是直接执行标准。国家标准适用于全国范围，地方标准只适用于本地区。凡颁布了地方污染物排放标准的地区，执行地方标准；地方标准未作出规定的，执行国家标准。地方污染物排放标准一般严于国家排放标准。

二、环境质量标准

环境质量标准是进行环境质量评价时使用最多的标准，有必要对这类标准做进一步的说明。

（一）环境质量标准的制定原则和依据

1. 制定原则

（1）保障人群的身体健康，使人群不因环境质量的变化而受到损害；

（2）保障自然生态系统不受破坏；

（3）与当前的社会经济水平相适应；

（4）因地制宜，切实可行。

2. 制定的依据

（1）以环境质量基准值为依据：环境质量基准是环境中的污染物在一定的条件下，作用于特定对象，不产生不良或有害影响的最大剂量或浓度，因此这个最大剂量或浓度应当是环境质量标准最低一级的值。环境质量标准必须受环境质量基准值的制约，必须以长期、慢性、低浓度的基准资料为依据。

（2）以环境、经济、社会效益的协调统一作为制定标准的依据：要求既要保证人群和生态系统不受破坏，又要避免标准过高过严而脱离现实，造成经济、技术力量的浪费，达到经济技术合理。因此，在制定标准时，要进行详细的经济损益分析。

（3）以国家环境保护法作为法律依据：环境质量标准是国家环境保护法律的一个重要的组成部分，必须以国家环境保护法中的有关准则作为法律依据。

（二）环境质量标准的分级和分类

由于我国幅员辽阔，不同地区有着不同的自然条件和不同的经济社会发展水平；即使在同一地区，不同的地段、河段也有不同的功能，因而对环境质量也就有不同的要求。在环境质量标准中，根据区域或河流的社会功能，将标准值分为若干个级别。例如，空气环境质量标准值分为三级，一级标准为对一类区的要求，即对国家规定的自然保护区、风景旅游区、名胜古迹和疗养地的要求；二级标准为对二类区的要求，即对城市规划中确定的居民区、商业、交通和居民混合区、文化区以及农村等的要求；三级标准为对三类区的要求，即对大气污染比较重的城镇、工业区以及城市交通枢纽、干线等的要求。又如，我国将地面水质量标准分为五类：

一类标准适用于与源头水和国家自然保护区；

二类标准适用于集中使用生活饮用水水源地的一级保护区、珍贵鱼类保护区及鱼虾产卵场；

三类标准适用于集中使用生活饮用水水源地的二级保护区、一般鱼类保护区和游泳区；

四类标准适用于一般工业用水区及人体非直接接触的娱乐用水区；

五类标准适用于农业用水区及一般景观要求水域。

三、我国的环境保护标准简介

我国从20世纪70年代以来，非常重视环境保护标准的建设，已经逐步形成了比较完整的环境保护标准体系，包括国家标准、地方标准两个级别和环境质量标准、污染物排放标准、环境保护基础标准和环境保护方法标准四个类别。这些标准按照环境要素可分为以下四个方面：

（一）大气环境保护标准

在大气环境保护标准中，我国已经发布实施的有40多个。

我国已经发布实施的大气环境质量标准有：1996年发布实施的《空气环境质量标准》替代了1982年发布实施的《大气环境质量标准》；1988年发布实施的《保护农作物的大气污染物最高允许浓度》；2003年实施的《室内空气质量标准》。

我国的大气污染物排放标准有：1996年发布实施的《大气污染物综合排放标准》，替代了1973年的《工业“三废”排放试行标准》及10多个行业排放标准的废气部分；1993年发布实施的《恶臭污染物排放标准》，还有10多个行业的大气污染物排放标准。

我国还发布实施了一系列大气污染物测试方法标准，如《锅炉烟尘测试方法》、《汽车排气污染物测试方法》等20多种。1991年发布实施的《制定地方大气污染物排放标准的技术方法》替代了1983年发布实施的同名标准，这是一种基础标准。

（二）水环境保护标准

我国已经发布实施有关水环境保护标准100多个。其中比较重要的有：

水环境质量标准：2002年发布实施的《地表水环境质量标准》，替代了1999年发布实施的《地面水环境质量标准》；1997年发布实施的《海水水质标准》，替代1982年发布实施的同名标准；1993年发布，1994年1月开始实施的《地下水质量标准》；1992年发布实施的《农田灌溉水质标准》替代1985年发布实施的同名标准；1989 年发布实施的《渔业水质标准》；1991 年发布实施的《景观娱乐用水水质标准》；1985 年发布，1986 年实施的《生活饮用水标准》。

水污染物排放标准有：1996 年发布实施的《污水综合排放标准》替代了 1988 年发布实施的同名标准，同时替代了 17 个行业的水污染物排放标准；此外还有 12 个行业发布实施了本行业的水污染物排放标准，一些新的行业标准还在制定中。

水环境保护方法标准有《水质采样技术指南》、《水质采样样品保存》、《水质化学需氧量的测定　重铬酸钾法》等 100 多个。

水环境基础标准有《制定地方水污染物排放标准的技术原则和方法》等 3 个。

（三）噪声环境标准

我国发布实施的噪声环境标准有：2008 年发布的 GB 3096—2008《声环境质量标准》；2008 年发布实施的 GB 12348《工业企业厂界环境噪声排放标准》；2008 年发布实施的《社会生活环境噪声排放标准》；1990 年发布实施的 GB 12523—90《建筑施工场界噪声限值》。

（四）土壤环境质量标准

由于土壤环境具有特殊性，我国的土壤环境标准制定工作开展较晚，1995 年发布，1996 年实施了 GB 15618—1995《土壤环境质量标准》，其后发布实施了 10 多个土壤污染物测定的方法标准。土壤环境质量标准适用于农田、蔬菜地、茶园、果园、牧场、林地、自然保护区等地的土壤，该标准根据土壤应用功能和保护目标，把全国土壤分为三类，相应地把土壤环境质量划分为三级。污染物包括：镉、汞、砷、铜、铅、铬、锌、镍和六六六、滴滴涕。在标准中，按照不同的 pH 值规定了各种污染物的标准值。

从以上对各种环境标准的介绍中，可以看出，环境标准不是一成不变的，经过一段时间的使用后，要对标准进行修订，新标准发布实施后，旧标准自行失效，停止使用。

习　题

1. 什么是环境、环境要素和环境系统？
2. 什么是环境质量，环境质量的价值表现在哪些方面？
3. 什么是环境评价，开展环境评价工作有什么重要意义？
4. 环境评价有哪些主要类型？
5. 简述环境评价的主要方法。
6. 简述环境评价的工作程序。
7. 我国的环境保护法律体系包括哪些层次？各个层次之间的关系如何？
8. 什么是环境标准，我国的环境标准包括哪些内容？

第二章　环境评价信息的获取

评价信息是环境评价的基础，没有信息就无法进行评价。环境评价信息是指赋予评价指标以一定的数值，以便进行模型运算。指标量化的方式有资料收集、环境质量监测、环境质量预测、专家咨询及模拟试验等。资料收集主要用于污染源调查、环境背景值调查、环境现状调查，进而确定环境评价指标体系；环境质量监测是在资料不足的情况下进行的现场布点采样分析，对现实环境质量指标进行赋值；环境质量预测是通过数学手段对未来的环境状况进行估计，进而对未来环境质量指标进行赋值；对于某些定性类指标，只能靠专家咨询去量化；在环境影响评价中，环境模拟试验可以用来确定既不能调查，又不能监测的某些指标，如风洞试验模拟大气环境影响等。本章重点介绍污染源调查、环境特征调查、环境质量监测、定性信息的获取和环境模拟试验等。

第一节　污染源调查

一、污染源调查的意义

污染源是指能够产生环境污染物的场所、设备和装置。污染物的来源、特性、结构形态等不同，污染源分类系统也不一样。按产生污染物的来源可分为自然污染源和人为污染源；按对环境要素的影响分为大气污染源、水体污染源、土壤污染源、生物污染源和其他污染源；按污染途径分为直接污染源、转化污染源；按污染源存在形态分为点源、线源、面源。

要了解环境污染的历史和现状，预测环境污染的发展趋势，污染源调查是一项必不可少的工作，它是环境评价工作的基础。通过调查，掌握污染源的类型、数量及其分布，掌握各类污染源排放的污染物的种类、数量及其随时间变化状况。通过评价，确定一个区域内的主要污染物和主要污染源，然后提出了切合实际的污染控制和治理方案。

二、污染源调查的原则与方法

（一）污染源调查原则

1. 明确目的性

污染源调查和评价的目的、要求不同，采用的方法和步骤也就不同。例如，进行区域性环境质量评价和项目环境影响评价需要做的污染源调查的要求是不同的。区域质量评价需要对区域所有的污染源进行调查，而项目环境影响评价只对本项目有关的污染源进行调查。

2. 把握系统性

要把污染源、环境、生态和人体健康作为一个系统考虑，在调查时不仅要注意污染物的排放量，还要重视污染物的物理、化学特性，进入环境的途径、迁移转化规律以及对人体健康的影响等因素。

3. 重视联系性

即重视污染源所处的位置及周围的环境状况。

4. 保持同一性

必须采用同一基础、同一标准、同一尺度，以便把各种污染源所排放的污染物进行比较。

（二）污染源调查方法

1. 区域污染源调查

区域污染源调查分为普查和详查两个阶段，所用方法是社会调查，包括印发各种调查表，召开各种类型座谈会收集意见和数据，到现场调查、访问、采样和测试。

（1）普查

普查就是概略性的调查。首先从有关部门查清区域内的工矿、交通运输等企事业的名单，采用发放调查表的方法对每个单位的规模、性质、排污情况进行概略的调查；对于农业污染源和生活污染源也可到主管部门收集农业、渔业、畜牧业的基础资料、人口统计资料、供排水和生活垃圾排放等方面资料，通过分析和推算，得出该区域内污染物排放的基本情况。在普查基础上，选择重点调查对象进行详查。

（2）详查

重点污染源是指污染物排放种类多（特别是含危险污染物）、排放量大、影响范围广、危害程度大的污染源。一般来说，重点污染源排放的主要污染物占调查区域内总排放量的60％以上。在详查工作中，调查人员要深入现场实地调查和开展监测，并通过计算取得完善的数据。

经过详查和普查资料的综合，总结出区域污染源调查的情况。

2. 具体项目的污染源调查

具体项目的调查方法类似上述的“详查”，应该在调查基础上进行项目剖析，其内容包括：

（1）排放方式、排放规律。对废气要调查其排放高度，对废水要了解其有无排污管道，是否做到清污分流等；要了解废渣是直接排入河道还是堆放待处理，以及堆放的方式等。此外，还要了解其排放规律（连续还是间歇，均匀还是不均匀，夜间排放还是白天排放等）。

（2）污染物的物理、化学及生物特性。在重点调查中，要搞清重点污染源所排放的污染源的特性，并根据其对环境影响和排放量的大小，提出需要进行评价的主要污染物。

（3）对主要污染物进行追踪分析。对代表重点污染源特征的主要污染物进行追踪分析，以弄清其在生产工艺中的流失原因及重点发生源。

（4）污染物流失原因的分析。从生产管理、能耗、水耗、原材料消耗量定额来分析，根据工艺条件计算理论消耗量，调查国内、国际同类型的先进工厂的消耗量，与该重点污染源的实际消耗量进行比较，找出差距，分析原因，另外还要进行设备分析、生产工艺分析等，查找污染物流失的原因，并计算各类原因影响的比重。

三、污染源调查内容

污染源排放的污染物质的种类、数量、排放方式、途径及污染源的类型和位置，直接关系到其影响对象、范围和程度。污染源调查就是要了解、掌握上述情况及其他有关问题。

（一）工业污染源调查

1. 企业概况

企业名称、厂址、主管机关名称、企业性质、企业规模、厂区占地面积、职工构成、固定资产、投产年代、产品、产量、产值、利润、生产水平、企业环境保护机构名称、辅助设施、配套工程、运输和储存方式等。

2. 工艺调查

工艺原理、工艺流程、工艺水平、设备水平、环保设施。

3. 能源、水源、原辅材料情况

能源构成产地、成分、单耗、总耗；水源类型、供水方式、供水量、循环水量、循环利用率、水平衡；原辅材料种类、产地、成分及含量、消耗定额、总消耗量。

4．生产布局调查

企业总体布局、原料和燃料堆放场、车间、办公室、厂区、居民区、堆渣区、污染源位置、绿化带等。

5．管理调查

管理体制、编制、生产制度、管理水平及经济指标；环境保护管理机构编制、环境管理水平。

6．污染物治理调查

工艺改革、综合利用、管理措施、治理方法、治理工艺、投资、效果、运行费用、副产品的成本及销路、存在问题、改进措施、今后治理规划或设想。

7．污染物排放情况调查

污染物种类、数量、成分、性质；排放方式、规律、途径、排放浓度、排放量；排放口位置、类型、数量、控制方法；排放去向、历史情况、事故排放情况。

8．污染危害调查

人体健康危害调查、动植物危害调查、污染物危害造成的经济损失调查、危害生态系统情况调查。

9．发展规划调查

生产发展方向、规模、指标、“三同时”措施，预期效果及存在问题。

（二）农业污染源调查

农业常常是环境污染的主要受害者，同时，由于施用农药、化肥，当使用不合理时也产生环境污染；此外，农业废弃物等也可能造成环境污染。

1．农药使用情况的调查

农药品种、使用剂量、方式、时间，施用总量、年限，有效成分含量，稳定性等。

2．化肥使用情况的调查

使用化肥的品种、数量、方式、时间，每亩平均施用量。

3．农业废弃物调查

农作物秸秆、牲畜粪便、农用机油渣。

4．农业机械使用情况调查

汽车、拖拉机台数、耗油量，行驶范围和路线，其他机械的使用情况等。

（三）生活污染源调查

生活污染源主要指住宅、学校、医院、商业及其他公共设施。它排放的主要污染物有污水、粪便、垃圾、污泥、烟尘及废气等。

1．城市居民人口调查

总人数、总户数、流动人口、人口构成、人口分布、密度、居住环境。

2．城市居民用水和排水调查

用水类型，人均用水量，办公楼、旅馆、商店、医院及其他单位的用水量。下水道设置情况，机关、学校、商店、医院有无化粪池及小型污水处理设施。

3. 民用燃料调查

燃料构成、燃料来源、成分、供应方式、燃料消耗量及人均燃料消耗量。

4. 城市垃圾及处理方法调查

垃圾种类、成分、构成、数量及人均垃圾量，垃圾场的分布、运输方式、处置方式，处理站自然环境、处理效果，投资、运行费用，管理人员、管理水平。

（四）交通污染源调查

汽车、飞机、船舶等也是造成环境污染的一类污染源。其造成环境污染原因有三：一是交通工具在运行中发生的噪声；二是运载有毒、有害物质的泄露，或清扫车体、船体时的扬尘或污水；三是汽油、柴油等燃料燃烧时排出的废气。交通污染源调查内容有：

1. 噪声调查

车辆种类、数量、车流量、车速、路面状况、绿化状况、噪声分布。

2. 汽车尾气调查

汽车的种类、数量、用油量、燃油构成、排气量、排放浓度等。

除上述污染源调查外，还有其他污染源的调查。在进行一个地区的污染源调查时，都应同时进行自然环境背景调查和社会背景调查。自然背景调查包括地质、地貌、气象、水文、土壤、生物等；社会背景调查包括居民区、水源区、风景区、名胜古迹、工业区、农业区、林业区等。

四、污染物排放量的计算

在生产过程中排放的污染物来源于原材料的流失、产品的流失以及副产物的排放等方面，可以通过物料衡算来推算污染物排放量和排放强度，也可通过实测法、排放系数和类推法求得污染物的排放量。

（一）物料衡算法

依据物质不灭定律，一种产品生产过程中投入一种物料 i 的总量 M_i，等于经过工艺过程进入产品中的量 P_i、回收的量 R_i、转化为副产物的量 B_i 以及进入废水、废气、废渣中成为污染物的量 W_i 之和。即

$$M_i = P_i + R_i + B_i + W_i \tag{2-1}$$

通过对工艺过程中物料衡算或对生产过程实测，可以确定每一项的量。如果该产品的产量为 G，则可求出单位产量的投料量 m_i 和单位产品的排污量 w_i。

$$m_i = M_i / G \tag{2-2}$$

$$w_i = W_i / G \tag{2-3}$$

单位产品的总排污量是由进入废水（w_{iw}）、废气（w_{ia}）和废渣（w_{is}）中的该物料组成的，即

$$w_i = w_{iw} + w_{ia} + w_{is} \tag{2-4}$$

如果废水、废气和废渣经过一定的处理后排放，处理过程的去除率分别为 η_w、η_a 和 η_s，则生产单位产品排入环境中的该污染物量为

$$d_{iw} = \sum_{j=1}^{3} w_{iw}(1-\eta_j) = w_{iw}(1-\eta_w) + w_{ia}(1-\eta_a) + w_{is}(1-\eta_s) \tag{2-5}$$

许多产品生产的工艺规程中规定了原料一成品转化率，原料一副产品转化率等的单位产品排污量的定额，可以依据这些定额推算污染物的排放量。

（二）排污系数法

排污系数法有三类：单位产品基、单位产值基和单位原材料基。已知某行业的某种类型产品的产量、产值或原材料消耗量，将其乘以相应的排污系数即可求得污染物排放量。其计算公式为

$$D_i = M_{ip} G_i \tag{2-6}$$

$$D_i = M_{im} Y_i \tag{2-7}$$

$$D_i = M_{ir} R_i \tag{2-8}$$

式中 D_i——i 污染物排放量（kg/a）；

M_{ip}、M_{im}、M_{ir}——单位产品的排污系数（kg/t）、万元产值的排污系数（kg/万元）和单位原材料消耗的排污系数（kg/t）；

G_i、Y_i、R_i——产品年产量（t/a）、年总产值（万元/a）和原材料年消耗量（t/a）。

（三）实测法

实测法就是按照监测规范，连续或间断采集样品，分析测定工厂或车间外排的废水和废气的量和浓度。污染物排放量按公式（2-9）、（2-10）计算。

$$D_{iw} = C_{iw} \cdot Q_{iw} \times 10^{-6} \ \text{(t/a)} \tag{2-9}$$

$$D_{ia} = C_{ia} \cdot Q_{ia} \times 10^{-9} \ \text{(t/a)} \tag{2-10}$$

式中 D_{iw}、D_{ia}——水污染物、大气污染物排放量；

C_{iw}、C_{ia}——水污染物、大气污染物浓度（mg/L，mg/m^3）；

Q_{iw}、Q_{ia}——废水、废气排放量(m^3/a)。

（四）燃料燃烧过程中主要污染物排放量的计算

目前煤和石油仍然是人类生产和生活的主要能源，在煤和石油燃烧过程中释放的烟尘和二氧化硫是主要的大气污染物，下面介绍二氧化硫和烟尘排放量的计算方法。

1. 二氧化硫排放量的计算

煤炭中的硫以三种状态存在：有机硫、硫铁矿和硫酸盐。当煤燃烧时，只有

前两种硫可以转化为二氧化硫，硫酸盐不被燃烧，以灰分形式留下来。一般情况下，可燃性硫占全硫量的 80%。石油中的硫可全部燃烧转变为二氧化硫。

从硫燃烧的化学反应式：$S+O_2=SO_2$，可知 32g 硫经氧化后可生成 64g 二氧化硫，即 1g 硫可产生 2g 二氧化硫，因此燃煤产生的二氧化硫可用下式计算：

$$G=B\times S\%\times 80\%\times 2 \tag{2-11}$$

式中　G——二氧化硫的产生量；

B——耗煤量；

$S\%$——煤的含硫量。

对油而言，则计算公式为：

$$G=B\times S\%\times 2 \tag{2-12}$$

2. 燃煤烟尘排放量的计算

燃煤烟尘包括黑烟和飞灰两部分。黑烟是未完全燃烧的炭粒，飞灰是烟气中不可燃烧的矿物微粒，是煤的灰分的一部分，烟尘的排放量与炉型和燃烧状况有关，燃烧越不完全，烟气中的黑烟浓度越大，飞灰的量与煤的灰分和炉型有关。计算燃煤烟尘排放量的方法有两种：

（1）根据煤耗量、煤的灰分含量、除尘器效率等参数计算

$$G_{烟尘}=B\times A\times df\times(1-\eta) \tag{2-13}$$

式中　$G_{烟尘}$——烟尘排放量；

B——耗煤量；

A——煤的灰分含量（%）；

df——烟气中烟尘占灰分量的百分数（%），与燃烧方式有关（见表 2-1）；

η——除尘器的总效率（%）。

各种除尘器的效率不同，可参照有关除尘器的说明书。如安装了两级除尘器，则除尘器系统的总效率可按下式计算：

$$\eta=1-(1-\eta_1)(1-\eta_2) \tag{2-14}$$

表 2-1　各种炉型的烟气中烟尘占灰分量的百分数（*df* 值）

炉　型	*df* 值（%）	炉　型	*df* 值（%）
手烧炉	15～20	煤粉炉	70～80
链条炉	15～20	往复炉	15～20
抛煤炉	20～40	化铁炉	25～35
沸腾炉	40～60		

(2) 根据锅炉的烟气量、烟尘排放浓度和除尘器效率计算

$$G=Q\times C_0\ (1-\eta) \tag{2-15}$$

式中：G ——烟尘排放量（kg/h）；

Q ——烟气量（标 m^3/h）；

C_0——除尘器进口的烟尘浓度（mg/标 m^3）；

η ——除尘器效率（%）。

五、污染源评价

（一）评价目的

污染源评价的主要目的是通过分析比较，确定主要污染物和主要污染源，为污染治理和区域治理规划提供依据。各种污染物具有不同的特性和环境效应，要对污染源和污染物作综合评价，必须考虑到排污量与污染物危害性两方面的因素。为了便于分析比较，需要把这两个因素综合到一起，形成一个可把各种污染物或污染源进行比较的（量纲统一的）指标。其主要目的就是使各种不同的污染物和污染源能够相互比较，以确定其对环境影响大小的顺序。

污染源评价是污染源调查的继续和深入，是该项综合工作中的一个主要组成部分。

（二）评价项目和评价标准

原则上要求各地区污染源排放出来的大多数种类的污染物都进入评价。但考虑到区域环境中污染源和污染物数量大、种类多，目前困难较大，因此，在评价项目选择时，应保证本区域引起污染的主要污染源和污染物进入评价。

为了消除不同污染源和污染物，因毒性和计量单位的不统一，评价标准的选择就成为衡量污染源评价结果合理性、科学性的关键问题之一。在选择标准进行标准化处理时，一要考虑所选标准制定的合理性，二要考虑到各标准能否反映出污染源在区域环境中可能造成的危害的各主要方面，同时还要使应选的标准至少包括本区域所有污染物的80%以上。

为了使各地区的污染源能相互之间比较，这就需要有一个全国范围的统一标准。国家环保总局污染源调查领导小组在《工业污染源调查技术要求及建档技术规定》中根据全国的具体情况制定了污染源评价标准。严格来说，各地在污染源评价时，都应执行这一标准。但是近年来，在环境影响评价的污染源调查和评价中常采用对应的环境质量标准或排放标准作为污染源评价标准。

（三）评价方法

统一采用等标污染负荷法（亦称等标排放量法），分别对水、大气污染源进行评价。

1. 评价公式

(1) 等标污染负荷

某污染物的等标污染负荷（P_{ij}）定义为

$$P_{ij}=\frac{C_{ij}}{C_{oi}}Q_{ij} \tag{2-16}$$

式中　P_{ij}——第 j 个污染源中第 i 种污染物的等标污染负荷；

C_{ij}——第 j 个污染源中第 i 种污染物的排放浓度；

C_{oi}——第 i 种污染物的评价标准；

Q_{ij}——第 j 个污染源中第 i 种污染物的排放流量。

应注意等标污染负荷是有量纲的数，它的量纲与计算流量的量纲一致。

若第 j 个污染源中有 n 种污染物参与评价，则该污染源的总等标污染负荷为

$$P_j=\sum_{i=1}^{n}P_{ij}=\sum_{i=1}^{n}\frac{C_{ij}}{C_{oi}}Q_{ij} \tag{2-17}$$

若评价区域内有 m 个污染源含第 i 种污染物，则该种污染物在评价区内的总等标污染负荷为

$$P_i=\sum_{j=1}^{m}P_{ij}=\sum_{j=1}^{m}\frac{C_{ij}}{C_{oi}}Q_{ij} \tag{2-18}$$

该区域的总等标污染负荷为

$$P=\sum_{i=1}^{n}P_i=\sum_{j=1}^{m}P_j \tag{2-19}$$

(2) 等标污染负荷比

等标污染负荷比的计算公式为

$$K_{ij}=P_{ij}/P_j \tag{2-20}$$

K_{ij} 是一个无量纲的数，可以用来确定第 j 个污染源内部各种污染物的排序。K_{ij} 较大者，对环境贡献较大。K_{ij} 最大者，就是第 j 个污染源中最主要的污染物。

评价区内第 i 种污染物的等标污染负荷比 K_i 为

$$K_i=P_i/P \tag{2-21}$$

评价区内第 j 个污染源的等标污染负荷比 K_j 为

$$K_j=P_j/P \tag{2-22}$$

2. 主要污染物和主要污染源的确定

按照调查区域内污染物的等标污染负荷比 K_i 排序，分别计算累计百分比，将累计百分比大于80%左右的污染物列为该区域的主要污染物。同样的，按照调查区域内污染源的等标污染负荷比 K_j 排序，分别计算累计百分比，将累计百分比大于80%左右的污染源列为该区域的主要污染源。

3. 注意事项

采用等标污染负荷法处理容易造成一些毒性大、流量小，在环境中易于积累

的污染物排不到主要污染物中去，然而对这些污染物的排放控制又是必要的，所以通过计算后，还应作全面考虑和分析，最后确定出主要污染物和主要污染源。

例 2-1 某地区建有毛巾厂、农机厂和家用电器厂，其污水排放量与污染物监测结果如表 2-2 所示，试确定该地区的主要污染物和主要污染源（其它污染源与污染物不考虑）。

表 2-2 三厂污水排放量及其浓度

	毛巾厂	农机厂	家用电器厂
污水量（万 m^3/a）	3.45	3.21	3.20
COD_{Cr}（mg/L）	428	186	76
悬浮物（mg/L）	20	62	75
挥发酚（mg/L）	0.017	0.003	0.007
六价铬（mg/L）	0.14	0.44	0.15

评价标准采用国家污染源评价标准。根据等标污染负荷和等标污染负荷比公式计算，计算值如表 2-3。

表 2-3 三厂污染中污染物负荷

	毛巾厂		农机厂		家用电器厂		P_i	K_i	污染物顺序
	P_{ij}	K_{ij}	P_{ij}	K_{ij}	P_{ij}	K_{ij}			
COD_{Cr}	168.36	0.91	59.71	0.64	24.32	0.59	252.39	0.79	1
悬浮物	1.38	0.01	3.98	0.04	4.80	0.12	10.16	0.03	3
挥发酚	5.87	0.03	0.96	0.01	2.24	0.05	9.07	0.03	4
六价铬	9.66	0.05	28.25	0.31	9.60	0.24	47.51	0.15	2
P_j	185.27		92.90		40.96		319.13（P）		
K_j	0.58		0.29		0.13				
污染源顺序	1		2		3				

COD_{Cr}的等标污染负荷比为 0.79，即累计百分比为 79%。该地区主要污染源为毛巾厂和农机厂，两厂的等标污染负荷比之和为 0.87，即累计百分比为 87%。应注意毛巾厂的污染物排序与该地区的污染源是不同的，说明有的情况下污染源内主要污染物与地区的主要污染物是不同的，在区域治理规划时要重视两者之间的区别。

第二节 环境特征调查

环境特征调查包括环境背景调查与环境现状调查。

一、环境背景调查

环境背景资料是环境评价的重要基础资料。环境背景值的含义是指未受到人类活动污染的条件下，环境中的各个组成部分，如水体、大气、土壤、农作物、水生生物等在自然界的存在和发展的过程中原有稳定的基本化学组成，反映了原始自然面貌。目前，全球都受到污染的情况下，要寻找绝对未受污染的背景值很难做到，环境背景值实际上只是一个相对的概念。

环境背景值的计算，首先是环境背景值的样品应满足一定数量要求，要能够确定样品值的出现频率与分布规律，当其分布符合正态分布规律时，背景值可以取平均值。

$$\overline{x}=\frac{1}{n}\sum_{i=1}^{n}x_i \tag{2-23}$$

式中　x_i——第 i 个样品中某物质的数值；

n——样品的数量。

样品的误差可以用标准差表示

$$S=\sqrt{\frac{1}{n-1}\sum_{i=1}^{n}(x_i-\overline{x})^2} \tag{2-24}$$

例 2-2　在某河的源头处采集的 10 个样品数据（符合正态分布规律）如表 2-4，据此计算水环境背景值。

表 2-4　背景值样品分析数据（μg/L）

编号	1	2	3	4	5	6	7	8	9	10
镉	0.22	0.17	0.21	0.20	0.18	0.19	0.23	0.21	0.17	0.18
铬	1.20	1.40	1.17	1.19	1.21	1.32	1.23	1.16	1.25	1.17
砷	2.05	2.03	2.15	2.11	2.10	2.08	2.02	2.11	2.19	2.08

根据表 2-4，数据计算如下：

镉：$\overline{x}_{Cd}=\frac{1}{9}\sum_{i=1}^{10}x_i=0.196(\mu g/L)$

$$S_{Cd}=\sqrt{\frac{1}{9}\sum_{i=1}^{n}(x_i-\overline{x})^2}=0.021\ 2(\mu g/L)$$

铬：$\overline{x}_{Cr}=\frac{1}{9}\sum_{i=1}^{10}x_i=1.23(\mu g/L)$

$$S_{Cr}=\sqrt{\frac{1}{9}\sum(x_i-\overline{x})^2}=0.076\ 3(\mu g/L)$$

$$砷:\overline{x}_{As}=\frac{1}{9}\sum_{i=1}^{10}x_i=2.092(\mu g/L)$$

$$S_{As}=\sqrt{\frac{1}{9}\sum_{i=1}^{10}(x_i-\overline{x})^2}=0.0525(\mu g/L)$$

二、环境现状调查

（一）环境现状调查方法

环境现状调查方法主要有三种，即收集资料法、现场调查法和遥感调查法。这三种调查方法互相补充，在实际调查工作中，应根据具体情况加以选择和应用。

1. 收集资料法

收集资料法是环境现状调查中普遍应用的方法，这种方法应用范围广、收效较大，比较节省人力、物力和时间，应优先选用从有关权威部门获得能够描述环境现状的现有的各种有关资料。但这种方法调查所得的资料往往与调查的主观不符，或资料的质量不符合要求。在这种情况下，需要用其他调查方法来加以完善和补充，以获得满意的调查结果。

2. 现场调查法

现场调查法可以针对调查者的主观要求，在调查时空范围内直接获得第一手的数据和资料，以弥补收集资料法的不足。但这种调查方法工作量大，需要占用较多的人力、物力、财力和时间，且调查组织工作异常复杂艰巨。除了这些困难外，现场调查方法有时还受季节、仪器设备等客观条件的制约。虽然这种调查方法有这些缺点和困难，但它所获得的数据和资料是第一手的，可作为收集资料调查方法的补充和验证，所以这种调查方法也是经常使用的。

3. 遥感调查法

遥感调查法可以从整体上鸟瞰一个地区的环境状况，特别是可以弄清人们无法或不易到达地区的环境特征，比如大面积的森林、草原、荒漠、海洋等特征，以及大面积的山地地形、地貌状况等。但这种调查方法所获得的数据和资料不像前两种调查方法所获数据和资料那样准确。因此，这种调查法不适用于微观环境状况的调查，一般只用于大范围的宏观环境状况的调查，是一种辅助性的调查方法。使用这种方法进行环境现场调查时，绝大多数情况下不使用直接飞行拍摄的方法，而只是判读和分析已有的航片和卫星照片。

（二）自然环境调查

1. 地质环境调查

（1）地质

一般情况只需要根据现有资料，概要说明调查范围内的地质状况，如地层概况、地壳构造的基本形式、物理与化学风化情况、已探明或已开采的矿产资源情况等。有时，根据要求需对地质构造做进一步的调查，如对断层、断裂、坍塌、地面沉陷等进行较为详细的调查，对一些有特别危害的地质现象，如地震也应加以详细调查。调查资料应以图为主，并辅以文字说明。

（2）地貌

地形地貌的调查包括应用适宜比例尺的地形图来展示调查范围内的地形起伏特征、地貌类型（山地、平原、沟谷、丘陵、海岸等），以及岩溶地貌、冰川地貌、风成地貌等地貌特征。除此之外，对一些有危害的地貌现象，如崩塌、滑坡、泥石流、冻土的地貌现象也应做调查。地形地貌的特征直接影响人们的生产和生活活动，反过来人们的生产和生活活动也影响地形地貌。所以，在做地形地貌调查时，还要特别注意对人们的行为可能诱发的地貌现象的现状和发展趋势进行调查。地质和地貌条件是决定区域自然污染源和物质迁移过程的基本因素。

2. 大气环境调查

气候与气象资料主要描述了一个地区的大气环境状况。它不仅与人们生活密切相关，也与各种生产活动和大气污染程度密切相关。适宜的气候气象条件有利于人们的居住生活，有利于各类生产活动的进行，也有利于大气污染物的输送和扩散。所以，以进行环境评价时，对气候气象资料的调查应给予足够的重视，其主要调查内容如下：

（1）一般气候特征

根据气候资料，调查该地区长年或年平均风速、主导风向、风向风速频率分布、平均气温、平均最高气温、平均最低气温、极端最高气温、极端最低气温、平均气压、平均湿度、平均降水量、降水日数、降水量极值、日照时数等。

（2）污染气候特征

描述污染气候特征的最主要是混合层、大气稳定度、逆温层和风向风速等。混合层主要调查平均高度、最大高度。调查时最好画出调查范围内混合层平均高度分布图，这对确定不同地区大气环境容量的大小极为有用。大气稳定度可确定大气对污染物扩散稀释能力的大小，调查时通常应用帕斯圭尔大气稳定度分类法，对大气稳定度进行分类，进而统计分析各类大气稳定度出现频率的时间分布和空间分布，画出等值线分布图。逆温层直接影响近地面层大气污染物的扩散稀释，调查时应收集逆温层平均厚度、最大厚度、出现频率、强度、持续时间等资料，必要时也应画出各要素时空分布图。风向风速关系到大气污染物被输送的去向和输送的快慢，调查时应收集常年的风向风速频率分布资料，画出不同地方的常年风向风速玫瑰图。

（3）灾害性天气

某些天气可给生产和生活活动带来巨大损失，这种天气称为灾害性天气。灾害性天气有梅雨、寒潮、冰雹、大风、台风、雷暴、雾、沙尘暴、扬沙、暴雨等。调查时应调查这些天气常年平均出现次数、季节分布、强度、持续时间等。

3. 水环境调查

(1) 地面水

地面水常常是工农业用水及饮用水水源地，同时也常是废水排放的场所。所以，对环境规划来说，调查地面水状况显得格外重要，地面水环境调查内容如下。

河流主要调查丰水期、平水期、枯水期的划分；河流平直及弯曲；横断面、纵断面（坡面）、水位、水深、水温、河宽、流量、流速及其分布等；丰水期有无分流漫滩，枯水期有无浅滩、沙洲和断流；北方河流还应了解结冰、封冻、解冻等现象；河网地区还应了解各河段流向、流速、流量的关系及变化特征。

湖泊、水库主要调查湖泊、水库的面积和形状，应附有平面图；丰水期、平水期、枯水期的划分；流入、流出的水量，停留时间；水量的调度和贮量；水深；水温分层情况及水流状况（湖流的流向和流速，环流和流向，流速及稳定时间）等。

感潮河口中除了与河流相同的内容外，还有感潮河段的范围、涨潮、落潮及平潮时的水位、水深、流向、流速及其分布；横断面、水面坡度的河潮间隙，潮差和历时等。

海湾调查海岩开头、海底地形；潮位及水深变化，潮流状况（小潮和大潮循环期间的水流变化，平行于海岸线流动的落潮和涨潮）；流入的河水流量、盐度和温度造成的分层情况；水温、波浪的情况，以及内海水与外海水的交换周期等。

降水调查主要调查常年平均降水量、降水日数、暴雨次数、暴雨程度等。调查时将这些要素的时空分布画成图，配合水文调查资料一起分析地面水环境特征。

(2) 地下水

地下水主要调查水文地质条件，主要是含水层埋藏条件（埋藏深度、含水厚度、渗透性等）和水动力特征（流向、流速、水位、径补排关系、与地面水的联系等）；水文地球化学特征，主要是地下水类型、pH 值、溶解气体成分及含量等；地层分布及岩性，土壤特征，包括土壤的类型、分布、物理性质和化学组分、植被情况等；土地和水资源的利用情况等。

4. 土壤环境调查

调查了解土壤的各种特性，需要对土壤的剖面结构、土壤发生层次、质地层次和障碍层次资料收集。

土壤化学性质包括 pH 值、Eh、石灰反应，有机质、氮、磷、钾及微量元素的含量。土壤物理性质包括土壤的含水状况及质地状况。土壤的黏土矿物包括高石、蒙脱石、水化云母、绿泥石等。土壤的成土母质特征包括岩石的种类、组成和化学成分。土壤微生物包括土壤微生物群落。

5. 生物环境调查

调查内容包括动、植物，特别是珍稀、濒危物种的种类、数量、分布、生活史，生长、繁殖和迁移行为的规律；生态系统的类型；其他物理因素（地形地貌、水文、气候、土壤、大气、水质量）；人类干扰程度（土地利用现状等）。如果评价区存在其他污染型农业，或具有某些特殊地质化学特征时，还应该调查有关的污染物或化学物质的含量水平。应当探明评价区的生态系统在自然或半自然状态下维持平均的模式及在其中起关键作用的生物和非生物因素。

通过调查所取得的资料和数据，经过整理后，便可对生物环境进行系统的描述。对于由野外调查、定位或半定位观测、室内化验分析所得的资料，从地图、航片、卫星照片上提取信息和从有关部门收集、统计和资料等途径取得的有关生态参数——包括绿地覆盖率、频率、密度、土壤侵蚀程度、荒漠化面积、物种数量等生态参数，应尽量给出定量或半定量的数值。

（三）社会经济环境调查

1. 人口调查

人是环境的主体，也是一切环境问题产生的根源，同时也是解决环境问题的依靠力量。所以，在环境评价时，必须对人口因素着力调查清楚。人口因素的调查内容主要有：人口数量，主要包括人口总量及分布、人口密度及分布、人口自然增长率、城乡人口数量、未来人口数量发展趋势等；人口性别分布；人口年龄结构，主要包括不同年龄段的人口数量及地域分布差异、确定人口年龄结构特征；人口平均寿命；人口文化素质状况，主要包括受过高、中、低程度教育的人口数量，文盲数量，文化素质变化趋势等；人口就业状况，主要包括第一产业、第二产业、第三产业就业人口数量及变化趋势，待业人口数量及变化趋势；人口居住条件，主要包括人均居住面积、成套住房拥有量等。

2. 经济结构调查

（1）产业结构调查分析

主要调查第一产业、第二产业、第三产业比例关系；分别调查环境保护产业、高新技术产业各自在 GDP 中的比重；工业结构。一是调查重污染型、轻污染型、清洁生产型工业之间的比例关系，二是调查工业部门各行业之间的比例关系，以及产品结构、规模结构等。

（2）能源结构调查

主要调查煤、石油、天然气、水电、核电、地热、太阳能、风能、海洋能等之间的比例关系；不可更新能源与可更新能源的比例关系；排放 CO_2 及其他污染物的能源与不排放 CO_2 的清洁能源之间的比例关系等。

(3) 投资结构调查

主要调查各类开发建设活动的投资比例，如工业、农业、林业、海洋资源开发、矿产开发、高新技术产业、环境保护产业等投资的比例关系；环境保护投资（污染防治、生态建设和生态保护）占同期GDP的百分比，污染防治投资也可单独计算，分别计算出污染防治，生态建设和生态保护各自占同期GDP的百分比；技术创新、新产品开发投资占同期GDP的百分比。

此外，还应调查经济密度及其分布，经济增长的技术贡献率；在有条件的区域（或地区）对自然资本的变化（损失或增值）进行核算，建立自然资本账户。

3. 工业调查

主要调查工业总产值；主要产品产量；工业企业分析；工业经济密度；工业结构，主要包括行业结构、产品结构、原料结构和规模结构；能源结构；工业企业清洁生产状况等。

4. 农牧渔业调查

主要调查农业总产值；农业耕地面积，包括粮食面积、棉花面积、油料面积及其他经济作物面积；主要农产品产量，包括粮、棉、油及其他经济作物的总产量及单产量；农业优良品种和先进耕作方法推广情况；农业用水情况；生态农业情况；土地利用情况，包括高产丰产田面积、盐渍耕地面积、沙化耕地面积、不适宜农用耕地面积等；农业劳力情况，主要包括劳力总量、剩余劳力总量及出路等。调查从事渔业生产的总人口数，渔业总产值（淡水、海水及人工养殖各占多少比例），主要产品产量，主要产品品种，渔船总吨位及燃油总耗量等。调查从事畜牧业人口总数，总产值，牲畜总头数，主要品种，主要畜产品产量，牧场面积，单位面积牧场载畜量，已退化牧场面积等。

5. 交通运输调查

主要调查铁路通车总里程、机车牵引动力情况、运营状况等；公路通车总里程、高速公路总里程、高等级公路总里程、公路密度分布等；水路通航总里程、船舶总吨位、船舶总数量、码头情况等；城市交通状况、机动车总拥有量、道路网密度、道路总长度等。

6. 科学技术调查

主要调查科学技术系统的结构，如基础研究、技术科学及应用科学研究的比例关系，农业科学技术研究（包括生态农业）、林业、工业（包括清洁生产、替代品开发等）、能源（包括节能技术、新能源开发等）、自然资源合理开发利用、生态学及环境科学等的研究现状及比例关系；科学技术的转化及应用；科学技术与生态建设。如生态理论的研究及对生态建设的指导作用，生态设计与生态建设示范工程的现状及发展趋势。

（四）人体健康调查

在调查中应包括各易感社会群体及暴露实质、暴露量及暴露的可能性，还包括已存在的防护部门的职能等。

1. 基准资料的收集

需收集的资料有：环境监测资料，居民经济文化状况、卫生饮食习惯，人口及年龄分布，性别构成，性别比，平均预期寿命，传染病，地方病、常见病及其他有关资料。

2. 死亡回顾调查

按“国际疾病分类标准”进行死因排序及恶性肿瘤排序。死亡率统计中应对那些诊断证据不足者予以分析，以确定可信程度。

3. 健康状况调查

（1）有关疾病的现状体检

体检对象的选择应考虑到无职业性接触有毒有害物质及不吸烟、不饮酒等，故通常以居住五年以上的中小学生为主要选择对象。调查前要做仔细、周密的统计学设计，要有足够的样品量及选择足够容量的合适的对照组，应利用已有知识、在设计中尽可能排除干扰因素，体检前应制定有关标准并进行人员培训，以达到标准与方法的统一。

（2）儿童生长发育及生理功能检查

（3）出生缺陷调查

可查阅产院资料或进行居民逐户调查。

（4）生物材料检测

根据具体情况，可选择人体负荷监测、生物剂量计检测及免疫功能检测。

第三节 环境质量监测

一、环境质量监测的目的

环境评价所进行的环境质量监测与常规的环境质量监测在目的上有很大的差异。常规监测主要是为了正确掌握环境质量的现状，并从长期积累的监测资料中，考察出环境质量的历史性变化规律。环境评价的环境质量监测目的除了掌握环境质量现状外，更重要的是希望能在此基础上，借助于环境质量的变异规律预测出在人类社会行为作用后的环境质量。甚至要能在此基础上，建立适用于该地的环境质量变异模式。

二、环境质量监测方案的制定

（一）确定监测项目

表征环境质量的项目有很多，在实际工作中没有必要也没有可能对所有的项目进行监测，只能从中选择一些能起指示作用的项目进行监测。选择并确定监测项目应遵守的优先原则是：对环境质量影响大的污染物优先；有可靠监测手段并能获得准确数据的污染物优先；已有环境标准或有可比性资料依据的污染物优先；人类社会行为中预计会向环境排放的污染物优先。

（二）确定监测范围

不同的环境评价任务应有不同的监测范围。比如工程项目的环境影响评价、区域或流域的环境质量评价、环境风险评价等就各有不同的监测范围。甚至，同属工程建设项目的类型，但由于项目的规模和性质不同，其监测范围也会有很大的差异。

（三）确定监测频率

选择监测周期的目的是为了掌握环境质量在时间上的变化规律。由于这一规律既决定于污染物的排放规律，又受到相应的环境要素特性的影响，因此它必须根据排放的实际情况和环境要素的实际情况来研究决定。比如在监测大气环境质量情况时，就要根据大气污染源的排放特点(间断排放还是连续排放)及气象特点来决定。在监测地面水环境质量状况时，要根据河流水文要素的变化(如丰水、平水、枯水期等)，也要考虑污染源排放规律(一日之内行几次周期性的涨落)。

（四）确定监测点位

确定监测点位是为了掌握环境质量及其变化在空间上的分布特征。在不同的环境要素中和对不同的监测项目监测点位的布置也不同。比如，大气污染物在空间上的分布是十分复杂的，它要受到气象条件、地形地物、人口密度和工业布局等许多因子的影响，因此在布置监测点时要特别仔细，既要尊重以往的理论结果，又要尊重经验。监测点一般有扇形布点法、同心圆布点法、网格布点法和功能区布点法几种。

三、大气环境质量监测

（一）监测项目

一般选择总悬浮微粒、飘尘、二氧化硫、氮氧化物、一氧化碳和光化学氧化剂等几种。由于大气环境污染物的时空变化规律还要受到气象条件的很大约束，因此还需要同时对气象因素进行同步观测（表 2-5）。

表 2-5　大气污染气象资料调查内容

历史气象资料			现场大气扩散试验		
资料名称	地面气象	低空气象	资料名称	地面气象	低空气象
风向、风速	○	△	风向、风速	○	○
云状、云量	○	—	气温	○	○
气温	△	△	气压	○	—
混合层高度	—	△	流场	△	○
大气稳定度	○	—	云状、云量	○	—
辐射量		—	大气稳定度	○	△
湿度	△	—	大气扩散参数	○	○
降水量	△	—	烟气抬升	—	○
流场	○	△			
紫外线	△	—			

注：○：必要收集的资料；△：尽可能或根据需要收集的资料；—：不需收集。

（二）监测范围与布点

对于工程建设项目而言，若以高架点源为主的建设项目，监测范围的半径可定为用大气扩散模式估算的最大落地浓度距离的 1～2 倍。表 2-6 给出了几种布点类型及其适用范围。

表 2-6　布点类型及适用范围

布点方法	布设要点	适用范围
扇形布点	以污染源为中心，沿烟羽走向呈 45°～90°扇形内布设	模式验证，测定扩散参数，在某风向频率较高时的浓度分布
网络布点	在监测范围内分成若干等面积方形网格，在网格内布设监测点	为弄清多而分散污染源所引起的大气污染
功能布点	将监测范围按工业区、生活区等分成若干功能区，在各功能区内布设监测点	适用于为弄清某些特定区域污染影响
放射形布点	以污染源为中心画若干同心圆，再以圆心向各方位以 22.5°的角度画出射线，射线与圆周交点可选为监测点	为弄清某地区各风向方位的污染状况

（三）监测频率

一般根据评价精度来确定。如一级评价每季监测一次，二级评价应有冬、夏、春（或秋）三个季节的监测资料；三级评价至少有1月和7月两个月的监测资料，以代表不同大气条件下的冬、夏两季。每期监测天数一般为3～7个监测日。如在监测期的某一天，气象条件恶劣，所监测数据无法使用，则需补足。

四、地面水环境质量监测

（一）监测项目

表2-6给出地表水水质监测的参考项目，与此同时还应配有水文监测项目，包括河道断面、水位、流量变化参数等。

（二）监测范围与布点

地面水的监测范围可根据污水排放量与水域规模来确定（表2-7）。河流、湖泊（水库）的监测位置与采样位置是不同的（表2-8、表2-9、表2-10）。

表2-7 地表水监测项目

地表水类型	必测项目	选测项目
河流	水温、pH、悬浮物、总硬度、电导率、溶解氧、化学耗氧量、五日生化需氧量、氨氮、亚硝酸盐氮、硝酸盐氮、挥发酚，氰化物、砷、汞、六价铬、铅、镉、石油类等	硫化物、氟化物、氯化物、有机氯农药、有机磷农药、总铬、铜、锌、大肠菌群、总α、总β、铀、镭、钍等
饮用水源地	水温、pH、浑浊度、总硬度、溶解氧、化学耗氧量、五日生化需氧量、氨氮、亚硝酸盐氮、硝酸盐氮、挥发酚、氰化物、砷、汞、六价铬、铅、镉、氟化物、细菌总数、大肠菌群等	锰、铜、锌、阴离子洗涤剂、硒、石油类、有机氯农药、有机磷农药、硫酸盐、碳酸根等
湖泊水库	水温、pH、悬浮物、总硬度、溶解氧、透明度、总氨、总磷、化学耗氧量、五日生化需氧量、挥发酚、氰化物、砷、汞、六价铬、铅、镉等	钾、钠、藻类（优势种）、浮游藻、可溶性固体总量、铜、大肠菌群等
排污河渠	根据纳污情况定	

表 2-8 地表水环境现状调查范围

	河流（km）			湖泊	
	大河（>150m/s）	中河（15～150m/s）	小河（<15m/s）	调查半径（km）	调查面积（km^2）
>50 000	15～30	20～40	30～50	4～7	25～80
50 000～20 000	10～20	15～30	25～40	2.5～4	10～25
20 000～10 000	5～10	10～20	15～30	1.5～2.5	3.5～10
10 000～5 000	2～5	5～10	10～25	1～1.5	2～2.5
<5 000	<3	<5	5～15	≤1	≤2

注：河流包括两岸和自排污口上游 500m（背景断面）算起的长度范围；湖泊调查半径均以排污口为圆心，调整面积为半圆形面积。

表 2-9 河流断面垂线设置

河流水面宽度（m）	垂直线	说明
≤50	一条（中泓线）	断面垂线应避开污染带，需要监测污染带时，可在污染带内酌情增加垂线没有污染的河流，并有充分数据证明断面水质均匀时，可只设中泓一条垂线
50～100	二条（左右岸边有明显水流处）	
>100	三条（左、中、右）	

表 2-10 河流断面垂线上采样点的设置

水深（m）	采样点数	说明
≤5	一点（水面下 0.5m 处）	1. 水深不足 1m 时，在 1/2 水深处
5～10	二点（水面下 0.5m 河床上 0.5m 处）	2. 河流封冻时，在冰下 0.5m 处
>10	三点（水面下 0.5m 处，1/2 水深处，河床上 0.5m 处）	3. 有充分数据证明垂直线上水质均匀时，可酌情减少采样点

表 2-11 湖泊（水库）测点采样位置

监测点水深（m）	分层采样位置
<5	表层（水面下 0.5m）
5～10	表层、底层（湖底上 0.5m）
10～15	表层、中层（水面下 10m）、底层
>15	表层、斜温层上、下及底层

（三）监测频率

根据当地的水文水质资料确定可代表监测水域的丰、平、枯水期的季节或月份。

一级评价需调查三次，分别在丰水期、平水期与枯水期进行，每次需进行水文水质同步调查 7 天。二级评价需调查两次，分别在丰水期与枯水期，每次需进行水文水质同步调查 5 天。三级评价只需在枯水期或水质较差时调查一次，与水文水质同步调查 3 天。

对于潮汐河流，每天两涨两落，需加密监测次数。潮汐影响小的河流，每隔 3～4 小时采一次水样，静水 4～12 小时采样一次。

五、地下水环境质量监测

（一）监测项目

监测项目选择应符合下列要求：属于建设项目自身排放的主要污染物；在现有监测资料中已被检出超标的污染物；为划分地下水质类型和反映水质特征的常规监测项目（如矿化度、总硬度、钾、钠、钙、镁、重碳酸根、硫酸根、氯离子等）。但在同一水文地质单元、监测点比较密集的地区，可选取其中有代表性的井点取样分析；监测常见的有害物质（如硝酸盐氮、酚、氰、有机氯等）；细菌指标（细菌总数、大肠菌群）。

（二）监测范围与布点

在透水性良好的地区，或是年限较久的老污染源，其污染范围可能较大，故监测线应当适当延长，监测范围应加大；反之可适当减小。

监测井位的布置应考虑水文地质条件、地下水的开采情况、污染物的扩散规律或其分布型，以及该区域的水化学特征等因素。监测点的密度一般可按评价等级取 0.2～1 点/km^2。对已有较多监测资料的地区，监测点数可适当减少。

监测点的布置形式可根据污染物的种类和该地区的扩散条件选择。对于点源（如渗坑、渗井）可沿地下水流向布点，以控制污染带长度，同时再垂直于地下水流向布点以控制污染带宽度。线源（如排污沟和已污染的河流）应选择垂直于污染体布点。面源（如灌区）可采用网格法均匀布点。

（三）采样时间与采样频率

在一个水文年内，最好按枯、平、丰水季各采样一次。如果同时进行地表水监测时，地下水采样时间应与地表水同步。采样频率按每个采样期至少采样一次。对有异常情况的井应适当增加采样次数。

六、土壤环境质量监测

（一）监测项目

土样监测项目，可按土壤评价工作的需要安排。目前土壤本底值调查一般分析重金属元素、微量元素、农药及其他污染物质。土壤分析方法可参照环境监测分析方法。

（二）采样单元的确定

由于土壤特性本身在空间分布上具有不均一性，所以一个采样单元是指由若干个不同方位上的样品经过均匀混合后所得到的样品。

采样点的数量和间距大小可依调查的目的和条件而定，一般是靠近污染源的采样点间距小些，远离污染源的采样点间距可稍大些。对照点应设在远离污染源、不受其影响的地方。

样品数量可按数理统计学的要求以及人力、物力等条件来决定。关于土壤样点所需的数量（n）可按下式计算：

$$n=\frac{c^2t^2}{E^2} \tag{2-25}$$

式中　c——样本的变异系数；

t——取95%的可靠性时，则 t 为1.96；

E——允许误差限，若抽样精度不低于80%，则 E 为0.2。

式（2—25）表明，样点数量并不完全取决于区域土壤面积的大小，而是取决于土壤种类性质的差异变化大小及工作必须达到的精度，在确定工作精度要求后，样点数取决于土壤样本分析项目浓度的变异系数，这可参考有关资料和工作经验来定，不同的元素或分析项目需要的样点数不同，一般应满足最大样点数。

（三）布点方法

1. 网格法布点

网格的大小、网格内布点数量可根据评价区的范围大小、工作量和评价要求确定，这种方法布点，分布均匀，代表性强。

2. 对角线布点采样法

这种布点法适宜面积小、地形平坦、受污水灌溉的田块。

3. 梅花形布点采样法

适宜面积小、土壤较均匀的地块，一般采样点在5～10个以内。

4. 棋盘式布点采样法

适应中等面积、地形完整，但土壤不均匀的田块，采样点在10个以上。

5. 蛇形布点采样法

适宜面积大、地势不平坦、土壤不够均匀的田块。采样点要求较多。

（四）采样点的深度

样点可取表层（0～20cm）和底层（20～40cm）土，主要土类和母质的样点，可按土壤剖面的发生土层中分别取样。取样时应除去接触铁铲部分的土壤，以免污染。每个土样取1kg。

第四节　定性信息的获取

对于环境评价的某些定性质量指标，既不能通过资料收集进行赋值，也不能通过调查、采样、监测乃至预测进行赋值，在此情况下，可否考虑采用专家咨询的方法进行赋值。

一、专家咨询的作用特点

采用专家咨询赋值是一种古老的方法，但至今仍有重要地位。即组织环境科学领域（有时也需要请其他科学领域）的专家，运用专业方面的经验和理论对环境质量指标进行赋值的方法。其作用体现在：第一，对某些难以用数学模型定量化的因素，例如，社会政治因素可以考虑在内。第二，在缺乏足够统计数据和原始资料的情况下，可以作出定量估计。

值得指出的是，现代的专家咨询与古老的直观的评估法，不是简单的历史重复，而是有质的飞跃，它们之间有截然不同的特点。其中较突出的有：

（1）已经形成一套如何组织专家，充分利用专家们的创造性思维进行评价的理论和方法；

（2）不是依靠一个或少数专家，而是依靠专家集体（包括不同领域的专家），这样可以消除个别专家的局限性和片面性。根据数理统计中的大数定律可知，如果几个专家的评估值为独立分布的随机变量时，只要n足够大，其评估的算术平均值就可以逼近数学期望值。

（3）现代的专家咨询是在定性分析基础上，以打分方式作出定量评价。

比较有代表性的专家咨询是德尔斐法，本节将重点介绍这一方法。

二、德尔斐法

德尔斐法是美国兰德公司于1964年首先用于技术预测的。德尔斐法是专家会议预测法的一种发展，它以匿名方式通过几封函询征求专家们的意见。组织者对每一轮的意见都进行汇总整理，作为参考资料再发给每个专家，供他们分析判断，提出新的论证。如此多次反复，专家的意见日趋一致，结论的可靠性越来越大。

德尔斐法是一种系统分析方法，是在意见和价值判断领域内的一种有益延伸。它突破了传统的数量分析限制，为更合理地制定决策开阔了思路。由于能够对未来发展中的各种可能出现和期待出现的前景作出概率估价，德尔斐法就为决策者提供了多方案选择的可能性，而用其他任何方法都很难获得这样重要的，以概率表示的明确答案。德尔斐法已在环境科学领域中得到广泛应用，说明该方法本身在环境预测和环境价值判断方面具有相当价值。

下面将德尔斐法的特点、确定评价主题、编制评价事件一览表、选择专家、环境预测和价值判断过程、结果的处理和表达方式等七个问题分别加以论述。

（一）德尔斐法的特点

1. 匿名性

为克服专家容易受到心理因素影响的缺点，德尔斐法采用匿名函询征求意见，可以消除某种心理因素的影响。

2. 轮回反馈沟通情况

德尔斐法不同于民意测验，一般要经过四轮。在匿名的情况下，为了使参加评价的专家掌握每一轮的汇总结果和其他专家提出的评价意见，达到相互启发的目的，组织领导小组对每一轮的结果作出统计，并作为反馈材料发给每个专家，提供出下一轮评价时参考。

3. 咨询结果统计特性

采用统计方法，对结果进行定量处理是德尔斐法的一个重要特点。

（二）确定咨询主题

在确定咨询主题时有以下几个问题是需要注意的。

1. 向专家提供背景资料

环境科学是多学科相互交叉、渗透，不可能要求每一个专家对所有知识都非常了解。因此，有必要提供必要的背景材料。

2. 问题要集中

环境问题涉及面很广，但对于某一环境质量评价，往往有一两个主要环境问题是制约经济发展的因素。因此，问题要集中并有针对性，不要过于分散，以便使各个事件构成一个有机整体。

3. 调查表要简化

调查应有助于而不是妨碍专家作出评价，应使专家把主要精力用于思考问题，而不是理解复杂的和混乱的调查表。调查表的应答要求，最好是选择一个日期或填空。调查还应有足够的地方，以便专家阐明意见。

（三）选择专家

德尔斐法是一种对意见和价值进行判断的作业，因而选择专家是成败的重要一环。那么选择专家应如何进行呢？这里有四个问题：什么叫专家，怎样选择专家，选择什么样的专家以及专家的人数。

1. 什么叫专家

在组织预测或评价时，拟选的专家不能仅仅局限于一个领域的权威，因为权威的人数是有限的。德尔斐法拟选的专家是指在该领域从事十年以上技术工作的专业干部。

2. 怎样选择专家

怎样选择专家是由评价目的决定的。如果要求比较深入地了解本地区的环境质量与经济活动的历史过程，最好从本地区选择专家。从本地区选择专家比较简单，既有档案可查，又熟悉专家的现实情况。如果评价任务关系到重大工程项目，对当地的经济、社会、人口的影响，则最好同时从本地区内外挑选，从行业内外挑选。

从外部选择专家，一般要经过几轮。首先要收集本行业、本地区比较熟悉的专家名单，而后再从有关期刊和出版物中物色一批知名专家。以这两部分专家为基础将调查表发给他们，征求意见，同时要求他们推荐 1～2 名有关专家。预测领导小组从推荐名单中，再选择一批有两人以上同时推荐的专家。

3. 选择什么样的专家

在选择专家过程中，不要仅局限于选择精通技术，有一定名望、有学科代表性的专家。选择承担技术领导职务的专家固然重要，但要考虑他们是否有足够时间认真填写调查表。经验表明，一个身居要职的专家匆忙填写的调查表，其参考价值还不如一个从事某项技术工作的一般专家认真填写的调查表。再有乐于承担任务，并坚持始终，也是选择专家时要注意的一个问题。

4. 专家组人数

人数视评价规模而定。人数太少，限制学科代表性，并缺乏权威；人数太多，难以组织，对结果处理也比较复杂。研究结果表明，当人数接近 15 人时，进一步增加专家人数则对咨询精度影响不大。因而小组人数一般以 10～50 人为宜。在确定专家人数时，值得注意的是即使专家同意参加预测，因种种原因也不见得每轮必答，有时甚至中途退出，因而预选人数要多于规定人数。

（四）结果的处理和表达

对应答结果进行分析和处理，是德尔斐法的最后阶段，也是最重要的阶段。处理的方法和表达的方式，取决于评价问题的类型和对评价的要求。

在介绍结果处理之前，首先要研究一下专家意见的概率分布问题。因为只有掌握作为随机变量的专家意见的概率分布，才能对专家意见的数字特征作出估计。从许多试验可以得出一个结论，专家的意见分布是接近或符合正态分布的，这是我们对数据进行处理的数学基础。掌握了专家意见概率分布后，就可以对专家意见的数字特征作出估计。

多目标多方案的相对重要性评价，包括专家意见的集中程度、协调程度及其统计显著性、专家积极性系数和专家的权威程度。

1. 专家意见的集中程度

（1）计算某方案的算术平均值。首先将全部专家对所有方案评分值 C_{ij} 列于表 2-12。

表 2-12　相对重要性评价表

专家	工程建设项目的备选方案					
	1	2	…	j	…	n
1	C_{11}	C_{12}	…	C_{1j}	…	C_{1n}
2	C_{21}	C_{22}	…	C_{2j}	…	C_{2n}
M	MM	M	…	M	…	M
i	C_{i1}	C_{i2}	…	C_{ij}	…	
M	MM	M	…	M	…	M
m	C_{m1}	C_{m2}	…	C_{mj}	…	C_{mn}

以表 2-12 为基础，求各方案的算术平均值，得：

$$n_j = \frac{1}{m_j}\sum_{i=1}^{m_j} C_{ij} \tag{2-25}$$

式中　n_j——j 方案算术平均值；

m_j——参加 j 方案评价的专家数；

C_{ij}——i 专家对 j 方案的评分值。

算术平均值为 0～100 分，n_j 越大，方案的重要性越高。

（2）方案的满分（100 分）频率：所谓满分频率，就是对 j 方案给满分的专家数与对 j 方案作出评价专家总数之比，其计算方法为

$$K'_j = \frac{m'_j}{m_j} \tag{2-26}$$

式中　K'_j——j 方案的满分频率；

m'_j——给满分的专家数。

j 方案满分频率为 0～1。K'_j 可以作为 n_j 的补充指标。K'_j 越大，说明对方案给满分的专家人数越多，因而方案的重要性可能越大。

2. 专家意见协调程度

这是一项十分重要的指标，通过协调程度的计算，还要找出高度协调专家组

和持异端意见的专家。

(1) 求 j 方案评价结果的变异系数：变异系数是代表评价相对波动大小的重要指标，具体求法按如下顺序进行。

计算 j 方案评价的方差

$$S_j^2 = \frac{1}{m_j - 1}\sum_{i=1}^{m_j}(C_{ij} - n_j)^2 \tag{2-27}$$

计算 j 方案评价的标准差

$$\sigma_j = \sqrt{S_j^2} = \sqrt{\frac{1}{m_j - 1}\sum_{i=1}^{m_j}(C_{ij} - n_j)^2} \tag{2-28}$$

计算 j 方案评价变异系数。已知 j 方案的算术平均值与标准差，可求得变异系数：

$$V_j = \frac{\sigma_j}{n_j} \tag{2-29}$$

V_j 表明了专家们对 j 方案相对重要性的波动程度，也就是协调程度，V_j 越小，专家们的协调程度越高。

(2) 专家意见的协调系数：变异系数仅能说明 m_j 个专家对于 j 方案的协调程度，但是我们往往还希望了解全部 m 个专家对全部 n 个方案的协调程度。这一协调程度用 W 表示：

$$W = \frac{12}{m^2(n^3 - n) - m\sum_{i=1}^{m} T_i}\sum_{j=1}^{n} d_j^2 \tag{2-30}$$

式中 T_i——相同等级指标。

$$T_i = \sum_{l=0}^{L}(t_l^3 - t_l) = \sum_{l=0}^{L} t_l(t_l - 1)(t_l + 1) \tag{2-31}$$

式中 d_j^2——j 方案等级与全部方案等级总和的算术平均值之差的平方；

L——i 专家评价中的相同评价组数；

T_i——L 组中的相同等级数。

协调系数 W 在 0～1 之间，W 越大，表示所有专家对全部方案协调程度越好。协调系数不大，意味着专家意见协调程度比较低。协调系数小，可能是由以下两种原因引起的。第一，参加同一方案预测的专家之间缺乏交流；第二，在对同一方案预测的专家组中存在着一些高度协调组，但各高度协调组之间意见相互对立。因而，某些预测的结果，W 可能很小，极端情况甚至为零。这对预测结果没有什么影响，这时的关键问题是要找出各高度协调组。因为通过对各高度协调专家组就某方案判断的分析，有助于从事多方案选择。

3. 协调程度统计显著性

评价或预测是在一定假设前提下进行的，假设专家意见按正态分布，但预测或评价结果如何呢？则要进行假设检验，也称为显著性检验，它用以比较理论结果与实际观测结果的差异。统计量落入拒绝区域的概率（%表示）称为显著性水平。在数量上显著性水平等于1减去置信水平。因而显著性水平数值越小，专家组意见协调的概率越大。如果显著性水平超过0.05，则认为在专家意见协调方面将是不足置信的。协调程度的显著性检验按皮尔逊（R. Pearson）X_R^2 准则进行：

（1）计算 X_R^2 值：

$$X_R^2 = \frac{1}{mn(n+1) - \frac{1}{n-1}\sum_{i=1}^{m} T_i}\sum_{j=1}^{n} d_j^2 \tag{2-32}$$

（2）计算自由度：自由度为计算 X_R^2 值时用到的独立观测值的个数：

$$f = n - 1 \tag{2-33}$$

（3）根据自由度 f 和显著性系数 α，从 X^2 分布表中查到 X_f^2，如果 $X_R^2 > X_f^2$，则可认为专家意见相当协调。

4. 专家的积极性系数

所谓专家的积极性系数就是专家对某方案的关心程度，其计算方法为参与对 j 方案预测的专家与全部专家数之比，即

$$C_{aj} = \frac{m_j}{m} \tag{2-34}$$

式中　C_{aj}——积极性系数；

m_j——参与 j 方案预测的专家数；

m——全部专家数。

5. 专家权威程度

任何一个专家都不可能对预测中的每一个问题都是权威的，而权威与否对评价的可靠性则有相当大的影响。因而，在对评价结果进行处理时，常常要求考虑专家对某一问题的权威程度。

专家的权威程度一般由两个因素决定：一个是专家对方案作出判断的依据，用 C_j 表示，一个是专家对问题的熟悉程度，用 C_s 表示。专家的权威程度以自我评价为主，有时也可相互评价。问题的熟悉程度取0.1～1.0分。如果认为对这个问题最权威，记1.0分，相当权威记0.8分，可以满足要求记0.5分，不太熟悉记0.2分。

权威程度为判断系数和熟悉程度系数的算术平均值，即

$$C_a = \frac{C_i + C_s}{2} \tag{2-35}$$

权威程度求出以后，把它作为权数，对专家评分值进行加权平均计算。

第五节 环境模拟试验

环境模拟试验也是一种获取环境评价信息的手段之一，它是指为阐明某一环境现象或过程、取得某一特定环境信息而创造特定条件所进行的观察其变化和结果的活动。本节仅介绍环境模拟试验的类型、试验方案的确定、试验的实施以及试验结果的分析方法。

一、环境模拟试验的类型

环境模拟试验研究按照不同的分类原则，如试验目的、试验空间（场所）、试验时间（进程）以及因子数目等的不同，可以划分为若干类型。

按照试验目的或试验内容，可分为比较性试验、关系性试验和创新性试验。比较性试验的目的在于弄清不同试验处理（条件）或试验因子所产生的试验效应的大小与方向（正效应或负效应）。关系性试验是为了研究环境因子之间的作用关系与大小，区分因子之间的原因因子与后果因子、直接因子与间接因子、主要因子与次要因子等。创新性试验的目的就是创新。一般地，在环境评价中，出现最多的是前两种试验。

按照试验空间或试验规模，可分为探索性试验、模拟性中试和生产性试验。探索性试验一般在实验室完成，其目的主要是检验试验原理和设想是否可行。在模拟生产条件下进行的是中试，其目的是检验规模扩大时，实验室探索小试结果的可靠性，并获得有关运行参数，为设计生产作好准备。生产性试验则完全在现实生产条件下进行。获取环境评价信息的试验主要是探索性试验与中试。

按照试验时间或试验进程，可分为预备性试验、基本试验和示范性试验。预备试验是探索的初步试验，设计简单，要求的准确性较低，只求探索一些苗头。基本试验则严格按照设计与技术要求进行，处理和重复数较多，要求的准确性也相应地提高。示范性试验则和前面的生产性试验类似，是在生产条件下进行的。获取评价信息的试验主要是基本试验。

按照试验因子数目的多少可分为单因子试验和多因子试验两种。顾名思义，单因子试验是在其他因素处于相对一致的条件下，只研究某一个因素的效应。其设计简单，目的明确，结果也易于分析，但不能了解多个因素之间的相互关系。多因子试验则同时研究两个或两个以上不同因素的效应，其试验效率较单因子试验大为提高。这两类试验都可获取环境评价信息。

二、环境模拟试验设计方案的确定

（一）试验设计的原则

1. 试验设计的要素构成

所谓试验设计，是指根据试验目的与要求，为了获得有效的试验数据，而对试验因子、水平、处理、重复、效应指标等要素所作的安排。

因子是指影响试验、分析、观测结果的条件，它包括定性因子与定量因子两大类。因子在试验中所取的状态（即取值）称为水平。不同因子之间的水平组合称为处理。很显然，在单因子试验中，该因子的每个水平就是一个处理。每一个处理完成的次数称为重复。用于表征试验结果大小或方向的变量称为效应指标。

任何一个试验设计，都不能离开上述5个要素。例如，在设计Zn、Cd复合污染对植物生长发育的影响试验时，初始Zn添加量为0，20，40，80mg/kg，初始Cd添加量为0，0.01，0.05，0.10，0.20mg/kg等，此处，Zn、Cd就是两个试验因子，不同的Zn、Cd初始添加量就是水平，因此Zn有4个水平，Cd有5个水平，这些不同的水平组合在一起，就构成了20个完全组合，即20个处理。如果每个处理安排3次，则重复数就是3。如果试验中观测植物生长量、植物体内Zn、Cd含量，则植物量、Zn含量、Cd含量就是3个效应指标。

2. 试验设计原则

一个完整的试验设计方案，应遵循以下原则：

(1) 目的针对性

任何一个试验都有一定的目的与任务。这些目的、任务有探索环境问题的成因，阐明环境过程的变化特征，获取环境评价的信息等。试验方案应保证试验实施后，这些目的能够达到，这些任务能够完成。即试验方案对目的具有导向性。

(2) 条件代表性

从统计学上看，任何试验总是从总体中抽出一些样本，然后进行特征研究，因此，试验结果能否代表总体是试验设计方案的必备要求。

(3) 差异唯一性

这项原则要求在试验实施过程中，各处理组合除了所设水平不同外，应尽量保证其他试验条件的一致性，这样才能使试验结果更具有说服力。

(4) 结果重现性

相同的条件下进行重复试验，试验结果能获得相同的规律性。由于偶然因素的存在，重复试验结果的绝对数值不可能完全一样，但应保证重复之间的差异不显著。试验没有重复，其结果就难以保证重现性，也就失去其应用价值。

(5) 成本低耗性

从总体上考虑，所有试验要尽可能降低总的经济成本。由于每个处理组合所消耗的人力、财力、物力大致一样，因此降低总成本，就必须尽可能减少试验设计的处理数目，即进行优化设计。

（二）试验设计方案的拟定

前已述及，一个完整的试验设计方案包括因子、水平、处理、重复、效应指标5个要素。这些要素中最关键的是试验因子水平的确定和试验处理的确定，它们也是试验设计方案的核心内容。

1. 因子水平的确定

对于定性因子，可以直接确定其水平，即该因子的每一个类型就是一个水平。对于定量因子，一般根据预备试验结果来确定其水平。确定的方法有等差法、等比法、正态法、偏态法、0.618法、分数法等几种。

等差法，又称均分法，它是在预备试验或经推理后，确定一个试验范围，将此范围划分成若干等份，每一等份就是一个水平。等比法则是将此范围按等比关系分成若干份，每一份就是一个水平。正态法就是在此范围中心值附近，安排较多的水平，远离中心值则安排较少的试验水平，使得整个水平数的分布近似呈正态分布。偏态法则在范围的一端安排较多的水平，然后沿着这个范围，逐渐减少水平数目。0.618法和分数法都属于优选法，可参考其它有关文献。

2. 试验处理的确定

对于单因子试验而言，水平确定后，其处理就相应地确定了。对于多因子试验，其处理的确定较为复杂。

对于比较性的多因子试验，其水平组合（处理）可采用纵横对折法、平行线法、旋升法、逐步提高法、陡度法以及单纯形法等予以确定，它们都属于优选法，可参考有关文献。对于关系性的多因子试验，其水平组合可采用完全设计、非均衡不完全设计、均衡不完全设计等方法予以确定。

完全设计是最常见、最简单的一种多因子方法。其设计原理是所有因子处于完全平等的地位，每个因子的每个水平都要相互组合。即将各因子不同水平一切可能的组合均作为试验处理。如果试验因子有 m 个，每个因子设 n_i（$i=1, 2, \cdots, m$）个水平，则试验处理为 $\prod_{i=1}^{m} n_i$ 个。完全设计方案简单易行，其结果易于直观分析，并且很容易区分因子的主效应和多级交互效应。但完全设计试验处理数目随因子数和水平数的增加而呈几何级数增长，这就增加了整个试验成本，因此完全设计只适用于因子和水平数都不太多的试验。

均衡不完全设计与非均衡不完全设计都是由完全设计方案的一部分来构成试验设计方案。其中均衡不完全设计就是通常所说的正交设计，它需要借助某些正交表来设计方案。正交设计可以大大减少试验处理数，降低试验成本。其具体方法可参见有关文献。

非均衡不完全设计是指设计者在已知某些特定条件下，所设计出的“总体上不均衡但部分是均衡”的试验方案。例如研究 P、Zn、Cd 等三因子的植物效应。其中 P 属于养分元素，Cd 属于有毒重金属元素，Zn 则介于两者之间。假设每个因子设两个水平，如按完全设计，则有 8 个试验处理；如按表 2-13 进行设计，则只有 5 个处理。该方案在总体上是不均衡的，无法分析出 P、Zn、Cd 的主效应及其交互效应，但它突出了 Zn、Cd 效应的研究，其中 1、2、3、4 号处理构成了 Zn、Cd 二因子的均衡设计，可以分析出 Zn、Cd 的主效应及其交互效应。通过 4、5 号处理之间的比较则可以分析出 P 的作用。因此这个方案偏重与研究重金属元素的交互作用，附带探讨重金属与养分元素的交互作用。

表 2-13　非均衡不完全设计示例

处理号	Zn	Cd	P
1	Zn_1	Cd_1	P_1
2	Zn_2	Cd_1	P_1
3	Zn_1	Cd_2	P_1
4	Zn_2	Cd_2	P_1
5	Zn_2	Cd_2	P_2

三、环境模拟试验的实施

试验设计方案确定后，就要根据试验目的和要求作好试验计划，试验计划是进行试验工作的依据。拟定试验计划，一方面要能够达到试验目的和满足对精度的要求；另一方面又要立足现有试验条件，千方百计地提高试验效率。制订出的试验计划，既有相当的可操作性，能保证完成试验任务，又具体精练，能达到事半功倍的效果，符合多快好省的原则。

实验工作的实施过程，内容较多，时间较长，干扰因素也较多，各种数据在这个过程取得，试验误差也在这个过程形成。试验实施的主要工作有：(1) 根据拟订的试验方案和试验方法，做好试验场所、器材、工具等的准备工作。(2) 认真布置实验。(3) 做好试验的管理工作。(4) 完成试验规定的观测项目记载与各种测定工作。

四、环境模拟试验的分析

环境模拟试验结果的分析就是各种观测工作完成后，所进行的数据处理与专业分析。这是获取环境评价信息的关键所在。其工作包括数据预处理、数学分析方法的选择、计算机求解、结果的专业分析等。

数据预处理是为了满足数理统计的某些特殊要求，对观测值进行加工处理，如剔除异常值、检验分布形态、计算统计特征参数、数据标准化等。

数学分析方法有统计推断分析（假设检验、方差分析）、依存分析（相关分析、回归分析、通径分析）、因素分析（主成分分析、对应分析、主坐标分析）、类别分析（聚类分析、判别分析）等。具体选择哪种方法，一般根据环境问题的目标、样本特征等而定。方法选定后，经过计算机求解，输出结果，然后结合专业进行分析，以获取有用的环境评价信息。

思考题

1. 环境评价信息包括哪些？有哪些途径可以获取？
2. 污染源调查在环境评价中的地位和作用是什么？
3. 如何确定污染物的排放量？如何进行污染源评价？
4. 环境背景值是什么？如何确定？
5. 环境现状调查内容有哪些？
6. 环境质量监测有什么作用？一个完整的监测方案应该包括哪些内容？
7. 德尔斐调查法的基本思想与程序是什么？如何分析德尔斐法调查结果？
8. 如何确定环境模拟试验的方案？

第三章　大气环境质量评价

第一节　大气环境质量现状评价

描述和反映大气环境质量现状既可以从化学的角度，也可以从生物学、物理学和卫生学的角度，它们都从某一方面说明了大气环境质量的好坏。由于我们最终要保护的是人，以人群效应来检验大气质量好坏的卫生学评价更科学更合理一些。但这种方法难以定量化，所以目前应用最普遍的是监测评价。

一、大气污染监测评价

（一）大气污染的形成机理及影响污染物地面浓度分布的因素

污染源向大气环境排放污染物是形成大气污染的根源。污染物质进入大气环境后，在风和湍流的作用下向外输送扩散，当大气中污染物积累到一定程度之后，就改变了原始大气的化学组成和物理性状，构成对人类生产、生活甚至人群健康的威胁，这就是大气污染。

从大气污染的形成看，造成大气污染首先是因为存在着大气污染源；其次，还和大气的运动，即风和湍流有关。影响污染物地面浓度分布的因素主要包括污染源的特性和决定大气运动状况的气象条件与地形条件。

1．源的形态　大气污染源分为点源、面源和线源，点源又分高架源和地面源。不同类型的源污染能力不同，在同样的气象条件下形成的地面浓度也不同，线源和面源的污染能力比点源大，地面源的污染能力比高架源大。因而，在其它条件相同时，线源和面源造成的地面浓度就比点源大，地面源形成的浓度也比高架源大。

2．源强　源强是污染源单位时间内排放污染物的量，即排放率。显然，源强越大，形成的地面浓度就越大，反之，地面浓度就小。

3．源的排放规律　指源的排放特点。是间断排放，还是连续排放；间断排放的规律是什么；连续排放是均匀排放还是非均匀排放；若是非均匀排放，排放量随时间变化的规律是什么。所有这些源的排放特点，均和污染物的浓度分布有着密切的关系。污染物的浓度往往随着排放的变化而变化。

4．大气的稀释扩散能力　大气作为污染物质的载体，自身的运动状况决定了对污染物的稀释扩散能力，从而也就决定了污染物的地面浓度分布。影响大气运动状态的因素有地形条件和气象条件，而地形和气象条件往往决定了流场特性、风的结构、大气温度结构等，显然，这些因素都将直接影响污染物的地面浓度分布。

（二）评价工作程序

大气环境质量现状评价工作可分为四个阶段：调查准备阶段、环境监测阶段、评价分析阶段和成果应用阶段。

1．调查准备阶段　根据评价任务的要求，结合本地区的具体条件，首先确定评价范围。在大气污染源调查和气象条件分析的基础上，拟定该地区的主要大气污染源和污染物以及发生重污染的气象条件，据此制定大气环境监测计划，并作好人员组织和器材准备。

2．污染监测阶段　有条件的地方应配合同步气象观测，以便为建立大气质量模式积累基础资料。大气污染监测应按年度分季节定区、定点、定时进行。为了分析评价大气污染的生态效应，为大气污染分级提供依据，最好在大气污染监测时，同时进行大气污染生物学和环境卫生学监测，以便从不同角度来评价大气环境质量，使评价结果更科学。

3．评价分析阶段　评价就是运用大气质量指数对大气污染程度进行描述，分析大气环境质量的时空变化规律，并根据大气污染的生物监测和大气污染环境卫生学监测进行大气污染的分级。此外，还要分析大气污染的成因、主要大气污染因子、重污染发生的条件以及大气污染对人和动植物的影响。

4．成果运用阶段　根据评价结果，提出综合防治大气污染的对策。如改变燃料构成、调整能源结构和调整工业布局等。

（三）大气污染监测评价

1．评价因子的选择　选择评价因子的依据是：本地区大气污染源评价的结果、大气例行监测的结果，以及生态和人群健康的环境效应。凡是主要大气污染物，大气例行监测浓度较高以及对生态及人群健康已经有所影响的污染物，均应选作污染监测的评价因子。

目前，我国各地大气污染监测评价的评价因子包括 4 类：尘（降尘、飘尘、悬浮微粒等）、有害气体（二氧化硫、氮氧化物、一氧化碳、臭氧等）、有害元素（氟、铅、汞、镉、砷等）和有机物（苯并［a］芘、总烃等）。评价因子的选择因评价区污染源构成和评价目的而异。进行某个地区的大气环境质量评价时，可根据该区大气污染源的特点和评价目的从上述因子中选择几项，不宜过多。

2．评价标准的选择　大气环境质量评价标准的选择主要考虑评价地区的社会功能和对大气环境质量的要求，评价时可以分别采用一级、二级或三级质量标准。对于标准中没有规定的污染物，可参照国外相应的标准。有时，也可选择本地区的本底值、对照值、背景值作为评价对比的依据，但这往往受到地区的限制，使评价结果不能相互比较。

3. 监测

(1) 布点　监测布点的方法有网格布点法、放射状布点法、功能分区布点法和扇形布点法等，具体应用时可根据人力、物力条件及监测点条件的限制灵活运用。一般说来，布点要遵循如下几条原则：①最好设置对照点；②点的设置考虑大气污染源的分布和地形、气象条件：在污染源密集区和污染源密集区的下风侧，要适当增加监测点，争取做到 $1\sim4km^2$ 内有一个监测点；而在污染源稀少和评价区的边缘则可以少布一些点，争取做到 $4\sim10km^2$ 内有一个监测点；③布的点必须能控制住要评价的区域范围，要保持一定的数量和密度；④要有大气监测布点图。

(2) 采样、分析方法　可采用监测规范中规定的条文和分析方法。

(3) 监测频率　一年分四季，以 1 月、4 月、7 月、10 月代表冬、春、夏、秋季。每个季节采样 7 天，一日数次，每次采 20～40 分钟。以一日内几次的平均值代表日平均值，以 7 天的平均值代表季日平均值。

(4) 同步气象观测　大气污染程度和气象条件有密切的关系，要准确地分析、比较大气污染监测的结果，一定要结合气象条件来说明。首先要充分利用本地区气象部门的常规气象资料，如果评价区地形比较复杂，气象场不均匀，则应考虑开展同步气象观测，从而找出大气污染的规律和重污染发生的气象条件。

4. 评价　评价就是对监测数据进行统计、分析，并选用适宜的大气质量指数模型求取大气质量指数。根据大气质量指数及其对应的环境生态效应进行污染分级，绘制大气质量分布图，从而探讨各项大气污染物和环境质量随着时空的变化，指出造成本区大气环境质量恶化的主要污染源和主要污染物，研究大气污染对人群和生态环境的影响。最后，要提出改善大气环境质量及防止大气环境进一步恶化的综合防治措施。

二、大气环境质量现状评价的数学方法

目前，我国进行大气污染监测评价的方法多数是采用大气质量指数法。大气质量指数是评价大气质量的一种数量尺度，用它来表示大气质量可以综合多种污染物的影响，反映多种污染同时存在情况下的大气质量。这里，我们介绍几种国内外的大气质量指数：

(一) 上海大气质量指数

$$I_{上} = \sqrt{XY} \tag{3-1}$$

式中 $X=\max\left(\frac{C_i}{S_i}\right)$，$Y=\frac{1}{K}\sum_{i=1}^{K}\frac{C_i}{S_i}$

C_i——i 污染物的实测浓度；

S_i——i 污染物的环境质量标准。

$I_{上}$ 的物理意义是最高 C_i/S_i 值与平均 C_i/S_i 值的几何平均值，它不但考虑了多种污染物的平均污染状况，而且还考虑了某种污染物的最大污染水平。这种指数形式简单，不受评价参数个数变化的影响，是比较适用的大气质量指数。

该指数由上海第一医学院姚志麒提出，当时并未对指数进行污染分级，以后，沈阳环保所的同志参照美国 *PSI* 值对应的浓度和人体健康的关系，对 $I_{上}$ 值进行了大气污染分级（表 3-1）。

表 3-1 大气质量指数的分级

分级	清洁	轻污染	中污染	重污染	极重污染
$I_{上}$	<0.6	0.6～1.0	1.0～1.9	1.9～2.8	>2.8
大气污染水平	清洁	大气质量标准	警戒水平	警报水平	紧急水平

（二）均值型大气质量指数

北京、南京、广州在大气环境质量评价中采用的指数，属于同一类型，为均值型指数。

$$I_{北}=\frac{1}{2}\left(\frac{C_{SO_2}}{S_{SO_2}}+\frac{C_{飘尘}}{S_{飘尘}}\right) \tag{3-2}$$

$$I_{南}=\frac{1}{3}\left(\frac{C_{SO_2}}{S_{SO_2}}+\frac{C_{飘尘}}{S_{飘尘}}+\frac{C_{NO_2}}{S_{NO_2}}\right) \tag{3-3}$$

$$I_{广}=\frac{1}{3}\left[\left(\frac{C_{SO_2}}{S_{SO_2}}\right)+\left(\frac{C_{飘尘}}{S_{飘尘}}\right)+\left(\frac{C_{SO_2}}{S_{SO_2}}\right)\times\left(\frac{C_{飘尘}}{S_{飘尘}}\right)\right] \tag{3-4}$$

式中 C——表示实测浓度；

S——表示相应的环境质量标准。

三个指数的分级均是按超标倍数的大小来进行的。建议今后应用上述指数时，应结合评价区污染物浓度与危害状况进行分级，起码要确定出明显危害的污染物浓度水平，定出一两个级别后，再按指数值的区间进行划分，这样做可能更符合实际情况。

（三）沈阳大气质量指数

$$I_{沈}=\left[1.12\times10^{-5}\sum_{i=1}^{4}\frac{C_i}{S_i}\right]^{-0.40} \tag{3-5}$$

$I_{沈}$ 选择了 4 个污染参数（表 3-2）：二氧化硫、氮氧化物、飘尘、铅。指数推导的基本思路是借鉴美国橡树岭大气质量指数。

表 3-2　沈阳大气质量指数评价参数　单位：mg/m³

参数	SO_2	NO_x	飘尘	Pb
背景浓度	0.02	0.01	0.05	0.0001
标　准	0.15	0.13	0.15	0.0007
明显危害浓度	2.0	1.0	1.0	0.01

当 4 项污染物浓度等于背景浓度时，$I_{沈}=100$；当 4 项污染物浓度等于明显危害浓度时，$I_{沈}=20$。这样确定的系数当污染物浓度等于标准时，$I_{沈}=60$。

沈阳大气质量指数分级是在确定 PSI 值与 $I_{沈}$ 值之间关系后，按 PSI 分级标准进行分级（表 3-3）。

表 3-3　沈阳大气质量指数分级

质量等级	极重污染	重污染	中等污染	轻污染	清洁
$I_{沈}$	<31	31～40	43～55	55～61	>61
大气污染水平	紧急水平	警报水平	警戒水平	大气质量标准	清洁

（四）分级评分法

分级评分法将大气质量划分为五级（表 3-4）。其中第一、第二、第三级相当于保护大多数人的健康和城市一般植物需要达到的水平，第四、第五级相当于污染和重污染水平。

表 3-4　大气中污染物质浓度分级与评分　浓度单位：mg/m³

参数	第一级（理想级）		第二级（良好级）		第三级（安全级）		第四级（污染级）		第五级（重污染级）	
	浓度分级	评分	浓度分级	评分	浓度分级	评分	浓度分级	评分	浓度分级	评分
降尘①	≤8	25	≤12	20	≤20	15	≤40	10	>40	5
飘尘②	≤0.10	25	≤0.15	20	≤0.25	15	≤0.50	10	>0.50	5
SO_2	≤0.05	25	≤0.15	20	≤0.25	15	≤0.50	10	>0.50	5
NO_x	≤0.02	25	≤0.05	20	≤0.10	15	≤0.20	10	>0.20	5
CO	≤2	25	≤4	20	≤6	15	≤12	10	>12	5
总氧化剂③	≤0.05	25	≤0.1	20	≤0.20	15	≤0.40	10	>0.40	5

注：①是本法专用的浓度分级，单位是：t/（km^2·月）；②应用于颗粒物时，按颗粒物监测值折半；③最大的一次浓度值。

本评价方法选用降尘、颗粒物、二氧化硫为必评参数。一氧化碳、氮氧化物、总氧化剂为自选项目，可任选其中污染最重的一项参加评价。因此，本评价方法共选择 4 个参数。

分级评分的计算方法，采用百分制。评分愈高，大气质量愈好。评价时先由表 3-4 求得各评价参数的评分值 A_i，将各参数评分值 A_i 求和 M，M 值即为大气质量分数。计算式如下：

$$M = \sum_{i=1}^{4} A_i \tag{3-6}$$

式中 A_i——i 参数评分值；

M——大气质量分数；

i——评价时选用的评价参数的个数。

计算结果，M 值在 20～100 之间，然后根据表 3-5 确定大气质量等级。

表 3-5 分级评分法分级标准

M	100～95	94～75	74～55	54～35	34 以下
大气质量等级	第一级（理想级）	第二级（良好级）	第三级（安全级）	第四级（污染级）	第五级（重污染级）

（五）美国格林大气污染综合指数

格林（1966 年）提出以 SO_2 和烟雾系数（COH）为评价参数，对 SO_2 和烟雾系数建议用希望、警戒和极限三级水平的日平均数值（表 3-6）作为假设标准，采用幂函数形式表达 SO_2 和烟雾系数两个污染指数，并规定当 SO_2 或烟雾系数达希望、警戒和极限水平时，污染指数分别为 25、50 和 100。格林把 SO_2 和 COH 污染指数加以平均，得出大气污染综合指数：

SO_2 污染指数 $I_1 = a_1 S^{b_1} = 84.0S^{0.431}$ (3-7)

COH 污染指数 $I_2 = a_2 S^{b_2} = 26.6C^{0.576}$ (3-8)

污染综合指数 $I = \frac{1}{2}(I_1 + I_2) = 0.5(84.0S^{0.431} + 26.6C^{0.576})$ (3-9)

式中 S——SO_2 实测日平均浓度（mg/L）；

C——实测日平均烟雾系数（COH 单位/1 000 英尺）；

a_1、a_2、b_1、b_2——确定指数尺度的常数。

当测得污染指数小于 25 时，说明空气清洁而安全；当指数大于 50 时，说明空气有潜在危险性。当指数达 50、60、68 时，应分别发出一、二、三级警报，采取减轻污染的有关措施。指数等于 68 时，相当于煤烟型大气污染事件的水平。

表 3-6　格林建议的 SO_2 和烟雾系数日平均浓度标准

污染物	希望水平	警戒水平	极限水平
SO_2（$\times10^{-6}$，体积比）	0.06	0.3	1.5
烟雾系数（COH 单位/1 000 英尺）	0.9	3.0	10.0
污染指数	25	50	100

这种大气污染指数适用于我国北方的冬季或以燃煤为主要能源的地区。由于我国反映烟尘污染水平的参数一般取飘尘，当飘尘浓度取每立方米毫克（mg/m^3）时，烟雾系数约是它的 10 倍，换算后代入公式，即可计算格林大气污染综合指数。

（六）美国橡树岭大气质量指数（ORAQI）

它是由美国原子能委员会橡树岭国家实验室于 1971 年提出的。ORAQI 计算式为

$$ORAQI=\left[5.7\sum_{i=1}^{5}\frac{C_i}{S_i}\right]^{1.37} \tag{3-10}$$

式中　C_i——i 污染物 24 小时平均浓度；

S_i——i 种污染物的大气质量标准。

ORAQI 规定了五种污染物，即二氧化硫、氮氧化物、一氧化碳、氧化剂、颗粒物等。ORAQI 的尺度是这样确定的，当各种污染物的浓度相当于未受污染的本底浓度时，ORAQI＝10，当各种污染物的浓度均达相应标准，即 $C_i=S_i$ 时，ORAQI＝100。橡树岭国家实验室按 ORAQI 的大小，将大气质量分为六级（表 3-7）。

表 3-7　ORAQI 与大气环境质量分级

分级	优良	好	尚可	差	坏	危险
ORAQI	＜20	20～39	40～59	60～79	80～100	≥100

ORAQI 所选参数比较多，可以综合反应大气环境质量，在应用时如果低于 5 个参数，可以参照 ORAQI 确定系数的方法加以修正。

（七）美国污染物标准指数（PSI）

PSI 选择了二氧化硫、颗粒物、一氧化碳、臭氧、氮氧化物以及二氧化硫与颗粒物的乘积等 6 个参数（表 3-8）。PSI 与 6 个参数的关系是分段线性函数。已知各污染物浓度后可用内插法计算各污染物的分指数，然后选择各分指数中最大者作为 PSI。

PSI是在全面比较6个因子之后，选择污染最重的分指数报告大气环境质量的，突出了单一因子的作用，使用方便，结果简明。PSI值分级与人体健康状况对照明确，分级的原则和依据可供其它指数分级时参考（表3-8）。

表3-8 PSI污染物浓度分级

PSI	大气污染水平	污染物浓度						大气质量分级	对健康的一般影响	要求采取的措施
		颗粒物质(24h) μg/m³	SO_2(24h) μg/m³	CO(8h) mg/m³	O_3(1h) μg/m³	NO_2(1h) μg/m³	SO_2×颗粒物 μg/m³			
500	显著危害水平	1 000	2 620	57.5	1 200	3 750	490 000	危险性	病人和老年人提前死亡，健康人出现不良症状影响正常活动	全体人群应停留在室内并关闭门窗。所有人均应尽量减少体力消耗，一般人群应避免户外活动
400	紧急水平	875	2 100	46.0	1 000	3 000	393 000	危险性	健康人除明显强烈症状，降低运动耐受力外，提前出现某些疾病	老年人和心脏病、肺病患者应停留在室内，并减少体力活动
300	警报水平	625	1 600	34.0	800	2 260	261 000	很不健康	心脏病和肺病患者症状显著加剧，运动耐受力降低，健康人群中普遍出现症状	心脏病和呼吸系统疾病患者应减少体力消耗和户外活动
200	警戒水平	375	800	17.0	400	1 130	6 500	不健康	易感的人症状有轻度加剧，健康人群出现刺激症状	心脏病和呼吸系统疾病患者应减少体力消耗和户外活动
100	大气质量标准	260	365	10.0	240	①	①	中等		
50	大气质量标准的50%	75②	80②	5.0	120			良好		

注：①浓度低于警戒水平时，不报此分指数；②美国EPA制定的一级标准中年平均浓度。

（八）美国密特大气质量指数（MAQI）

这是美国密特公司在美国环境质量委员会委托下研究的一种指数，它以 5 项污染物为参数，采用美国大气质量二级标准对 5 项污染物规定的不同平均时间的 9 项浓度标准作为计算依据。MAQI 是 5 项分指数的综合计算结果，按式(3-11)计算

$$\text{MAQI}=\sqrt{I_c^2+I_s^2+I_p^2+I_n^2+I_o^2} \tag{3-11}$$

式中　I——各污染物的分指数，下角字母分别代表：c 为 CO；s 为 SO_2；p 为颗粒物质；n 为 NO_2；o 为氧化剂。

$$I_c=\sqrt{\left(\frac{C_{c8}}{S_{c8}}\right)^2+\delta_1\left(\frac{C_{c1}}{S_{c1}}\right)^2} \tag{3-12}$$

$$I_s=\sqrt{\left(\frac{C_{sa}}{S_{sa}}\right)^2+\delta_2\left(\frac{C_{s24}}{S_{s24}}\right)^2+\delta_3\left(\frac{C_{s3}}{S_{s3}}\right)^2} \tag{3-13}$$

$$I_p=\sqrt{\left(\frac{C_{pa}}{S_{pa}}\right)^2+\delta_4\left(\frac{C_{p24}}{S_{p24}}\right)^2} \tag{3-14}$$

$$I_n=\sqrt{\left(\frac{C_{na}}{S_{na}}\right)^2}=\frac{C_{na}}{S_{na}} \tag{3-15}$$

$$I_o=\sqrt{\left(\frac{C_{o1}}{S_{o1}}\right)^2}=\frac{C_{o1}}{S_{o1}} \tag{3-16}$$

式中　C——某种污染物的实测浓度；

S——该污染物的相应标准（C 和 S 单位相同）；

c、s、p、n、o——代表的意义同上；

a——代表年平均；

24、8、3、1——分别代表所指浓度的平均时间（小时）；

δ_1、δ_2、δ_3、δ_4——系数，当 $C_i>S_i$ 时，该系数 δ_i 等于 1；当 $C_i<S_i$ 时，该系数 δ_i 等于 0；

C_{sa}、C_{na}——实测 SO_2 和 NO_2 年平均浓度；

C_{pa}——实测颗粒物质几何年平均浓度，其它实测浓度 C_i 均指某平均时间的实测最大浓度。

该指数用于评价大气质量的长期变化，要求掌握全年完整的监测数据。

三、大气污染生物学评价

植物长期生活在大气环境中，其生理功能与形态特征，常常受大气污染作用而发生改变，大气中的某些污染物还可被植物叶片吸收，在叶片中积累。所有这些变化都可在一定程度上指示大气污染状况。大气污染生物学评价是从生物学的角度来评价大气质量的好坏，但大气污染监测评价是基础，生物学评价可以作为

监测评价的补充和综合，但不能完全代替监测评价。

(一) 植物监测的机理

不同植物对同一污染物可以作出不同的反应，而同一种植物对不同污染物也可以作出不同反应。据此，植物可以用来指示大气污染的性质和程度。工业生产所造成的污染一般是复合污染，也就是说，大气中往往存在着多种污染物，植物生长在多种污染物的协同、拮抗作用之下，从而可以指示多种污染物的长期、综合效应。

植物对污染物的反应，可分为“可见的”和“不可见的”两种。这是根据是否出现可见的受害症状为分类依据的。可见症状又可按大气中污染物浓度的不同区分为急性中毒和慢性中毒两种。在污染物浓度较大时，植物可以在几十分钟至几十小时内出现中毒症状，如叶片出现“水浸”状斑点，叶缘卷曲，叶尖干枯，叶片或植株的局部组织坏死。受害状况常和污染气体的流向有关，并随毒物和植物的种类以及毒物的浓度不同而有差异。慢性中毒是植物长时间暴露在低浓度污染的环境中，使局部组织坏死，或产生缺绿、变色等症状。一般来说，慢性中毒的症状较急性中毒更具有典型性，植物对某一污染物往往能产生典型的症状。

受伤阈值是指能引起植物产生可见症状的污染物浓度，它随植物种类和暴露时间而异。海格斯达德和海克（1971）总结了不同敏感度的植物在 SO_2 中暴露 0.5～8.0h 产生可见症状的阈值浓度（见表 3-9）。

表 3-9　SO_2 对不同敏感度植物产生受害的阈值浓度　　单位：mg/m^3

暴露时间（h）	敏　感	中　害	抗　性
0.5	1.0～5.0	4.0～12	≥10
1.0	0.5～4.0	3.0～10	≥8
2.0	0.25～3.0	2.0～7.5	≥6
4.0	0.1～2.0	1.0～5.0	≥4
8.0	0.05～1.0	0.5～2.5	≥2

植物受害程度还受很多条件的影响，如植物不同生育期对污染物的抗性不同。进入植物体的污染物可以与植物代谢产物结合，在酶的作用下被氧化分解；有的可以转化成植物生命活动所必需的物质；有的可以重新排出体外。总之，植物本身有一定的解毒能力，但当浓度超过阈值浓度时植物的生长就会受到影响。

大气污染除了对植物的生长、生态和外观产生影响外，大气污染物还对植物的生理生化反应产生影响。大气污染物中，有的是强氧化性或强还原性物质，可影响植物的氧化还原过程；有的还可以和植物体内的有机物反应生成有毒的中间产物；有的进入植物后作为一些酶的抑制剂，能对植物代谢产生强烈的影响。

既然大气污染可以对植物的生长、生态和外观产生影响，大气污染物甚至还可对植物的生理生化反应产生影响，那么，我们可根据植物在各种大气污染物的不同浓度影响下的生态反应和生化指标来鉴别大气污染的性质和程度，这就是植物监测的理论依据。

（二）植物监测

植物能吸收大气污染物，并体内积累。当植物体内积累到一定量后，植物可以产生可见症状，甚至死亡。根据植物对污染物的反应和植物中污染物累积的浓度，可以鉴别大气污染的性质和污染物的浓度。

1. 植物可见症状的应用

植物受污染物的影响后出现特征症状，这些症状可以作为环境污染状况的一种指标。

(1) SO_2 危害的叶部症状：阔叶植物的叶缘和叶脉间出现不规则的坏死小斑，颜色变成白色到淡黄色，有时为绿色，周围组织通常为缺绿的花叶。在低浓度时一般表现为细胞受损害，但不发生组织坏死。当长期暴露在低浓度环境中时，老叶有时表现缺绿。

禾本科植物在中肋两侧出现不规则的坏死，颜色变成淡棕色到白色。尖端易受影响，通常不表现缺绿症状。

针叶树在针叶顶端发生棕色死尖，呈带状，通常相邻组织缺绿。

(2) 臭氧危害的叶部症状：阔叶植物下表皮出现不规则的小点或小斑，部分下陷，小点变成红棕色，小斑退成白色。随植物和受害程度的加重，叶子可发生密集的小点（斑），并可联结成较大的斑。

禾本科植物最初坏死区（小斑）不联结，随后可以造成较大的坏死区，针叶树针叶顶部发生棕色死尖（枯尖），和二氧化硫伤害症状相似，但棕色和绿色组织分布不规则。

(3) PAN(过氧乙酰硝酸酯)危害的叶部症状：阔叶植物有的(如叶菜类蔬菜)产生下陷组织和棕色小斑，有的(如烟草)组织下陷可达整个叶片厚度，通常为带状。

禾本科植物出现不规则的下陷带，颜色退成黄色和淡绿色，有时出现缺绿或退色，部分坏死。

针叶树没有特别的症状，有的缺绿、退色或枯萎。

(4) 氟化物危害的叶部症状：阔叶植物叶尖和叶缘发生坏死，偶尔在叶脉之间产生小斑。在死组织和活组织之间边缘很明显，常具有窄的暗棕色的带。有时在坏死组织边上有窄而轻微缺绿的带。有的植物的坏死组织很容易脱落，像被昆虫咬食似的。有的植物（如柑橘）在坏死前出现缺绿。

禾本科植物出现坏死的棕色叶尖，坏死区后部是不规则的条纹，和阔叶植物一样，在坏死区和健康组织之间有深色带。

针叶树出现棕色到红棕色的坏死尖，每个叶片都可能坏死。

以上所列症状，只是代表性的症状。不同植物的症状有时略有不同。此外，还可以根据敏感植物的症状来鉴别主要污染物。表3-10列出了对主要污染物敏感的植物及其反应的浓度范围。

应用可见症状进行环境鉴别，一般以利用污染区的现有植物较为方便。在轻微污染区，可以观察植物出现的叶部症状。在中度污染区，敏感植物出现明显的中毒症状，抗性中等的植物也可能出现部分症状，抗性较强的植物一般不出现症状。在严重污染区，自然分布的敏感植物可以绝迹，而人工栽培的敏感植物，可以出现严重的受害症状，甚至死亡。因此，可以根据植物出现的症状来评价环境质量和区划污染范围。

表3-10 对主要污染物敏感的植物及其反应浓度

污染物	反应浓度	敏感植物
SO_2	＜（0.25～0.3）$\times 10^{-6}$（体积比）不引起急性中毒，（0.1～0.3）$\times 10^{-6}$（体积比）长期暴露可引起慢性中毒	紫花苜蓿、大麦、棉花、小麦、三叶草、甜菜、莴苣、大豆、向日葵等
臭氧	在（0.02～0.05）$\times 10^{-6}$（体积比）时最敏感的植物可产生急性或慢性中毒	烟草、番茄、矮牵牛、菠菜、土豆、燕麦、丁香、秋海棠、女贞、梓树等
PAN	在（0.01～0.05）$\times 10^{-6}$（体积比）时最敏感的植物产生危害，也可引起早衰	矮牵牛、早熟禾、长叶莴苣、斑豆、番茄、芥菜等
HF	最敏感的植物在0.1×10^{-9}（体积比）即有反应，在叶让中浓度达（50～200）$\times 10^{-6}$（体积比）时敏感植物出现坏死斑	唐菖蒲（浅色的比深色的敏感）、郁金香、金芥麦、玉米、玉簪、杏、葡萄、雪松等

2. 用地衣作为生物监测器

地衣是一种特殊类型的植物，它是藻类和真菌的共生体。当大气污染物作用于地衣时，藻类和真菌的协调遭到破坏，所以地衣对污染物是很敏感的。

研究地衣的一般方法是调查地衣“种”的数量变化、频度、盖度以及外部和内部受害症状。在污染严重区，一般很少有地衣，或完全绝迹，称为“地衣沙漠”区。随着污染程度的减轻，可以观察到地衣的属和种增加，并且在树干上分布的高度也升高。在湿润的非污染区，地衣一直可以着生到树梢。

列·布朗克（Le Blanc）等人曾提出空气清洁指数（简称IAP）的概念：

$$\mathrm{IAP}=\sum_{n}^{1}(Qf)/10 \tag{3-17}$$

式中 n——地衣种的总数；

f——每个种以数目表示的频度—盖度；

Q——每一个种的生态指数，即一个种在所调查的生态环境中的平均数量。

$\Sigma(Qf)/10$ 是为了减小计算后的数值，便于作图，没有数学含义。

布朗克等通过对加拿大安大略的萨得勃瑞区的工作，确定了 IAP 所对应的 SO_2 的浓度范围（表 3-11）。

表 3-11　加拿大安大略萨得勃瑞区 IAP 及 SO_2 浓度范围

IAP	SO_2 浓度（$\times10^{-6}$，体积比）
0～9	>0.03
10～24	0.02～0.03
25～39	0.01～0.02
40～54	0.005～0.01
>55	<0.005

3. 以植物体内污染物含量作为监测指标

植物监测虽然不能像仪器监测那样得到瞬时浓度和平均浓度，但是植物监测有其独到的优点：

(1) 经济方便。如可见症状和地衣的调查等，它不需要特殊的仪器装备，便于推广。

(2) 通过详细的研究也可以提供相对的大气浓度。利用地衣和敏感植物的反应浓度及植物器官中污染物浓度和大气污染物浓度的相关性，来推算大气污染物的平均浓度。

(3) 能同时监测多种污染物。植物实际是一个“综合取样器”，其体内所收存的污染物可以反应各种污染物的综合状况。同时，树木还是历史污染的“记录器”。树木的年轮是在不同年月形成的，对年轮中的污染物进行分析，反映污染状况的演变过程。

总之，植物监测可以反映环境污染的总体水平，因而在环境质量评价上是一个不可缺少的环节。它可以作为仪器监测的助手，有助于了解全面污染状况。同时它还可以发现污染物所产生的潜在生态危害，为环境评价提供依据，这是仪器监测所不能达到的。

（三）样品的采集

木本植物因为生长周期较长，各地又容易找到，故多以木本植物作为采样对象。树木的叶片是主要受大气污染影响的器官，所以样品采集多以叶片为主，并通过叶片的生长量、叶片中化学元素的含量来指示大气污染的程度。在某些情况下，也可以采集树皮或木质部。

在污染较重的城市可选择抗污染能力较强的树种。这些树种受到污染后有一定的抗性，不至于落叶，比较容易采集到生长一个周期的树叶。在污染较轻的城市可选择一些对大气污染比较敏感的树种，以便于区别不同地点的污染状况。

叶片收集的季节以叶片定型的季节为好,北方一般在 9 月份。采集点要力求均匀,可以污染源或污染区为中心,向外辐射状安排采样地点,同时要在远郊区或上风向设置对照点。采集树叶时,要尽可能地排除干旱、霜寒、冻害、缺素及病虫害等非污染因子的干扰,尽力采集各种条件(污染除外)相同的树叶作为样品。

(四) 评价方法

1. 应用植物的可见症状进行评价

同一种植物对不同的大气污染物的抗性及伤害症状是不同的，利用各类植物的特征症状就可以鉴别大气污染物的性质；此外，同一种植物在同一污染物的不同浓度作用下，其伤害症状也不一样，利用不同浓度作用下伤害症状的差异，就可以鉴别并评价大气污染的程度。采用这种方法进行大气污染的生物学评价时，首先应根据评价区大气污染物的组成选择特征敏感植物，然后仔细观察记录敏感植物的外观特性和可见伤害症状，据此判别大气污染的性质和大气污染的程度。

2. 根据植物的长势和生产量进行评价

大气污染可以影响植物的长势和产量。通过模拟试验和大量的调查、统计，可以积累这方面的资料，甚至可以得到统计相关值。这样，只要我们有目的地观察某类植物的长势，统计其产量，在剔除掉其它影响因素之后，就可以判断大气污染的性质和程度。

3. 根据植物的生理生化指标进行评价

大气污染对植物的生理生化反应产生影响，可以运用植物的生理生化指标对大气污染进行评价。如测定气孔的开闭度、光合作用强度、叶绿素的含量和组成、蛋白质含量等。据此来评价大气污染的性质和程度。

4. 根据植物叶片中污染物质的含量进行评价

植物叶片中污染物质的含量和大气污染程度往往呈正相关关系。这样，我们根据植物叶片中污染物质的含量就可以推断大气污染的程度，进而可以划分大气污染的等级。

5. 根据低等敏感植物的种群结构进行评价

低等植物对污染物一般抗性差，十分敏感。随着污染物浓度的增加，低等植物的种属组成往往发生有规律的变化。我们可根据低等敏感植物的种群结构来进行大气污染的评价。在这方面可以建立许多定量化方法，如前面提到的空气清洁指数（IAP）法等。

6. 根据综合生态指标进行评价

可以根据植物种类和生长情况选择一些综合性的指标作为评价因子，然后仔细观察记录这些评价因子的特征，以此划分大气污染等级。表 3-12 是根据树木生长和叶片症状划分的大气污染等级。

表 3-12 大气污染生物学分级依据

污染水平	主要表现
清洁	树木生长正常，叶片面积含铅量接近清洁对照区指标
轻污染	树木生长正常，但所选指标明显高于清洁对照区
中污染	树木生长正常，但可见典型受害症状
重污染	树木受到明显伤害，秃尖，受害叶面积可达50%

四、大气污染的环境卫生学评价

大气污染环境卫生学评价可从以下几方面进行评价：

（一）用临床医学方法对污染区儿童健康检查

少年儿童的生活经历比成年人要简单，以少年儿童为调查对象，可以比较灵敏地反映一个地区的大气环境污染状况。

选择的健康项目可以包括：鼻咽部疾病、眼结膜炎；儿童肺部变化；纹理增强、增粗、扭曲、肺门大小等；肺功能检查，测定肺活量（VC）、最大呼气流速、25%肺活量流速等。

根据健康检查的结果，参照大气污染监测评价和生物学评价结果，即可进行大气污染卫生学评价，评价结果是划分出不同等级的污染区。

（二）用流行病学回顾性调查方法，调查不同污染区居民肺癌的死亡率

沈阳市用流行病学回顾性调查方法，统计分析了恶性肿瘤的死亡资料，发现肺癌死亡率迅速上升，而城市内大气污染程度不同地区之间也不一致（表 3-13）。

在统计的基础上，利用大气监测的历史资料，分析大气污染指标与肺癌死亡率之间的相关性。结果表明：降尘量与肺癌标化死亡率的相关系数 $r=0.766$；飘尘与肺癌的相关系数 $r=0.870$，均有明显相关。这样，我们就可以用流行病学回顾性调查的方法，从环境卫生学角度来评价大气污染。

表 3-13 沈阳市 1976—1978 年不同区域肺癌死亡率（1/10 万）

区域	人口	肺癌死亡	粗死亡率	标化死亡率
工业污染区	201 148	59	29.33	26.81
上风侧居民区	235 784	35	14.84	15.81
一般居民区	244 699	46	22.89	17.11
近铁路居民区	104 175	24	23.04	20.28
下风侧居民区	121 432	24	19.76	17.61

（三）用居民体内含铅量评价大气污染

相关研究表明，人体对食物中铅的吸收率仅为5%～10%，水中铅为10%，而从大气中吸入人体内铅的吸收率为40%～50%，可见人体内含铅量与大气污染有直接关系。因此，我们可以通过人体含铅量，进一步评价大气污染程度。

方法是：选择不同污染地区测定大气铅污染水平和儿童体内铅的吸收、蓄积及代谢情况，将结果与卫生标准比较，并划分污染等级。

表3-14是沈阳地区环境质量评价中不同地区儿童尿铅和大气铅的关系，从表中可以看出，二者呈正相关，相关系数达0.95以上，大气污染程度不同，则儿童尿铅有明显不同，用各组的全部数据进行方差分析，则组间数据有显著差异。

表 3-14 大气中铅与儿童尿铅含量的关系

污染区	大气铅（$\mu g/m^3$）	儿童尿铅（几何均值，mg/L）
铅熔炼厂附近居民区	2.20	15.950
工业区	1.30	9.825
工业区下风侧居民区	1.00	9.908
一般居民区	0.50	8.100
清洁对照区	0.20	8.395

第二节 大气质量预测模型

一、气象要素和气象条件

对大气状态和物理现象给予定量或定性描述的物理量称为气象要素。常用的气象要素有：气温、气压、气湿、风向、风速、云况、云量、能见度、降水、蒸发量、日照时数、太阳辐射、地面及大气辐射等。这些气象要素的数值，都可能通过观测获得。与大气污染有关的气象要素很多，通常把与大气扩散密切相关的称为污染气象要素或扩散气象要素。

（一）几个主要气象要素

(1) 气温　地面气温一般是指离地面1.5m高处在百叶箱中观测到的空气温度。气温一般用摄氏度（℃）表示，理论计算常用热力学温度（K）表示。

(2) 气压　气压是指大气作用在单位面积上的作用力。大气压力的单位为

kPa。

（3）气湿　气湿是反映空气中水汽含量多少的一个物理量。常用相对湿度和露点表示。

（4）风　空气质点的水平运动称为风。风是一个矢量，用风向和风速描述其特征。风向常用 16 个方位表示。

（5）云　云是由飘浮在空中的大量小水滴或小冰晶或两者的混合物。云量是指云的多少。我国将视野能见的天空分为 10 等份，其中云遮蔽了几份，云量就是几；国外将天空分为 8 等份，其中云遮蔽了几份，云量就是几。

（6）能见度　在当时的天气条件下，正常人的眼睛所能见到的最大水平距离，称为能见度。能见度的大小反映了大气的混浊程度。

（二）大气边界层的温度场

1. 大气边界层

受下垫面影响的低层大气，其厚度约为 1～2km，称为大气边界层；下垫面以上 100m 左右的一层大气称为近地层或摩擦边界层。近地层到大气边界层顶的一层称为过渡区，大部分大气扩散都发生在这层。因此，了解大气边界层中的温度场、风场及湍流特征，对于研究大气扩散问题、进行大气环境影响评价具有重要意义。

2. 气温垂直分布

气温层结反映大气的稳定度。气温的垂直递减率的定义为 $\gamma=-dT/dz$，它指单位高差（通常取 100m）气温变化速率的负值。如果气温随高度增高而降低，γ 为正值；如果气温随高度增加而增高，γ 为负值。

3. 干绝热直减率

干空气在绝热升降过程中，每升降单位距离（通常取 100m）引起气温变化速率的负值称为干空气温度绝热垂直递减率，简称干绝热直减率，通常以 γ_d 表示。一般情况下，$\gamma_d=0.98K/100m\approx 1K/100m$。

4. 气温层结与烟羽形状

从烟囱排出的废气在大气中形成羽状烟流，烟羽的形状随气温层结的不同而变化（图 3-1），因此，可以通过烟羽形状来估计大气稳定度。

（1）波浪型　烟羽呈波浪状，污染物扩散良好，发生在不稳定大气中，即 $\gamma-\gamma_d>0$ 时，多为白天。地面最大浓度落地点距烟囱最近，大气对污染物的扩散能力强。

（2）锥型　烟羽呈圆锥形，污染物扩散比波浪型差，发生在中性大气中，即 $\gamma-\gamma_d\approx 0$。地面最大浓度值、落地距离和高浓度范围比波浪型大。

（3）平展型　烟羽垂直方向扩散很小，它像一条带子飘向远方。它发生在烟囱出口处于逆温层中，即 $\gamma-\gamma_d<-1$。污染情况随烟囱有效高度不同而异。有

效源高很高时，在近距离内污染物浓度很小或为零，地面最大浓度、其落地距离以及高浓度范围比波浪型和锥型的大，因此，在近距离地面不会造成污染。有效源高很低时，在近距离地面也会造成严重污染。

（4）爬升型　烟羽的下部大气层是稳定的，而上部大气则不稳定，它一般在日落前后出现。

（5）漫烟型　这类烟羽的下部位于不稳定的大气中，烟羽的上部位于逆温层中。它一般出现在日出以后（早上 8 点至 10 点）。此时，烟羽的下部，$\gamma-\gamma_d>0$；上部，$\gamma-\gamma_d<-1$。

（6）受限型　发生在烟囱出口上方和下方的一定距离内大气不稳定区域，在这范围以上和以下的大气为稳定的。多出现在易于形成上部逆温的地区的日落前后。因污染物只在空间的一定范围内扩散，而不到达地面，所以地面几乎不受到污染；但当贴地逆温破坏时，便发生熏烟型污染，地面浓度会很大。

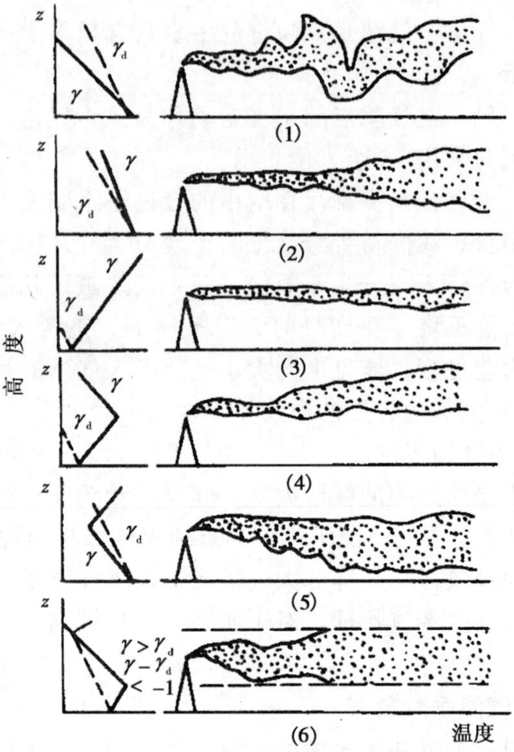

图 3-1　温度层结与烟羽形状

（1）波浪型　（2）锥形　（3）平展型

（4）爬升型　（5）漫烟型　（6）受限型

（三）大气边界层的风场

在大气边界层中，从地面向高空望去，从地面开始风向是顺时针变化的，风速是随高度增加而增大的。表示风速随高度变化的曲线称为风速廓线，风速廓线的数学表达式称为风速廓线模式。

在大气扩散计算中，需要知道烟囱出口和烟囱有效高度处的平均风速。一般气象站只观测地面风（10m 高处）风速（u_{10}），风速廓线模式可以由地面风速推算不同烟囱高度处的风速。我国常用幂函数风速廓线模式。

幂函数风速廓线模式是在近地层、中性层结、平坦下垫面的条件下推导出来的。我国在《制定地方大气污染物排放标准的技术原则和方法》（GB/T 13201—91）中的计算式为

当 $z_2 \leqslant 200\text{m}, u = u_1(\frac{z_2}{z_1})^m$ (3-18)

当 $z_2 > 200\text{m}, u = u_1(\frac{200}{z_1})^m$ (3-19)

式中　u——烟囱出口处平均风速（m/s）；

z_1——测风仪所在高度（m，常为 10m）；

u_1——相应气象站 z_1 高度的平均风速（m/s），常用以 u_{10} 表示；

z_2——烟囱出口处高度（m）；

m——稳定度参数（表 3-15）。

表 3-15　不同稳定度的 m

稳定度级别		A	B	C	D	E	F
m	城市	0.10	0.15	0.20	0.25	0.30	0.30
	乡间	0.07	0.07	0.10	0.15	0.25	0.25

二、大气扩散模型

（一）点源扩散的高斯模型

1. 连续点源的高斯模式的导出

根据质量守恒原理和梯度输送理论，污染物在大气中的运动规律可以写成如下形式：

$$\partial C/\partial t + u\partial C/\partial x + v\partial V/\partial y + w\partial C/\partial z = \partial/\partial x\ (k_x\partial C/\partial x) + \partial/\partial y\ (k_y\partial C/\partial y) + \partial/\partial z\ (k_z\partial C/\partial z) + \sum S_p \tag{3-20}$$

式中　C——污染物质的平均浓度；

x，y，z——三个方向上的坐标；

u，v，w——三个方向上的速度分量；

k_x，k_y，k_z——三个方向上的扩散系数；

t——时间；

S_p——污染物源、汇的强度。

为导出在连续点源条件下预测大气环境质量的高斯模式，先提出如下的假设：

(1) 假定大气流动是稳定的、有主导方向的；

(2) 假定污染物在大气中只有物理运动、没有化学和生物变化；

(3) 假定在所要预测的范围内没有其他同类污染源和汇。

这三条假定意味着：

$\partial/\partial t=0$

$u=U=$常数，$v=w=0$

$S_p=0$（$p=1, 2, \cdots, n$）

于是污染物运动规律方程变为：

$$U\partial C/\partial x=\partial/\partial x(k_x\partial C/\partial x)+\partial/\partial y(k_y\partial C/\partial y)+\partial/\partial z(k_z\partial C/\partial z)$$

进一步分析可以看出，在有主导风的情况下，主导风对污染物的输送应远远大于湍流运动引起的污染物在主导风方向上的扩散，因此还可以合理地增加一条假定：

$$U\partial C/\partial x\gg\partial/\partial x(k_x\partial C/\partial x)$$

于是上式又进一步变为：

$$U\partial C/\partial x=\partial/\partial y(k_y\partial C/\partial y)+\partial/\partial z(k_z\partial C/\partial z)$$

这时再硬性规定 ky 与 y 无关，kz 与 z 无关，于是可以进一步写成：

$$U\partial C/\partial x=k_y\partial^2 C/\partial y^2+k_z\partial^2 C/\partial z^2$$

为了给出方程的解，这里还需给出定解条件：

$x=y=z=0$ 时，$C=\infty$

$x, y, z\rightarrow\infty$时，$C=0$

以及质量守恒条件：

$$\int_{-\infty}^{\infty}\int_{-\infty}^{\infty}UC\mathrm{d}y\mathrm{d}z=Q$$

式中 Q——连续点源的源强。

在上述假定和限制条件下，上述方程的解为：

$$C_{(x,y,z)}=Q/2\pi x(k_yk_z)^{1/2}\cdot\exp[-U/4_x(y^2/k_y+z^2/k_z)] \tag{3-21}$$

如果设 $x=Ut$，并令

$\sigma_y{}^2=2k_yt$

$\sigma_z{}^2=2k_zt$

则解上述公式，可得：

$$C_{(x,y,z)}=Q/2\pi U\sigma_y\sigma_z\cdot\exp[-1/2(y^2/\sigma_y^2+z^2/\sigma_z^2)] \tag{3-22}$$

这就是著名的高斯公式的标准形式，也叫做正态浓度公式。从以上推导过程可以看出，得出这一公式需要有很强的假定，另外它也未能把许多影响较大的实际情况，如地面和地形的条件，除风速以外的其他气象条件，污染源的空间位置等考虑在内。因此该公式很难直接投入应用。尽管如此，我们可以把上述公式各种影响考虑进去，对公式加以修正。

2. 高斯公式的地面及源高的修正

考虑到地面对扩散的影响，可以认为地面像镜子那样，对污染物起着全反射的作用。按全反射的原理，可以用来处理这类问题，如图 3-2 所示。我们可以把

P 点的污染物浓度看成是两部分作用之和。一部分是不存在地面时 P 点所具有的污染物浓度；另一部分是由于地面反射作用所增加的污染物浓度。这相当于不存在地面时由位置在（0，0，H_e）的实源和位置在（0，0，$-H_e$）的像源在 P 点所造成的污染物浓度之和（H_e 为有效源高）。

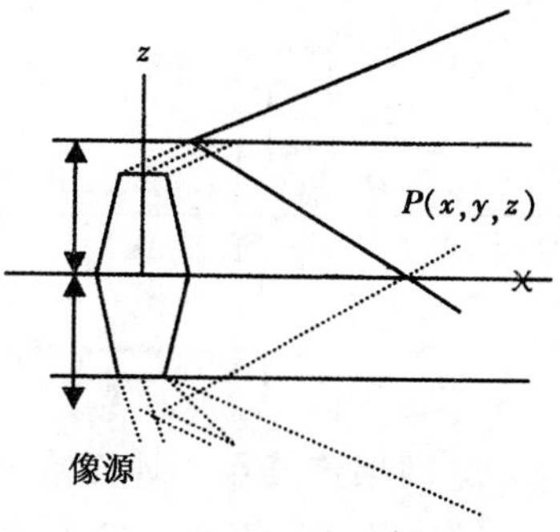

图 3-2　高架源"像源法"示意图

（1）实源的作用　P 点在以实源为原点的坐标系中的铅直坐标（距烟流中心线的铅直距离）为（$z-H_e$）。当不考虑地面影响时，它在 P 点所造成的污染物浓度如下：

$$C_1 = Q/2\pi u\sigma_y\sigma_z \cdot \exp\{-[y^2/2\sigma_y^2 + (z-H_e)^2/2\sigma_z^2]\} \qquad (3\text{-}23)$$

（2）像源的作用　P 点在以像源为原点的坐标系中的垂直坐标（像源产生的烟流中心线的垂直距离）为（$z+H_e$）。它在 P 点产生的污染物下式计算：

$$C_2 = Q/2\pi u\sigma_y\sigma_z \cdot \exp\{-[y^2/2\sigma_y^2 + (z+H_e)^2/2\sigma_z^2]\} \qquad (3\text{-}24)$$

（3）P 点的实际污染物浓度

P 点的实际污染物浓度为实源和像源之和，即：C（x，y，z）$=C_1+C_2$

$$C(x,y,z) = Q(2\pi u\sigma_y\sigma_z)^{-1} \cdot \exp[-y^2/(2\sigma_y^2)]\{\exp[-(z-H_e)^2/2\sigma_z^2]\} + \{\exp[-(z+H_e)^2/(2\sigma_z^2)]\} \qquad (3\text{-}25)$$

式中　u——排气筒高度处的风速，m/s；

σ_y——垂直于主导风方向的横向扩散参数，m；

σ_z——铅直扩散系数，m；

Q——污染物单位时间排放量，mg/s；

H_e——有效源高度，它是实际源高 H 和烟气抬升高度 ΔH 之和，即 $H_e=H+\Delta H$，m。

3. 污染物在地面浓度的分布

这是实际大气环境影响评价关心的问题，它可由上式在 $z=0$ 时的情况下得到：

$$C_{(x,y,0)} = Q(\pi u\sigma_y\sigma_z)^{-1}\exp[-y^2/(2\sigma_y^2) - H_e^2/(2\sigma_z^2)] \qquad (3\text{-}26)$$

4. 污染物沿下风轴线的分布

此时令 $z=0$，$y=0$ 可得：

$$C(x,0,0) = Q(\pi u\sigma_y\sigma_z)^{-1}\exp[-H_e^2/(2\sigma_z^2)] \qquad (3\text{-}27)$$

5. 最大地面浓度及其位置

最大地面浓度 C_m（mg/m^3）及其距排气筒距离 x_m（m），可按式（3-28）～式（3-30）计算。

$$C_m(x_m) = \frac{2Q}{e\pi u H^2 p_1} \tag{3-28}$$

$$P_1 = \frac{2\gamma_1 \gamma_2^{-\frac{a_1}{a_2}}}{\left(1+\frac{a_1}{a_2}\right)^{\frac{1}{2}\left(1+\frac{a_1}{a_2}\right)} H^{\left(1-\frac{a_1}{a_2}\right)} e^{\frac{1}{2}\left(1-\frac{a_1}{a_2}\right)}} \tag{3-29}$$

$$x_m = \left(\frac{H}{\gamma_2}\right)^{1/a_2} \left(1+\frac{a_1}{a_2}\right)^{-[1/(2a_2)]} \tag{3-30}$$

6. 高架连续点源地面浓度

(1) 以排气筒地面位置为原点，下风方地面任一点（x，y）的浓度 C（mg/m^3），可按式（3-31）计算。

$$C = \left(\frac{Q}{2\pi u \sigma_y \sigma_z}\right) \exp\left[-\left(\frac{y^2}{2\sigma_y^2} F\right)\right] \tag{3-31}$$

式中 Q——源强，mg/s；

y——与通过排气筒的平均风向轴线在水平面上的垂直距离，m；

$\sigma_y \sigma_z$——水平方向和垂直方向的扩散参数，m；

u——排气筒出口处的平均风速，m/s。

$$F = \sum_{n=-k}^{+k} \left\{ \exp\left[-\frac{(2nh-H)^2}{2\sigma_z^2}\right] + \exp\left[-\frac{(2nh+H)^2}{2\sigma_z^2}\right] \right\} \tag{3-32}$$

式中 h——混合层厚度，m；

H——有效源高，m。

一、二级评价项目，可取（3-31）式中的 $k=4$；三级评价项目可取 $k=0$，此时

$$F = 2\exp\left(-\frac{H^2}{2\sigma_z^2}\right)$$

7. 静风（$u_{10}<1.5$m/s）点源扩散模型

在静风条件下，烟气污染物是随机向周围弥散的。以排气筒地面位置为原点，平均风向为 x 轴，地面任一点（x，y）的浓度 C_1（mg/m^3）可按式（3-33）计算。

$$C_1(x,y) = \frac{2Q}{(2\pi)^{\frac{3}{2}} r_{02} \eta^2} G \tag{3-33}$$

式中 η 和 G 按式（3-34）～式（3-37）计算。

$$\eta^2 = \left(x^2 + y^2 + \frac{r_{01}^2}{r_{02}^2} H^2\right) \tag{3-34}$$

$$G = e^{-\frac{u^2}{2r_{01}^2}} \left\{1 + \sqrt{2\pi} s e^{\frac{s^2}{2}} \phi(s)\right\} \tag{3-35}$$

$$\phi(s) = \frac{1}{\sqrt{2\pi}} \int_{-\infty}^{s} e^{-\frac{t^2}{2}} \mathrm{d}t \tag{3-36}$$

$$s=\frac{ux}{r_{01}\eta} \tag{3-37}$$

ϕ（s）为误差函数，r_{01}和r_{01}分别是横向和铅直向扩散参数的回归系数可参照表3-16。

表 3-16　静风扩散参数的系数 r_{01} 和 r_{02}

稳定度	r_{01}		r_{02}	
	u_{10}<0.5m/s	1.5m/s>u_{10}≥0.5m/s	u_{10}<0.5m/s	1.5m/s>u_{10}≥0.5m/s
A	0.93	0.76	1.57	1.57
B	0.76	0.56	0.47	0.47
C	0.55	0.35	0.21	0.21
D	0.47	0.27	0.12	0.12
E	0.44	0.24	0.07	0.07
F	0.44	0.24	0.05	0.05

8. 熏烟模型

熏烟模型主要用于计算日出以后，贴地逆温从下而上消失，逐渐形成混合层（厚度为h_f）时，原来积聚在这一层的污染物所造成的高浓度污染，这一浓度值C_f可按式（3-38）计算。

$$C_f=\frac{Q}{\sqrt{2\pi}uh_f\sigma_{yf}}\exp\left(\frac{-y^2}{2\sigma_{yf}^2}\right)\phi(P) \tag{3-38}$$

$$\phi(P)=\frac{1}{\sqrt{2\pi}}\int_{-\infty}^{p}e^{-\frac{t^2}{2}}\mathrm{d}t \tag{3-39}$$

$$P=\frac{h_f-H}{\sigma_z} \tag{3-40}$$

$$\sigma_{yf}=\sigma_y+\frac{H}{8} \tag{3-41}$$

式中　σ_{yf}，σ_{zf}——熏烟时的扩散参数，m；

h_f——熏烟时的混合层厚度。

由于h_f，σ_{yf}和σ_{zf}都是下风距离x_f的函数，当给定x_f或到达时间t_f（$t_f=x_f/u$），则h_f可由式（3-42）和式（3-43）计算。

$$h_f=H+\Delta h_f \tag{3-42}$$

$$X_f=A\ (\Delta h_f^2+2H\Delta h_f) \tag{3-43}$$

式中的A和Δh_f按式（3-44）～式（3-46）计算。

$$A=\frac{\rho_a C_p u}{4K_c} \tag{3-44}$$

$$\Delta h_f=\Delta H+P\sigma_z \tag{3-45}$$

$$K_c = 4.186\exp\left[-0.99\left(\frac{d\theta}{dz}\right)+3.22\right]\times 10^3 \tag{3-46}$$

式中 ΔH——烟气抬升高度，m；

ρ_a——大气密度，g/m^3；

C_p——大气定压比热，J/（g·K）；

$d\theta/dz$——位温梯度（K/m）。$d\theta/dz \approx dT_a/dz + 0.0098$，$T_a$ 为大气温度，如无实测值，$d\theta/dz$ 可在 0.005～0.015K/m 之间选取，弱稳定（D～E）可取下限，强稳定（F）可取上限。

（二）线源扩散模型

1. 无限长线源扩散模型

当风向与线源垂直时，主导风向的下风向为 x 轴。连续排放的无限长线源下风向浓度模型为

$$\begin{aligned} C(x,0,z) &= \frac{Q_l}{\pi u_x \sigma_y \sigma_z}\exp\left(\frac{-H^2}{2\sigma_z^2}\right)\int_{-\infty}^{\infty}\exp\left(-\frac{y^2}{2\sigma_y^2}\right)dy \\ &= \frac{\sqrt{2}Q_l}{\sqrt{\pi}u\sigma_z}\exp\left(\frac{-H^2}{2\sigma_z^2}\right) \end{aligned} \tag{3-47}$$

当风向与线源不垂直时，如果风向和线源交角为 ϕ，且 $\phi \geqslant 45°$，线源下风向浓度模型为

$$C(x,0,z) = \frac{\sqrt{2}Q_l}{\sqrt{\pi}u\sigma_z \sin\phi}\exp\left(\frac{-H^2}{2\sigma_z^2}\right) \tag{3-48}$$

式中 Q_l——源强，g/（s·m）。

2. 有限长线源扩散模型

当风向垂直于有限长线源时，通过所关心的接收点向有限长线源作垂线，该直线与有限长线源的交点选作坐标原点，直线的下风方向为 x 轴。线源的范围为从 y_1 延伸到 y_2，且 $y_1 < y_2$。于是，有限线源扩散模型为

$$C(x,0,z) = \frac{\sqrt{2}Q_l}{\sqrt{\pi}u\sigma_z}\exp\left(\frac{-H^2}{2\sigma_z^2}\right)\int_{P_1}^{P_2}\frac{1}{\sqrt{2\pi}}\exp[-0.5p^2]dp \tag{3-49}$$

式中，$$p_1 = \frac{y_1}{\sigma_y}, \qquad p_2 = \frac{y_2}{\sigma_y} \tag{3-50}$$

（三）面源扩散模型

国家环保局 HJ/T 2.2—93 标准推荐的面源模型，计算方法如下。

（1）将评价区在选定的坐标系内网格化

即以评价区的左下角处为原点，分别以东（E）和北（N）为 x 轴和 y 轴，网格单元面积 $L\times L$。

（2）计算评价项目面源的地面浓度 C_s。

$$C_s=\frac{1}{\sqrt{2\pi}}\sum Q_j\beta_j \tag{3-51}$$

$$\beta_j=\frac{2\eta}{uH_j^{2\eta}r\alpha}[\Gamma_j(\eta,\tau_j)-\Gamma_{j-1}(\eta,\tau_{j-1})] \tag{3-52}$$

式中　Q_j，H_j，u_j——分别为接受点上风方第 j 个网格的排放量、平均源高和 H_j 处的风速；

α，r——σ_z 的幂指数和系数。

x 轴指向上风向，$\eta=(\alpha-1)/2\alpha$，$\tau_j=\overline{H_j^2}/(2r^2x_j^{2\alpha})$，$\tau_{j-1}=\overline{H_j^2}/(2r^2x_{j-1}^{2\alpha})$。$\Gamma$（$\eta$，$\tau$）为伽马函数：

$$\Gamma(\eta,\tau)=\frac{a}{\tau+(b+1/\tau)^c} \tag{3-53}$$

$$a=2.32\alpha+0.28 \tag{3-54}$$

$$b=10.00-5.00\eta \tag{3-55}$$

$$c=0.88+0.82\eta \tag{3-56}$$

风速 $u<1.5$m/s 时，面源地面浓度也按式（3-51）～式（3-56）计算，但当 $u<1.0$m/s 时，则一律取 $u=1.0$m/s 计算。

（3）不同风向路径时的计算图型（略）

（四）可沉降颗粒物的扩散模型

前述各种扩散模型只适用于气态污染物及粒径小于 15μm 的颗粒物。粒径大于 15μm 的粒子有明显的重力沉降作用，地面对其不能发生全反射作用，这和高斯扩散模型的假设不符。因此，其地面浓度用倾斜烟云模型计算

$$C=\frac{Q(1+\alpha)}{2\pi u\sigma_y\sigma_z}\exp\left(\frac{-y^2}{2\sigma_y^2}\right)\exp\left[\frac{-\left(H-\frac{\nu_s x}{u}\right)^2}{2\sigma^2}\right] \tag{3-57}$$

式中 ν_s——沉降速度。

颗粒物的粒径是分布在一定范围内的。在实际计算中，将粒径由小到大划分为几个粒径区间，根据每个粒径区间的颗粒所占的质量百分数，乘以污染源的总源强，得到相应粒子区间的分源强 Q_i。对每个粒径区间分别用上式计算颗粒在评价点的浓度 C_i。污染源排放的颗粒物在评价点产生的浓度 C 为每个粒径区间在评价点产生的浓度 C_i 之和，即

$$C=\sum_{i=1}^{n}C_i \tag{3-58}$$

地面反射系数 α 可按表 3-17 取值。

表 3-17 地面反射系数 α 值

粒径范围（μm）	15～30	31～47	48～75	76～100
平均粒径（μm）	22	39	61	88
反射系数 α	0.8	0.5	0.3	0

三、系数估值

（一）有效源高（H）

烟囱的有效源高由几何高度 H_s 和烟气抬升高度 ΔH 组成。H_s 是烟囱的实体高度，ΔH 是指烟气在排出烟囱口之后因动力抬升和热力浮升作用继续上升的高度，这个高度可达数十米至上百米，对减轻地面的大气污染有很大作用。因此，烟囱的有效高度 H 为

$$H = H_s + \Delta H \tag{3-59}$$

确定烟气抬升高度 ΔH 的方法很多，国内普遍采用的是 HJ/T 2.2—93 的推荐方法。采用该法，可分几种情况考虑。

1. 在有风、中性和不稳定条件下，采用以下公式计算：

（1）当烟气热释放率 Q_h 大于或等于 2 100kJ/s，且烟气温度与环境温度的差值 ΔT 大于或等于 35K 时，ΔH 采用下列公式计算。

$$\Delta H = n_0 Q_h^{n_1} H_1^{n_x} u^{-1} \tag{3-60}$$

$$Q_h = 3.5 P_a Q_v \frac{\Delta T}{T_s} \tag{3-61}$$

$$\Delta T = T_s - T_a \tag{3-62}$$

式中 n_0——烟气热状况及地表状况系数（表 3-18）；

n_1——烟气热释放率指数（表 3-18）；

n_2——烟囱高度指数（表 6-5）；

Q_h——烟气热释放率（kJ/s）；

H_1——烟囱距地面几何高度（m），超过 240m 时，取 H=240m；

P_a——大气压力（kPa）；

Q_v——实际排烟率（m^3/s）；

T_s——烟气出口温度（K）；

T_a——环境大气温度（K）；

u——烟囱出口处平均风速（m/s）。

（2）当 1 700kJ/s＜Q_h＜2 100kJ/s 时

$$\Delta H = \Delta H_1 + (\Delta H_2 - \Delta H_1)\frac{Q_h - 1\,700}{400} \tag{3-63}$$

$$\Delta H_1 = \frac{2(1.5\nu_s D + 0.01Q_h)}{u} - \frac{0.048(Q_h - 1\,700)}{u} \tag{3-64}$$

式中　ν_s——排气筒出口处烟气排出速度，m/s；

D——排气筒出口直径，m；

ΔH_2——按式（3-60）～式（3-62）计算，其中 n_0，n_1，n_2 按表 6-5 中 Q_h 值较小的一类选取。

（3）当 $Q_h \leqslant 1\,700$kJ/s 或者 $\Delta T < 35$K 时，

$$\Delta H = \frac{2(1.5v_s D + 0.01Q_h)}{u} \tag{3-65}$$

2. 在有风且稳定条件时，建议按下列计算烟气抬升高度 ΔH（m）：

$$\Delta H = Q_h^{\frac{1}{3}}\left(\frac{dT_a}{dZ} + 0.009\,8\right)^{-\frac{1}{3}} u^{-\frac{1}{3}} \tag{3-66}$$

式中　$\frac{dT_a}{dZ}$——排气筒几何高度以上的大气温度梯度。

3. 静风（$u < 1.5$m/s）时，建议按下式计算烟气抬升高度 ΔH（m）：

$$\Delta H = 0.98Q_h^{\frac{1}{4}}\left(\frac{dT_a}{dZ} + 0.009\,8\right)^{-\frac{3}{8}} \tag{3-67}$$

式中符号同前，但 $\frac{dT_a}{dZ}$ 取值宜小于 0.01K/m。

表 3-18　系数 n_0，n_1，n_2 的值

Q_h（kJ/s）	地表状况（平原）	n_0	n_1	n_2
$Q_h \geqslant 21\,000$	农村或城市远郊区	1.427	1/3	2/3
	城市及近郊区	1.303	1/3	2/3
$2\,100 \leqslant Q_h < 21\,000$，且 $\Delta T \geqslant 35$K	农村或城市远郊区	0.332	3/5	2/5
	城市及近郊区	0.292	3/5	2/5

（二）大气稳定度分级

1. 帕斯奎尔分级法

帕斯奎尔根据大量常规观测资料，首先总结出了根据云量、云状、太阳辐射状况和地面风速等常规气象资料，划分大气稳定度。他把大气对污染物的扩散能力用 A、B、C、D、E、F 六个稳定级别来表示（表 3-19）。使用该表应注意：

（1）稳定度级别中，A——极不稳定；B——不稳定；C——弱不稳定；D——中性；E——弱稳定；F——稳定。从 A→F 表示大气扩散能力逐渐减弱。

（2）稳定度级别 A～B 表示按 A 和 B 级别数据内插。

（3）夜间（夜晚）定义为日落前 1 小时至日出后 1 小时的时段。

（4）不论何种天气状况，夜间前后各 1 小时算作中性，即 D 级稳定度。

（5）强太阳辐射对应于碧空下太阳高度角大于 60°的条件，弱太阳辐射相当于碧空下太阳高度角从 15°～35°。

帕斯奎尔划分稳定度的方法对于开阔乡村地区能给出较可靠的稳定度，但对城市地区是不大可靠的。这种判别主要是由于城市较大的地面粗糙度及热岛效应对城市稳定度的影响。最大的差别出现在静风晴夜，这样的夜间，在乡村地区大气状态是稳定的，但在城市，在高度相当于建筑物的平均高度几倍之内是微不稳定或近中性的，它上面有一个稳定层。

表 3-19　稳定度级别划分表

地面风速（m/s）（距地面 10m 高处）	白天			阴天（白天或夜晚）	夜晚	
	太阳辐射状况				薄云遮天或低云$\geq\frac{5}{10}$	云量$\leq\frac{4}{10}$
	强	中等	弱			
＜2	A	A～B	B	D		
2～3	A～B	B	C	D	E	F
3～5	B	B～C	C	D	D	E
5～6	C	C～D	D	D	D	D
＞6	C	D	D	D	D	D

这种划分稳定度的方法不很严格，对同一天气状况，不同的人可能选用不同的稳定度级别。因此，不少人提出了改进方法，如我国的 GB/T 13201—91。

2．太阳高度角和辐射等级的确定

（1）太阳高度角按下式计算

$$h_0 = \arcsin[\sin\varphi\sin\sigma + \cos\varphi\cos\sigma\cos\omega] \qquad (3\text{-}68)$$

式中　φ——当地纬度；

λ——当地经度；

σ——太阳倾角（表 3-20）；

ω——时角（度），$\omega=(t-12)\times 15$；

t——气象观测时的北京时间。

（2）确定太阳辐射等级数

由云量和太阳高度角确定太阳辐射等级值（表 3-21）。

3．确定大气稳定度等级

GB/T 13201—91 规定根据太阳辐射等级和地面风速确定大气稳定度等级（表 3-22）。

（三）扩散参数σ_y、σ_z的确定

扩散参数（或系数）σ_y、σ_z与水平距离x关系可用函数表示

$$\sigma_y = r_1 x^{a_1} \tag{3-69}$$

$$\sigma_z = r_2 x^{a_2} \tag{3-70}$$

表 3-20　太阳倾角σ（赤纬）值

日期	1月	2月	3月	4月	5月	6月	7月	8月	9月	10月	11月	12月
1	-23.1	-17.2	-7.8	4.3	15.0	22.0	23.1	18.2	8.4	-3.0	-14.3	-21.8
2	-23.0	-16.9	-7.4	4.7	15.3	22.2	23.1	17.9	8.1	-3.4	-14.6	-21.9
3	-22.8	-16.6	-7.0	5.1	15.6	22.3	23.0	17.6	7.7	-3.8	-15.0	-22.2
4	-22.7	-16.3	-6.6	5.5	15.9	22.4	22.9	17.4	7.4	-4.1	-15.3	-22.2
5	-22.6	-16.0	-6.2	5.9	16.2	22.5	22.8	17.1	7.0	-4.5	-15.6	-22.3
6	-22.5	-15.7	-5.8	6.3	16.4	22.6	22.7	16.8	6.6	-4.9	-15.9	-22.4
7	-22.4	-15.4	-5.4	6.6	16.7	22.7	22.6	16.5	6.2	-5.3	-16.2	-22.6
8	-22.3	-15.1	-5.1	7.0	17.0	22.8	22.5	16.3	5.9	-5.8	-16.5	-22.7
9	-22.1	-14.8	-4.7	7.4	17.2	22.9	22.4	16.1	5.5	-6.1	-16.7	-22.8
10	-22.0	-14.5	-4.3	7.8	17.5	23.0	22.3	15.7	5.1	-6.5	-17.0	-22.9
11	-21.8	-14.2	-3.9	8.1	17.8	23.1	22.2	15.4	4.7	-6.8	-17.3	-23.0
12	-21.7	-13.8	-3.5	8.5	18.0	23.2	22.0	15.1	4.4	-7.2	-17.6	-23.1
13	-21.5	-13.5	-3.1	8.9	18.3	23.2	21.9	14.8	4.0	-7.6	-17.9	-23.1
14	-21.4	-13.2	-2.7	9.2	18.5	23.3	21.7	14.5	3.6	-8.0	-18.1	-23.2
15	-21.2	-12.8	-2.3	9.6	18.8	23.3	21.6	14.2	3.2	8.3	-18.4	-23.3
16	-21.0	-12.5	-1.9	10.0	19.0	23.4	21.5	13.9	2.8	-8.7	-18.6	-23.3
17	-20.8	-12.1	-1.5	10.3	19.2	23.4	21.3	13.5	2.5	-9.1	-18.9	-23.4
18	-20.6	-11.8	-1.1	10.7	19.5	23.4	21.1	13.2	2.1	-9.4	-19.1	-23.4
19	-20.4	-11.4	-0.8	10.0	19.7	23.4	20.9	12.9	1.7	-9.8	-19.4	-23.4
20	-20.2	-11.0	-0.4	11.4	19.9	23.4	20.7	12.6	1.3	-10.2	-19.6	-23.4
21	-20.0	-10.7	0.0	11.7	20.1	23.4	20.5	12.3	0.9	-10.5	-19.8	-23.4
22	-19.8	-10.4	0.4	12.1	20.3	23.4	20.3	11.9	0.5	-11.0	-20.1	-23.4
23	-19.5	-10.0	0.8	12.4	20.5	23.4	20.1	11.6	0.1	-11.3	-20.3	-23.4
24	-19.3	-9.6	1.3	12.7	20.6	23.4	19.9	11.2	0	-11.6	-20.5	-23.4
25	-19.1	-9.3	1.7	13.0	20.8	23.4	19.7	10.9	-0.6	-12.0	-20.7	-23.4
26	-18.8	-8.9	2.1	13.4	21.1	23.4	19.5	10.6	-1.1	-12.3	-20.9	-23.4
27	-18.6	-8.5	2.4	13.6	21.2	23.4	19.3	10.2	-1.5	-12.6	-21.1	-23.3
28	-18.3	-8.1	2.8	14.0	21.4	23.3	19.1	9.9	-1.9	-13.0	-22.3	-23.3
29	-18.0		3.2	14.4	21.6	23.3	18.9	9.5	-2.2	-13.3	-22.4	-23.3
30	-17.8		3.6	14.7	21.7	23.3	18.6	9.2	-2.6	-13.7	-22.6	-23.2
31	-17.5		4.0		21.9		18.4	8.8		-14.0		-23.2

表 3-21 太阳辐射等级值

云量，1/10	太阳高度角（h_0）				
总云量/低云量	夜间	$h_0 \leqslant 15°$	$15° < h_0 \leqslant 35°$	$35° < h_0 \leqslant 65°$	$h_0 > 65°$
≤4/≤4	-2	-1	+1	+2	+3
5～7/≤4	-1	0	+1	+2	+3
≥8/≤4	-1	0	0	+1	+1
≥5/5～7	0	0	0	0	+1
≥8/≥8	0	0	0	0	0

表 3-22 大气稳定度的等级

地面风速	太阳辐射等级					
(m/s)	+3	+2	+1	0	-1	-2
≤1.9	A	A～B	B	D	E	F
2～2.9	A～B	B	C	D	E	F
3～4.9	B	B～C	C	D	D	E
5～5.9	C	C～D	D	D	D	D
≥6	C	D	D	D	D	D

（1）平原地区农村及城市远郊区

对于A、B、C级稳定度可直接查表3-30，D、E、F级稳定度则需向不稳定方向提半级后再由表3-23查算。

（2）工业区或城区中的点源

A、B级不提级，C级提到B级，D、E、F向不稳定方向提一级，再按表3-24查算。

（3）丘陵山区的农村和城市

其扩散参数选取方法同工业区。

（四）混合层厚度

在用箱式模型计算大气质量时，箱子的高度就是混合厚度；在用扩散模型计算污染物的分布时，要考虑下界面的反射作用，上下界面间的高度也就是混合厚度。混合厚度通常是和大气稳定度、风速等条件有关，可按式(3-71)和式(3-72)确定。

当大气稳定度为A、B、C和D时

$$h = \frac{a_s u_{10}}{f} \tag{3-71}$$

当大气稳定度为E和F时

$$h = b_s \sqrt{\frac{u_{10}}{f}} \tag{3-72}$$

$$f = 2\Omega \sin\varphi \tag{3-73}$$

表 3-23 横向扩散参数 σ_y 和垂直扩散参数 σ_z 表达式数据（取样时间 0.5h）

扩散参数	稳定度等级	α_1 或 α_2	r_1 或 r_2	下风距离 x（m）
$\sigma_y=r_1x^{\alpha_1}$	A	0.901 074 0.850 934	0.425 809 0.602 052	0～1 000 >1 000
	B	0.914 370 0.865 014	0.281 846 0.396 353	0～1 000 >1 000
	B～C	0.919 325 0.875 086	0.229 500 0.314 238	0～1 000 >1 000
	C	0.924 279 0.885 157	0.177 154 0.232 123	0～1 000 >1 000
	C～D	0.926 849 0.886 940	0.143 940 0.189 396	0～1 000 >1 000
	D	0.929 418 0.888 723	0.110 726 0.146 669	0～1 000 >1 000
	D～E	0.925 118 0.892 794	0.098 5631 0.124 308	0～1 000 >1 000
	E	0.920 818 0.896 864	0.086 4001 0.101 947	0～1 000 >1 000
	F	0.929 418 0.888 723	0.055 3634 0.073 3348	0～1 000 >1 000
$\sigma_z=r_2x^{\alpha_2}$	A	0.121 54 1.523 60 2.108 81	0.079 990 4 0.008 547 71 0.000 211 545	0～300 300～500 >500
	B	0.964 435 1.093 56	0.127 190 0.057 025 1	0～500 >500
	B～C	0.941 015 1.007 70	0.114 682 0.075 718 2	0～500 >500
	C	0.917 595	0.106 803	>0
	C～D	0.838 628 0.756 410 0.815 575	0.126 152 0.235 667 0.136 659	0～2 000 2 000～10 000 >10 000
	D	0.826 212 0.632 023 0.555 360	0.104 634 0.400 167 0.810 763	1～1 000 1 000～10 000 >10 000
	D～E	0.776 864 0.572 347 0.499 149	0.111 771 0.528 992 1.038 10	0～2 000 2 000～10 000 >10 000
	E	0.788 370 0.565 188 0.414 743	0.092 7529 0.433 384 1.732 41	0～1 000 1 000～10 000 >10 000
	F	0.784 400 0.525 969 0.322 659	0.062 0765 0.370 015 2.406 91	0～1 000 1 000～10 000 >10 000

表 3-24 我国各地区的 a_s 和 b_s 值

地区	a_s				b_s	
	A	B	C	D	E	F
新疆 西藏 青海	0.090	0.067	0.041	0.031	1.66	0.70
黑龙江 吉林 辽宁 内蒙古 北京 天津 河北 河南 山东 山西 陕西（秦岭以北） 宁夏 甘肃（渭河以北）	0.073	0.060	0.041	0.019	1.66	0.70
上海 广东 广西 湖南 湖北 江苏 浙江 安徽 海南 台湾 福建 江西	0.056	0.029	0.020	0.012	1.66	0.70
云南 贵州 四川 甘肃（渭河以南） 陕西 （秦岭以南）	0.073	0.048	0.031	0.022	1.66	0.70

注：1. 静风区各类稳定度的 a_s 和 b_s 可取表中的最大值。

例 3-1 某一石油精煤油厂投产后，将会自平均抬升高度 10m 处排放 8×10^4 mg/s 的 SO_2，排气筒高度为 50m，预测在距地面 10m 处风速为 4m/s，大气稳定度为 D 级时，该排气筒下风向 500m 处，距排气筒的平均风向轴线水平垂直距离 50m 处的一个地面点所增加的 SO_2 浓度值。

解 计算排气筒距地面几何高度 50m 处的风速为

$$H=50+10=60$$

$$U_{50}=U_{10}\ (50/10)^p=4\times(50/10)^{0.25}=5.98\ (\text{m/s})$$

由下风向距离 500m 及 D 级大气稳定度，根据公式（3-69）和（3-70）以及表 3-30 可计算求得 σ_y，σ_z

$$\sigma_y = r_1 x^{a_1} = 0.110\,726 \times 500^{0.929\,418} = 35.7$$

$$\sigma_z = r_2 x^{a_2} = 0.104\,634 \times 500^{0.862\,212} = 22.2$$

$$C = Q/\pi U\sigma_y\sigma_z \cdot \exp[-y^2/2\sigma_y^2 + (-H^2/2\sigma_z^2)]$$

$$= 80\,000/(3.14 \times 5.98 \times 35.7 \times 22.2)\exp[-50^2/2 \times 35.7^2 + (-60^2/2 \times 22.2^2)]$$

$$= 5.228 \times 10^{-3}(\text{mg/m}^3)$$

例 3-2 用例 3-1 中数据，求正下风向 500m 处计算点的贡献浓度。

解 利用 $C = Q/\pi U\sigma_y\sigma_z\exp(-H^2/2\sigma_z^2)$

将已知数据代入上式，则：

$$C=80\,000/3.14\times5.98\times35.7\times22.2\cdot\exp\ (-60^2/2\times22.2^2)$$

$$=0.139\,4\ (\text{mg/m}^3)$$

四、大气扩散实验

（一）扩散气象要素的观测

在大气扩散实验中，把与大气扩散有关的气象要素称为扩散气象要素。它主要包括地面风、低空风、风的湍流、气温的垂直分布（温度层结）、混合层高度、辐射量、云量等。在表 3-25 中汇总了常用扩散气象要素的观测项目和采用的方法。

（二）扩散参数的测量

1. 示踪法

设置一个人工源，以一定的源强释放示踪剂，在下风向不同距离的地面和高空设置若干采样点采样，化验分析得到示踪剂的浓度分布场，再通过扩散模型反求大气扩散参数 σ_y 和 σ_z。这种实验方法称为示踪剂浓度法。

表 3-25 扩散气象要素

气象要素	观测方法	观测项目
地面风	风向风速计（三杯轻便、电接、达因、微风型、超声波式）	风向、风速
低空风	测风气球、系留气球、观测塔、飞机	风向、风速的垂直分布
风的湍流	测微风用的风向风速计	湍流的大小
气温层结	低空探空仪、系留气球、塔、飞机	大气稳定度、混合层高度
日照量	日照计	帕斯奎尔的稳定度
辐射量	净辐射通量计	
云量	目测	帕斯奎尔的稳定度

本方法的优点是可以直接获得浓度场。由于示踪剂在大气中的扩散比示踪物（如气球）更接近于污染物在大气中的扩散，因此，这种方法直观、可靠。主要缺点是需要人力、物力较多，不经济。

（1）示踪剂的选择和释放

示踪剂应选择本底值低、理化性质稳定、对环境无污染、便于释放和采样、易实现高精度分析且价格便宜的气态、气溶胶或放射性物质。

示踪剂的释放高度可利用各种手段尽可能设置在待评价的排气筒出口至自地面两倍排气筒几何高度范围内。采用系留气艇或气球等一类手段时，应估计出其初始脉动量，以便对测量结果进行修正；采用非专业性塔高架平台一类装置时，应尽可能选择不受该装置局地绕流影响的位置或释放方式。

每次试验连续释放的速率应保持稳定，脉动量应小于±1.5%。连续释放的时间在气象条件稳定的前提下不宜少于1h。

（2）采样点位置和采样时间

设置在以释放点为圆心、下风向不同距离处的水平采样弧线一般不应小于5条，每条弧线的采样点一般应在7～15个之间，在预计的最大地面浓度点附近的弧线和弧线上的采样点应适当加密。

铅直采样点的设置应根据可能具备的条件而定。尽可能在预计的最大地面浓度点弧线上及其上下风向各弧线的平均风轴附近，设置3～5个点。在设计的高度范围内，每个采样点在铅直方向的采样器不应少于5个。释放高度处的风速较大时，不宜采用系留气艇或系留气球等非固定性装置采样，利用这类装置采样时，系留绳的脉动角应小于或等于±15°。

每次采样时间为30min，一日采样4～7次。采样4次的具体时间可分别为：7：00～8：00，10：00～11：00，14：00～15：00，19：00～20：00。

（3）数据的分析和处理

根据释放率和各测点的示踪剂浓度以及同步观测的气象参数，按正态分布或标准差的统计定义，对水平和铅直扩散参数、沿平均风轴的浓度分布及最大地面浓度距离等进行估算。在估算中应注意：

①检查试验条件是否稳定，如条件明显不稳定，应将实验数据进行分别处理。舍去异常数据。

②对采样点的高度进行修正。

③如每条弧线上各测点的水平或铅直浓度值服从或近似地服从正态分布，可用（3-74）和（3-75）式估算水平或铅直扩散参数；如不服从正态分布，应按标准差的统计定义估算。

$$\sigma_y = \frac{L_1}{2.35} \tag{3-74}$$

或

$$\sigma_z = \frac{L_2}{4.3} \tag{3-75}$$

式中，L_1 和 L_2 分别为正态分布中浓度为峰值的1/2和峰值的1/10处的宽度。

④不具备或不完全具备铅直采样的条件时，利用正态模式由水平采样结果推算出的铅直扩用参数，只能作为参考数据。

2. 平衡球标记法

（1）球体材质

平衡球可采用以弹性变形小的聚酯或涤纶薄膜为球皮的等容球（常制成四面体形）也可以采用弹性变形大的橡胶一类材料制成平衡球。日间试验时，球皮应采用白色材料。充气后，四面体球高不宜大于15m，圆球直径不宜大于1m。

（2）技术要点

①防止气球泄漏　不论球内充入何种气体，都应掌握气球漏气量随时间的变化关系，在必要时采取适当的漏气补偿措施，以保证在试验时间内气球能在预定的高度上飞行。

②采用双经纬仪观测　场地应开阔，经纬仪基线长度一般在 500～1 000m 之间。

③注意环境温度对平衡球的影响　环境温度直接影响球体的平衡状态，环境温度升高，气球的净举力会减小；环境温度降低，气球的净举力又会增大。因此，常把平衡球在施放高度上设计停留 2～3min，使环境大气与球内气体进行热交换，使两者的温度基本一致，保证净举力为零。

④防止太阳辐射对球平衡的影响　为了防止太阳辐射增温影响球平衡，必要时应将球在阳光下调节平衡，同时注意选择球的颜色。在有阳光天气施放时可选择白色球，阴天可选择白色或红色球。

⑤注意记录现场工作条件　施放平衡球时，应记录施放时间、地点、放球工作制度、基线长度及与正北方向的夹角、充气平衡工作情况、仪器组成、跟踪观测的时间间隔等。

⑥测试期与平称球的施放数量

在一般情况下，平衡球施放的时间要求与污染观测时间同步，而测试期长短又应根据评价工作等级而定。

施放地点应选择在建设项目盛行风向的下风向的环境敏感地区。

施放时段，只作一期的应选择在冬季的典型代表月，作两期的应选择在冬、夏两季的典型代表月。

为保证测试数据的代表性，应考虑各类稳定度下的球数分配，适当增加早、中、晚三个时段的球数。因此，每期的有效球数不应少于 100 个。

（3）数据分析和处理

利用单个平衡球轨迹估算扩散参数步骤如下：

①利用矢量法（双经纬仪数据）或投影法求出平衡球的空间轨迹和每相邻测点间的风矢量。

②对上述结果进行筛选和预处理。(a) 检查平衡球是否基本保持在一个等高面上，舍去那些单调上升或下降且最大高差较大的数据，最大高差一般不宜大于平均高度的 40%，可舍去初始和结尾部分，以保证中间段符合这一条件；(b) 对个别测量误差较大或明显异常的数据，可根据相邻数据用线性内插法修正，但这种修正值不宜超过 2 个；(c) 对于一些因气象或地面边界条件改变而使平均风速有明显升降的数据应进行分段处理；(d) 对于因局地环流或大涡现象引起的变曲趋势应对数据进行预处理，去掉趋势面；(e) 某些因平均风速过小无法

处理的数据，可暂时舍去。

③将筛选后的数据（风矢量）旋转到以平均风向为 x 轴的新坐标系。

④横向扩散系数 σ_y 可按式（3-76）计算。

$$\sigma_y^2=\frac{T^2}{n-j+1}\sum_{l=1}^{n-j+1}(\sum_{i=1}^{l+j-1}\frac{\nu_i}{j})^2 \tag{3-76}$$

式中，ν_i——各测点的横向脉动速度，下标 i 为时间序列标号；

n——总观测点数；

T——扩散时间。

⑤将上述可用结果按稳定度分类，每类不宜少于 5 次试验，然后按不同的 T 值对 σ_y 算术平均，并以 $\sigma_y=r_1'T^{a_1}$ 或 $\sigma_y=r_1'x^{a_1}$ 的形式对 σ_y 进行回归。

⑥σ_z 可参照上述计算 σ_y 的方法进行，但其结果只能作为参考。

3. 烟云照相法

本法是对烟羽用单个照相机连续拍照获得一组烟羽照片，把这一组烟羽形状重合在一起，可以得到一个采样时间（拍照时间）内的光滑收敛的烟羽包络线，由包络线按照特定的公式去推求大气扩散参数和烟羽抬升高度。

本法的优点是所需仪器少，主要仪器是普通照相机、立体经纬仪照相机，或摄影机，消耗材料少。因此，它所需经费少，人力少，比较经济。主要缺点是受天气条件影响较大，如阴天、雨天、雾天无法作业；研究的大气扩散范围小，一般为 1～4km。它主要的作用是研究铅直方向的扩散参数和抬升高度，研究水平方向（y 轴向）的扩散参数较难。

（1）技术要求

①平面照相法不宜在平均风向变化较大或能见度低的条件下进行。试验时必须对风向、风速、大气稳定度进行同步观测。本法主要用于测定铅直扩散参数 σ_z。有条件时（如具备气艇或直升飞机）也可测定水平扩散参数 σ_y，其要求类似于下述针对 σ_z 的各点。当烟羽阈值轮廓线过长（强稳定条件）可采用分段照相的办法。

②基线长度（相机与烟源的距离）的选择以保证相机能拍下完整的烟羽阈值轮廓线为原则，一般可在 500m 左右。观测点应尽量选择在烟轴的同一水平面上，并尽可能使相机镜头光轴与平均风向垂直，否则应测出其相对的仰角和方位角，以便对测定结果进行订正。

③发烟源可利用现有的烟源或专门的发烟罐。试验期间，发烟率应保持稳定，烟羽高度应力求与待评价的烟羽高度一致。

④应尽可能缩短两张画面的间隔，以保证每次试验能获得足够的照片（10～20 张），每次试验所采用的底片及显影剂的性能以及操作条件应一致。

（2）数据处理

①参照示踪法的数据处理①，对原始数据进行筛选。

②描绘每张底片上的烟羽阈值轮廓线，再将每次连续拍摄且不少于5张的底片重叠后画出其包路线。为取得正确的估计，最好有两名以上的实验人员负责绘制。

③应按相同取样时间用正态模型估算 σ_z。

④将上述结果按稳定度分类，每类稳定度不宜少于5次试验，最后按平移球法中的数据处理⑤的同样方法对 σ_z 进行回归。

如具备瞬时发烟装置，每次试验可采用类似于上述烟羽照相的方法，拍出一系列烟团的阈值轮廓线，然后按正态烟团模型估算出用于小风或静风条件下的相对扩散参数。

4. 环境风洞模拟法

风洞是用人工制造的气流来模拟实际气流的试验装置。用于大气扩散研究的风洞称为环境风洞，它是一种低速风洞，能模拟大气边界层的流动。本法是把待研究地区的污染源、地物、地形、地貌按一定比例制成模型，将其置于环境风洞中。这对研究复杂地形、建筑群等对扩散的影响很适宜。

(1) 风洞试验的主要内容

①各类地形、建筑物周围的大气边界层的流动特征。

②烟囱排烟的热力和动力抬升高度及烟羽扩散参数。

③各种烟源排烟对周围地区浓度分布的影响预测。

(2) 风洞试验实施技术要点

①模拟条件要相似　要使风洞实验中流场必须与实际大气流动相似，必须保证几何尺寸相似、流场平均量相似、流动平均温度场相似、湍流特征相似、排烟条件相似。总之，就是要求气流和扩散条件相似。

②具备一定的现场气象观测结果　进行风洞试验时必须具备一定的现场气象观测结果，以作为风洞模拟的依据。主要有风的垂直分布规律数据及湍强分布的数据等。

③试验模型缩比　一般而言，对于建筑尾流影响试验模型，所用缩尺在1/200～1/300之间；对于烟气抬升试验，在1/400～1/500之间；对于局地流场和扩散浓度预测试验，一般在1/1 000～1/5 000之间。

④实验结果的校核与调整　为了使实验结果具有可靠性和可比性，基本方法是：首先在平板上，在所确定的高度施放示踪物，求其浓度分布，算出 σ_y 和 σ_z 值，反复调整到与 *P-G* 曲线图的 σ_y 和 σ_z 值相一致。然后，再用地形模型测定浓度分布，通过无地形和有地形模型的结果相比较，研究地形带来的影响。

第三节　大气环境影响评价

大气环境影响评价是从预防性环境保护目标出发，采用适当的评价手段，确定拟议开发行动或建设项目排放的主要污染物对大气可能带来的影响范围和程度；评价影响的含义及其重大性，提出避免、消除和减少负面影响的对策；为开发行动或建设项目方案的优化选择提供依据。

一、概述

《环境影响评价技术导则—大气环境》（HJ 2.2—2008）规定了大气环境影响评价的内容、工作程序、方法和要求。适用于建设项目的新建或改、扩建工程的大气环境影响评价。区域和规划的大气环境影响评价亦可参照使用。该导则是对《环境影响评价技术导则——大气环境》（HJ/T 2.2—93）的第一次修订。主要修订内容有：评价工作分级和评价范围确定方法，环境空气质量现状调查内容与要求，气象观测资料调查内容与要求，大气环境影响预测与评价方法及要求，环境影响预测推荐模式等。

该导则于 2008 年 12 月 31 日发布，2009 年 4 月 1 日实施。自实施之日起，《环境影响评价技术导则——大气环境》（HJ/T 2.2—93）废止。

二、术语和定义

（一）环境空气敏感区

指评价范围内按《环境空气质量标准》（GB 3095—1996）规定划分为一类功能区的自然保护区、风景名胜区和其他需要特殊保护的地区，二类功能区中的居民区、文化区等人群较集中的环境空气保护目标，以及对项目排放大气污染物敏感的区域。

（二）常规污染物

常规污染物指 GB 3095—1996 中所规定的二氧化硫（SO_2）、颗粒物（TSP、PM_{10}）、二氧化氮（NO_2）、一氧化碳（CO）等污染物。

（三）特征污染物

特征污染物指项目排放的污染物中除常规污染物以外的特有污染物。主要指项目实施后可能导致潜在污染或对周边环境空气保护目标产生影响的特有污染物。

（四）大气污染源分类

大气污染源按预测模式的模拟形式分为点源、面源、线源、体源四种类别。

点源：通过某种装置集中排放的固定点状源，如烟囱、集气筒等。

面源：在一定区域范围内，以低矮密集的方式自地面或近地面的高度排放污染物的源，如工艺过程中的无组织排放、储存堆、渣场等排放源。

线源：污染物呈线状排放或者由移动源构成线状排放的源，如城市道路的机动车排放源等。

体源：由源本身或附近建筑物的空气动力学作用使污染物呈一定体积向大气排放的源，如焦炉炉体、屋顶天窗等。

（五）大气污染物分类

大气污染源排放的污染物按存在形态分为颗粒物污染物和气态污染物，其中粒径小于 15μm 的污染物亦可划为气态污染物。

（六）排气筒

排气筒指通过有组织形式排放大气污染物的各种类型的装置，包括烟囱、集气筒等。

（七）简单地形

距污染源中心点 5 km 内的地形高度（不含建筑物）低于排气筒高度时，定义为简单地形（图 3-3）。在此范围内地形高度不超过排气筒基底高度时，可认为地形高度为 0 m。

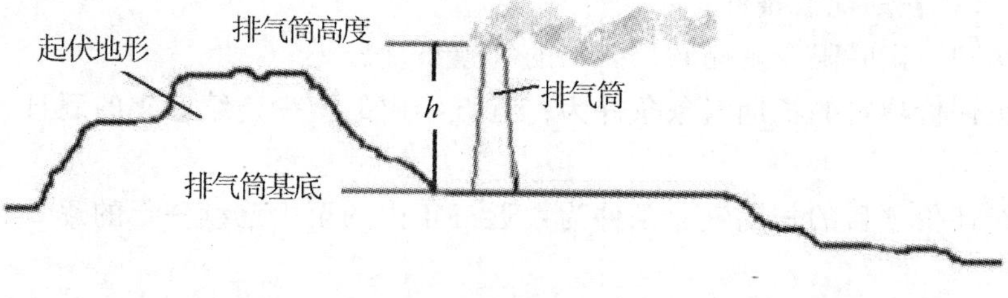

图 3-3　简单地形

（八）复杂地形

距污染源中心点 5 km 内的地形高度（不含建筑物）等于或超过排气筒高度时，定义为复杂地形。复杂地形中各参数见图 3-4。

对于存在多源情况下的建设项目，简单地形与复杂地形的判断可用该项目几何高度最高污染源的高度作为判别标准。

（九）推荐模式

导则附录 A 所列的大气环境影响预测模式。推荐模式原则上采取互联网等形式发布，发布内容包括模式的使用说明、执行文件、用户手册、技术文档、应

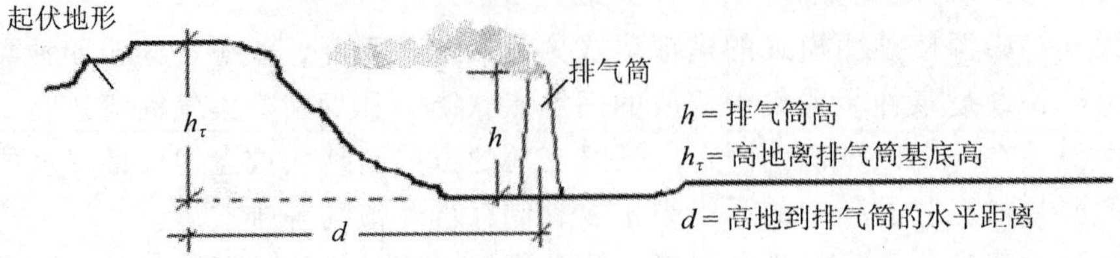

图 3-4 复杂地形

用案例等。推荐模式清单包括估算模式、进一步预测模式和大气环境防护距离计算模式。

估算模式是一种单源预测模式，适用于建设项目评价等级及评价范围的确定工作。估算模式利用预设的气象条件进行计算，通常其计算结果大于采用进一步预测模式的计算浓度值。

进一步预测模式是一些多源预测模式，适用于一、二级评价工作的进一步预测工作。可基于评价范围的气象特征及地形特征，模拟单个或多个污染源排放的污染物在不同平均时限内的浓度分布。不同的预测模式有其不同的数据要求及适用范围。

（十）非正常排放

指非正常工况下的污染物排放。如点火开炉、设备检修、污染物排放控制措施达不到应有效率、工艺设备运转异常等情况下的排放。

（十一）长期气象条件

指达到一定时限及观测频次要求的气象条件。

一级评价项目的长期气象条件为：近五年内的至少连续三年的逐日、逐次气象条件。

二级评价项目的长期气象条件为：近三年内的至少连续一年的逐日、逐次气象条件。

（十二）复杂风场

指评价范围内存在局地风速、风向等因子不一致的风场。一般是由于地表的地理特征或土地利用不一致，形成局地风场或局地环流，如海边、山谷、城市等地带会形成海陆风、山谷风、城市热岛环流等。

（十三）大气环境防护距离

为保护人群健康，减少正常排放条件下大气污染物对居住区的环境影响，在项目厂界以外设置的环境防护距离。

三、大气环境影响评价等级与评价范围

（一）评价工作分级方法

选择推荐模式中的估算模式对项目的大气环境影响评价工作进行分级。结合项目的初步工程分析结果，选择正常排放的主要污染物及排放参数，采用估算模式计算各污染物的最大影响程度和最远影响范围，然后按评价工作分级判据进行分级。正常排放下主要污染物的选择标准，应结合污染物毒性、污染物排放量及环境质量标准限值综合判定。对于常规污染物，可参考等标排放量的计算方法，即选择污染物排放量与环境空气质量浓度标准比值较大的污染物作为项目主要污染物。

根据项目的初步工程分析结果，选择1～3种主要污染物，分别计算每一种污染物的最大地面浓度占标率P_i（第i个污染物），及第i个污染物的地面浓度达标准限值10%时所对应的最远距离$D_{10\%}$。其中P_i定义为：

$$P_i = \frac{Q_i}{C_{0i}} \times 100\% \qquad (3\text{-}77)$$

式中：P_i——第i个污染物的最大地面浓度占标率，%；

C_i——采用估算模式计算出的第i个污染物的最大地面浓度，mg/m^3；

C_{0i}——第i个污染物的环境空气质量标准，mg/m^3。

C_{0i}一般选用GB 3095中1小时平均取样时间的二级标准的浓度限值；对于没有小时浓度限值的污染物，可取日平均浓度限值的3倍值；对该标准中未包含的污染物，可参照TJ 36中的居住区大气中有害物质的最高容许浓度的一次浓度限值。如已有地方标准，应选用地方标准中的相应值。对某些上述标准中都未包含的污染物，可参照国外有关标准选用，但应作出说明，报环保主管部门批准后执行。

评价工作等级按表3-26的分级判据进行划分。最大地面浓度占标率按式（3-1）计算，如污染物数i大于1，取P值中最大者（P_{max}），和其对应的$D_{10\%}$。

表3－26 评价工作等级

评价工作等级	评价工作分级判据
一级	$P_{max} \geq 80\%$，且$D_{10\%} \geq 5$ km
二级	其他
三级	$P_{max} < 10\%$或$D_{10\%} <$污染源距厂界最近距离

评价工作等级的确定还应符合以下规定：

(1) 同一项目有多个(两个以上,含两个)污染源排放同一种污染物时,则按各污染源分别确定其评价等级,并取评价级别最高者作为项目的评价等级。

(2) 对于高耗能行业的多源(两个以上,含两个)项目,评价等级应不低于二级。

(3) 对于建成后全厂的主要污染物排放总量都有明显减少的改、扩建项目,评价等级可低于一级。

(4) 如果评价范围内包含一类环境空气质量功能区,或者评价范围内主要评价因子的环境质量已接近或超过环境质量标准,或者项目排放的污染物对人体健康或生态环境有严重危害的特殊项目,评价等级一般不低于二级。

(5) 对于以城市快速路、主干路等城市道路为主的新建、扩建项目,应考虑交通线源对道路两侧的环境保护目标的影响,评价等级应不低于二级。

(6) 对于公路、铁路等项目,应分别按项目沿线主要集中式排放源(如服务区、车站等大气污染源)排放的污染物计算其评价等级。

(7) 确定评价工作等级的同时应说明估算模式计算参数和选项。

(二) 不同评价等级的预测要求

一、二级评价应选择导则推荐模式清单中的进一步预测模式进行大气环境影响预测工作。三级评价可不进行大气环境影响预测工作,直接以估算模式的计算结果作为预测与分析依据。

(三) 评价范围的确定

根据项目排放污染物的最远影响范围确定项目的大气环境影响评价范围。即以排放源为中心点,以 $D_{10\%}$ 为半径的圆或 $2\times D_{10\%}$ 为边长的矩形作为大气环境影响评价范围;当最远距离超过 25km 时,确定评价范围为半径 25 km 的圆形区域或边长 50 km 矩形区域。

评价范围的直径或边长一般不应小于 5 km。

对于以线源为主的城市道路等项目,评价范围可设定为线源中心两侧各 200 m 的范围。

(四) 环境空气敏感区的确定

调查评价范围内所有环境空气敏感区,在图中标注,并列表给出环境空气敏感区内主要保护对象的名称、大气环境功能区划级别、与项目的相对距离、方位,以及受保护对象的范围和数量。

四、污染源调查与分析

(一) 大气污染源调查与分析对象

对于一、二级评价项目,应调查分析项目的所有污染源(对于改、扩建项目应包括新、老污染源)、评价范围内与项目排放污染物有关的其他在建项目、已批复环境影响评价文件的未建项目等污染源。如有区域替代方案，还应调查评价范围内所有的拟替代的污染源。

对于三级评价项目可只调查分析项目污染源。

（二）污染源调查与分析方法

对于新建项目可通过类比调查、物料衡算或设计资料确定；对于评价范围内的在建和未建项目的污染源调查，可使用已批准的环境影响报告书中的资料；对于现有项目和改、扩建项目的现状污染源调查，可利用已有的有效数据或进行实测；对于分期实施的工程项目，可利用前期工程最近5年内的验收监测资料、年度例行监测资料或进行实测。

评价范围内拟替代的污染源调查方法参考项目的污染源调查方法。

（三）污染源调查内容与调查清单

一级评价项目污染源调查内容：

(1) 污染源排污概况调查。在满负荷排放下，按分厂或车间逐一统计各有组织排放源和无组织排放源的主要污染物排放量；对改、扩建项目应给出：现有工程排放量、扩建工程排放量，以及现有工程经改造后的污染物预测削减量，并按上述3个量计算最终排放量；对于毒性较大的污染物还应估计其非正常排放量；对于周期性排放的污染源，还应给出周期性排放系数。周期性排放系数取值为0～1，一般可按季节、月份、星期、日、小时等给出周期性排放系数。

(2) 点源调查内容。排气筒底部中心坐标，以及排气筒底部的海拔高度(m)；排气筒几何高度（m）及排气筒出口内径（m）；烟气出口速度（m/s）；排气筒出口处烟气温度（K）；各主要污染物正常排放量（g/s），排放工况，年排放小时数（h）；毒性较大物质的非正常排放量（g/s），排放工况，年排放小时数（h）等。点源（包括正常排放和非正常排放）参数调查清单见表3-27。

表3-27　点源参数调查清单

	点源编号	点源名称	X坐标	Y坐标	排气筒底部海拔	排气筒高度	排气筒内径	烟气出口速度	烟气出口温度	年排放小时数	排放工况	评价因子源强				
												烟尘	粉尘	SO_2	NO_x	其他
单位			m	m	m	m	m	m/s	K	h		g/s	g/s	g/s	g/s	
数据																

(3) 面源调查内容。面源位置坐标，以及面源所在位置的海拔高度（m）；面源初始排放高度（m）；各主要污染物正常排放量［g/（s·m²）］，排放工况，年排放小时数（h）等。各类面源参数调查清单表见表3-28～表3-30。

表 3-28 矩形面源参数调查清单

	面源编号	面源名称	面源起始点		海拔高度	面源长度	面源宽度	与正北夹角	面源初始排放高度	年排放小时数	排放工况	评价因子源强				
			X坐标	Y坐标								烟尘	粉尘	SO_2	NO_x	其他
单位			m		m	m	m	m	°	m	h	g/（s·m^2）				
数据																

表 3-29 多边形面源参数调查清单

	面源编号	面源名称	顶点1坐标		顶点2坐标		其他顶点坐标	海拔高度	面源初始排放高度	年排放小时数	排放工况	评价因子源强				
			X坐标	Y坐标	X坐标	Y坐标						烟尘	粉尘	SO_2	NO_x	其他
单位			m	m	m	m		m	m	h		g/（s·m^2）				
数据																

表 3-30 近圆形面源调查清单

	面源编号	面源名称	中心坐标		海拔高度	近圆形半径	顶点数或边数	面源初始排放高度	年排放小时数	排放工况	评价因子源强				
			X坐标	Y坐标							烟尘	粉尘	SO_2	NO_x	其他
单位			m	m	m	m		m	h		g/（s·m^2）				
数据															

（4）体源调查内容。体源中心点坐标，以及体源所在位置的海拔高度（m）；体源高度（m）；体源排放速率（g/s），排放工况，年排放小时数（h）；体源的边长（m）；初始横向扩散参数（m），初始垂直扩散参数（m），体源初始扩散参数的估算见表 3-31 和表 3-32。体源参数调查清单见表 3-33。

表 3-31 体源初始横向扩散参数的估算

源类型	初始横向扩散参数
单个源	σ_{y0} =边长/4.3
连续划分的体源	σ_{y0} =边长/2.15
间隔划分的体源	σ_{y0} =两个相邻间隔中心点的距离/2.15

表 3-32　体源初始垂直扩散参数的估算

源位置		初始垂直扩散参数
源基底处地形高度 $H_0 \approx 0$		σ_{z0}＝源的高度/2.15
源基底处地形高度 $H_0 > 0$	在建筑物上的，或邻近建筑物	σ_{z0}＝建筑物高度/2.15
	不在建筑物上，或不邻近建筑物	σ_{z0}＝源的高度/4.3

表 3-33　体源参数调查清单

	体源编号	体源名称	体源中心坐标		海拔高度	体源边长	体源高度	年排放小时数	排放工况	初始扩散参数		评价因子源强				
			X 坐标	Y 坐标						横向	垂直	烟尘	粉尘	SO_2	NO_x	其他
单位			m	m	m	m	m	h		m	m	g/s				
数据																

(5) 线源调查内容。线源几何尺寸（分段坐标），线源距地面高度（m），道路宽度（m），街道街谷高度（m）；各种车型的污染物排放速率［g/（km·s）］；平均车速（km/h），各时段车流量（辆/h）、车型比例。线源参数调查清单见表 3-34。

表 3-34　线源参数调查清单

	线源编号	线源名称	分段坐标 1		分段坐标 2		分段坐标 n	道路高度	道路宽度	街道窄谷高度	平均车速	车流量	车型/比例	各车型污染物排放速率				
			X 坐标	Y 坐标	X 坐标	Y 坐标								NO_x	粉尘	CO	VOC	其他
单位			m	m	m	m		m	m	m	km/h	pcu/h		g/（km·s）				
数据																		

(6) 其他需调查的内容。建筑物下洗参数；颗粒物的粒径分布。颗粒物粒径分布调查清单见表 3-35。

表 3-35　颗粒物粒径分布调查清单

	粒径分级	分级粒径	颗粒物质量密度	所占质量比
单位		μm	g/cm^3	
数据				

二级评价项目污染源调查内容参照一级评价项目执行，可适当从简。

三级评价项目可只调查污染源排污概况，并对估算模式中的污染源参数进行核实。

五、环境空气质量现状调查与评价

（一）环境空气质量现状调查原则

现状调查资料来源分三种途径，可视不同评价等级对数据的要求结合进行：①收集评价范围内及邻近评价范围的各例行空气质量监测点的近三年与项目有关的监测资料。②收集近三年与项目有关的历史监测资料。③进行现场监测。

凡涉及 GB 3095 中污染物的各类监测资料的统计内容与要求，均应满足该标准中各项污染物数据统计的有效性规定。涉及 GB 3095 中各项污染物的分析方法应符合 GB 3095 对分析方法的规定。

监测方法应首先选用国家环境主管部门发布的标准监测方法。对尚未制定环境标准的非常规大气污染物，应尽可能参考 ISO 等国际组织和国内外相应的监测方法，在环评文件中详细列出监测方法、适用性及其引用依据，并报请环保主管部门批准。监测方法的选择，应满足项目的监测目的，并注意其适用范围、检出限、有效检测范围等监测要求。

（二）现有监测资料的分析

对照各污染物有关的环境质量标准，分析其长期浓度（年均浓度、季均浓度、月均浓度）、短期浓度（日平均浓度、小时平均浓度）的达标情况。若监测结果出现超标，应分析其超标率、最大超标倍数以及超标原因。此外，还应分析评价范围内的污染水平和变化趋势。

（三）环境空气质量现状监测

（1）监测因子。凡项目排放的污染物属于常规污染物的应筛选为监测因子。项目排放的特征污染物中有国家或地方环境质量标准的，或者有 TJ 36 中的居住区大气中有害物质的最高允许浓度的，也应筛选为监测因子；对于没有相应环境质量标准的污染物，且属于毒性较大的，则应按照实际情况，选取有代表性的污染物作为监测因子，同时应给出参考标准值和出处。

（2）监测制度。一级评价项目应进行二期（冬季、夏季）监测；二级评价项目可取一期不利季节进行监测，必要时应作二期监测；三级评价项目必要时可作一期监测。每期监测时间，至少应取得有季节代表性的 7 天有效数据，采样时间应符合监测资料的统计要求。对于评价范围内没有排放同种特征污染物的项目，可减少监测天数。对于部分无法进行连续监测的特殊污染物，可监测其一次浓度值，监测时间须满足所用评价标准值的取值时间要求。

(3) 监测布点要求。监测点设置应根据项目的规模和性质，结合地形复杂性、污染源及环境空气保护目标的布局，综合考虑监测点设置数量。

一级评价项目，监测点应包括评价范围内有代表性的环境空气保护目标，点位不少于10个；二级评价项目，监测点应包括评价范围内有代表性的环境空气保护目标，点位不少于6个。对于地形复杂、污染程度空间分布差异较大，环境空气保护目标较多的区域，可酌情增加监测点数目。三级评价项目，若评价范围内已有例行监测点位，或评价范围内有近3年的监测资料，且其监测数据有效性符合导则有关规定，并能满足项目评价要求的，可不再进行现状监测，否则，应设置2～4个监测点。若评价范围内没有其他污染源排放同种特征污染物的，可适当减少监测点位。

对于公路、铁路等项目，应分别在各主要集中式排放源（如服务区、车站等大气污染源）评价范围内，选择有代表性的环境空气保护目标设置监测点位。

城市道路项目，可不受上述监测点设置数目限制，根据道路布局和车流量状况，并结合环境空气保护目标的分布情况，选择有代表性的环境空气保护目标设置监测点位。

(4) 监测布点原则。监测点的布设应尽量全面、客观、真实地反映评价范围内的环境空气质量。依项目评价等级和污染源布局的不同，按照以下原则进行监测布点。

一级评价项目：以监测期间所处季节的主导风向为轴向，取上风向为0°，至少在约0°、45°、90°、135°、180°、225°、270°、315°方向上各设置1个监测点，在主导风向下风向距离中心点（或主要排放源）不同距离，加密布设1～3个监测点。具体监测点位可根据局地地形条件、风频分布特征以及环境功能区、环境空气保护目标所在方位做适当调整。各个监测点要有代表性，环境监测值应能反映各环境空气敏感区、各环境功能区的环境质量，以及预计受项目影响的高浓度区的环境质量。各监测期环境空气敏感区的监测点位置应重合。预计受项目影响的高浓度区的监测点位，应根据各监测期所处季节主导风向进行调整。

二级评价项目：以监测期间所处季节的主导风向为轴向，取上风向为0°，至少在约0°、90°、180°、270°方向上各设置1个监测点，主导风向下风向应加密布点。具体监测点位根据局地地形条件、风频分布特征以及环境功能区、环境空气保护目标所在方位做适当调整。各个监测点要有代表性，环境监测值应能反映各环境空气敏感区、各环境功能区的环境质量，以及预计受项目影响的高浓度区的环境质量。如需要进行二期监测，应与一级评价项目相同，根据各监测期所处季节主导风向调整监测点位。

三级评价项目：以监测期所处季节的主导风向为轴向，取上风向为0°，至少在约0°、180°方向上各设置1个监测点，主导风向下风向应加密布点，也可根据局地地形条件、风频分布特征以及环境功能区、环境空气保护目标所在方位做适当调整。各个监测点要有代表性，环境监测值应能反映各环境空气敏感区、各环境功能区的环境质量，以及预计受项目影响的高浓度区的环境质量。如果评价范围内已有例行监测点可不再安排监测。

城市道路评价项目：对于城市道路等线源项目，应在项目评价范围内，选取有代表性的环境空气保护目标设置监测点。监测点的布设还应结合敏感点的垂直空间分布进行设置。

各级评价项目现状监测布点原则汇总见表 3-36。

表 3-36 现状监测布点原则

	一级评价	二级评价	三级评价
监测点数	≥10	≥6	2～4
布点方法	极坐标布点法	极坐标布点法	极坐标布点法
布点方位	在约 0°、45°、90°、135°、180°、225°、270°、315°等方向布点，并且在下风向加密，也可根据局地地形条件、风频分布特征以及环境功能区、环境空气保护目标所在方位做适当调整	至少在约 0°、90°、180°、270°等方向布点，并且在下风向加密，也可根据局地地形条件、风频分布特征以及环境功能区、环境空气保护目标所在方位做适当调整	至少在约 0°、180°等方向布点，并且在下风向加密，也可根据局地地形条件、风频分布特征以及环境功能区、环境空气保护目标所在方位做适当调整
布点要求	各个监测点要有代表性，环境监测值应能反映各环境敏感区域、各环境功能区的环境质量，以及预计受项目影响的高浓度区的环境质量		

环境空气质量监测点位置的周边环境应符合相关环境监测技术规范的规定。监测点周围空间应开阔，采样口水平线与周围建筑物的高度夹角小于 30°；监测点周围应有 270°采样捕集空间，空气流动不受任何影响；避开局地污染源的影响，原则上 20m 应没有局地排放源；避开树木和吸附力较强的建筑物，一般在 15～20m 范围内没有绿色乔木、灌木等。同时注意监测点的可到达性和电力保证。

(5) 监测采样。环境空气监测中的采样点、采样环境、采样高度及采样频率的要求，按相关环境监测技术规范执行。

(6) 同步气象资料要求。应同步收集项目位置附近有代表性，且与各环境空气质量现状监测时间相对应的常规地面气象观测资料。

(7) 监测结果统计分析。以列表的方式给出各监测点大气污染物的不同取值时间的浓度变化范围，计算并列表给出各取值时间最大浓度值占相应标准浓度限值的百分比和超标率，并评价达标情况；分析大气污染物浓度的日变化规律以及大气污染物浓度与地面风向、风速等气象因素及污染源排放的关系；分析重污染时间分布情况及其影响因素。

六、气象观测资料调查

(一) 气象观测资料调查的基本原则

气象观测资料的调查要求与项目的评价等级有关，还与评价范围内地形复杂程度、水平流场是否均匀一致、污染物排放是否连续稳定有关。常规气象观测资料包括常规地面气象观测资料和常规高空气象探测资料。

对于各级评价项目，均应调查评价范围 20 年以上的主要气候统计资料。包括年平均风速和风向玫瑰图，最大风速与月平均风速，年平均气温，极端气温与月平均气温，年平均相对湿度，年均降水量，降水量极值，日照等。对于一、二级评价项目，还应调查逐日、逐次的常规气象观测资料及其他气象观测资料。

(二) 气象观测资料调查要求

(1) 对于一级评价项目，气象观测资料调查基本要求分两种情况：①评价范围小于 50km 条件下，须调查地面气象观测资料，并按选取的模式要求，调查必需的常规高空气象探测资料。②评价范围大于 50km 条件下，须调查地面气象观测资料和常规高空气象探测资料。

地面气象观测资料调查要求：调查距离项目最近的地面气象观测站，近 5 年内的至少连续三年的常规地面气象观测资料。如果地面气象观测站与项目的距离超过 50km，并且地面站与评价范围的地理特征不一致，还需进行补充地面气象观测。

常规高空气象探测资料调查要求：调查距离项目最近的高空气象探测站，近 5 年内的至少连续三年的常规高空气象探测资料。如果高空气象探测站与项目的距离超过 50km，高空气象资料可采用中尺度气象模式模拟的 50km 内的格点气象资料。

(2) 对于二级评价项目，气象观测资料调查基本要求同一级评价项目。对应的气象观测资料年限要求为近 3 年内的至少连续一年的常规地面气象观测资料和高空气象探测资料。

(三) 气象观测资料调查内容

(1) 地面气象观测资料。根据所调查地面气象观测站的类别，并遵循先基准站，次基本站，后一般站的原则，收集每日实际逐次观测资料。观测资料的常规调查项目包括：时间（年、月、日、时）、风向（以角度或按 16 个方位表示）、风速、干球温度、低云量、总云量。

根据不同评价等级预测精度要求及预测因子特征，可选择调查的观测资料的内容：湿球温度、露点温度、相对湿度、降水量、降水类型、海平面气压、观测站地面气压、云底高度、水平能见度等（表 3-37）。

表 3-37 地面气象观测资料内容

名称	单位	名称	单位
年		湿球温度	℃
月		露点温度	℃
日		相对湿度	%
时		降水量	mm/h
风向	度（方位）	降水类型	
风速	m/s	海平面气压	hPa（百帕）
总云量	十分量	观测站地面气压	hPa（百帕）
低云量	十分量	云底高度	km
干球温度	℃	水平能见度	km

（2）常规高空气象探测资料。观测资料的时次根据所调查常规高空气象探测站的实际探测时次确定，一般应至少调查每日 1 次（北京时间 08 点）的距地面 1 500 m 高度以下的高空气象探测资料。观测资料的常规调查项目包括：时间（年、月、日、时）、探空数据层数、每层的气压、高度、气温、风速、风向（以角度或按 16 个方位表示）（表 3-38）。

表 3-38 常规高空气象探测资料内容

名称	单位	名称	单位
年		高度	m
月		干球温度	℃
日		露点温度	℃
时		风速	m/s
探空数据层数		风向	度（方位）
气压	hPa（百帕）		

对于修订版大气导则所推荐的进一步预测模式，输入的地面气象观测资料需要逐日每天 24 次的连续观测资料，对于每日实际观测次数不足 24 次的，应在应用气象资料前对原始资料进行插值处理。插值方法可采用连续均匀插值法（实际观测次数为一日 4 次或一日 8 次）或者均值插值法（实际观测次数为一日 8 次以上）。

（四）补充地面气象观测

如果地面气象观测站与项目的距离超过 50km，并且地面站与评价范围的地理特征不一致，还需要进行补充地面气象观测。在评价范围内设立补充地面气象观测站，站点设置应符合相关地面气象观测规范的要求。

一级评价的补充观测应进行为期一年的连续观测；二级评价的补充观测可选择有代表性的季节进行连续观测，观测期限应在 2 个月以上。观测内容应符合地面气象观测资料的要求。观测方法应符合相关地面气象观测规范的要求。

补充地面气象观测数据可作为当地长期气象条件参与大气环境影响预测。

（五）常规气象资料分析内容

(1) 温度。统计长期地面气象资料中每月平均温度的变化情况，并绘制年平均温度月变化曲线图。对于一级评价项目，需酌情对污染较严重时的高空气象探测资料作温廓线的分析，分析逆温层出现的频率、平均高度范围和强度。

(2) 风速。统计月平均风速随月份的变化和季小时平均风速的日变化。即根据长期气象资料统计每月平均风速、各季每小时的平均风速变化情况，并绘制平均风速的月变化曲线图和季小时平均风速的日变化曲线图。对于一级评价项目，需酌情对污染较严重时的高空气象探测资料作风廓线的分析，分析不同时间段大气边界层内的风速变化规律。

(3) 风向、风频。统计所收集的长期地面气象资料中，每月、各季及长期平均各风向风频变化情况。统计所收集的长期地面气象资料中，各风向出现的频率，静风频率单独统计。在极坐标中按各风向标出其频率的大小，绘制各季及年平均风向玫瑰图。风向玫瑰图应同时附当地气象台站多年（20 年以上）气候统计资料的统计结果。

在模式计算中，若给静风风速赋一固定值，应同时分配静风一个风向，可利用静风前后的观测资料的风向进行插值或在气象资料比较完整，即日观测次数比较多的情况下，利用静风前一次的观测资料中的风向作为当前静风风向。

(4) 主导风向。主导风向指风频最大的风向角的范围。风向角范围一般在连续 45°左右，对于以十六方位角表示的风向，主导风向范围一般是指连续两到三个风向角的范围。某区域的主导风向应有明显的优势，其主导风向角风频之和应≥30%，否则可称该区域没有主导风向或主导风向不明显。在没有主导风向的地区，应考虑项目对全方位的环境空气敏感区的影响。

七、大气环境影响预测与评价

大气环境影响预测用于判断项目建成后对评价范围大气环境影响的程度和范围。常用的大气环境影响预测方法是通过建立数学模型来模拟各种气象条件、地形条件下的污染物在大气中输送、扩散、转化和清除等物理、化学机制。

大气环境影响预测的步骤一般为：

（1）确定预测因子。

（2）确定预测范围。

（3）确定计算点。

（4）确定污染源计算清单。

（5）确定气象条件。

（6）确定地形数据。

（7）确定预测内容和设定预测情景。

（8）选择预测模式。

（9）确定模式中的相关参数。

（10）进行大气环境影响预测与评价。

（一）预测因子

预测因子应根据评价因子而定，选取有环境空气质量标准的评价因子作为预测因子。

（二）预测范围

预测范围应覆盖评价范围，同时还应考虑污染源的排放高度、评价范围的主导风向、地形和周围环境敏感区的位置等进行适当调整。计算污染源对评价范围的影响时，一般取东西向为 X 坐标轴、南北向为 Y 坐标轴，项目位于预测范围的中心区域。

（三）计算点

计算点可分三类：环境空气敏感区、预测范围内的网格点以及区域最大地面浓度点。应选择所有的环境空气敏感区中的环境空气保护目标作为计算点。

预测网格点的分布应具有足够的分辨率以尽可能精确预测污染源对评价范围的最大影响，预测网格可以根据具体情况采用直角坐标网格或极坐标网格，并应覆盖整个评价范围。预测网格点设置方法见表 3-39。

区域最大地面浓度点的预测网格设置，应依据计算出的网格点浓度分布而定，在高浓度分布区，计算点间距应不大于 50m。对于邻近污染源的高层住宅楼，应适当考虑不同代表高度上的预测受体。

表 3-39　预测网格点设置方法

预测网格方法		直角坐标网格	极坐标网格
布点原则		网格等间距或近密远疏法	径向等间距或距源中心近密远疏法
预测网格点网格距	距离源中心≤1 000 m	50～100 m	50～100 m
	距离源中心>1 000 m	100～500 m	100～500 m

（四）污染源计算清单

点源、面源、体源和线源源强计算清单内容参见大气污染源调查内容与调查清单。

（五）气象条件

计算小时平均浓度需采用长期气象条件，进行逐时或逐次计算。选择污染最严重的（针对所有计算点）小时气象条件和对各环境空气保护目标影响最大的若干个小时气象条件（可视对各环境空气敏感区的影响程度而定）作为典型小时气象条件。

计算日平均浓度需采用长期气象条件，进行逐日平均计算。选择污染最严重的（针对所有计算点）日气象条件和对各环境空气保护目标影响最大的若干个日气象条件（可视对各环境空气敏感区的影响程度而定）作为典型日气象条件。

（六）地形数据

在非平坦的评价范围内，地形的起伏对污染物的传输、扩散会有一定的影响。对于复杂地形下的污染物扩散模拟需要输入地形数据。

地形数据的来源应予以说明，地形数据的精度应结合评价范围及预测网格点的设置进行合理选择。

（七）确定预测内容和设定预测情景

大气环境影响预测内容依据评价工作等级和项目的特点而定。

（1）一级评价项目预测内容一般包括：

①全年逐时或逐次小时气象条件下，环境空气保护目标、网格点处的地面浓度和评价范围内的最大地面小时浓度。

②全年逐日气象条件下，环境空气保护目标、网格点处的地面浓度和评价范围内的最大地面日平均浓度。

③ 长期气象条件下，环境空气保护目标、网格点处的地面浓度和评价范围内的最大地面年平均浓度。

④ 非正常排放情况，全年逐时或逐次小时气象条件下，环境空气保护目标的最大地面小时浓度和评价范围内的最大地面小时浓度。

⑤ 对于施工期超过一年的项目，并且施工期排放的污染物影响较大，还应预测施工期间的大气环境质量。

二级评价项目预测内容为一级评价项目预测内容中的①、②、③、④项内容。三级评价项目可不进行上述预测。

(2) 预测情景根据预测内容设定，一般考虑五个方面的内容：污染源类别、排放方案、预测因子、气象条件、计算点。

污染源类别分新增加污染源、削减污染源和被取代污染源及其他在建、拟建项目相关污染源。新增污染源分正常排放和非正常排放两种情况。排放方案分工程设计或可行性研究报告中现有排放方案和环评报告所提出的推荐排放方案，排放方案内容根据项目选址、污染源的排放方式以及污染控制措施等进行选择。常规预测情景组合见表 3-40。

表 3-40　常规预测情景组合

序号	污染源类别	排放方案	预测因子	计算点	常规预测内容
1	新增污染源（正常排放）	现有方案/推荐方案	所有预测因子	环境空气保护目标 网格点 区域最大地面浓度点	小时浓度 日平均浓度 年均浓度
2	新增污染源（非正常排放）	现有方案/推荐方案	主要预测因子	环境空气保护目标 区域最大地面浓度点	小时浓度
3	削减污染源（若有）	现有方案/推荐方案	主要预测因子	环境空气保护目标	日平均浓度 年均浓度
4	被取代污染源（若有）	现有方案/推荐方案	主要预测因子	环境空气保护目标	日平均浓度 年均浓度
5	其他在建、拟建项目相关污染源（若有）		主要预测因子	环境空气保护目标	日平均浓度 年均浓度

(八) 预测模式

采用导则推荐模式清单中的模式进行预测，并说明选择模式的理由。选择模式时，应结合模式的适用范围和对参数的要求进行合理选择。推荐模式原则上采取互联网等形式发布，发布内容包括模式的使用说明、执行文件、用户手册、技术文档、应用案例等。推荐模式清单包括估算模式、进一步预测模式和大气环境防护距离计算模式。各预测模式适用范围及选择要求见表 3-41。

表 3-41 推荐模式一般适用范围

分类	AERMOD	ADMS	CALPUFF
适用评价等级	一级、二级评价	一级、二级评价	一级、二级评价
污染源类型	点源、面源、体源	点源、面源、线源、体源	点源、面源、线源、体源
适用评价范围	小于等于 50km	小于等于 50km	大于 50km
对气象数据最低要求	地面气象数据及对应高空气象数据	地面气象观测数据	地面气象数据及对应高空气象数据
适用污染源类型	点源、面源和体源	点源、面源、线源和体源	点源、面源、线源和体源
适用地形及风场条件	简单地形、复杂地形	简单地形、复杂地形	简单地形、复杂地形、复杂风场
模拟污染物	气态污染物、颗粒物	气态污染物、颗粒物	气态污染物、颗粒物 恶臭、能见度
其他	街谷模式		长时间静风、岸边熏烟

（九）模式中的相关参数

在进行大气环境影响预测时，应对预测模式中的有关模型选项及化学转化等参数进行说明。不同预测模式所需主要参数见表 3-42。

表 3-42 不同预测模式所需主要参数要求

参数类型	ADMS	AERMOD	CALPUFF
地表参数	地表粗糙度，最小 M—O 长度	地表反照率、BOWEN 率、地表粗糙度	地表粗糙度、土地使用类型、植被代码
干沉降参数	沉降率	干沉降参数	干沉降参数
湿沉降参数	清洗率	湿沉降参数	湿沉降参数
化学反应参数	化学反应选项	半衰期、NO_x 转化系数、臭氧浓度等	化学反应计算选项
其他参数	模拟建筑物/山区	时区、城市/农村	时区、地形影响半径、气象台站影响半径、风速幂指数、静风域值、混合层域值

在计算 1 h 平均浓度时，可不考虑 SO_2 的转化；在计算日平均或更长时间平均浓度时，尤其是城市区域，应考虑化学转化。SO_2 转化可取半衰期为 4 h。对于一般的燃烧设备，在计算 NO_2 小时或日平均浓度时，可以假定 $NO_2/NO_x=0.9$；在计算年平均浓度时，可以假定 $NO_2/NO_x=0.75$。在计算机动车排放 NO_2 和 NO_x 比例时，应根据不同车型的实际情况而定。

在计算颗粒物浓度时，应考虑重力沉降的影响。

（十）大气环境影响预测分析与评价

大气环境影响预测分析与评价的主要内容包括：

(1) 对环境空气敏感区的环境影响分析，应考虑其预测值和同点位处的现状背景值的最大值的叠加影响；对最大地面浓度点的环境影响分析可考虑预测值和所有现状背景值的平均值的叠加影响。

(2) 叠加现状背景值，分析项目建成后最终的区域环境质量状况，即新增污染源预测值＋现状监测值－削减污染源计算值（如果有）－被取代污染源计算值（如果有）＝项目建成后最终的环境影响。若评价范围内还有其他在建项目、已批复环境影响评价文件的拟建项目，也应考虑其建成后对评价范围的共同影响。

(3) 分析典型小时气象条件下，项目对环境空气敏感区和评价范围的最大环境影响，分析是否超标、超标程度、超标位置，分析小时浓度超标概率和最大持续发生时间，并绘制评价范围内出现区域小时平均浓度最大值时所对应的浓度等值线分布图。

(4) 分析典型日气象条件下，项目对环境空气敏感区和评价范围的最大环境影响，分析是否超标、超标程度、超标位置，分析日平均浓度超标概率和最大持续发生时间，并绘制评价范围内出现区域日平均浓度最大值时所对应的浓度等值线分布图。

(5) 分析长期气象条件下，项目对环境空气敏感区和评价范围的环境影响，分析是否超标、超标程度、超标范围及位置，并绘制预测范围内的浓度等值线分布图。

(6) 分析评价不同排放方案对环境的影响，即从项目的选址、污染源的排放强度与排放方式、污染控制措施等方面评价排放方案的优劣，并针对存在的问题（如果有）提出解决方案。

(7) 对解决方案进行进一步预测和评价，并给出最终的推荐方案。

八、大气环境防护距离

（一）大气环境防护距离确定方法

采用推荐模式中的大气环境防护距离模式计算各无组织源的大气环境防护距

离。计算出的距离是以污染源中心点为起点的控制距离，并结合厂区平面布置图，确定控制距离范围，超出厂界以外的范围，即为项目大气环境防护区域。在大气环境防护距离内不应有长期居住的人群。

当无组织源排放多种污染物时，应分别计算，并按计算结果的最大值确定其大气环境防护距离。

对于属于同一生产单元（生产区、车间或工段）的无组织排放源，应合并作为单一面源计算并确定其大气环境防护距离。

（二）大气环境防护距离参数选择

采用的评价标准应遵循评价等级计算要求中的相关规定。有场界无组织排放监控浓度限值的，大气环境影响预测结果应首先满足无组织排放监控浓度限值要求。如预测结果在场界监控点处（以标准规定为准）出现超标，应要求削减排放源强。计算大气环境防护距离的污染物排放源强应采用削减达标后的源强。

九、大气环境影响评价结论与建议

大气环境影响评价结论主要从以下几方面提出结论与建议。

(1) 项目选址及总图布置的合理性和可行性。根据大气环境影响预测结果及大气环境防护距离计算结果，评价项目选址及总图布置的合理性和可行性，并给出优化调整的建议及方案。

(2) 污染源的排放强度与排放方式。根据大气环境影响预测结果，比较污染源的不同排放强度和排放方式（包括排气筒高度）对区域环境的影响，并给出优化调整的建议。

(3) 大气污染控制措施。大气污染控制措施必须保证污染源的排放符合排放标准的有关规定，同时最终环境影响也应符合环境功能区划要求。根据大气环境影响预测结果评价大气污染防治措施的可行性，并提出对项目实施环境监测的建议，给出大气污染控制措施优化调整的建议及方案。

(4) 大气环境防护距离设置。根据大气环境防护距离计算结果，结合厂区平面布置图，确定项目大气环境防护区域。若大气环境防护区域内存在长期居住的人群，应给出相应的搬迁建议或优化调整项目布局的建议。

(5) 污染物排放总量控制指标的落实情况。评价项目完成后污染物排放总量控制指标能否满足环境管理要求，并明确总量控制指标的来源。

(6) 大气环境影响评价结论。结合项目选址、污染源的排放强度与排放方式、大气污染控制措施以及总量控制等方面综合进行评价，明确给出大气环境影响可行性结论。

十、导则推荐模式清单

（一）估算模式

估算模式是一种单源预测模式，可计算点源、面源和体源等污染源的最大地面浓度，以及建筑物下洗和熏烟等特殊条件下的最大地面浓度，估算模式中嵌入了多种预设的气象组合条件，包括一些最不利的气象条件，此类气象条件在某个地区有可能发生，也有可能不发生。经估算模式计算出的最大地面浓度大于进一步预测模式的计算结果。对于小于1小时的短期非正常排放，可采用估算模式进行预测。

估算模式适用于评价等级及评价范围的确定。

（二）进一步预测模式

进一步预测模式包括AERMOD、ADMS和CALPUFF。

（1）AERMOD模式系统。AERMOD是一个稳态烟羽扩散模式，可基于大气边界层数据特征模拟点源、面源、体源等排放出的污染物在短期（小时平均、日平均）、长期（年平均）的浓度分布，适用于农村或城市地区、简单或复杂地形。AERMOD考虑了建筑物尾流的影响，即烟羽下洗。模式使用每小时连续预处理气象数据模拟大于等于1小时平均时间的浓度分布。AERMOD包括两个预处理模式，即AERMET气象预处理和AERMAP地形预处理模式。

AERMOD适用于评价范围小于等于50km的一级、二级评价项目。

（2）ADMS模式系统。ADMS可模拟点源、面源、线源和体源等排放出的污染物在短期（小时平均、日平均）、长期（年平均）的浓度分布，还包括一个街道窄谷模型，适用于农村或城市地区、简单或复杂地形。模式考虑了建筑物下洗、湿沉降、重力沉降和干沉降以及化学反应等功能。化学反应模块包括计算一氧化氮，二氧化氮和臭氧等之间的反应。ADMS有气象预处理程序，可以用地面的常规观测资料、地表状况，以及太阳辐射等参数模拟基本气象参数的廓线值。在简单地形条件下，使用该模型模拟计算时，可以不调查探空观测资料。

ADMS-EIA版适用于评价范围小于等于50km的一级、二级评价项目。

（3）CALPUFF模式系统。CALPUFF是一个烟团扩散模型系统，可模拟三维流场随时间和空间发生变化时污染物的输送、转化和清除过程。CALPUFF适用于从50km到几百千米范围内的模拟尺度，包括近距离模拟的计算功能，如建筑物下洗、烟羽抬升、排气筒雨帽效应、部分烟羽穿透、次层网格尺度的地形和海陆的相互影响、地形的影响；还包括长距离模拟的计算功能，如干、湿沉降的污染物清除、化学转化、垂直风切变效应、跨越水面的传输、熏烟效应，以及颗粒物浓度对能见度的影响。适合于特殊情况，如稳定状态下的持续静风、风向逆转、在传输和扩散过程中气象场时空发生变化下的模拟。

CALPUFF 适用于评价范围大于等于 50km 的一级评价项目，以及复杂风场下的一级、二级评价项目。

（三）大气环境防护距离计算模式

大气环境防护距离计算模式是基于估算模式开发的计算模式，此模式主要用于确定无组织排放源的大气环境防护距离。

十一、报告书附图、附表及附件要求

（一）基本附图要求

报告书中常见的附图包括：①污染源点位及环境空气敏感区分布图。包括评价范围底图、评价范围、项目污染源、评价范围内其他污染源、主要环境空气敏感区（环境空气保护目标）、地面气象台站、探空气象台站、环境监测点等。②基本气象分析图。包括年、季风向玫瑰图等。③常规气象资料分析图。包括年平均温度月变化曲线图、温廓线、平均风速的月变化曲线图和季小时平均风速的日变化曲线图、风廓线图等。④复杂地形的地形示意图。⑤污染物浓度等值线分布图。包括评价范围内出现区域浓度最大值（小时平均浓度及日平均浓度）时所对应的浓度等值线分布图，以及长期气象条件下的浓度等值线分布图。

不同评价等级基本附图要求见表 3-43。

表 3-43　基本附图要求

序号	名称	一级评价	二级评价	三级评价
1	污染源点位及环境空气敏感区分布图	√	√	√
2	基本气象分析图	√	√	√
3	常规气象资料分析图	√	√	
4	复杂地形的地形示意图	√		
5	污染物浓度等值线分布图	√	√	

（二）基本附表要求

报告书中常见的附表包括：①采用估算模式计算结果表。②污染源调查清单表，包括：污染源周期性排放系数统计表、点源参数调查清单、面源参数调查清单、体源参数调查清单、颗粒物粒径分布调查清单等。③常规气象资料分析表，包括：年平均温度的月变化、年平均风速的月变化、季小时平均风速的日变化、年均风频的月变化、年均风频的季变化及年均风频等。④环境质量现状监测分析结果。⑤预测点环境影响预测结果与达标分析。

不同评价等级基本附表要求见表 3-44。

表 3-44 基本附表要求

序号	名称	一级评价	二级评价	三级评价
1	采用估算模式计算结果表	√	√	√
2	污染源调查清单	√	√	√
3	环境质量现状监测分析结果	√	√	√
4	常规气象资料分析表	√	√	
5	环境影响预测结果达标分析表	√	√	

（三）基本附件要求

报告书中常见的附件包括：①环境质量现状监测原始数据文件（电子版或文本复印件）。②气象观测资料文件（电子版），并注明气象观测数据来源及气象观测站类别。③预测模型所有输入文件及输出文件（电子版）。包括气象输入文件、地形输入文件、程序主控文件、预测浓度输出文件等。

不同评价等级基本附件要求见表 3-45。

表 3-45 基本附件要求

序号	名称	一级评价	二级评价	三级评价
1	环境质量现状监测原始数据文件	√	√	√
2	气象观测资料文件	√	√	
3	预测模所有输入文件及输出文件	√	√	

习 题

1. 影响大气污染物地面浓度分布的主要因素有哪些?
2. 简述大气环境质量现状评价和影响评价的程序。
3. 我国通常采用的大气环境质量现状评价的主要数学方法有哪些?
4. 怎样进行大气污染物的生物学评价？可用哪些植物监测大气污染?
5. 怎样根据烟羽形状估计判断大气稳定度和污染物扩散情况?
6. 什么是有效源高？怎样确定烟气抬升高度?
7. 怎样用帕斯奎尔法确定和划分大气稳定度?
8. 如何划分大气环境影响评价的等级和评价范围?

9. 某化工厂排放 SO_2 气体，有效源高 60m，源强 80g/s，风速 6m/s，计算冬季上午 8 点时正下风向 500m 处 SO_2 的地面浓度（查得 $\sigma_y=35.3m$，$\sigma_z=18.1m$）。

10. 什么是简单地形和复杂地形？

11. 一级、二级评价对气象观测资料调查的要求是什么？常规气象资料分析的内容是什么？

12. 导则推荐的预测模式分别适用于哪类评价项目？

第四章　水环境质量评价

第一节　水环境质量现状评价

水环境是河流、湖泊、海洋、地下水等各种水体的总称。水环境是一个统一的整体。河流和湖泊等地面水体与地下水是相互补充、相互影响的，海洋是内陆水的受体。一个水体是由水、底质和水生物三部分组成的，它们之间是相互联系、相互影响的。在进行水环境评价时，一定要注意水体之间和水体内各组成部分之间的相互关系。

造成水体污染的任何污染物进入水体后都有其本身的运动规律和存在形式。它们在不同地区和不同水域都有很大差别，进行水质评价时，就需了解和掌握主要污染物在运动过程中可能产生的变化趋势。为此，我们要研究水环境变化的时间和空间规律。在时间因素上，要掌握不同时期、不同季节污染物动态变化规律；在空间因素上，需要掌握水体的不同位置（例如：河流的上游、下游河段）、不同深度处水的质量参数的变化规律，只有了解这些基本规律才能使水体质量评价具有典型和代表性的特点。

一、地面水质量评价

地面水质量评价的方法包括水环境指数法、生物学评价方法和概率统计方法等，首先介绍水环境指数评价方法。

（一）一般型水环境指数

1. 内梅罗（N. L. Nemerow）污染指数

美国叙拉古大学的内梅罗在《河流污染科学分析》一书中提出了该污染指数。

内梅罗选取以下各项作为计算水质指标的参数，即：温度、颜色、透明度、pH、大肠杆菌数、总溶解固体、悬浮固体、总氮、碱度、氯、铁和锰、硫酸盐、溶解氧。

他将水的用途划分为三类，即：

(1) 人类接触使用的：包括饮用、游泳、制造饮料等。

(2) 间接接触使用：包括养鱼、工业食品制造、农业用等。

(3) 不接触使用：包括工业冷却水、公共娱乐及航运等。

根据水的不同用途，拟定了相应的水质标准，作为计算水质指标的依据，进而计算出各种用途的水的水质指标值。根据划分的水的用途，内梅罗先建立了分指数，即：

$$PI_j = \{[(C_i/L_{ij})^2_{平均} + (C_i/L_{ij})^2_{最大}]/2\}^{1/2} \tag{4-1}$$

式中　PI_j ——j 类水用途指数；

C_i ——i 污染物的实测浓度；

L_{ij} ——i 污染物对应 j 类水用途的标准。

在计算各 (C_i/L_{ij}) 值时，认为这种 (C_i/L_{ij}) 值指的是相对污染情况，它反映 j 类用途的水受到污染的情况，而这种污染可表现在处理设施的必要花费上。但不同的 (C_i/L_{ij}) 值，给水质带来的污染和所需要的处理费用是不同的，往往并不和它们在 (C_i/L_{ij}) 值中的比例相一致。为了使指数能够反映水体的污染程度，在计算 (C_i/L_{ij}) 值的方法中应加以修正：

当 $C_i/L_{ij} \leqslant 1.0$ 时，C_i/L_{ij} 为实测值

当 $C_i/L_{ij} > 1.0$ 时，$C_i/L_{ij} = 1.0 + P\lg(C_i/L_{ij})$　(4-2)

式中　P——常数，一般取 5.0。

内梅罗认为上述算出的只是某一种水用途 j 的，而在分析污染控制问题的区域利益方面，则必须考虑到目前该区中水的一切用途，算出总的水污染指数 PI。他建议用一个区域中所计算出的各种用途的 PI_j 来计算 PI，即需将一个区域各种水用途的相对重要性确定出来，得出一些简单的常数值 (W_j)，而使 $(\sum W_j = 1)$，然后把各个 W_j 值作为各 PI_j 值的数值，最后求出 PI。即：

$$PI = \sum (W_j PI_j) \tag{4-3}$$

该指数两个明显的特点是兼顾考虑最高值 (C_i/L_{ij}) 与平均值 (C_i/L_{ij}) 和不同类的水用途对整个评价区域水体的影响。

2. 北京西郊水质量系数

$$P = \sum C_i/S_i \tag{4-4}$$

式中　C_i——各种污染物实测浓度，mg/L；

S_i——各种污染物的地面水卫生标准，mg/L。

根据北京西郊河流具体情况，用 P 值将地面水分为七个等级，见表 4-1。

表 4-1 北京西郊水质质量系数分级

级别	P 值	级别	P 值
清洁	<0.2	轻度污染	5.0～10.0
微污染	0.2～0.5	严重污染	10.0～100
轻污染	0.5～1.0	极严重污染	>100
中度污染	1.0～5.0		

3. 南京水域质量综合指标

在南京城区环境质量综合评价中提出了水域质量综合指标

$$I_{水}=1/n\cdot\sum W_iP_i \tag{4-5}$$

$$P_i=C_iS_i \tag{4-6}$$

$$\sum W_i=1 \tag{4-7}$$

式中 P_i——各污染物分指数；

C_i——i 污染物的实测浓度；

W_i——污染物的权重；

n——污染物种类。

共选了砷、酚、氰、铬、汞作评价参数，按 $I_{水}$ 值定出水域的水质分级标准，见表 4-2。

表 4-2 南京水域质量综合指标分级

$I_{水}$ 值	级别	分类依据
<0.2	清洁	多数项目未检出，个别项目检出，也在标准内
0.2～0.4	尚清洁	检出值均在标准内，个别值接近标准
0.4～0.7	轻污染	有一项检出值超过标准
0.7～1.0	中污染	有 1～2 项检出值超过标准
1.0～2.0	重污染	全部或相当部分监测项目检出值超过标准
>2.0	严重污染	相当部分项目检出值超过标准 1 倍到数倍

4. 有机污染综合评价值

我国环境科学工作者鉴于上海地区黄浦江等河流的水质受有机污染突出的问题，进行了一系列研究，综合出氨氮与溶解氧饱和百分率之间的相互关系，在此基础上提出了有机污染综合评价值 A，其定义为：

$$A=BOD_i/BOD_0+COD_i/COD_0+NH_3—N_i/NH_3—N_0—DO_i/DO_0 \tag{4-8}$$

式中 A——综合污染评价指数；

BOD_i、BOD_0——BOD 的实测值和评价标准；

COD_i、COD_0——COD 的实测值和评价标准；

NH_3-N_i、NH_3-N_0——NH_3-N 的实测值和评价标准；

DO_i、DO_0——溶解氧的实测值和评价标准。

可见根据有机污染物为主的情况，评价因子只选了代表有机污染状况的 4 项，其中溶解氧项前面的负号表示它对水质的影响与上述三项污染物相反。

上式也可以改写成：

$$A = BOD_i/BOD_0 + COD_i/COD_0 + NH_3-N_i/NH_3-N_0 + (DO_{饱} - DO_i)/(DO_{饱} - DO_0) \tag{4-9}$$

式中　$DO_{饱}$——实测水温条件下中饱和溶解氧浓度。

在计算时，根据黄浦江的具体情况，各项标准规定如下：

$BOD_0 = 4mg/L$；$COD_0 = 6mg/L$；$NH_3-N_0 = 1mg/L$；$DO_0 = 4mg/L$

由公式可以看出，当前三项分别大于 1，第 4 项小于 1 时，则 A 值必大于 2。因此，定 $A \geqslant 2$ 作为开始受到有机污染的标志，并根据 A 值的大小，分级评定水质受到有机物质污染的程度，结合黄浦江的具体情况，水质质量评价分级如表 4-3 所示。

表 4-3　黄浦江水质质量评价分级

A 值	污染程度分级	水质质量评价
<0	0	良好
0～1	1	较好
1～2	2	一般
2～3	3	开始污染
3～4	4	中等污染
>4	5	严重污染

（二）分级型水环境指数

1. 罗斯（S. L. Ross）水质指数

Ross 在总结以前的水质指数的基础上，对英国克鲁多河干支流进行了水质评价的研究，提出了一种较简明的水质指数。

在较多监测项目中如 pH 值、悬浮固体、氨氮、BOD、碱度、硝酸盐、亚硝酸盐氮、总硬度、DO、氯、磷酸盐等中选用悬浮固体、BOD、DO、氨氮和磷酸盐为评价参数。在工作过程中又发现磷酸盐影响较小而舍去。最后为四个参数，并分别给予权重（表 4-4）。

表 4-4 各评价参数权重

参数	BOD	氨氮	悬浮固体	DO
权重系数	3	3	2	2

其中 DO 可用浓度和饱和百分数两种表示，各取权值为 1，所有权值加得 10。

在计算水质指数时，不直接用各参数的测定值或相对污染值来统计，而是先把它们分成等级，然后按等级进行计算（见表 4-5），其计算式为：

$$WQI = \sum 分级值 / \sum 权重值 \tag{4-10}$$

规定 WQI 值用整数表示，这样就将水质指数分成从 0～10 的 11 个等级，数值越大，则水质越好，各级指数可进行如下分级：

WQI＝10　天然纯净水
WQI＝8　轻度污染水
WQI＝6　污染水
WQI＝3　严重污染水
WQI＝0　水质类似腐败的原污水

表 4-5 水质指数各参数的评分尺度

悬浮固体		BOD		氨氮		DO		DO	
浓度(mg/L)	分级	浓度(mg/L)	分级	浓度(mg/L)	分级	饱和度(%)	分级	浓度(mg/L)	分级
0～10	20	0～2	30	0～0.2	30	90～105	10	＞9	10
10～20	18	2～4	27	0.2～0.5	24	80～90		8～9	8
20～40	14	4～6	24	0.5～1.0	18	105～120	8	6～8	6
40～80	10	6～10	18	1.0～2.0	12	60～80		4～6	4
80～150	6	10～15	12	2.0～5.0	6	＞120	6	1～4	2
150～300	2	15～25	6	5.0～10.0	3	40～60	4	0～1	0
＞300	0	25～50	3	＞10.0	0	10～40	2		
		＜50	0			0～10	0		

2. 布朗水质指数（WQI）

1970 年，R. M. Brown 等发表了评价水质污染的水质指数（WQI）。他们对 35 种水质参数征求 142 位水质管理专家的意见，选取了 11 种重要水质参数。即溶解氧、BOD_5、混浊度、总固体、硝酸盐、磷酸盐、pH、温度、大肠杆菌、杀虫剂、有毒元素等，然后由专家进行不记名投票，确定每个参数的相对重要权系数。水质指数 WQI 按下式计算：

$$WQI = \sum W_i P_i \qquad \sum W_i = 1 \tag{4-11}$$

式中　WQI 为水质指数，其数值在 0～100 之间；P_i 为第 i 个参数的质量，在

0～100之间；W_i 为第 i 个参数的权重值，在0～1之间。

表4-6　9个参数的重要性评价及权重系数

水质参数	重要性评价值	中介权重	最后的权重 W_i
溶解氧	1.4	1.0	0.17
大肠杆菌密度	1.5	0.9	0.15
pH	2.1	0.7	0.12
BOD_5	2.3	0.6	0.10
硝酸盐	2.4	0.6	0.10
磷酸盐	2.4	0.6	0.10
温度	2.4	0.6	0.10
混浊度	2.9	0.5	0.08
总固体	3.2	0.4	0.08
合计		$\sum=5.9$	$\sum=1.00$

3. W值水质评价方法

W值水质评价方法的评价顺序是：赋予各项监测值以评分数，将评分数转换成数学模式，再对水质进行污染分级，写出污染表达式。最后，计算各河流（或河段、水域）的综合污染系数。

(1) 监测项目与评分标准

为了全面评价地表水体，原则上讲，所有项目都应监测。一般情况下，BOD_5、DO、COD、挥发酚、氰化物、Cu、As、Hg、Cd、Cr^{6+}、氨氮、阳离子合成洗涤剂（ABS）、石油等13项是必须监测的。

对地面水质的单一项目或污染物的评分用“地表水质单一或毒物的分级与评分标准表”（见表4-7）。表中把单一项目或污染物的含量分为Ⅰ、Ⅱ、Ⅲ、Ⅳ、Ⅴ级，评分时一般分别给予10、8、6、4、2分。10分最理想，2分最差。表中Ⅰ级除DO、BOD_5、COD_{Mn}、Cu外，其它为饮用水标准；DO、BOD_5、COD_{Mn}是根据大量监测资料确定的；Cu为水产用水标准。Ⅱ级除ABS外，等于或小于水产用水标准。Ⅲ级为地面水标准；Ⅳ级为农田灌溉用水标准；大于农田灌溉用水标准的数值为Ⅴ级。

(2) 数学模式

为了概括地表示水质监测的总项数和各级别的项数，采用数学模式，其写法为：

$$S\ N_{10}^{n}\ N_{8}^{n}\ N_{6}^{n}\ N_{4}^{n}\ N_{2}^{n}$$

式中　S——监测总项数；

SN_{10}^{n}、N_{8}^{n}、N_{6}^{n}、N_{4}^{n}、N_{2}^{n}——分别为监测值得10分、8分、6分、4

分、2 分的项数。

表 4-7 地表水质单一项目或毒物的分级评分标准

分级	Ⅰ		Ⅱ		Ⅲ		Ⅳ		Ⅴ	
	mg/L	评分	mg/L	评分	mg/L	评分	mg/L	评分	mg/L	评分
DO	≥5	10	≥5	10	≥4	8	≥3	4	<3	2
BOD_5	≤2	10	≤3	8	≤4	6	≤10	4	>10	2
COD_{Mn}	≤5	10	≤8	8	≤10	6	≤25	4	>25	2
酚	≤0.002	10	≤0.01	8	≤0.01	8	≤1	4	>1	2
CN	≤0.01	10	≤0.02	8	≤0.05	6	≤0.5	4	>0.5	2
Cu	≤0.01	10	≤0.01	10	≤0.1	6	≤1.0	4	>1.0	2
As	≤0.02	10	≤0.03	8	≤0.04	6	≤0.1	4	>0.1	2
Hg	≤0.001	10	≤0.001	10	≤0.001	10	≤0.005	4	>0.005	2
Cd	≤0.01	10	≤0.01	10	≤0.01	10	≤0.1	4	>0.1	2
Cr^{6+}	≤0.05	10	≤0.05	10	≤0.05	10	≤0.1	4	>0.1	2
石油	0	10	≤0.05	8	≤0.3	6	≤10	4	>10	2
NH_4^+-N	≤0.2	10	≤0.5	8	≤1.0	6	≤30	4	>30	2
ABS	≤0.3	10	≤0.4	8	≤0.5	6	≤5	4	>5	2

其中得 4 分和 2 分的项数为超过地表水标准的项数。例如，某监测点的数学模式为：$8N_{10}^4N_8^1N_6^0N_4^2N_2^1$，表示监测总项数为 8 项，其中得 10 分的 4 项，8 分的 1 项，6 分的 0 项。4 分的 2 项，2 分的 1 项，有 3 项超地表水标准。

(3) 污染分级

地面水质的综合评价分五级，即 W_1 级——第一级（优秀级），也叫饮用级；W_2 级——第二级（良好级），也叫水产级；W_3 级——第三级（标准级），也叫地表级；W_4 级——第四级（污染级），也叫污灌级；W_5 级——第五级（重污染级），也叫弃水级。

(4) 污染表达式

为了一目了然地表示监测项数、污染级别和超标项数，采用“污染表达式”，其写法是：

$$SWJ—C$$

式中 S ——监测总项数；

WJ ——污染级别；

C ——超标项数。

如 13W2—1 这一污染表达式，表示监测项数为 13 项，水质属 W2 级，有一项超过地面水标准。

4. 分级评分法

这是国家环保总局标准处曾推荐的一种水质评价方法。

(1) 评价标准以 GB 3838—83《地面水环境质量标准》以及《污染水质分级》为参考依据，见表 4-8。

表 4-8　地面水质评价分级

项目	评价分级					
	地面水环境质量标准			污染水质分级		
	第一级（Ⅰ）	第二级（Ⅱ）	第三级（Ⅲ）	轻污染（Ⅳ）	重污染（Ⅴ）	严重污染（Ⅵ）
	界限值					
臭（级）	无异臭	臭强度一级	臭强度二级	臭强度三级	臭强度四级	臭强度五级
色度（度）	≤10	≤15	≤25	>25	>40	>50
DO	饱和率≥90%	≥6	≥4	<4	<3	<1
BOD_5	≤1	≤3	≤5	>5	>15	>30
COD_{Mn}	≤2	≤4	≤6	>6	>20	>50
挥发酚类	≤0.001	≤0.005	≤0.01	>0.01	>0.1	>0.5
CN	≤0.01	≤0.05	≤0.1	>0.1	>0.5	>2
Cu	≤0.005	≤0.01	≤0.03	>0.03	>0.2	>2
As	≤0.01	≤0.04	≤0.08	>0.08	>0.3	>1
Hg	≤0.000 1	≤0.000 5	≤0.001	>0.001	>0.01	>0.05
Cd	≤0.001	≤0.005	≤0.01	>0.01	>0.05	>0.1
Cr^{6+}	≤0.01	≤0.02	≤0.05	>0.05	<0.2	>1.0
Pb	≤0.01	≤0.05	≤0.1	>0.1	<0.3	>1.0
石油类	≤0.05	≤0.3	≤0.5	>0.5	>5.0	>20
总大肠菌群（个/L）	≤500	≤10 000	≤50 000	>50 000	>300 000	>500 000
氨氮	≤0.3	≤0.5	≤1.0	<2.0	<4.0	>4.0

注：表中未注明单位者为 mg/L。

(2) 评价代表值在评价时采用一次值，或采用多次平均值，而且必须与评价的具体目的相适应，它适用于对一个河段的一点或多点的监测结果、一条河流不同河段的监测结果，以及同一监测点的不同时间监测结果的评价。

(3) 评价记分原则分值越高，表示水质越好。根据标准分级的原则和各级的定义，已确定同级中的每一参数是等权的，而各级间的分值是不等的。各级参数分值如表 4-9 所示。表中总分值是以 16 项评价参数为计算依据的。

(4) 评价步骤，根据各项参数的实测结果，见表 4-9，得出每一参数值相应级别的分值，各项参数分值相加为总分值。如在计算中，某一参数缺乏实测值，可根据近期实测的资料或对实测情况的分析，确定级别，计算分值。

表 4-9　各级参数的分值及评价总分值

级　别	参数的分值	评价总分值
第一级（Ⅰ）	10	145～150
第二级（Ⅱ）	9	135～144
第三级（Ⅲ）	8	120～134
轻污染（Ⅳ）	6	110～119
中污染（Ⅴ）	3	90～109
重污染（Ⅵ）	1	15～89

当评价参数不足 16 项时，各级参数的分值保持不变，而评价总分值可按比例减小后取整。例如评价参数为 10 项时，评价总分值可列表如下：

表 4-10　评价总分值

级别	评价总分值	级别	评价总分值
Ⅰ	91～94	Ⅳ	69～74
Ⅱ	84～90	Ⅴ	56～68
Ⅲ	75～83	Ⅵ	9～55

二、地面水体底质的评价

用污染指数法评价底质污染状况时，其难点在于缺乏底质的评价标准，对于湖泊来说，通常是在进行湖区土壤中有害物质自然含量调查基础上，按下面公式评价：

$$I_i = C_i / L_i \tag{4-12}$$

式中　C_i——底质中污染物的实测值；

L_i——湖区土壤中 i 污染物的自然含量。

计算出各参数的污染指数后，按内梅罗公式

$$P = [(I_{最大}^2 + I_{平均}^2)/2]^{1/2} \tag{4-13}$$

将计算得的 P 值按表 4-11 对底质污染状况分级。其它水体底质的评价可参考上述评价方法。

表 4-11 底质污染状况分级表

底质污染指数值	污染程度分级
<1.0	清 洁
1.0～2.0	轻污染
2.0 以上	污 染

三、地下水质量评价方法

自然界中影响地下水质量的有害物质很多。无机化合物有几十种，有机化合物有上百种，能溶解于水中的有 70 多种。在不同地区，由于工业布局不同，污染源的差异很大，污染物的种类也不相同。因此，影响地下水质量的因子选择，要根据评价区的具体情况而定，大致可考虑的评价参数可分成以下几类。

第一类是构成地下水化学类型和反映地下水性质的常规水化学组成的一般理化指标，有 K^+、Na^+、Ca^{2+}、Mg^{2+}、SO_4^{2-}、Cl^-、HCO_3^-、NH_4^+、NO_2^-、NO_3^-、pH、矿化度、总硬度、溶解氧、耗氧量等。

第二类是常见的重金属和非金属物质，有 Hg、Cr、Cd、Pb、As、F、CN 等。

第三类是有机物，有机酚、有机氯、有机磷以及其他工业排放的有机毒物。

第四类是细菌、寄生虫卵、病毒等。

各地区在评价地下水质量时，除第一类反映地下水质量的一般理化指标必须监测之外，要根据各地区的污染特点来选择评价因子。

地下水质量评价常采用统计法和综合指数法。

1. 统计法

以监测点的检出值与背景值或生活饮用卫生指标比较作依据。对监测区污染物质平均含量变化、监测样、监测井的超标率及其分布规律进行污染程度的评价。此法适用于环境水文地质条件简单、污染物质单一的地区采用。

2. 综合指数法

按内梅罗污染指数，根据 P 值，参照《地下水质量标准》(GB/T 14848—93)，划分地下水质量标准，见表 4-12。

表 4-12 地下水评价分级

级别	优良	良好	较好	较差	极差
P_{ij}	<0.80	0.80～2.50	2.50～4.25	4.25～7.20	7.0

四、水环境质量生物学评价

水生生物与它们生存的水环境是相互依存、相互影响的统一体。水体受到污染后，必然对生存在其中的生物产生影响，生物也对此作出其不同的反应和变化。其反应和变化是水环境评价的良好指标——这是水环境质量生物学评价的基本依据和原理。

1. 一般描述对比法

该类方法主要根据调查水体中水生生物的区系组成。种类、数量、生态状况、资源特性等的描述，并和该区域内同类型水体或同一水体的历史状况进行比较，据此作出水体的水质评价。这是定性的方法，没有标准，可比性差，但要求评价人员具有较丰富的污染生态学方面的知识和经验。

2. 指示生物法

主要根据对水体中有机污染或某种特定污染物质敏感的或有较高耐量的生物种类的存在或缺失，来指示水体中有机物或某种特定污染物的多寡与污染程度，此即指示生物法。

选作指示种的生物最好是那些生命较长，比较固定生活于某处的生物。因为它们在较长时期内能反映所在环境的综合影响。一般静水中主要用底栖动物或浮游生物，在流水中主要用底栖生物或着生生物。大型无脊椎动物是应用较多的指示生物。为了较准确评价水质，最好将指示生物鉴定到种，因为同一大类中不同种的生物对污染的敏感或耐受程度是不同的。

3. 生物指数法

由污染引起的水质变化对生物群落的生态效应，主要有六个方面：

（1）某些对污染有指示价值的生物种类出现或消失，导致群落结构的种类组成变化。

（2）群落中生物种类数，在污染严重的条件下减少，在水质较好时增加，但过于清洁的条件下，因食物缺乏，种类数也会减少；

（3）组成群落的个别种群变化；

（4）群落中种类组成比例的变化；

（5）自养—异养程度上的变化；

（6）生产力的变化。

把水质变化引起的对生物群落的生态效应用数学方法表达出来，可得到群落结构的定量数值，这就是生物指数。根据反映的群落结构的内容不同，生物指数可有多种形式，应用时，最好有几种不同生物指数进行综合评价。

（1）贝克（Beck）指数

按底栖大型无脊椎动物对有机污染的耐性分成两类：Ⅰ类是不耐有机污染的种类；Ⅱ类是能忍受中等程度的污染但非完全缺氧条件的种类。将一个调查点内Ⅰ和Ⅱ类动物种类数 n_{I} 和 n_{II}，按 $I=2n_{\mathrm{I}}+n_{\mathrm{II}}$ 公式计算生物指数。此法要求调查采集的各监测站的环境因素力求一致，如水深、流速、底质、水草有无等。这种生物指数值，在净水中为10以上，中等污染时为1～10，重污染时为0。

(2) 硅藻类生物指数

即用河流中硅藻的种类计算生物指数。其计算公式为：

$$I=(2A+B-2C)/(A+B-C)\times 100 \tag{4-14}$$

式中　A——不耐有机污染的种类；

B——对有机污染无特殊反应种类数；

C——有机污染区内独有生存的种类数。

(3) 生物学污染指数（BIP）

Horasawa（1942）提出生物学污染指数（BIP）计算公式为：

$$BIP=B/(A+B)\times 100 \tag{4-15}$$

式中　A——生产者（藻类）数量；

B——消费者（原生动物）数量。

他提出下列数值为例，划分污染带：BIP 值0.6为清水带；12.0为中度分解带；30.9为强烈分解带；55.1为腐生带。

4. 种的多样性指数

一群落中的种的多样性，是群落生态水平的独特的生物学特征。环境条件变化之后，会造成群落结构的明显变化。例如，环境污染之后，会导致被污染水体生物群落内总的生物种类下降，而耐污染种类的个体数却增加了。因此，种的多样性指数可以用来评价水质。种的多样性指数很多，较重要的几种如下：

(1) 格立松（Gleason）多样性指数

$$d=S/\ln N \tag{4-16}$$

式中　S——种类数；

N——个体数；

d——值越大，表示水质越干净。

(2) Simpson 多样性指数：

$$d=1-\sum (n_i/N)^2 \tag{4-17}$$

或

$$d=1/\sum (n_i/N)^2$$

式中　n_i——i 种的个体数（或其他现存量参数）；

N——总个体数（或其他现存量参数）。

(3) Shannon-Weaver 多样性指数：

$$H=-\sum (n_i/N)\ \lg 2\ (n_i/N) \tag{4-18}$$

式中 n_i 和 N——同上式。

5. 生产力

生产力是生物群落或群落在一个生态系统内物质转移及能量流的一个指标。它以有机物的生产过程和分解过程的强度为依据来评价水体被污染程度，是生物学评价水质的另一类方法，常用的有：

(1) P/R 值

根据群落的初级生产量（P）和呼吸量（R）的比率划分污染等级。P/R 值在水质正常时一般为1左右，如偏离过大，则表明污染。

(2) 自养指数

AI = 去灰分量（mg/m^2）/ 叶绿素（mg/m^2）

AI 值在50～100范围，表示水体未受污染，大于100则表示污染。

五、湖泊环境质量现状评价

湖泊环境质量的现状评价主要包括以下几个方面：水质评价、底质评价、生物评价和综合评价。由于地面水体的水质评价、底质评价和生物评价方法前面都已介绍过，这里只介绍湖泊环境质量的综合评价方法。

在进行湖泊水质评价、底质评价和生物评价的基础上，可进行湖泊环境质量的综合评价。综合评价方法有三种，算术平均值法、选择最大值法和加权法。

加权法的各监测点的综合污染指数和综合分级数可按下式计算：

$$I = \sum I_i W_i$$

$$M = \sum M_i W_i$$

式中 W_i——水质、底质和生物评价分别在综合评价中所占的权重；

M_i——水质、底质和生物评价的分级值；

M——监测点的综合分级值；

I——监测点的综合污染指数。

把各监测点的综合污染指数 I 和综合分级值 M 点绘在采样点分布图上，作出等值线图，然后按面积加权求出湖泊的总污染指数和总分级值。

第二节　水环境影响评价

水环境影响评价的目的是定量地预测未来的开发行动或建设项目向受纳水体排放的污染物的量，确定建设前水体环境背景的状况，分析建设项目投产后水环境质量的变化；解释污染物质在水体中的输送和降解规律；提出建设项目和区域环境污染物的控制和防治对策。

一、评价等级和工作程序

1. 评价等级

水环境质量评价等级的划分是根据下列条件进行的：建设项目的污水排放量、污水水质的复杂程度、各种受纳污水水域的规模以及对水质的要求。对于地面水体的大小规模、河流与河口按建设项目排污口附近河段的多年平均流量或平水期平均流量划分，湖泊和水库按枯水期湖泊或水库的平均水深以及水面面积划分。地面水依据和分级判据见有关教材。

对于地下水评价等级的划分：划分地下水评价等级尚无标准。通常依据的条件有：①工程特点和地下水埋藏条件；②工程所处地理位置。有的专家建议采用表 4-13 所列的依据。

表 4-13　地下水环境影响评价等级划分的主要依据

评价等级	工程特点	自然环境特征	所处地理位置
一级	投资大； 废水量大； 污染物组成复杂； 污染物排放量大； 污染物毒性大	地下水污染严重； 岩性不易保留污染物； 地下水与地面水水力联系密切	大城市上游； 工业供水水源地上游； 旅游景观区
二级	投资中等； 废水量中等； 污染物组成不太复杂； 污染物排放量中等； 污染物毒性中等	地下水污染中等； 岩性对污染物保留能力中等； 地下水与地面水水力联系较密切	中等城市上游； 工业供水水源地； 较敏感地区
三级	投资少； 废水量少； 污染物单一且毒性小	地下水水质较好； 岩性易于保留污染物；	小城镇上游； 非敏感区

2. 评价工作程序

水环境影响评价的工作程序见图 4-1。

二、环境影响识别

1. 对地表水水量和水质影响的识别

项目特征与地表水水量及水质的关系如下：

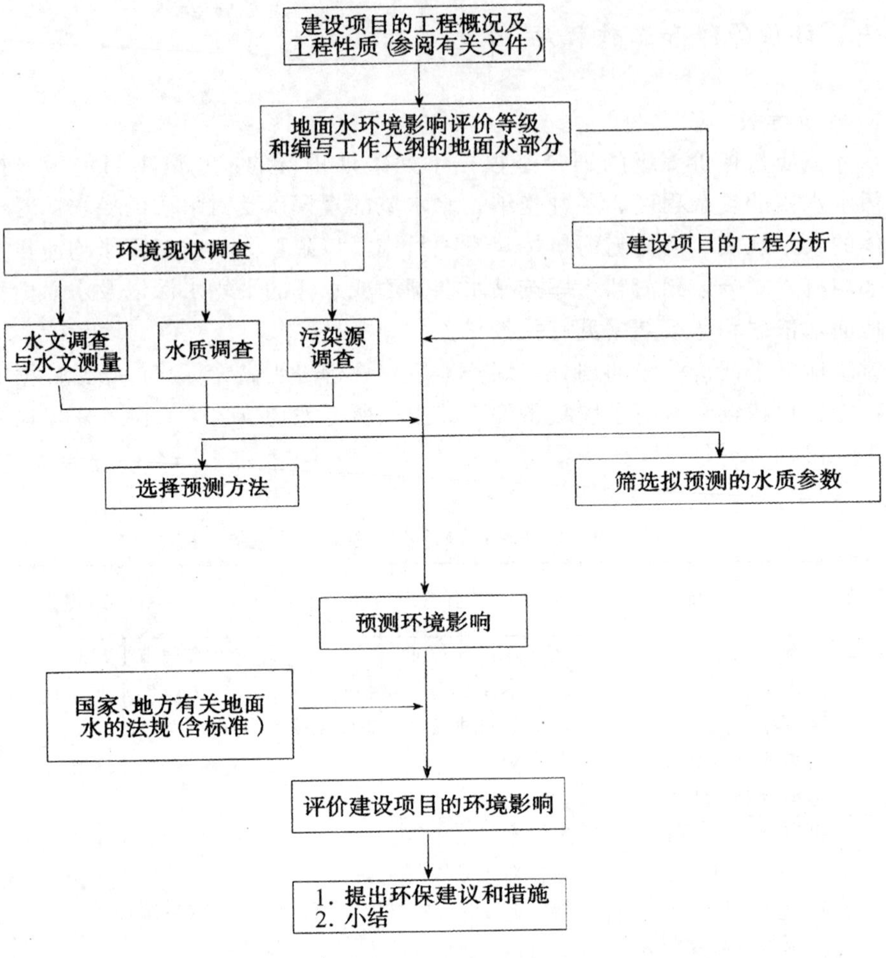

图 4-1　地面水环境影响评价的工作程序

（1）项目的类型与其影响的直接联系，可以从项目的建设期和运行期进行分析，重点分析水的利用、废水回用与处理及其引起周围水体水量与水质改变的情况。

（2）项目所在位置与水体所受影响的联系，包括项目建设所需时间以及建设期的活动引起的影响。

（3）识别位于特殊地点的拟建项目的要求，例如与洪水控制、该区域后续的工业开发、经济发展和许多其他相关的影响。

（4）对拟建项目的选址、生产工艺、施工过程的考虑都应是多方案备选的，故应对每方案进行具体的工程分析，识别其影响，以及进一步通过每个方案的预测作出评优。

2. 评价因子的筛选

筛选水体的影响评价因子是工程分析和环境影响识别的成果。评价因子的筛选，应根据评价项目的特点和地表水环境污染特点而定。一般来考虑：①按等标排放量（或等标污染负荷）P_i 值大小排序，选择排位在前的因子，但对那些毒害性大、持久性的污染物如重金属、苯并［a］芘等应慎重研究再决定取舍。②在受项目影响的水体中已造成严重污染的污染物或已无负荷容量的污染物。③经环境调查已经超标或接近超标的污染物。④地方环保部门要求预测的敏感污染物。

在环境现状调查水质参数中选择拟预测水质参数时，对河流，可以按下式将水质参数排序后从中选取：

$$ISE = C_pQ_p/(C_s - C_h)Q_h \tag{4-19}$$

式中 ISE——污染物排序指标；

C_p——污染物排放浓度，mg/L；

Q_p——废水排放量，m^3/s；

C_s——污染物排放标准，mg/L；

C_h——河流上游污染物浓度，mg/L；

Q_h——河水的流量，m^3/s。

三、影响预测

（一）预测工作的准备

1. 预测条件的确定

①地表水预测范围与已确定的评价范围一致，确定地下水影响预测范围的原则与地表水类似。

②预测点确定　为了全面地反映拟建项目对该范围内地表水的环境影响，一般选以下地点为预测点：a. 已确定的敏感点；b. 环境现状监测点（以利进行对照）；c. 水文特征和水质突变处的上下游、水源地，重要水工建筑物及水文站；d. 为了预测河流混合过程段，应在该段河流中布设若干预测点；e. 在排污口下游附近可能出现局部超标，为了预测超标范围，应自排污口起由密而疏地布设若干预测点，直到达标为止；f. 预测混合过程段和超标范围段的预测点可以互用。

地下水的预测点宜选在已有的取水井、观测井和试验井附近，以便进行验证。

③预测时期　地表水预测时期分丰水期、平水期和枯水期三个时期。一般来

说，枯水期河水自净能力最小，平水期居中，丰水期自净能力最大。但不少水域因非点源污染可能使丰水期的稀释能力变小。冰封期是北方河流特有的情况，此时期的自净能力最小。因此对一、二级评价项目应预测自净能力最小和一般的两个时期环境影响。对于冰封期较长的水域，当其功能为生活饮用水、食品工业用水水源或渔业用水时，还应预测冰封期的环境影响。三级评价或评价时间较短的二级评价可只预测自净能力最小时期的环境影响。

与地表水体有直接补给关系的地下水预测可分为丰水、枯水两个时期。一般承压地下水的补给量相对稳定，其预测按稳态情况计算。

④预测阶段　一般分建设过程、生产运行和服务期满后三个阶段。所有建设项目均应预测生产运行阶段对地表水体的影响，并按正常排污和不正常排污（包括事故）两种情况进行预测。对于建设过程超过一年的大型建设项目，如产生流失物较多、且受纳水体属水质级别要求较高（在Ⅲ类以上）时，应进行建设阶段环境影响预测。个别建设项目还应根据其性质、评价等级、水环境特点以及当地的环保要求，预测服务期满后对水体的环境影响（如矿山开发、垃圾填埋场等）。

2．预测方法的选择

预测建设项目对水环境的影响应尽量利用成熟、简便并能满足评价精度和深度要求的方法。

（1）定性分析法　分为专业判断法和类比调查法两种。

①专业判断根据专家经验推断建设项目对水环境的影响，运用专家判断法、激智法、幕景分析法和特尔斐法等，有助于更好地发挥专家专长和经验。

②类比调查法是参照现有相似工程对水体的影响，来预测拟建项目对水环境的影响。本法要求拟建项目和现有污染物来源、性质相似，并在数量上有比例关系。但实际的工程条件和水环境条件往往与拟建项目有较大差异，因此类比调查法给出的是拟建项目影响大小的估值范围。

定性分析法具有省时、省力、耗资少等优点，并且在某种条件下也可给出明确的结论。例如，分析判断建设项目对受纳水体的影响是否在功能和水质要求允许范围之内等。定性分析法主要用于三级和部分二级的评价项目和对水体影响较小的水质参数，或解决目前尚无法取得必需的数据而难以应用数学模型预测等情况。

（2）定量预测法　常指应用物理模型和数学模型进行的预测。应用水质数学模型进行预测是最常用的。

（二）水环境影响评价中常用的水质模型

1．污染物排入水环境后的物理、化学和生物过程

（1）污染物在水体中的稀释分散

废水排入水环境后，一般要经过物理、化学和生物演化，其溶解状、胶体状

的污染物逐渐与水体混合达到稀释，混合过程一般分为三个阶段：①竖向混合阶段，是从排出口或释放点到污染物与水体在水深方向上充分混合；②横向混合阶段，是从竖向充分混合到横向开始混合；③横断面上充分混合以后阶段。这三个阶段相互交叉。

污染物在水体中的稀释分散主要表现在污染物的传输过程，即平流传输和扩散传输。平流传输过程中，河流横断面上各点流速处处相等，扩散传输存在着质点和水流之间的混合作用——扩散作用和弥散作用。扩散是流体中分子或质点的随机运动产生的分散现象，它又分为分子扩散和湍流扩散两种作用。分子扩散是分子无规则运动所产生的分散现象，而湍流扩散则是湍流流场中各变量的瞬时值与平均值之间的随机脉动而产生的分散现象。

分子扩散服从 Fick 定律，通过分子扩散引起的质量通量为：

$$J_m = -D_m \partial C/\partial n \tag{4-20}$$

式中　J_m——分子扩散的物质质量通量；

D_m——分子扩散系数；

$\partial C/\partial n$——污染物浓度沿曲面法线方向的梯度。

湍流脉动所引起的物质质量通量为：

$$J_t = -D_t \partial C/\partial n \tag{4-21}$$

式中　J_t——湍流脉动扩散的物质质量通量；

D_t——湍流扩散系数。

分子扩散系数（约为 $10^{-8} \sim 10^{-9} m^2/s$）要比湍流扩散系数（约为 $10^{-1} \sim 10^{-2} m^2/s$）小得多，因此，一般河流中的分子扩散作用可忽略不计。

弥散作用是由横断面上各点的实际流速不等引起的。弥散作用产生的质量通量为：

$$J_d = -D_d \partial C/\partial n \tag{4-22}$$

式中　J_d——弥散作用传输的物质质量通量；

D_d——弥散系数。

在有弥散现象的河流中，D_d 约为 $10 \sim 10^2 m^2/s$，比湍流扩散系数 D_t 大得多。

（2）污染物在水体中的迁移、转化和降解

①沉淀作用　废水中的悬浮物在重力作用下发生自然沉淀，胶体颗粒与水体中电性相反的粒子作用后发生凝聚，并形成絮体下沉，一些重金属离子形成难溶的氢氧化物或盐类而沉淀。沉淀作用使污染物从水中沉至河（湖、海）底部形成底质。

②气液交换作用　废水中的低沸点化合物通过气液界面交换，从水体逸入大气中，而大气中氧和一些污染物通过交换溶解到水体中。

③吸附作用　通过吸附作用污染物从溶解状的自由分子被悬浮物颗粒吸附而固定，或者被底质（底泥与沉积物）所吸附而从水中转入水底。

④ 化学变化　在水中溶解氧与阳光作用下污染物发生氧化反应而降解。氧化性污染物（如 Cr^{6+}）与水体中还原态化合物反应而被还原。

⑤ 生物作用　有机污染物在好氧或厌氧微生物作用下发生降解，在自养菌作用下发生含氮化合物的硝化和反硝化作用，而藻类的光合作用使水体充氧。

2. 水质模型基本方程

为导出基本方程，以 $P(x, y, z)$ 表示考察水体的任一点，从此点出发作一想象的微元，其边长分别为 Δx，Δy，Δz（见图 4-2）。以 $v(x, y, z)$ 表示 P 点的流速，以 C 表示污染物的浓度，则函数 $C(x, y, z, t)$ 为水在 $P(x, y, z)$ 处 t 时刻时污染物的浓度。下面用质量守恒原理和连续性原理来建立水平污染物的传输方程。

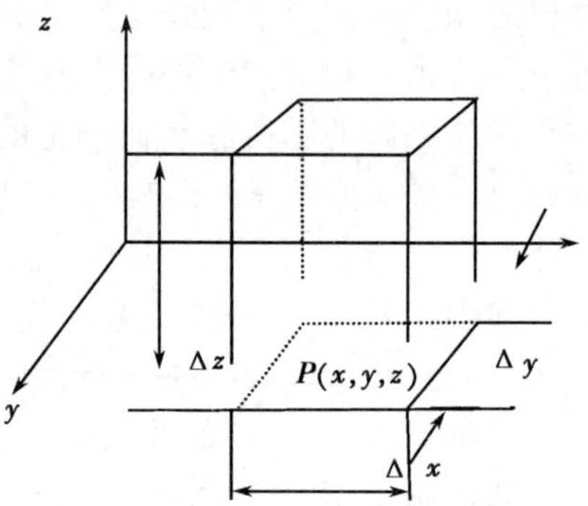

图 4-2　水体中的微元

(1) 平流传输：以微元 Δx、Δy、Δz 为考察对象，设在无穷小时段 Δt 内在 x 方向、y 方向和 z 方向因流入和流出的收支差而产生 x 的微元内污染物质量的改变量分别为 Δm_x、Δm_y、Δm_z。

则在 x 方向，在 Δt 时间内，流入微元的物质量为：

$$v(x, y, z)\,C(x, y, z)\,\Delta y\Delta z\Delta t$$

在 x 方向，在 Δt 时间内，流出微元的物质量为：

$$v(x+\Delta x, y, z)\,C(x+\Delta x, y, z)\,\Delta y\Delta z\Delta t$$

因此

$$\Delta m_x=[v(x,y,z)C(x,y,z)-v(x+\Delta x,y,z)C(x+\Delta x,y,z)]\Delta y\Delta z\Delta t \tag{4-23}$$

同理，在 y 方向和 z 方向有

$$\Delta m_y=[v(x,y,z)C(x,y,z)-v(x,y+\Delta y,z)C(x,y+\Delta y,z)]\Delta x\Delta z\Delta t \tag{4-24}$$

$$\Delta m_z=[v(x,y,z)C(x,y,z)-v(x,y,z+\Delta z)C(x,y,z+\Delta z)]\Delta x\Delta y\Delta t \tag{4-25}$$

(2) 扩散传输：对于 $\Delta x\Delta y\Delta z$ 微元在 Δt 时间内，设在 x，y 和 z 方向上因扩散作用而产生的微元内污染物质量的改变量分别为 $\Delta m'_x$、$\Delta m'_y$、$\Delta m'_z$。

在 x 方向上，Δt 时间内，因扩散和弥散作用进入微元内的物质量和流出的物质量的微元内物质量的改变应为

$$\Delta m_x' = [-D(x,y,z)\partial C(x,y,z)/\partial x + D(x+\Delta x,y,z)\partial C(x+\Delta x,y,z)/\partial x]\Delta y\Delta z\Delta t \quad (4\text{-}26)$$

同理,在 y 和 z 方向的物质改变量分别为:

$$\Delta m_y' = [-D(x,y,z)\partial C(x,y,z)/\partial y + D(x,y+\Delta y,z)\partial C(x,y+\Delta y,z)/\partial y]\Delta x\Delta z\Delta t \quad (4\text{-}27)$$

$$\Delta m_z' = [-D(x,y,z)\partial C(x,y,z)/\partial x + D(x,y,z+\Delta z)\partial C(x,y,z+\Delta z)/\partial z]\Delta x\Delta y\Delta t \quad (4\text{-}28)$$

若仅考虑平流作用和扩散作用，如这两种作用的结果是使微元内污染物的浓度变化 ΔC，则相应的污染物的质量变化量为 Δx，Δy，Δz。根据质量守恒定律，可以得到：

$$\Delta x \cdot \Delta y \cdot \Delta z \cdot \Delta C = \Delta m_x + \Delta m_y + \Delta m_z + \Delta m_x' + \Delta m_y' + \Delta m_z'$$

将相应公式代入上式，两边同时除以 $\Delta x\Delta y\Delta z\Delta t$，并令 $\Delta x\to 0$，$\Delta y\to 0$，$\Delta z\to 0$，$\Delta t\to 0$，得：

$$\partial C/\partial t = -\partial/\partial x(v_x C) - \partial/\partial y(v_y C) - \partial/\partial z(v_z C) + \partial/\partial x(D_x\partial C/\partial x) + \partial/\partial y(D_y\partial C/\partial y) + \partial/\partial z(D_z\partial C/\partial z)$$

考虑到水中污染物还要经历迁移、转化、降解等过程，沿途有分散的入流、出流等，可合并成一个附加项，则

$$\partial C/\partial t = -\partial/\partial x(v_x C) - \partial/\partial y(v_y C) - \partial/\partial z(v_z C) + \partial/\partial x(D_x\partial C/\partial x) + \partial/\partial y(D_y\partial C/\partial y) + \partial/\partial z(D_z\partial C/\partial z) + S(x,y,z,t,C) \quad (4\text{-}29)$$

这就是地面水体水质变化的基本方程,式中 v_x、v_y、v_z 分别为 x、y、z 方向的流速分量;D_x、D_y、D_z 分别为 x、y、z 方向的扩散系数。

该方程是三维空间水质数学模型的基本方程,它在理论上是完整的,由于很多参数难以确定,要彻底解开这个方程十分困难,同时也没有必要,在实际应用上往往根据具体情况进行各种简化。

3. 常用的河流水质模型

(1)完全混合模型　废水排入一条河流时,如符合下述条件:

①河流是稳态的,定常排污,指河床截面积、流速、流量及污染物的输入量不随时间变化。

②污染物在整个河段内均匀混合,即河段内各点污染物浓度相等。

③废水的污染物为持久性物质,不分解也不沉淀。

④河流无支流和其他排污口废水进入。

此时,在排污口下游某断面的浓度可按完全混合模型计算。

$$C = (C_p Q_p + C_h Q_h)/(Q_p + Q_h) \quad (4\text{-}30)$$

式中　C——废水与河水混合后的浓度,mg/L;

C_p——河流上游某污染物的浓度，mg/L；

Q_p——河流上游的流量，m^3/s；

C_h——排放口处污染物的浓度，mg/L；

Q_h——排放口处的污水量，m^3/s。

（2）零维模型

对于河流常用零维模型解决的问题有：

①不考虑混合距离的重金属污染物、部分有毒物质等其他持久性污染物的下游浓度预测与允许纳污量的估算。

②有机物降解物质的降解项可忽略时，可采用零维模型。

③对于有机物降解性物质，当需要考虑降解时，可采用零维模型分段模拟，但计算精度和实用性较差，最好用一维模型求解。

此模型适用于较浅、较窄的河流。零维模型的基本方程为：

$$v\mathrm{d}C/\mathrm{d}t = QC_0 - QC + S + rv \tag{4-31}$$

式中　v——河水的流速，m/s；

Q——河水的流量，m^3/s；

C_0——进入河水的污染物浓度，mg/L；

C——流出河段的污染物浓度，mg/L；

S——污染物的源和汇；

R——污染物的反应速度。

对于一个没有源、汇项的河流，当 $S=0$ 时，上式可以写为：

$$v\mathrm{d}C/\mathrm{d}t = Q(C_0 - C) + rv \tag{4-32}$$

如果污染物的反应符合一级反应动力学的衰减规律，即 $r=-kC$，上式可进一步简化为：

$$v\mathrm{d}C/\mathrm{d}t = Q(C_0 - C) + kCv \tag{4-33}$$

式中　k——污染物的衰减速度常数。

在稳态条件下 $\mathrm{d}C/\mathrm{d}t=0$，则方程的解为：

$$C = C_0/[1 + k(v/Q)] = C_0/(1 + kt) \tag{4-34}$$

（3）一维水质模型

一维河流水质模型是目前应用最广泛的模型，它是由三维模型简化而来的，通式为：

$$\partial C/\partial t = \partial(v_x C)/\partial x - \partial(D\partial C/\partial x)/\partial x + S \tag{4-35}$$

①一维稳态水质模型

所谓稳态，是指在均匀河段上定常排污条件下，河段横截面、流速、流量、污染物的输入量和弥散系数都不随时间变化，如污染物按一级化学反应，河段不考虑源和汇，那么：

$$\partial (v_x C)/\partial x = v_x \mathrm{d}C/\mathrm{d}x \quad (4\text{-}36)$$

$$\partial (D\partial c/\partial x)/\partial x = D\mathrm{d}^2C/\mathrm{d}x^2 \quad (4\text{-}37)$$

$S=k_1C$，其中 k_1 为污染物降解的速率常数（$1/d$ 或 $1/h$），令 $\partial C/\partial t=0$，则有：

$$v\mathrm{d}C/D\mathrm{d}x - \mathrm{d}^2C/\mathrm{d}x^2 - k_1C/D = 0 \quad (4\text{-}38)$$

该常微分方程，在边界条件：

$x=0$ 时，$C=C_0$

$x=\infty$ 时，$C=0$

其解为：$C_x=C_0\exp[v/2D(1-m)x]$

$$m=(1+4k_1D/v^2)^{1/2}$$

②忽略弥散的一维稳态水质模型

在前述的条件下，如果河流较小，流速不大，弥散系数很小，近似地认为 $D=0$，这时水质模型的微分方程变为：

$$v\mathrm{d}C/\mathrm{d}x = -k_1C \quad (4\text{-}39)$$

在初始条件 $x=0$，$C=C_0$ 的情况下，其解为：

$$C_x=C_0\exp(-k_1x/v)$$

式中 $x/v=t$，故上式变为：

$$C_x=C_0\exp(-k_1t)$$

只要知道初始断面河水中污染物的初始浓度和 k_1 值，即可利用上式求下游某一点的浓度，此模型常用于预测易降解有机污染物在河流中的浓度变化。

（4）BOD-DO 模型

①斯特里特-费尔普斯（Streeter-Pheleps）模型

河水中溶解氧（DO）的消耗是由于水中有机物的分解、底泥中有机物的分解和水生生物的代谢作用等。河水中溶解氧的来源有：大气复氧、水体中水生植物光合作用复氧等。根据上述理论，1925 年由斯特里特-费尔普斯在一维、稳态、均匀、无扩散的假定下从以下两方面的假设导出了 BOD-DO 模型：

a. 在水质基本方程中的源汇项 S，只考虑好气微生物参加的 BOD 衰减反应，并且认为这种反应是一级反应，符合一级反应动力学，即 $S=-k_1L$。其中 k_1 为 BOD 一级反应衰减速率，L 为 BOD 浓度。

b. 对河水中的 DO 而言，认为耗氧的原因只是 BOD 分解耗氧所引起的，BOD 的分解速率等于 DO 的减少速率。同时河水中的溶解氧恢复的速率与水中的氧亏成正比，这种复氧作用只是大气复氧，此时有：

$$v\times \mathrm{d}L/\mathrm{d}x = -k_1L \quad (4\text{-}40)$$

$$v\times \mathrm{d}C/\mathrm{d}x = -k_1L + k_2(C_s - C) \quad (4\text{-}41)$$

它们是相互耦合的，在边界条件：

$x=0$，$L=L_0$；$C=C_0$ 时，其解析解为：

$$L=L_0\exp(-k_1x/v)$$

$$C=C_s-(C_s-C_0)e^{-k_2x/v}+k_1L_0/(k_1-k_2)\times(e^{-k_1x/v}-e^{-k_2x/v})$$

式中 L_0，C_0——分别为河段起端($x=0$ 时)河水中的 BOD 和 DO 浓度，mg/L；

L，C——分别为在距离起端处河水中的 BOD 和 DO 的浓度，mg/L；

C_s——河水中的饱和溶解氧浓度，mg/L；

k_1，k_2——分别为 BOD 耗氧和大气复氧系数，1/d 或 1/h；

v——河段平均流速，km/d 或 km/h。

由于斯特里特-费尔普斯模型可推求在排污点河水 BOD 和 DO 起始浓度分别为 L_0 和 C_0 时，沿河下游各点河水中的溶解氧浓度值以及最低溶解氧浓度和位置(临界浓度和临界距离)。

河水中出现最低溶解氧浓度处，必有 $dC/dx=0$，由此可求得临界 DO 浓度 C_c 和临界距离 X_c：

$$X_c=v/(k_2-k_1)\ln\{k_2/k_1[1-(k_2/k_1-1)(C_s-C_0/L_0)]\}$$

$$C_c=C_s-(C_s-C_0+L_0/1-f)\{f[1-(f-1)(C_s\text{-}C_0/L_0)]\}^{f/1-f}+L_0/1-f\{f[1-(f-1)(C_s-C_0/L_0)]\}^{1/1-f}$$

式中 f——自净系数，为复氧系数与耗氧系数之比($f=k_2/k_1$)，反映水体自净作用快慢。

②托马斯(Thomas)修正型

河水中所含的悬浮微粒、有机物在河水流速较低时可沉降到河底，而原来沉降的底泥在河水流速较高时可重新转变为悬浮态。前一个过程称为沉淀，后一个过程称为再悬浮。沉淀过程使得河水中的部分需氧有机物脱离了河水的耗氧，便于河水中的 BOD 减低，再悬浮使得底泥中的需氧有机物进入河水，加入河水的耗氧过程，致使河水的 BOD 值增高。这个过程可改变河水的 BOD 浓度，从而影响河水中的溶解氧平衡。

为了考虑需氧有机物在河流中的沉淀－再悬浮过程对河水溶解氧平衡的影响，托马斯在斯特里特-费尔普斯模型的 BOD 方程中引入了一个沉淀-再悬浮系数 k_3。

托马斯修正型的微分形式为：

$$v\mathrm{d}L/\mathrm{d}x=-(k_1+k_3)L \tag{4-42}$$

$$v\mathrm{d}C/\mathrm{d}x=-k_1L+k_2(C_s-C) \tag{4-43}$$

k_3 主要反映了河流携带悬浮物(耗氧)的能力及有机物的颗粒特性和吸附特性对河水中 BOD 值的影响。k_3 为正时，表示河水中悬浮物沉淀；k_3 为负时，表示与沉淀效应相反的再悬浮作用。k_3 的量纲为 1/d 或 1/h。

在 $x=0, L=L_0$ 时，$C=C_0$ 的边界条件下，其解为：

$$L=L_0 e^{-(k_1+k_3)x/v}$$

$$C=C_s-(C_s-C_0)e^{-k_2 x/v}+k_1 L_0/(k_1+k_3-k_2)(e^{-(k_1+k_3)x/v}-e^{-k_2 x/v})$$

③杜宾斯-坎普(Dobins-Camp)修正型

杜宾斯和坎普在托马斯修正型的基础上，考虑了沿河坡面径流、底泥耗氧与藻类光合/呼吸作用的影响，在托马斯修正型中增加了两个常数项，即：

$$v\mathrm{d}L/\mathrm{d}x=-(k_1+k_3)L+R \tag{4-44}$$

$$v\mathrm{d}C/\mathrm{d}x=-k_1 L+k_2(C_s-C)+P \tag{4-45}$$

式中　R——沿河地表径流和底泥耗氧引起溶解氧的变化率，mg/(L·d)；

P——水生生物光合作用与呼吸作用和底泥有机物分解所引起的 DO 的变化，mg/(L·d)。

在 $x=0, L=L_0$时，$C=C_0$ 的边界条件下，其解为

$$L=L_0 F_1+R(1-F_1)/(k_1+k_2)$$

$$C=C_s-(C_s-C_0)F_2+k_1/(k_1+k_3-k_2)[L_0-R/(k_1+k_3)](F_1-F_3)$$
$$-[P/k_2+k_1 P/k_2(k_1+k_2)](1-F_2)$$

式中　$F_1=e^{-(k_1+k_3)x/v}$，$F_2=e^{-k_2 x/v}$。

④奥康纳(O'Connor)修正型

当污水普遍进行二级处理后，排入水体的处理厂的出水成了主要污染源，这些出水中的碳化 BOD 大部分已被氧化，氮化 BOD 成了不可忽略的耗氧物质，于是奥康纳在托马斯模型中加入氮化 BOD 分解耗氧项：

$$v\mathrm{d}L_C/\mathrm{d}x=-(k_1+k_3)L_C \tag{4-46}$$

$$v\mathrm{d}L_N/\mathrm{d}x=-k_N L_N \tag{4-47}$$

$$v\mathrm{d}C/\mathrm{d}x=-k_1 L_C-k_N L_N+k_2(C_s-C) \tag{4-48}$$

在 $x=0, L_C=L_{C(0)}, L_N=L_{N(0)}, C=C_0$ 的边界条件下，其解为：

$$L_C=L_{C(0)}e^{-(k_1+k_3)x/v}$$

$$L_N=L_{N(0)}e^{-k_N x/v}$$

$$C=C_S(C_S-C_0)e^{-k_2 x/v}+k_1 L_{C(0)}/(k_1+k_3-k_2)\times[e^{-(k_1+k_3)x/v}-e^{-k_2 x/v}]$$
$$+k_N L_{N(0)}[e^{-k_N x/v}-e^{-k_2 x/v}]$$

式中　L_C、$L_{C(0)}$——$x=x$ 和 $x=0$ 处河水的碳化 BOD 的浓度，mg/L；

L_N、$L_{N(0)}$——$x=x$ 和 $x=0$ 处河水的氮化 BOD 的浓度，mg/L；

k_N——氮化反应耗氧速度常数，1/d 或 1/h。

(5) 二维水质模型

当污水排入河流中时，常常需要知道污染物的影响范围和影响区内的浓度分布情况，对一般河流来说，入河物质在垂向的扩散是瞬时完成的。其次，河流在一般情况下流动基本上是恒定的。在恒定排污情况下，可以建立河流水平二维稳

态水质模型。

在稳态情况下，水平二维浓度场的基本方程为：

$$\partial(v_xHC)/\partial x-\partial(v_yHC)/\partial y+\partial(D_xH\partial C/\partial x)+\partial(D_yH\partial C/\partial y)-kCH \quad (4\text{-}49)$$

式中 C——污染物浓度；

x——沿河道主流方向的坐标；

y——垂直于 x 轴的横坐标；

v_x、v_y——河流纵向和横向的速度分量；

H——水深；

D_x、D_y——纵向和横向的弥散，扩散系数；

k——化学、生物衰减系数。

边界条件较简单时可直接求解上式。如在等宽等深的直河道中，断面平均流速 v 沿程不变，横向平均流速 $v_y=0$，横向湍流扩散系数 D_y 的平均值为常数。当纵向扩散项远小于平流项时，上式可简化为：

$$-v_x\times\partial c/\partial x+D_y\partial^2C/\partial y^2-kC=0 \quad (4\text{-}50)$$

在无对岸边影响的岸边排放条件下，当线源强度为 m 时，上式的解为：

$$C(x,y)=m/(4\pi D_yx/v)^{1/2}\exp(-v_xy^2/4xD_y-kx/v)$$

在等强度的岸边线源排放情况下，由于 $y<0$ 的区域内（河岸上）无浓度场存在，为保持物质总量不变，同一点上的浓度亦为无限边界排放对应浓度的 2 倍。即：

$$C(x,y)=m/(\pi D_yx/v)^{1/2}\exp(-v_xy^2/4xD_y-kx/v)$$

4．湖泊－水库水质模型

（1）完全混合型水质模型

对于面积小，封闭性强、四周污染多的小湖或大湖湖湾，污染物质排入该水域后，在湖流和风浪的作用下，有可能出现湖水均匀混合现象，这时湖泊内各处水质浓度均一，可用均匀混合型水质模型，这一类水质模型是建立在湖泊水质的质量平衡方程的基础上的。根据物质平衡原理，即某时段某一水质元素含量的变化等于该时段流入总量减去流出总量，再减去元素降解或沉淀等所损失的量，可列出如下方程：

对于易降解的污染物质：

$$\Delta MM_e-M_0=P\Delta t-P'\Delta t-KM\Delta t \quad (4\text{-}51)$$

$$\Delta M/\Delta t=P-P'-KM \quad (4\text{-}52)$$

对难降解的物质：

$$M_e-M_0=P\Delta t-P'\Delta t \quad (4\text{-}53)$$

$$\Delta M/\Delta t=P-P' \quad (4\text{-}54)$$

式中　M_e——时段末湖泊内污染物的总量，kg；

M_0——时段初湖泊内污染物的总量，kg；

M——时段内湖泊污染物平均量，kg；

Δt——所取时段的长度，天；

P、P'——分别为时段内平均每天从各种途径流入和流出湖泊的污染物总量，kg；

K——降解率，1/d。

①沃兰伟德（Vollenweider）模型　基于上述方程给出的湖泊水质模型

$$\Delta C=1/V\ (W_0\Delta T-qC\Delta T-KCV\Delta T) \tag{4-55}$$

式中　C——水质参数或营养物质的浓度，mg/m^3；

V——湖泊的定常容积，m^3；

ΔT——时段长，s；

Q——出入湖水量，m^3/s；

K——降解和沉淀率，1/s；

W_0——水质参数或营养物质的平均流入量，mg/s。

用 ΔT 除上式，并令 $\Delta T\to 0$，则可得如下微分方程：

$$\mathrm{d}C/\mathrm{d}t=W_0/V-q_vC/v-KC \tag{4-56}$$

积分上式可得：

$$C\ (t)\ =\Phi/q_v+KV\ \{W_0/\Phi-\exp\ [-t\ (q/v\ +K)]\} \tag{4-57}$$

$$\phi=W_0-\ (q_v+KV)\ C_0 \tag{4-58}$$

式中　C_0——初始浓度。

当 $\alpha=\ (q/v\ +K)$，上式可整理成下式

$$C\ (t)\ =W_0/\alpha V\ (1-e^{-\alpha t})\ +\ C_0e^{-\alpha t}$$

如假定湖泊初始浓度为 0，即 $C_0=0$，则上式变为：

$$C\ (t)\ =W_0/\alpha V\ (1-e^{-\alpha t})$$

当式中 t 趋于无穷大时，则可确定平衡 C_p：

$$C_p=W_0/\alpha V$$

达到 $C\ (t)\ /C_p=\beta$（此为给定的比数）所需要的时间为：

$$t_\beta=V/\ (q_v+KV)\ \ln\ (1-\beta)$$

若已知初始营养物质浓度为 C_0（$t=0$ 时），设没有营养物的输入（$W_0=0$），容积 V 为常数，流量为 q，净降解和沉淀系数为 K。则根据

$$\mathrm{d}C/\mathrm{d}t=W_0/V-qC/V-KC$$

可得浓度随时间的变化式：

$$\mathrm{d}C/\mathrm{d}t=-C\ (q_v/V\ +K)$$

积分，则得任意时间 t 的浓度为：

$$C(t)=C_0e^{-t(q/V+K)}=C_0e^{-\alpha t}$$

在此情况下，可求出营养浓度达到与初始比为 $1-\beta$ 时

$$C(t)/C_0=1-\beta$$

的时间 t_β，其结果就是式

$$t_\beta=V/(Q+KV)\ln(1-\beta) \tag{4-59}$$

②湖泊溶解氧模型　湖泊氧平衡可用下式表示：

$$dC/dt=Cq/V(C_1-C)+K_2(C_s-C)-R \tag{4-60}$$

$$R=rA+B \tag{4-61}$$

式中 C——t 时水体内溶解氧浓度，mg/L；

C_1——流入水中溶解氧浓度，mg/L；

C_s——溶解氧饱和浓度，mg/L；

V——水体容积，m^3；

q——单位时间内补给水量，m^3/h；

K_2——湖水的大气复氧系数，l/d；

R——水体生物及非生物因素耗氧总量；

A——养鱼密度，kg/m^3；

r——养鱼的耗氧率，mg/(kg·h)；

B——其他因素耗氧量。

(2) 非完全混合型水质模型

对于水域宽阔的大湖，当其中主要污染来自某些入湖河道或沿湖厂矿时，污染往往出现在大湖口附近的水域。这时需要考虑废水在湖水中的稀释扩散现象，作为不均匀混合型来处理。废水在湖水中的稀释扩散现象甚为复杂，常是二维扩散问题，故在研究湖泊水质模型时，采用圆柱形坐标较为简便，可使二维扩散问题简化为一维扩散问题。

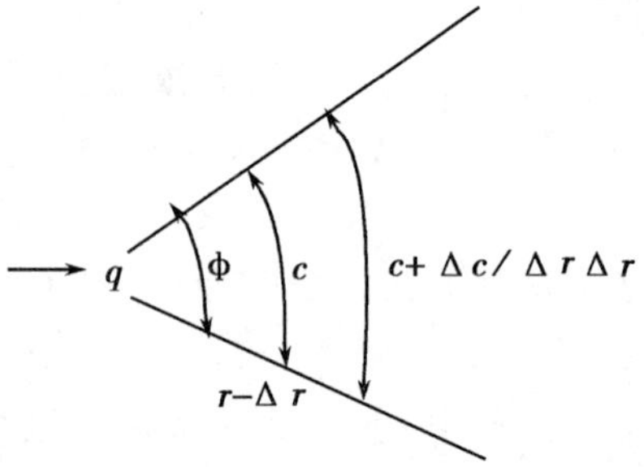

图 4-3　湖滨排污口扩散示意图

①A. B. 卡拉乌舍夫扩散模型

此模型是为研究难降解的污染物质在湖水中的稀释扩散规律而建立的，其坐标采用圆形坐标。取湖滨排污口附近的一块水体，如图 4-3 所示，其中 q 为入湖污水量（m^3/d）；r 为湖泊内某计算点离排污出口距离（m）；C 为所求计算点的污染物质浓度（mg/L）；H 为污水扩散区湖水平均深度（m）；Φ 为污水在湖水中的扩散角度，由排放口附近地形决定。若污水在开阔的岸边垂直排放时，$\Phi=180°$；当在湖心排放时，$\Phi=360°$。根据湖水中平流和扩散过程，利用质量平衡原理可推导如下扩散方程：

$$\partial C/\partial t = (E - q/\Phi H)\ 1/r \times \partial C/\partial r + E\partial^2 C/\partial r^2$$

当排放是稳定的，且代入边界条件 $r=r_0$，$C=C_0$。其中 C_0 为已知的离排污口距离为 r_0 处的湖水浓度（mg/L），则上式的解为：

$$C = C_0 - 1/(\alpha - 1) \times (r^{1-\alpha} - {r_0}^{1-\alpha})$$

$$\alpha = 1 - q/EH\Phi$$

式中　E——湖水的湍流扩散系数。

在湖泊中，考虑到湖泊中风浪的影响，可用下式计算 E 值。

$$E = \rho H^{2/3} d^{1/3}/f_0 g \times [(uh/\pi H)^2 + v^2]^{1/2} \tag{4-62}$$

式中　ρ——水的密度；

H——湖水水深（计算范围内平均水深）；

d——湖底沉积物的直径；

g——重力加速度；

f_0——经验系数；

u——流速；

v——风出流等形成的湖水平均流速；

h——波高。

②易降解物简化的水质模型

当湖水流速较小，风浪不大的情况下，可将式

$$\partial C/\partial t = (E - q/\Phi H)\ 1/r \times \partial C/\partial r + E\partial^2 C/\partial r^2$$

中的扩散项删去。这时如考虑稳态条件，并增加污染物质的自净项，即可得污水在湖水中平流作用和化学、生化降解共同作用下的浓度递减方程：

$$q \times \mathrm{d}C/\mathrm{d}t = -KCH\Phi r$$

代入边界条件 $r=0$，$C=C_0$。其中 C_0 为排出口浓度，则其解为：

$$C = C_0 \exp(K\Phi H v^2/2q)$$

式中　K——湖水自净速率常数。

上式用于 BOD 预测时，可写成：

$$\mathrm{BOD}_{(r)} = \mathrm{BOD}_{(0)} \exp(K_1 \Phi H/2q \times r^2)$$

式中　$\mathrm{BOD}_{(r)}$——离排污口距离 r 的 BOD 值，mg/L；

K_1——耗氧速率常数，1/d。

（3）湖水溶解氧方程

$$q \times \mathrm{d}D/\mathrm{d}r = (K_1 \mathrm{BOD} - K_2 D)\ \phi H r \tag{4-63}$$

式中　D——离排污口距离为 r 处的氧亏量（$C_s - C$）；

K_2——湖水的复氧速率常数，1/d。

上式的解为：

$$D = K_1 \mathrm{BOD}_{(0)}/(K_2 - K_1) \times [\exp(nr^2) - \exp(-mr^2)] + D_0 \exp(-mr^2)$$

$$m=K_2\phi H/2q$$

$$n=K_1\phi H/2q$$

式中 D_0——排污口的氧亏量。

对于海湾水环境预测，为了阐明污染物在海湾或沿岸水域内的输运规律以及污染物浓度的分布和变化，一般要运用流体动力学过程来进行描述。近年来，环境流体动力学的研究，已经普遍采用数值模型和计算机模拟现实的流场和浓度场。

对于地下水环境影响评价主要由如下三个环节组成。(1) 污染趋势预测，包括污染途径分析以及污染物迁移及转化规律分析。(2) 污染物在包气带和（或）含水层随时间及空间的分布估算，包括计算模式的选择和确定。计算参数的选取，以利用排放参数、水文地质参数以及从野外试验或实验模拟试验所获取的参数计算污染物的浓度增量分布。(3) 选择适当的评价方法、模式和标准，以评述污染物在不同地点、不同时段的环境影响。

5. 河流水质模型的参数估值

水质模型中的参数，如弥散系数 D、耗氧速率常数 K_1、大气复氧系数 K_2、沉淀再悬浮系数 K_3 等，是用来表征河流水体所发生的物理、化学和生物过程的动力学常数。对这些参数的确定，称参数的估算（估值）或参数的识别。在建立水质模型过程中，参数的估算是一个关键的环节，它们直接关系到模型的准确性和可靠性。对此，人们已做了较广泛的研究，较成熟的参数估算方法很多，有实验室方法、野外测定法，单独计算一个参数的方法和同时计算多参数的方法。

(1) 纵向弥散系数 D_x 的估算

纵向弥散系数 D_x 是反映天然河流纵向混合输移特性的重要参数，它与河流的水力条件密切相关。纵向弥散系数在河流水质预测尤其是事故性排放或泄漏对下游水质的影响以及对河口区水质的影响预测等方面起着十分重要的作用。

1) 经验公式法

①埃尔德（Elder）通过水深 1.5m 的明渠试验，验证了河流纵向弥散系数公式

$$D_x=\alpha_x H u^* \tag{4-64}$$

式中 H——河流平均水深，m；

u^*——摩阻流速，$u^*=(gHS)^{1/2}$，m/s；

g——重力加速度，m/s^2；

S——水力坡度；

α_x——经验系数，埃尔德（Elder）理论计算得 $\alpha_x=5.9$，试验得 $\alpha_x=6.3$。在天然河流中，河宽 15～60m 时，$\alpha_x=14$～650。

②菲希尔（Fischer）公式

$$D_x=0.011v^2b^2/(Hu^*) \tag{4-65}$$

2）示踪实验法

纵向弥散系数也可由示踪实验求得。本方法是将示踪剂瞬时投入河流某断面，在投放点下游断面采样测定不同时间 t 下示踪的浓度（C），将此 $C\sim t$ 变化数据代入下式估计 D_x：

$$C(x,t)=W/A(4\pi D_x t)1/2\times\exp[-(x-v_x t)^2/4D_x t] \tag{4-66}$$

式中 C——下游断面示踪的平均浓度，mg/L；

W——示踪剂质量，g；

A——断面面积，m^2；

v_x——平均流速，m/s；

t——时间，s；

x——下游断面距投放点的距离，m。

因污染物在天然河流中的扩散可分为不流段和扩散段。所以应用上式时，下游采样断面距投放点的距离 L 须满足

$$L\geqslant 1.8B^2v_x/Hu^* \tag{4-67}$$

式中 B——河宽，m；

H——水深，m；

v_x——平均流速，m/s；

u^*——摩阻流速。

（2）耗氧系数 K_1 的估算

1）用 BOD 的室内实验数据估算 K_1

实验室测定 K_1 的理想方法是用自动 BOD 测定仪，描绘出要研究河段水样的 BOD 历程曲线。在没有自动测定仪时，可将同一种水体分 10 瓶或更多瓶放入 20℃培养箱培养，分别测定 1～10 天或更长时间的 BOD 值。对取得的实验数据，可用两点法或图解法估算 K_1 值，同时可求出河段起始点的 BOD 值。

①罗蒙（Rhame）的两点法。当 $t_2=2t_1$ 时，$y=C_0[1-\exp(-K_1t)]$ 方程可表达为：

$$y_1=C_0[1-\exp(-K_1t_1)]$$

$$y_2=C_0[1-\exp(-2K_1t_1)]$$

即

$$K_1=1/t_1\ln y_1/(y_2-y_1)$$

$$C_0=y_1^2/2y_1-y_2$$

此法非常简单，只要知道 t_1 和 $2t_1$ 时的 BOD 值，就可以用上两式估算出 K_1 值，该法误差较大，可作为粗略计算。

②托马斯（Thomas）图解法：在 $y(t)=C_0[1-\exp(-K_1t)]$ 方程中

$$1-\exp(-K_1t)=K_1t[1-K_1t/2+(K_1t)^2/6-(K_1t)^3/24+\cdots]$$

∵ $K_1t\ (1+K_1t/6)^{-3}=K_1t\ [1-K_1t/2+(K_1t)^2/6+(K_1t)^3/216+\cdots]$

两式很接近，故可将 $y\ (t)$ 写成：

$$y\ (t)=C_0K_1t\ (1+K_1t/6)^{-3}$$

或 $[t/y\ (t)]^{1/3}=(C_0K_1)^{-1/3}+(K_1^{2/3}/6C_0^{1/3})\ t$

将上式这一直线方程，按不同时间对 $(t/y)^{1/3}$ 作图（见图 4-4）。

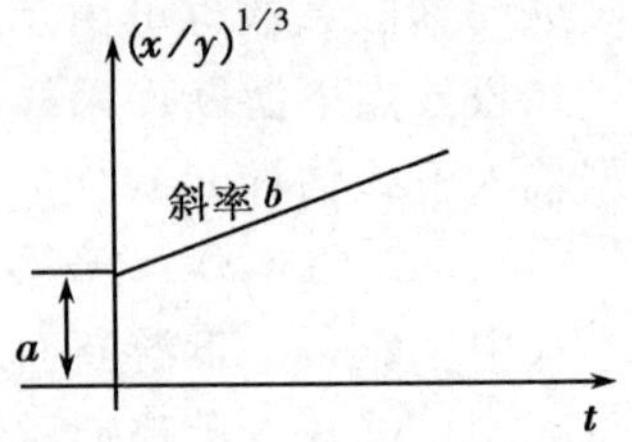

图 4-4 Thomas 图解法求 K_1

图中：$a=(K_1C_0)^{-1/3}$

$b=K_1{}^{2/3}/6C_0{}^{1/3}$

所以：$K_1=6b/a$

$C_0=1/K_1\alpha^3$

2）用野外实验数据估算 K_1

①内梅罗（Nemerow）法。根据 BOD－DO 模型（S－P 模型）的氧亏方程

$$\mathrm{d}D/\mathrm{d}t=K_1C_0-K_2D_c$$

来推求 K_1 值。

在临界氧亏，$\mathrm{d}D/\mathrm{d}t=0$，故可推出：

$$D_c=K_1/K_2C_0\exp\ (-K_1t_c)$$

∴ $$\ln D_c=\ln K_1+\ln C_0/K_2-K_1t_c\quad t_c>0$$

上式中，D_c 和 t_c 可从有关公式和氧垂曲线求得，C_0 为 $t=0$ 时的 BOD 值，K_2 值要用其它方法求出，在这里是已知的。于是上式就只含有一个未知量 K_1，它是一个一元一次方程，这样，K_1 值就可以通过以下牛顿迭代试算公式求解。

$$K_{1(n+1)}=K_{1(n)}-K_{1(n)}\times[\ln K_{1(n)}+\ln\ (C_0/K_2D_c)-t_cK_{1(n)}]/(1-t_cK_{1(n)})$$

②始末两点法。只要实测到河段上、下游断面的各自平均 BOD_5 浓度，以及该河段平均流速 u，河段长度 x，就可按下式求算 K_1：

$$K_1=u/x\times\ln C_1/C_2 \tag{4-68}$$

式中 C_1——河段上游断面 BOD_5 的平均浓度；

C_2——河段下游断面 BOD_5 的平均浓度。

此方法计算简单，但误差较大。

（3）大气复氧系数 K_2 的估算

流动的水体从大气中吸收氧气的过程称为复氧过程，也称再曝气过程。这种空气中的氧溶解到水体中的现象，是一种气-液之间的对流扩散过程，也是气体的传输过程。天然河流中引起水中溶解气体浓度的变化率可表达为：

$$\mathrm{d}O/\mathrm{d}t=K_2\ (O_s-O)=K_2D \tag{4-69}$$

式中 K_2——复氧系数，1/d；

O_s——饱和溶解氧浓度，mg/L；

O——溶解氧浓度，mg/L；

D ——溶解氧的饱和差，mg/L。

1）实测法

① 霍恩伯格（Hormberger）法。Hormberger 通过测定河水夜间溶解氧的浓度变化求算 K_2，他在该方法中做了如下三点基本假设：所测定的河段状态是稳定的；水生植物在白天和夜间呼吸速率是不变的；水生植物在夜间不进行光合作用。

根据上述假设，他用下式描述夜间 DO 浓度的变化速度。

$$dC/dt = K_2 (C_s - C) - R \tag{4-70}$$

式中　R——藻类呼吸系数，假定为常数 R_0。

令 $\delta = t_{i+1} - t_i$，从 t_i 到 t_{i+1} 积分上式得：

$$C_{i+1} - C_i = [(C_{si} - C_i) - R_0/K_2](1 - e^{-K_2\delta})$$

式中　C_{i+1}——时间 t_{i+1} 时的 DO 浓度；

C_i ——时间 t_i 时的 DO 浓度；

C_{si} ——饱和 DO 浓度的平均值。

令　$d_i = C_{i+1} - C_i$

$a_i = C_{si} - C_i$

$\xi_1 = 1 - e^{-K_2\delta}$

$\xi_2 = R_0/K_2$

则上式变为：$d_i = a_i\xi_1 + \xi_2\xi_1$

根据最小二乘法原理，可求出：

$$\xi_2 = -(\sum a_i^2 \sum d_i - \sum a_i \sum a_i d_i) / (N\sum a_i d_i - \sum a_i \sum d_i)$$

$$\xi_1 = \sum d_i / (\sum a_i - N\xi_2)$$

式中　N——测量时间间隔数。

从 $\xi_1 = 1 - e^{-K_2\delta}$ 可求出：

$$K_2 = -1/\delta \times \ln(1 - \xi_1)$$

从 $\xi_2 = R_0/K_2$ 可求出：

$$R_0 = K_2\xi_2$$

②示踪剂法。

a. 放射性同位素示踪法。此方法使用萤光染料，氚水和氪－85（Kr85）作示踪剂，在河流上游投放，示踪剂在水中分散，并随水流带向下游。氪－85 和氚水以溶解状态存在于水中，一边扩散，一边沿程消失在大气中。根据萤光染料（常用 Rhodamine B）的指示，在河流沿程取样测定氪－85 的浓度，可精确地得到氪－85 的 K_2 值，再由氪与氧的相对转移量换算出同一条件下 DO 的 K_2 值；

b. 低分子烃类示踪法。该方法是用低分子烃类气体（乙烯、丙烷）作示踪剂。其优点是：无放射性污染、价格低廉、对自然环境危害小、投入量易控制。但此方法可能存在烃类气体，在河流中会被分散、稀释、吸附及生物降解的问题。

2）公式估算法

实测法对于特定河流是比较精确的，但必须要实验室和现场进行大量工作，要耗费大量人力和物力进行测定，有时这种测定是不可能的，因此往往要借助于文献中的经验公式估算 K_2 值，应用较普遍的公式有：

①机理公式。奥康纳和杜宾斯对低速河流和各向同性条件下，根据液膜理论建立的公式为：

$$K_2 = (D_m u)^{0.5}/H^{1.5} \tag{4-71}$$

式中 D_m ——分子扩散系数，m^2/d；

u ——平均流速，m/d；

H ——平均水深，m；

D_m ——随温度变化

$$D_m = D_m(20) \cdot 1.037^{(t-20)} \tag{4-72}$$

式中 D_m（20）20℃时的分子扩散系数；

$D_m(20) = 2.037 \times 10^{-5} cm^2/s = 1.762 \times 10^{-4} m^2/d$；

$K_2(t) = K_2(20) \cdot 1.025^{(t-20)}$；

$K_2(20) = 1.32 \cdot u^{0.5}/H^{1.5}$。

对于高速和非各向同性河流使用下式：

$$K_2 = 4.80 D_m^{0.5} S^{0.05}/H^{1.25} \times 2.31 \tag{4-73}$$

式中 S——河床斜率，其他符号含义同上。

②常用的经验公式

$$K_2 = Cu^m/H^n \tag{4-74}$$

式中 u——平均流速，m/d；

H——平均水深，m；

C、m、n——经验常数，文献中常见的 C、m、n 值见表 4-14。

表 4-14 文献中常见的 C、m、n 值

C	m	n	C	m	n
12.93	0.50	1.5	7.03	1.00	1.50
11.57	0.969	1.673	10.93	0.85	0.85
25.10	0.73	1.75	6.87	0.73	1.05
21.67	0.67	1.85	5.63	1.00	1.50
7.60	1.00	1.50	20.17	0.607	1.689

(4) 国内外确定的 K_1 和 K_2 值

①前苏联对多种废水和天然水进行了测定，规定了在不同的 K_1 值。对于污水，K_1 值取值如表 4-15 所示，对于清洁水 $K_1=0.051/d$。

表 4-15　前苏联测定的不同温度下 K_1 值

温度（℃）	0	5	10	15	20	25	30
K_1（1/d）	0.04	0.05	0.063	0.08	0.10	0.126	0.158

②日本通过实测，统计得出河流的 K_1 值如表 4-16 所示。

表 4-16　日本测定的 k_1 值

河流状况	未污染河流	污染浅河流	污染深河流
K_1（1/d）	0.04～0.10	0.06～0.24	0.12～0.24

③美国规定在 20℃时取 K_1 值为 0.231/d，然后利用下式推算实际水温下的 K_1 值。

$$K_1=K_{20}\theta^{(t-20)}=0.23\times(1.047)^{(t-20)}$$

④中国通过实测，获得一些河流的 K_1、K_2 值，见表 4-17。

表 4-17　中国某些河流的 K_1、K_2 值

河流名称	K_1(1/d)	K_2(1/d)	河流名称	K_1(1/d)	K_2(1/d)
第一松花江(黑龙江)	0.015～0.13	0.000 6～0.07	黄河(兰州段)	0.41～0.87	0.82～1.9
第二松花江(吉林)	0.14～0.26	0.008～0.18	渭河(咸阳)	1.0	1.7
图们江(吉林)	0.20～3.45	1～4.20	清安江(江苏)	0.88～2.52	—
丹东大沙河(辽宁)	0.5～1.4	7～9.6	漓江(象山)	0.1～0.13	0.3～0.52

四、水环境影响评价

水环境影响评价是在工程分析和影响预测基础上，以法规、标准为依据，解释拟建项目引起水环境变化的重大性，同时辨识敏感对象对污染物排放的反应；对拟建项目的生产工艺、水污染防治与废水排放方案等提出意见。提出避免、消除和减少水体影响的措施、对策建议；最后做出评价结论。如果判断拟议项目的排污量对水域水质、水生生物和周围人群的影响，是不能接纳的，则项目需考虑替代方案或者是受到否定。

1. 所有预测点和所有预测的水质参数均应进行各建设阶段和运行生产阶段不同情况的环境影响重大性评价，但应抓住重点。空间方面，水文（或水文地质）要素和水质急剧变化处、水域功能改变处、取水口附近等应作为重点；水质方面，影响较重的水质参数应作为重点。多项水质参数综合评价的方法和评价的水区参数应与环境现状综合评价相对应。

2. 进行评价的水质参数浓度应是其预测浓度和基线浓度之和。

3. 了解水域功能，包括现状的功能和规划功能。

4. 评价建设项目的地面水环境影响所采用的水质标准应与环境现状评价相同。河道断流时应由环保部门规定功能，并据此选择标准，进行评价。

5. 向已超标的水体排污时，应结合环境规划酌情处理或由环保部门事先规定排污要求。

五、编制水环境影响评价报告

1. 报告书编写原则

（1）地面水环境影响评价总结报告应包括评价工作内容和评价结果，概要说明环境质量现状达标情况，提出超标因子的污染程度和范围，把建设项目对评价水域的污染影响程度和范围讲清楚，说明建设项目的主要污染因子及其排放总量和必需的控制要求，提出防治对策和建议，作出评价结论，为建设单位和主管部门提供管理和决策依据。

（2）报告的内容和深度应满足评价大纲要求，有的项目需要提交专题报告，有的不要求提交专题报告，评价内容直接反映在总报告的相应部分中。

（3）评价报告除用文字叙述外，还应附以必要的图表和照片，使资料能够得以清楚表达，以便阅读和审查。对用数据说明的问题须说明数据的出处、计算方法和采用的模式，计算过程和原始数据可不列入正文，必要时可编制附录。

2. 项目可行性结论

项目可行性结论是评价的核心部分，要在全面计算分析的基础上，客观反映建设项目的地面水环境影响，对项目可行性作出明确回答。

（1）满足要求，可以立项。建设项目对受纳水体污染较重的范围只局限于排污口附近很小的水域范围或只有个别水质参数超标，但采取相应环保措施后能够达到预定水质要求时，可以得出此结论。

（2）不能满足要求，不能立项。在评价水域的水质现状已经超标，或污染负荷需要削减的数量过大，所用削减措施在技术和经济上明显不合理时，应作出不能达到预期水质要求的结论。

（3）提出方案建议。在某种情况下（如不能达到预定水质要求但影响很少、且发生几率不多时，或者建设项目对受纳水体有污染的一方面，但也有改善的一方面时，或者在其他尚有讨论余地的问题时）有些建设项目不宜作出明确结论，可以针对具体问题做具体分析，提出方案建议或分析意见，并说明原因。

习　题

1. 水环境评价参数有哪些?

2. 湖泊水环境质量现状评价的内容和方法有哪些?

3. 计划在河边建一厂，该厂将以 $2.83m^3/s$ 的流量排放废水，废水中总溶解固体浓度为 1 300mg/L，该河流平均流速 v 为 0.457m/s，平均河宽 W 为 13.72m，平均水深 h 为 0.61m，总溶解固体 C_0 为 310mg/L，问该工厂的废水排入河后，总溶解固体的浓度是否超标（设标准为 500mg/L)?

4. 有一条比较浅而窄的河流，有一段长 1km 的河段，稳定排放含酚废水 $Q_h=1.0m^3/s$，含酚浓度为 $C_h=200mg/L$，上游河水流量为 $Q_p=9m^3/s$，河水含酚浓度为 $C_p=0$，河流的平均流速为 $v=40km/d$，酚的衰减速率系数为 $k=21/d$，求河段出口处的含酚浓度为多少?

5. 一个改扩工程拟向河流排放废水，废水量 $Q_h=0.15m^3/s$，苯酚浓度为 $C_h=30mg/L$，河流流量 $Q_p=5.5m^3/d$，流速 $v_x=0.3m/s$，苯酚背景浓度为 $C_p=0.5mg/L$，苯酚的降解系数 $K=0.2d^{-1}$，纵向弥散系数 $D_x=10m^2/s$。求排放点下游 10km 处的苯酚浓度。

6. 拟建一个化工厂，其废水排入工厂边的一条河流，已知污水与河水在排放口下游 1.5km 处完全混合，在这个位置 $BOD_5=7.8mg/L$，$DO=5.6mg/L$，河流的平均流速为 1.5m/s，在完全混合断面的下游 25km 处是渔业用水的引水源，河流的 $K_1=0.351/d$，$K_2=0.51/d$，若从 DO 的浓度分析，该厂的废水排放对下游的渔业用水有何影响。

7. 已知某一个工厂的排污断面上 BOD_5 的浓度为 65mg/L，DO 为 7mg/L，受纳废水的河流平均流速为 1.8km/d，河水的 $K_1=0.181/d$，$K_2=21/d$，试求：

（1）距离为 1.5km 处的 BOD_5 和 DO 的浓度。

（2）DO 的临界浓度 C_c 和临界距离 x_c。

8. 有一条河段长 4km，河段起点 BOD_5 的浓度为 38mg/L，河段末端 BOD_5 的浓度为 16mg/L，河水平均流速为 1.5km/d，求该河段的自净系数 K_1 为多少?

9. 有一条河流其上断面的河水 $BOD_5=3mg/L$，复氧系数 $K_2=0.026\ 1/d$，水团追踪实验测得实验数据如下表：

流经距离（km）	0	2.47	6.11	9.36	13.48	14.00
流经时间（d）	0	0.035	0.085	0.133	0.187	0.1946
河水水温（℃）	12.3	12.4	12.2	11.8	11.1	11.0
溶解氧（mg/L）	8.4	8.2	8.1	8.2	9.9	10.3
BOD_5（mg/L）	3.0					

试用 S-P 模型推求自净系数 K_1 的值。

第五章　土壤环境质量评价

土壤是一种宝贵的自然资源，是环境的重要组成部分，也是地球陆地表面具有肥力、能生长植物的疏松表层。它是由岩石风化而成的矿物质、动植物残体腐解产生的有机质以及水分、空气等组成。在环境系统中，土壤和水、空气、岩石和生物之间，以及土壤子系统内部，都不断地进行着物质与能量的交换。可以说，土壤是万物生长和立足的重要基础，也是人类生存、发展、工作和生活的重要场所。一个区域栖息和生长的动植物物种类型和土壤性质往往有密切联系，而土壤的侵蚀式样是历史上人类活动和自然过程——包括农业上施用的化肥及农药等累积效应产生的后果。土地开发、资源开采和废物处置等项目对土壤和地下水会造成不同形式的定性和定量的变化，主要的有土壤的侵蚀和污染。所以，要提高土壤环境质量和使用价值，保护环境和土壤资源，必须系统全面地进行土壤环境质量的现状评价和影响评价，为制定环境管理政策和综合防治污染提供科学决策和依据。

第一节　概　论

一、土壤环境质量评价的原则和程序

（一）土壤环境质量评价的概念

土壤环境质量评价是指在研究土壤环境质量变化规律的基础上，按一定的原则、标准和方法，对土壤污染程度进行评定，或是对土壤对人类健康适宜程度进行评定。或者说，土壤环境质量评价是对土壤环境质量的高低和优劣作出定性或定量的评判。其中，土壤环境质量是指土壤环境（或土壤生态系统）的组成、结构、功能特性及其所处状态的综合体现与定性、定量的表述。它包括在自然环境因素影响下的自然过程及其所形成的土壤环境的组成、结构、功能特性、环境地球化学背景值与元素背景值、净化功能、自我调节功能与抗逆性能、土壤环境容量等相对稳定而仍在不断变化中的环境基本属性以及在人类活动影响下的土壤环境污染和土壤生态状态的变化。其中人类活动的影响是土壤环境质量变化的主要

标志，是影响现代土壤环境质量变化与发展的最积极而活跃的因素。对土壤环境质量进行评价的目的，在于提高和改善土壤环境质量，并提出控制和减缓土壤环境不利变化的对策和措施。

土壤环境质量评价主要分为两大类：土壤环境质量现状评价和土壤环境影响评价。依据评价重点内容的不同，又可细分为：土壤污染评价、土壤资源评价、土壤生态评价、土壤综合评价；这里主要讨论现状评价和影响评价。

（二）土壤环境质量评价原则

1. 整体性原则：建设项目与区域经济发展对人类生态系统是整体影响，所以评价时不仅要分别对各环境要素进行预测，尤其应注重分析其综合效应，才能正确估计对环境的全面影响。

2. 相关性原则：人类生态系统是个大的网络系统，而环境影响很多是继发性的，通过研究不同层次各子系统间的联系性质、方式及联系的程度，判别环境影响的传递性，逐层逐级传递的方式、速度和强度。

3. 主导性原则：在土壤环境影响评价中，必须抓住建设项目与区域经济发展中引起的主要土壤环境问题。

4. 动态性原则：土壤环境影响是一个不断变化着的动态过程。如项目的不同建设阶段的环境影响、环境影响的叠加性和累积性、影响的短期性与长期性、影响的可逆性与不可逆性等都是不断变化的。

5. 随机性原则：人类生态系统是个复杂多变的随机系统，建设项目与投产过程中可能产生随机事件（自然的和人为的），可能会造成出乎意料的严重环境后果，为了避免严重公害事件的产生，需视具体情况，增加新的评价内容，如土壤环境风险评价等。

（三）土壤环境质量评价程序

土壤环境质量评价包括现状评价和影响评价。不同的评价目的，选取不同的评价方式。当进行一个省或一个地区的土壤环境质量普查时，可以选择现状评价的方式。当进行一个大的拟建工程对土壤可能产生的影响时，不但要做现状评价的工作，而且要做影响评价工作。只有在了解现状的基础上，才能做好影响评价工作。我国的土壤环境质量评价程序，一般按图 5-1 所示程序进行。

二、土壤环境质量评价等级划分和工作内容

（一）评价等级划分

我国土壤环境质量评价尚无推荐的行业导则，但可以根据判断环境影响重大性的原则确定评价等级和要求。确定评价等级时宜遵循以下依据：

(1) 项目占地面积、地形条件和土壤类型，可能会被破坏的植被种类、面积

以及对当地生态系统影响的程度；

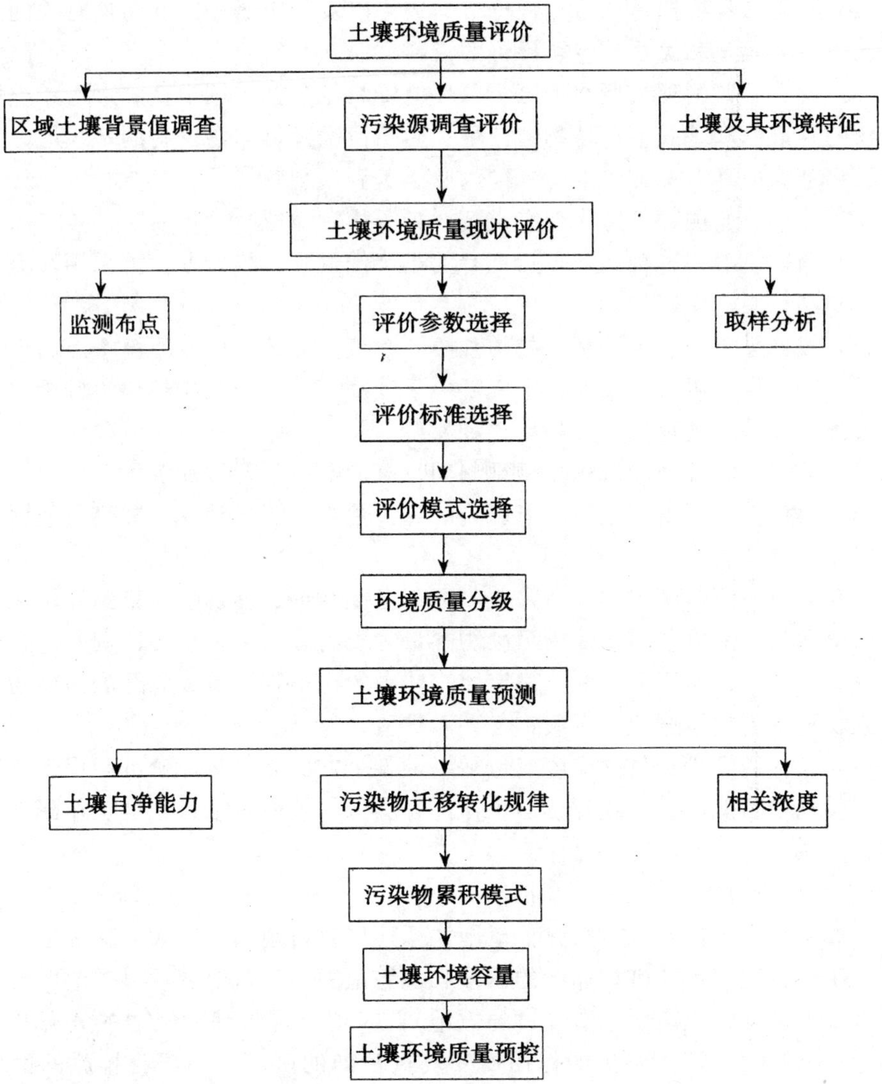

图 5-1　土壤环境质量评价程序

（2）侵入土壤的污染物的主要种类、数量，对土壤和植物的毒性及其在土壤中降解的难易程度，以及受影响的土壤面积；

（3）土壤能容纳侵入的各种污染物的能力，以及现有的环境容量；

（4）项目所在地的土壤环境功能区划要求。

（二）评价内容

土壤环境质量评价的基本工作内容有以下方面：

（1）收集和分析拟建项目工程分析的成果以及与土壤侵蚀和污染有关的地表水、地下水、大气和生物等专题评价的资料。

（2）调查、监测项目所在地区土壤环境资料，包括土壤类型、形态，土壤中污染物的背景值和基线值；植物的产量、生长情况及体内污染物的基线值；土壤中有关污染物的环境标准和卫生标准以及土壤利用现状。

（3）调查、监测评价区内现有土壤污染源排污情况。

（4）描述土壤环境现状，包括现有的土壤侵蚀和污染状况，可采用环境指数法加以归纳，并作图表示。

（5）根据土壤中进入的污染物的种类、数量、方式、区域环境特点、土壤理化特性、净化能力以及污染物在土壤环境中迁移、转化和累积规律，分析污染物累积趋势，预测土壤环境质量的变化和发展。

（6）运用土壤侵蚀和沉积模型预测项目可能造成的侵蚀和沉积。

（7）评价拟建项目对土壤环境影响的重大性，并提出消除和减轻负面影响的对策以及监测措施。

（8）如果由于时间限制或特殊原因，不可能详细、准确地收集到评价区土壤的背景值和基线值以及植物体内污染物含量等资料，可以采用类比调查；必要时应做盆栽、小区乃至田间试验，确定植物体内的污染物含量或者开展污染物在土壤中累积过程的模拟试验，以确定各种系数值。

一般，一级评价项目的内容应包括以上各个方面，三级评价可利用现有资料和参照类比项目从简，二级评价的工作内容类似一级评价项目，但工作深度可视情况适当减少。

（三）评价范围

一般来说，土壤环境质量评价范围比拟建项目占地面积为大，应考虑的因素包括：①项目建设可能破坏原有的植被和地貌范围；②可能受项目排放的废水污染的区域（例如排放废水渠道经过的土地）；③项目排放到大气中的气态和颗粒态有毒污染物由于干或湿沉降作用而受较重污染的区域；④项目排放的固体废物，特别是危险性废物堆放和填埋场周围的土地。也即，土壤环境质量评价范围一般应包括大气环境质量评价范围、地面水及其灌区的范围，固体废弃物堆放场附近。

三、土壤环境质量标准

1996 年 3 月 1 日起开始实施的《土壤环境质量标准》（GB 15618—1995）根

据土壤应用功能和保护目标，将其分为三类：Ⅰ类主要适用于国家自然保护区、集中式生活饮用水源地、茶园、牧场和其他保护地区的土壤，土质应基本保持自然背景水平；Ⅱ类主要适用于一般农田、蔬菜地、茶园、果园、牧场等土壤，土质基本上对植物和环境不造成污染、危害；Ⅲ类主要适用于林地土壤及污染物容量较大的高背景值土壤和矿场附近的农田（蔬菜地除外）土壤，土质基本上对植物和环境不造成污染及危害。这三类土壤对应不同的标准。Ⅰ类土壤执行一级标准，为保护区域自然生态、维持自然背景的土壤环境质量的限制值；Ⅱ类土壤执行二级标准，为保障农业生产、维护人体健康的土壤限制值；Ⅲ类土壤执行三级标准，为保障农林业生产和植物正常生长的土壤临界值。

但是，本标准仅对土壤中镉、汞、铬、锌、砷、铜、铅、镍、六六六、DDT 10项指标做了规定，对其他重金属和难降解危险性化合物未做规定。

第二节 土壤环境质量现状调查及评价

土壤环境质量现状评价的目的是了解一个地区土壤环境现时污染水平，为保护土壤，为制定土壤保护规划、地方土壤保护法规提供科学依据；为拟建工程进行土壤环境影响评价提供土壤背景资料，提高土壤环境影响预测的可信度，为提出减少拟建工程对土壤环境污染的措施服务，使拟建工程对土壤的污染控制到评价标准允许的范围内。

一、现状调查

现状调查内容包括布点、采样、确定监测项目等。

采样点的布置要考虑调查区内土壤类型及其分布、土地利用及地形地貌条件，按不同情况各布置一定数量采样点，使其在空间分布上均匀并有一定的密度，以保证土壤环境质量调查的代表性和精度。若是由于大气而引起的土壤污染，采样点应以污染源为中心，根据当地风向、风速及污染源强度等，作放射状布点，在上风向布点稀，下风向布点密，近污染源采样点间距小，远离污染源的间距大。当利用废水或受污染的水源灌溉农田时，应在灌区内根据水流的路径和距离，分别在主灌渠和支灌渠附近采样。水田的采样点包括进出水口和田中间。

由于土壤在水平和垂直方向的分布具有一定的不均匀性，一般采用对角线、梅花形、棋盘式、蛇形等方法多点采样，均匀混合。通常只需采集 20cm 左右耕层土和耕层以下 20～40cm 土样。若要了解土壤污染的纵向变化，则可选择部分测点，按土壤剖面层次分层取样。土壤监测项目的确定主要考虑污染土壤成土因素，一般把主要污染物和由成土因素决定的异常元素列为监测项目。

现状调查的内容包括：

1. 评价区土壤类型及其分布，作出类型分布图。

2. 各种类型土壤的成土条件，包括成土母质、生物特征、所处的地貌类型、地下水的埋藏特性、气候条件、耕作历史等和各类型土壤的剖面构成，土壤的矿物与化学组成、土壤理化和生物学特性等的调查。

3. 评价区土地利用及规划设想。以此确定重点保护地区，并选择相应的评价标准。

4. 土壤污染现状及对作物的影响调查。

5. 评价区土壤污染源、主要污染物及污染途径的调查。

二、评价因子的选择

评价因子的选取是否合理得当，关系到评价结论的科学性和可靠程度。应根据土壤污染物的类型和评价的目的要求来选择评价因子。

土壤中的污染指标归纳起来主要有以下几种：

1. 有机毒物：其中数量较大、毒性较大的是化学农药，其种类繁多，主要可分为有机氯和有机磷农药两大类。有机氯农药主要包括 DDT、六六六、艾氏剂、狄氏剂等。有机磷农药主要包括马拉硫磷、对硫磷、敌敌畏等。此外还有酚、苯并［a］芘、油类及其他有机化合物；

2. 重金属及其他无机毒物镉、汞、铬、铅、砷、氰等；

3. 土壤中 pH、全氮量、硝态氮量及全磷量等；

4. 有害微生物：如肠细菌、肠寄生虫卵、破伤风菌、结核菌等；

5. 放射性元素：如^{317}Cs、^{90}Sr。

在进行某一区域土壤质量评价时，可根据污染源调查情况和评价目的，从上述土壤污染指标中选择适当数量既有代表性又切实可行的污染指标作为评价因子。此外还应选择一些参考因子，即对土壤污染物积累、迁移、转化影响较大的理化指标，如有机质、石灰反应、氧化还原电位、代换量、易溶性盐类、黏土矿物等。

三、评价标准的选择

由于土壤污染物不像大气和水污染那样，可以直接进入人体，危害健康，土壤中的污染物是通过食物链，主要通过粮食、蔬菜、水果、奶、蛋、肉进入人体。土壤和人体之间的物质平衡关系比较复杂，制定土壤污染物的环境质量标准难度很大，限制了土壤环境质量标准的制定工作的开展。因此，目前国外只有少数国家（德国、英国、芬兰、瑞典、丹麦、挪威、独联体、日本、美国）分别给出了几项重金属、非金属毒物和放射性元素的土壤污染标准。重金属有汞、镉、铬、铅、锌、铜、镍、锰、钴、钼、钒。非金属毒物有砷、硒、硼。放射性元素有铯、铀。

我国1995年发布、1996年实施了GB 15618—1995《土壤环境质量标准》（见表5-1）。它可作为土壤环境质量评价的评价标准。我国农业部颁布的《中华人民共和国绿色食品执行标准（草案）》中，提出了《绿色食品土壤质量标准》，即绿色食品执行标准——土壤临界容量，见表5-2。

表5-1　土壤环境质量标准（GB 15618—1995）　　单位：mg/kg

项目 ＼ 土壤pH值			一级	二级			三级
			自然背景	＜6.5	6.5～7.5	＞7.5	＞6.5
镉		≤	0.20	0.30	0.30	0.60	1.0
汞		≤	0.15	0.30	0.50	1.0	1.5
砷	水田	≤	15	30	25	20	30
	旱地	≤	15	40	30	25	40
铜	农田等	≤	35	50	100	100	400
	果园	≤	—	150	200	200	400
铅		≤	35	250	300	350	500
铬	水田	≤	90	250	300	350	400
	旱地	≤	90	150	200	250	300
锌		≤	100	200	250	300	500
镍		≤	40	40	50	60	200
六六六		≤	0.05	0.50			1.0
DDT		≤	0.05	0.50			1.0

注：①重金属（铬主要是三价）和砷均按元素量计，适用于阳离子交换量＞5cmol（＋）/kg的土壤，若≤5cmol（＋）/kg，其标准值为表内数值的半数。

②六六六为四种异构体总量，DDT为四种衍生物总量。

③水旱轮作地的土壤环境质量标准，砷采用水田值，铬采用旱地值。

由于我国土壤环境质量标准中规定标准值的污染物项目少，给土壤环境质量评价工作带来了困难，除土壤环境质量标准规定的标准值外，对于其它污染指标多选用具有不同含义的土壤环境背景值作为评价标准。常见的有如下几种：

1. 以区域土壤环境背景值作为标准

区域土壤环境背景值是指一定区域内，远离工矿、城镇和道路（公路和铁路），无明显“三废”污染，也无群众反映有过“三废”影响的土壤中有毒物质在某一保证率下的含量。其计算式为：

$$C_{0i}=\overline{C}_i \pm S \tag{5-1}$$

表 5-2 绿色食品土壤质量标准

污染物	土壤临界容量（$\times 10^{-6}$，体积比）		
	草甸褐土（北方）	草甸棕壤（北方）	红壤性水稻土（南方）
汞（Hg）	0.43	0.2	
镉（Cd）	2.8	2.0	1.1
铅（Pb）	800	300	
砷（As）	21	30	45
铬（Cr^{6+}）	3.5	50	
铬（Cr^{3+}）	500		
油	300	500	

$$S=\sqrt{\frac{\sum_{j=1}^{n}(C_{ij}-\overline{C}_i)^2}{N-1}} \tag{5-2}$$

式中 C_{0i}——区域土壤中第 i 种有毒物质的背景值；

C_{ij}——区域土壤中第 i 种有毒物质的平均值；

$\overline{C}_i$——区域土壤中第 i 种有毒物质实测值的平均值；

S——标准差；

N——统计样品数。

2. 以土壤本底值为评价标准

土壤本底值是指未受人为污染的土壤中某一物质的平均含量，在到处开发的今天，真正意义上的土壤本底值是很难找到的。

3. 以区域性土壤自然含量为评价标准

区域性土壤自然含量，是指在清水灌区内，选用与污灌区的自然条件、耕作栽培措施大致相同，土壤类型相同，土壤中有毒物质在一定保证率下的含量。其计算公式为：

$$C_{0i}=C_i \pm 2S \tag{5-3}$$

符号同前。

4. 以土壤对照点含量为评价标准

土壤对照点一般选在与污染区的自然条件、土壤类型和利用方式大致相同，而又未受污染的地区内。对照点可选一个或几个，以对照点的有毒物质平均含量作为评价标准。

5. 以土壤和作物中污染物质的相关含量为评价标准

土壤中某种污染物质的含量和作物中该种污染物积累量之间有一定的相关关

系。农牧业产品和食品的卫生标准和污染分级是可以制定的。以这种卫生标准和污染分级推断土壤中该种污染物的相关含量和污染分级，把这种相关含量作为评价标准。这种方法是通过食物链把土壤中的污染物与人体健康联系起来制定评价标准的，它反映了土壤污染物危害人体健康的实际途径，是一种好方法，但目前此项研究还有待今后发展。

上述不同含义的背景值，从不同侧面反映了未受污染的土壤环境质量，在具体选用时，应根据评价地区土壤的实际情况、评价要求、评价范围、评价时间等因素确定。

四、土壤环境质量现状值的计算及检验

（一）土壤环境质量现状值的计算

通过对土壤样品的化验分析，得到若干个测定值，用同一项目的各个测定值的算术平均值加减一个标准差表示该项目的土壤现状值（背景值）。它不仅包括土壤内某物质的平均含量，同时还包括该物质在一定保证率下的含量范围。土壤环境质量中某一物质的现状值（背景值）的表达式如下：

$$X_i = \overline{X_i} \pm S_i \tag{5-4}$$

$$S_i = \sqrt{\frac{1}{N-1}\sum_{j=1}^{N}(X_{ij} - \overline{X_i})^2} \tag{5-5}$$

式中　X_i——土壤中 i 物质的现状值（背景值）；

$\overline{X_i}$——土壤中 i 物质的平均含量；

S_i——土壤中 i 物质的标准差；

N——统计样品数；

X_{ij}——第 j 个样品中 i 物质的实测含量。

（二）土壤现状值（背景值）统计数据检验

为减少误差，对样品的各个分析数据应做必要的检验，以保证土壤现状值（背景值）的真实性。常用的方法有下列几种：

（1）标准差检验

实测值超过算术平均值加三倍的标准差的应舍弃，不参加现状值（背景值）的统计。

（2）“4d”法检验

一组 4 个以上的实测值，其中一个偏离平均值较远，视为可疑值。该值不参加平均值计算，由另 3 个监测值求出平均值，该值与此平均值的差值大于 4 倍的平均偏差时，则该值弃去不用。

（3）上下层比较

某物质在表土中的含量与底土中含量的比值大于1时，认为此样品已受污染，应予剔除。

(4) 相关分析法

选定一种没有污染的元素为参比元素，求出这种元素与其他元素的相关系数和回归方程，建立95%的置信带，落在置信带之外的样品，可认为含量异常，应予剔除。

(5) 富集系数检验

在风干过程中，有些元素会淋失，有些元素会富集，所以表土中重金属含量高于母质或底土，不一定都是污染造成的。因此，需要有一种稳定的元素作为内参比元素，进行富集系数检验。

土壤中元素的富集系数可根据Mcheal公式计算：

$$\text{富集系数}=\frac{\text{土壤中元素含量}/\text{土壤中 } TiO_2 \text{ 含量}}{\text{母质中元素含量}/\text{母质中 } TiO_2 \text{ 含量}} \tag{5-6}$$

富集系数>1，表示该元素有外来污染，应将该土样弃去。

上述检验方法可根据测试目的选取1～2种即可。

五、土壤环境质量现状评价方法

土壤环境质量现状评价方法与大气、水质的现状评价方法相类似，是通过计算污染指数进行的。

（一）单因子评价

土壤环境质量单因子评价通常采用的方法是分指数法，此外还有根据土壤和作物系统污染物累积的相关数量来计算的污染指数法。

1. 分指数法：逐一计算土壤中各主要污染物的污染分指数，以确定污染程度。土壤污染分指数计算式为：

$$P_i=\frac{C_i}{C_{0i}} \tag{5-7}$$

式中 P_i——土壤中 i 污染物的污染分指数，为无量纲的量；

C_i——土壤中 i 污染物实测含量；

C_{0i}——i 污染物的评价标准。

上述模式计算简单，物理意义清楚，得到了广泛应用。当 $P_i<1$，表示未污染；$P_i>1$ 时，表示受到不同程度的污染，P_i 值越大，污染越严重。

2. 以土壤-作物系统污染物累积相关含量计算土壤污染指数法：即根据土壤和作物对污染物积累的相关数量，确定污染等级和划分污染指数范围，然后再根据不同的方法计算污染指数：

若土壤污染物含量实测值（C_i）小于或等于土壤积累起始值（X_{ai}），这时为非污染，即污染指数 $P_i \leqslant 1$。

$$P_i = \frac{C_i}{X_{ai}} \quad (C_i \leqslant X_{ai}) \tag{5-8}$$

若土壤中污染物含量实测值 $C_i > X_{ai}$，但小于作物中污染物含量显著增加相对应的土壤污染物含量（X_{ci}）时，属轻度污染，即 $1 < P_i < 2$。

$$P_i = 1 + \frac{C_i - X_{ai}}{X_{Ci} - X_{ai}} \quad (X_{ai} < C_i \leqslant X_{Ci}) \tag{5-9}$$

若土壤污染物含量 $C_i > X_{Ci}$，但小于污染临界值（X_{pi}）（如土壤环境质量标准），属中度污染，即 $2 < P_i \leqslant 3$。

$$P_i = 2 + \frac{C_i - X_{ci}}{X_{pi} - X_{ci}} \quad (X_{ci} < C_i \leqslant X_{pi}) \tag{5-10}$$

若土壤污染物含量 $C_i > X_{pi}$，属重度污染，即：$P_i > 3$。

$$P_i = 3 + \frac{C_i - X_{pi}}{X_{pi} - X_{ci}} \quad (C_i > X_{pi}) \tag{5-11}$$

除上述两种方法外，农业部环境保护科研监测所在评价农田环境质量时，采用如下的四级评价方法（单因子评价）：

0 级（无污染）

$P_i = C_{i土} / X_{ai土} < 1$ （$X_{ai土}$为污染物的土壤积累起始值）

即土壤中 i 污染物实测值小于它的土壤积累起始值。

1 级（轻度污染，污染物在土壤中有积累）

$$P_i = C_{i土} / X_{ai土} \geqslant 1$$

但是，$C_{i粮(菜)} < X_{ai粮(菜)}$

2 级（中度污染，土壤受到明显污染，或污染物在农产品食用部分中开始有积累）；

$$P_i = C_{i粮(菜)} / X_{ai粮(菜)} \geqslant 1$$

（$X_{ai粮(菜)}$为污染物的粮、菜积累起始值）

但是，$C_{i粮(菜)} <$（食品卫生标准）$_i$

3 级（重度污染，土壤受到重度污染，污染物在粮菜等农产品中的含量超过食品卫生标准，或者污染物明显影响农作物生长发育，或导致减产 10%以上）

$P_i = C_{i粮(菜)} /$（食品卫生标准）$_i \geqslant 1$

这种评价方法的优点，在于把土壤监测与粮菜监测结合起来对农田环境质量进行评价、分级，在定量上有更充分的依据。

（二）多因子评价

在实际情况中，常出现多种污染物同时污染某一区域土壤的现象，单因子评价难以表示它们的整体污染水平，因此需要一种同时考虑土壤中多种污染物综合污染水平的多因子评价方法。

为确定土壤环境总体质量，多因子评价一般采用污染综合指数进行评价。

(1) 以土壤中各污染物指数叠加作为土壤污染综合指数

该土壤污染综合指数计算模式如下：

$$P=\sum_{i=1}^{n}P_i \tag{5-12}$$

式中 P——土壤污染综合指数；

P_i——土壤中 i 污染物的污染指数；

n——土壤中参与评价的污染物种类数。

这种模式计算简便，但是它对各种污染物的作用是等量齐观的，没有强调严重超标的污染物在土壤总体质量中的作用。

根据综合污染指数的大小，可把土壤环境质量进行分级，以表征污染的程度。北京西郊的土壤环境质量评价中曾用过此法，并根据综合指数 P 的数值把土壤环境质量分为 4 级，见表 5-3。

表 5-3 北京西郊土壤质量分级表

级别	土壤污染综合指数	主要区域
Ⅰ清洁	<0.2	广大清水灌溉区
Ⅱ微污染	0.2～0.5	北灰水管区、莲花河系污灌区外 47.5km²
Ⅲ轻污染	0.5～1	莲花河灌区附近土壤 18km²
Ⅳ中度污染	>1	莲花河上游主河道两侧污灌区 1.5 km²

(2) 内梅罗 (N. L. Nemerow) 综合污染指数

内梅罗综合污染指数计算式为：

$$P=\sqrt{\frac{1}{2}[(1/n\sum_{i=1}^{n}P_i)^2+(C_i/C_{0i})^2_{\max}]} \tag{5-13}$$

式中 $(C_i/C_{0i})^2_{\max}$——土壤中各污染物污染指数的最大值的平方；

其它符号同前。

(3) 均方根综合污染指数

均方根综合污染指数计算式为：

$$P=\sqrt{\frac{1}{n}\sum_{i=1}^{n}P_i^2} \tag{5-14}$$

式中所有符号同前。

(4) 加权综合污染指数

加权综合污染指数计算式为：

$$P=\sum_{i=1}^{n}P_iW_i \tag{5-15}$$

式中　W_i——i 污染物的权重；其它符号同前。

它反映了各种污染物对土壤环境质量不同的作用，这种不同的作用充分体现在权重上。

六、土壤环境质量分级

土壤环境质量的分级，就是对定量的综合质量指数赋予环境质量的实际含义，一般采用以下几种分级方法。

1. 根据综合质量指数 P 值划分质量等级　一般 $P\leqslant1$ 为未污染；$P>1$ 为已污染，P 值越大，土壤污染越重。可根据 P 值变化幅度，结合作物受害程度和污染物累积状况，进一步划分轻度污染、中度污染和重度污染等级。

2. 根据土壤和作物中污染物累积的相关数量划分质量等级　这种分级仅表示土壤中各个污染物的污染程度，还不能表示土壤总的质量状况。

3. 根据系统分级法划分质量等级　首先根据土壤污染物含量和作物生长的相关关系以及作物中污染物的累积与超标情况，对各污染物浓度进行分级，然后将污染物浓度转换成污染指数，将污染指数加权综合为土壤质量指数，据此划分土壤质量的级别。建立土壤污染物累积和土壤容量模式，计算不同年限污染物的累积数量，预测土壤污染发展趋势。

第三节　土壤环境影响预测

土壤环境影响预测的主要任务，是根据建设项目所在地区的土壤环境现状，拟建项目可能造成的土壤侵蚀、退化，以及由于排放的污染物在土壤中迁移与积累，应用预测模型计算土壤的侵蚀量以及主要污染物在土壤中的累积或残留数量，预测未来的土壤环境质量状况和变化趋势。

一、土壤退化预测

开发建设项目对土壤退化的影响，主要有土壤盐碱化、土壤酸化、土壤侵蚀及沙化等。影响土壤退化的因素比较复杂，土壤退化的预测工作尚处于探索阶段。

（一）土壤盐碱化预测

土壤盐碱化又称土壤盐渍化。这里提的土壤盐碱化是指次生盐碱化。它是指人类在农业生产过程中，由于发展灌溉和农业措施不当而引起的土壤盐化和碱化的总称。

人们为解决干旱问题，使农业增产，发展了灌溉事业。灌溉使农业增产了，但也产生了一些问题。由于灌溉技术不合理，出现了有灌水无排水，只蓄水不泄水或重灌轻排的情况，大大地抬高了灌区的地下水位。当地下水水位高于地下水临界水位时，将发生土壤次生盐碱化。

当开发建设项目对外排水量很大，排水中含有大量盐、碱物质时，如用这种污水进行灌溉，土壤将发生次生盐碱化。

灌溉水质是发生次生盐碱化的主要原因。此外，还有许多影响因素，如降水量、蒸发量、地下水径流、地下水盐量及盐分种类、地下水临界深度、土壤质地、盐碱度等。下面仅介绍美国盐渍土实验室提出的钠吸附比法。

美国盐渍土实验室提出的钠吸附比（SAR）可用下式计算：

$$SAR=\frac{Na^{+}}{\sqrt{\frac{Ca^{2+}+Mg^{2+}}{2}}} \tag{5-16}$$

式中 Na^{+}——钠离子浓度，meq/L；

Ca^{2+}——钙离子浓度，meq/L；

Mg^{2+}——镁离子浓度，meq/L。

可以用钠吸附比（SAR）划分水质等级。当土壤溶液的电导率（ES）为10mS/m时，SAR值在0～10之间为低钠水，可用于灌溉各种土壤而不发生盐碱化；SAR值在10～18之间为中钠水，对具有高阳离子交换量的细质土壤会造成碱化；SAR在18～26之间为高钠水，对大多数土壤都可产生有害的交换性钠，造成碱化；SAR值在26～30之间为极高钠水，一般不适用于灌溉。如果土壤溶液电导率大于5mS/m，SAR值在0～6之间为低钠水；在6～10之间为中钠水；在10～18之间为高钠水；大于18为极高钠水。

（二）土壤酸化预测

土壤酸化有自然酸化过程和人类活动影响下的酸化过程两种。

自然酸化过程，是在土壤物质转化过程中，产生出各种酸性和碱性物质，使土壤溶液中含有一定数量的 H^{+} 和 OH^{-}，二者的浓度比例决定着土壤溶液的酸碱性。土壤酸碱性一般用pH值的大小表示。按土壤溶液的pH值大小可把土壤分为九级，见表5-4。

我国土壤的pH值，大多数在4.5～8.5范围内。由南方到北方，土壤pH值逐渐增加。长江以南（如华南、西南地区）土壤pH大多数在4.5～5.5之间，有少数在3.6～3.8；华中地区土壤pH在5.0～6.5之间；长江以北的土壤多为中性和碱性，华北、西北地区土壤pH值一般在7.5～8.5之间，少数强碱性土壤 pH 值高达 10.5。

表 5-4 土壤酸碱度分级

pH	酸碱度分级	pH	酸碱度分级
＜4.5	极强酸性	6.5～7.0	中 性
4.5～5.5	强酸性	7.0～7.5	弱碱性
		7.5～8.5	碱 性
5.5～6.0	酸 性	8.5～9.5	强碱性
6.0～6.5	弱酸性	＞9.5	极强碱性

引自：李天杰等，《土壤环境学》。

人类活动影响下的土壤酸化过程，主要是人类活动产生的酸性物质进入土壤造成的。如人类活动向大气中排放酸性物质，经过降水的淋洗使其变成酸雨降落地面，造成土壤酸化；硫化矿床的开发，产生大量的酸性水进入土壤；开发建设项目排放大量酸性废水，通过灌溉进入土壤，使土壤酸化。

土壤酸化有许多不良后果，如土壤对钾、铵、钙、镁等养分离子的吸附能力显著降低，导致这些养分随水流失。土壤酸化可使某些金属离子的活动性增加，某些毒害性阳离子毒性增加。

土壤酸化的预测还处于探索阶段。土壤酸化预测大体上应考虑如下问题。

要掌握开发项目排放到大气中酸性污染物的浓度、总质量、酸性污染物的时空分布，它在大气中的迁移转化规律等。还要掌握评价区的气象条件，如降水量、降水的时空分布等。了解外区域输送到评价区的污染物浓度、总质量情况。要进行土壤对酸性物质缓冲能力的模拟实验，还要进行酸性水淋滤土壤的模拟实验，以便建立数学模型，进行土壤酸化趋势预测。

（三）土壤侵蚀和沉积预测

土壤侵蚀一般是指在风、水和重力作用下，土壤被剥蚀、迁移或沉积的过程。在自然状态下，由纯自然因素引起的土壤侵蚀因植被的不同而差异很大，侵蚀速度较缓慢。人类的开发活动，往往引起植被破坏，造成土壤流失。尤其是矿产开发，特别是露天矿开发引起大面积的植被破坏，造成的水土流失非常严重。土壤侵蚀强弱常以土壤侵蚀模数大小表示。土壤侵蚀模数是在一定时间内在一定土地面积上被带走的泥沙量与时间、面积的比值。数学定义式为：

$$A=\frac{Vr}{Ft} \tag{5-17}$$

式中 A——土壤侵蚀模数，t/（km^2·a）；

V——土壤侵蚀泥沙量（淤积量），m^3；

R——泥沙容重，常取 r=1.4 t / m^3；

F——土壤侵蚀面积，km^2；

t——土壤侵蚀时间，a。

对于土壤侵蚀的面蚀、片蚀和细沟侵蚀的土壤侵蚀模数也可以用下式推算：

$$E = RKLSCP \tag{5-18}$$

式中 E——平均土壤损失量，T/（$hm^2 \cdot a$），（$1hm^2 = 1 \times 10^4 m^2$）；

R——区域平均降雨量的侵蚀潜力系数；

K——土壤可侵蚀性系数，t/（$km^2 \cdot a$）；

L——坡度系数为 S 的斜坡长度；

S——坡度系数；

C——作物管理系数；

P——实际侵蚀控制系数。

R 有很多计算方法，在美国，有人测绘了等侵蚀线图，从图上可查出 R 值。

土壤可侵蚀性系数 K，其定义是对一块长为 22.13m，坡度为 9%，经过多年连续种植过的休耕地上每单位降雨系数的侵蚀率。不同的土壤有不同的 K 值，表 5-5 给出一般土壤 K 的平均值。

表 5-5 土壤可侵蚀性系数（K）

土壤类型	有机质含量		
	<0.5%	2%	4%
砂	0.05	0.03	0.02
细砂	0.16	0.14	0.10
特细砂土	0.42	0.36	0.28
壤性砂土	0.12	0.10	0.08
壤性细砂土	0.24	0.20	0.16
壤性特细的砂土	0.44	0.38	0.30
砂壤土	0.27	0.24	0.19
细砂壤土	0.35	0.30	0.24
很细砂壤土	0.47	0.41	0.33
壤土	0.38	0.34	0.24
粉砂壤土	0.48	0.42	0.33
粉砂	0.60	0.52	0.42
砂性黏壤土	0.27	0.25	0.21
粘壤土	0.28	0.25	0.21
粉砂黏壤土	0.37	0.32	0.26
砂性黏土	0.14	0.13	0.12
粉砂黏土	0.25	0.23	0.19
黏土		0.13	0.29

注：据美国农业部 Agricultural Research Survice 出版的“Control of Water Pollution from Cropland”。

坡度系数为 S 的斜坡长度 L 可按下式求算：

$$L=(\lambda/72.6)^m$$

式中　λ—— 斜坡长度，m；

m——常数，一般取 0.5，但当坡度大于 10%，采用 0.6，坡度小于 0.5%时，m 减为 0.3。

坡度系数 S 按下式计算：

$$S=\frac{0.43+0.30S_i+0.043S_i^2}{6.613}$$

式中　S_i——坡度，%。

将坡度系数与坡长度放在一起，设 $m=0.5$ 时，则可合并计算：

$$LS=(0.00761+0.005375\,S_i+0.000761\,S_i^2)\,\lambda^{1/2}$$

作物管理系数 C 反映一块土地种植不同的庄稼可控蚀的程度，表 5-6 给出了各种农作物和种植类型的 C 值。

实际侵蚀控制系数 P 反映了不同的管理系数，例如：构筑梯田对侵蚀的影响。表 5-7 列出不同管理技术对 P 值的影响。

表 5-6　典型的种植系数（C）

作　　物	种植方式	C
裸土		1.0
草和豆科植物	全年平均	0.004～0.01
苜蓿属植物	全年平均	0.01～0.02
胡枝子	全年平均	0.015～0.025
谷物连作	休耕期清除残根	0.60～0.85
	种子田，残根已清除	0.70～0.90
	残留生长作物已清除	0.60～0.85
	残根或残梗已清除	0.25～0.40
	种子田保留残根	0.45～0.75
	保留生长作物残留物	0.25～0.50
棉花连作	未翻耕的休耕地	0.30～0.45
	苗田	0.50～0.80
	生长作物	0.45～0.55
	残根、残梗	0.20～0.50
青草覆盖	—	0.01
土地被火烧裸	—	1.00
种子和施肥	18～20 个月的建设周期	0.60
种子、施肥和干草覆盖	18～20 个月的建设周期	0.30

表 5-7 实际侵蚀控制系数（P）

实际情况	土地坡度（%）	P	实际情况	土地坡度（%）	P
无措施	—	1.00	直行耕作	—	1.00
	1.1～2.0 2.1～7.0 7.1～12.0 12.1～18.0 18.1～24.0	0.60 0.50 0.60 0.80 0.90	隔坡梯田	1.1～2.0 2.1～7.0 7.1～12.0 12.1～18.0 18.1～24.0	0.45 0.40 0.45 0.60 0.70
带状间作	1.1～2.0 2.1～7.0	0.45 0.40	带状间作	7.1～12.0 12.1～18.0 18.1～24.0	0.45 0.60 0.70

例 5-1 估算一块在砂壤上开垦出来的草地的年平均侵蚀率。已知：土壤含有机物 2%，坡度为 10%，斜坡长为 150m，降雨系数 R 为 300，作物沿等高线成行播种。

解 查表 5-5，$K=0.24$；

按公式计算或查坡长与 LS 关系曲线，$LS=1.65$；

查表 5-6，苜蓿项 $C=0.02$；

查表 5-7，$P=0.60$。

则 $E=RKLSCP=300\times0.24\times1.65\times0.02\times0.60=1.43\text{t/(hm}^2\cdot\text{a)}$

例 5-2 如果上例的地区是一块裸土，则预测的是侵蚀率发生变化，其中：$R=300$，$K=0.24$，$LS=1.65$，$C=1.00$，$P=1.00$。

$E=119\text{t/(hm}^2\cdot\text{a)}$。

二、废（污）水灌溉的土壤影响预测

当利用拟议项目排放各种污染物的废（污）水灌溉时，污染物在土层中被土壤吸附，被微生物分解和被植物吸收，同时还可能发生一系列化学变化；此外，地表径流及渗透也将使之迁移。土壤灌溉几年后，污染物 i 在土壤中的累积残留量 W_i（mg/kg）有式（5-19）的关系。

$$W_i=\phi_i+X_iK_i\frac{1-K_i^n}{1-K_i} \tag{5-19}$$

式中 ϕ_i——灌溉前污染物 i（mg/kg）在土壤中的背景值；

X_i——单位重量被灌溉土壤每年接纳该污染物的量，(mg/kg·a)；

K_i——污染物 i 在被灌溉土壤中的年残留率；

n——污灌年限。

$$X_i=\frac{Q}{M}C_i \tag{5-20}$$

式中　Q——污灌水量，$m^3/(a \cdot hm^2)$；

M——每公顷地耕作层土壤重，kg/hm^2；

C_i——灌溉水中 i 污染物的浓度，mg/L。

根据北京西郊实地调查结果：$K_{酚}=0.6\%$；$K_{氰}=0.9\%$；$K_{镉}=0.82\%$；$\phi_{酚}=0.038mg/kg$；$\phi_{氰}=0.05mg/kg$。

三、土壤中农药残留量预测

农药输入土壤后，在各种因素作用下，会产生降解或转化，其最终残留量可以按下式计算：

$$R=Ce^{-kt} \tag{5-21}$$

式中　R——农药残留量，mg/kg；

C——农药施用量；

k——降解常数；

t——时间。

从式（5-21）可以看出，连续施用农药，如果农药能不断降解，土壤中的农药累积量有所增加，但达到一定值后便趋于平衡。

假定一次施用农药时，土壤中农药的浓度为 C_0，一年后的残留量为 C，则农药残留率（f）可以用下式表示：

$$f=\frac{C}{C_0} \tag{5-22}$$

如果每年一次连续施用，则数年后农药在土壤中的残留总量为：

$$R_n=(1+f+f^2+f^3+\cdots+f^{n+1})C_0 \tag{5-23}$$

式中　R_n——残留总量，mg/kg；

f——残留率，%；

C_0——一次施用农药在土壤中的浓度，mg/kg；

n——连续施用年数。

当 $n\to\infty$ 时，则

$$R_a=\left(\frac{1}{1-f}\right)C_0 \tag{5-24}$$

R_a 为农药在土壤中达到平衡时的残留量。

四、土壤污染物残留量预测

(一)土壤污染物残留量计算模式

污染物在土壤中年残留量(年累积量)计算模式为:

$$W = K(B+R) \tag{5-25}$$

式中 W——污染物在土壤中年残留量,$\times10^{-6}$(体积比);

B——区域土壤背景值,$\times10^{-6}$(体积比);

R——土壤污染物对单位(kg)土壤的年输入量,$\times10^{-6}$(体积比);

K——土壤污染物年残留率(年累积率),%。

若污染年限为 n,每年的 K 和 R 不变,则污染物在土壤中 n 年内的累积量为:

$$W_n = BK^n + RK\frac{1-K^n}{1-K} \tag{5-26}$$

从式(5-26)可知,年残留率(K 值)对污染物在土壤中年残留量的影响很大,而 K 值的大小因土壤特性而异。

(二)年残留率的推求

年残留率的推求一般是通过盆栽实验进行的。在盆中加入某区域土壤 m kg,厚度为 20cm 左右,先测定出土壤中实验污染物的背景值,然后向土壤中加入该污染物 n mg,其输入量为 n/m($\times10^{-6}$(体积比)。栽上作物,以淋灌模拟天然降雨,灌溉用水及施用的肥料均不应含该污染物,倘若含有,需测定其含量,计算在输入量当中,经过一年时间,抽样测定土壤中该污染物的残留含量(实测值减背景值求得),该区域土壤的年残留率按下式计算:

$$K = \frac{\text{残留含量}(\times10^{-6}\text{体积比})}{\text{年输入量}(\text{mg/kg})}\times100 \tag{5-27}$$

(三)年残留量计算模式的应用

根据式(5-26),只需掌握 5 个参数中的 4 个,进行平衡计算,即可求得任一未知项。下面列举几个应用实例:

1. 重金属残留量的计算

计算某污灌区灌溉 20 年来土壤中镉(Cd)的残留量。土壤中镉的背景值为 0.19×10^{-6}(体积比),年残留率(K)为 0.9,年输入土壤中镉的量为 630g/hm²。

设每公顷耕作土层重 2 250g/hm²,将上述数据代入式(5-26)中,得:

$$W_{20} = 0.19\times0.9^{20} + \frac{6.3\times10^5}{2.25\times10^6}\times0.9\frac{1-0.9^{20}}{1-0.9}$$

$$= 2.236\ (\times10^{-6}\text{体积比})$$

2. 有机污染物残留量的计算

若土壤中石油类污染物背景值为 250×10^{-6}（体积比），年残留率为 0.7，年输入量为 100×10^{-6}（体积比），试计算石油类污染物在土壤中的残留量。

将上述数据代入式（5-26）中，得：

$$W_{20}=250\times0.7^{20}+100\times0.7\frac{1-0.7^{20}}{1-0.7}=233.35\ (\times10^{-6}\text{体积比})$$

根据式（5-26）有关调查资料和土壤环境质量标准，还可以计算土壤污染物达到土壤环境质量标准时所需的污染年限，也可以求出污水灌溉的安全污水浓度和施用污泥中污染物的最高允许浓度。

3. 施用污泥中重金属的最高允许浓度计算

将式（5-26）稍加改变，可计算施用污泥中重金属的最高允许浓度，计算式如下：

$$W=BK^n+\frac{X}{G}M\cdot K\frac{1-K^n}{1-K} \tag{5-28}$$

$$X=\frac{W-BK^n}{\frac{M}{G}\cdot K\frac{1-K^n}{1-K}} \tag{5-29}$$

式中 W——土壤中污染物残留总量（累积总量），$\times10^{-6}$（体积比）；

B——土壤中污染物的背景值，$\times10^{-6}$（体积比）；

X——污泥中污染物最高允许含量，$\times10^{-6}$（体积比）；

G——耕作层单位（hm^2）土壤质量，kg/hm^2；

M——污泥施用量，$kg/(hm^2\cdot a)$；

K——污染物年残留率；

n——污泥施用年限。

五、土壤环境容量

土壤中污染物的含量，在未超过一定浓度之前，不会在作物体内产生明显的积累，也不会危害作物生长。只有超过一定浓度之后，才有可能生产出超过食品卫生标准的农产品，或使作物减产。因此，土壤容纳污染物的量是有限的。一般将土壤在环境质量标准的约束下所能容纳污染物的最大数量，称为土壤环境容量。其计算模式如下：

$$Q=(C_0-B)\times2\ 250 \tag{5-30}$$

式中 Q——土壤环境容量，g/hm^2；

C_0——土壤环境标准值，g/t（土壤）；

B——区域土壤背景值，g/t（土壤）；

2 250——每公顷土地的表土计算重量，t/hm^2。

从式（5-30）可知，在一定区域的土壤特性和环境条件下（B 的数值是一定的），土壤环境容量（Q）的大小取决于土壤环境质量标准值的大小。土壤环境质量标准大，土壤环境容量也大；标准严，则容量小。因此，制定土壤环境质量标准是极为重要的。

上述各式中，土壤环境背景值是通过土壤背景值调查获得的；土壤污染物年输入量（R）可以通过土壤污染源调查获得。

第四节　土壤环境影响评价

开发行动或建设项目的土壤环境影响评价是从预防性环境保护目的出发，依据建设项目的特征与开发区域土壤环境条件，通过监测了解情况，识别各种污染和破坏因素对土壤可能产生的影响；预测影响的范围、程度及变化趋势，然后评价影响的含义和重大性；提出避免、消除和减轻土壤侵蚀与污染的对策，为行动方案的优化决策提供依据。

一、环境影响识别与监测调查

（一）开发行动对土壤环境影响的识别

1. 对土壤环境有重大影响的人类行动

土壤系统是在成千上万的地球演变过程中形成的，它受自然和人类行动的双重影响，特别是近百年来人类的影响是巨大的。

（1）全球气候变暖和人工改变局地小气候。如人工降雨、改变风向、农田灌溉补水和排水等对土壤的影响是有利的；而气温升高、使土壤过分暴晒和风蚀影响加大则是不利的。

（2）改变植被和生物分布状况。如合理控制土地上动植物种群，松土犁田增加土壤中的氧，施加粪便和各种有机肥，休耕和有控制烧田去除有害的昆虫和杂草等的影响是有利的；过度放牧和种植减少土壤有机物含量，施用化学农药杀虫、除草，用含有害污染物的废水灌溉则产生不利影响。

（3）改变地形。如土地平整并重铺植被，营造梯田，在裸土上覆盖或铺砌植被等是有利的；湿地排水和开矿及地下水过量开采引起地面沉降和加速土壤侵蚀，以及开山、挖地生产建筑材料则是不利的。

（4）改变成土母质。如在土壤中加入水产和食品加工厂的贝壳粉、动物骨骸，清水冲洗盐渍土等是有利的；将含有害元素矿石和碱性粉煤灰混入土壤，农业收割带走的矿物营养超过了补给量等则有不利影响。

(5) 改变土壤自然演化的时间。如通过水流的沉积作用将上游的肥沃母质带到下游，对下游土壤是有利的；过度放牧和种植作物会快速移走成土母质中的矿物营养，造成土壤退化，将土壤埋于固体废物之下则其影响很不利。

在考虑土壤影响时，必须与地区的地质信息联系起来。

2. 各种建设项目对土壤环境的影响

多种建设项目会对土壤和地质环境造成破坏性影响，而这些影响又能反过来影响项目功能的正常发挥。主要影响如下：

(1) 地下水过量开采，油或天然气资源开采或者是露天或地下采掘等活动，都会造成当地的地面沉降。

(2) 大型工程施工需要大量的建筑材料，供应这些材料的地区由于砂、石开采会引起地表水的水力条件和土壤的侵蚀样式的改变。

(3) 在工程施工区域一般会引发或提高当地土壤侵蚀程度。为了防止或减少侵蚀，需要采取建泥沙沉淀池、种植速生的树种和植被等措施。沉淀池内的淤泥应返回原来的土地上。

(4) 在一些地貌特别的地区，土方过量或不适当开挖，会引起滑坡、塌方。例如有人在陡坡的台地上建造厂房极易造成滑坡。

(5) 在地震不稳定性和地震频发地区建核电厂、化工厂、废物处理设施和大型的油品与溶剂贮槽，可能会在地震时造成大面积的土壤污染灾害。在这些项目选址、建设和运行阶段，必须考虑其影响大小。

(6) 露天采矿时，表土被剥离并被移至别处，在矿山服务期满后应恢复原来的地形，否则会造成大面积水土流失和风蚀。

(7) 沿海岸线建防波堤以控制岸线侵蚀和漂移，会改变沿岸土壤环境条件。

(8) 与军事训练相关的项目。例如在坦克驾驶训练时会造成土壤过度压实，不利植被恢复，然后会使土壤遭受侵蚀和排水样式变坏。

(9) 可能产生局地酸雨的项目。例如，燃烧高含硫煤的发电厂，会对土壤的化学组分造成影响，并对地下水资源造成潜在影响。

(10) 那些把选址地土壤和地貌作为选址条件的项目，如城市废物和污泥填埋场，河、港的疏浚淤泥堆放场等项目，会造成场地及周围土壤及地下水污染。

(11) 沿海岸区域开发的项目可能增加海岸线侵蚀，也可能因海岸线侵蚀影响项目本身。这类项目如海边空地开发和与此相关联的后续发展，与港口和船舶锚地设施相关的项目，以及与港口和码头发展有关的项目。

(12) 单一蓄洪或多目标拦蓄水资源（蓄洪、供水、发电等）等项目的建设和运行期，对土壤和地质环境会造成两大影响：泥沙沉积，蓄水后库区底下的地下水层、土壤和地貌等将发生变化。

(13) 在合同承包或租用的土地上种植庄稼或放牧，往往缺少对土壤的保养，造成土壤化学性质和侵蚀程度加大。

(14) 大型管道工程在施工中用重型设备会将土壤压结实，降低土壤透气性和渗水性，使植物不易生长，造成强的地表径流和侵蚀作用；施工机械使土壤颗粒破碎和除去表面植被，使土壤易被水流侵蚀。土壤侵蚀的速度和数量与坡度、土质的易侵蚀性、植被恢复的时间以及降雨强度有关。在管沟中特别容易侵蚀，因为回填土一般较松散，管沟会成为天然的排水沟，管沟上的堆土会不断沉降，在表层形成一个径流的天然流道。管道施工造成土壤侵蚀的后果有两方面，其一是表土肥分的流失，其二是受纳地表径流的河水中悬浮物浓度的提高和底泥沉积量增加。迅速恢复植被是最有效缓解侵蚀的措施。

(二) 土壤环境和污染源的监测调查与评价

1. 土壤环境调查

(1) 土壤调查资料可从有关管理、研究和行业信息中心以及图书馆和情报所收集，内容包括：①自然环境特征，如气象、地貌、水文和植被等资料。②土壤及其特性，包括成土母质（成土母岩和成土母质类型），土壤类型（土类名称、面积及分布规律），土壤组成（有机质、N、P、K 以及主要微量元素含量），土壤特性（土壤质地、结构、pH 和 Eh 值，土壤代换量及盐基饱和度等）。③土地利用状况，包括城镇、工矿、交通用地面积，农、林、牧、副、渔业用地面积及其分布。④水土趋势类型、面积及分布和趋势模数等。⑤土壤环境背景值资料，可查阅《中国土壤元素背景值》（国家环境保护局主持，中国环境监测总站主编，中国环境科学出版社出版，1993）。⑥当地植物种类、分布及生长情况。

2. 土壤环境监测

(1) 监测范围

与土壤环境的调查相同。

(2) 监测布点

原则上应因时、因地而定。一般情况下，应考虑下列原则：

①为了保证工作的精度，应合理确定监测布点的密度及均匀性。对于一、二级评价，因为需要制作污染影响评价图，所以多采用网络布点法；对于三级评价，可按要求散点布设。

②在受排放废水影响而导致土壤污染的地段，应注意污染物散播的方式与途径。其布点方法通常是沿着纳污河渠两侧，并按水流方向呈带状布点，布点密度自排污口起由密渐稀。

③在受大气污染物沉降而导致土壤污染的地段，则应以高架点源为中心，沿四周各方位呈放射状布点。布点密度自中心起由密渐稀。此外，应考虑在主导风向一侧，适当增加监测距离和布点数量。

④在受固体废物堆场影响而导致土壤污染的地段，其布点方法应以堆场为中

心，按地表径流和地下水流方向呈放射状向外布设。布点密度也是近密远稀。地下水流上游布点较疏、下游较密。

(3) 植物监测调查

植物监测调查，主要是观察研究自然植物和作物等在评价区内不同土壤环境条件下，各生育期的生长状况及产量、质量变化。植物样品应在土壤样点处多点采取，采样的部位可分别为植物的根、茎、叶、花、果以及混合样。

3. 土壤侵蚀和污染源调查

(1) 土壤侵蚀源。主要是调查现有的各种人为破坏植被和地貌造成土壤侵蚀的活动。

(2) 工业污染源。重点是通过“三废”排放进入土壤的污染物种类、途径和数量。

(3) 农业污染源。重点是化肥、农药、污泥和垃圾肥料的来源、成分及施用量（包括自身所含污染物）。

(4) 污水灌溉。主要调查污水来源、污灌量、主要污染物种类、浓度、灌溉面积及灌溉年限。

4. 土壤环境现状描述和评价

通过上述监测调查，可以对土壤环境现状定性描述，说明评价区域土壤的背景和基线状况。当资料和数据充分时可以用土壤指数法对土壤状况定量地评价。

(1) 评价因子的确定。评价土壤的因子，一般是根据监测调查掌握的土壤中现有污染物和拟建项目将要排放的主要污染物，按毒性大小与排放量多少进行筛选确定。筛选方法通常采用等标污染负荷比法。

(2) 用指数法评价土壤环境现状，该方法见本章第二节。

二、土壤环境影响评价

(一) 评价拟建项目对土壤影响的重大性和可接受性

1. 将影响预测的结果与法规和标准进行比较

(1) 由拟建项目造成的土壤侵蚀或水土流失明显违反了国家的有关法规。例如，建设矿山造成水土流失十分严重，但水土保持方案不足以显著防治土壤流失，则该项目的负面影响是重大的，在环境保护方面是不可行的。

(2) 将影响预测值加上背景值后与土壤标准作比较。例如，一个拟建化工厂排放有毒废水使土壤中的重金属含量超过土壤环境质量标准，则可判断该废水的影响是重大的。

(3) 用分级型土壤指数［如式 (5-8) ～式 (5-11)］对土壤的基线值与预测拟建项目影响后算得的两指数值进行比较。如果土质级别降低（例如基线值为轻度污染，受影响后为中度污染），则表明该项目的影响是重大的；如果仍维持轻度污染，则表示影响不显著。

2. 与当地历史上已有污染源和（或）土壤侵蚀源进行比较

请专家判断拟建项目所造成新的污染和增加侵蚀程度的影响的重大性。例如，土壤专家一般认为在现有的土壤侵蚀条件下，如果一个大型工程的兴建将使侵蚀率提高的值不大于 11t/（hm^2 · a）则是允许的。但在做这类判断时，必须考虑区域内多个项目的累积效应。

3. 拟建项目环境可行性的确定

根据土壤环境影响预测与影响重大性的分析，指出工程在建设过程和投产后可能遭到污染或破坏的土壤面积和经济损失状况。通过费用一效益分析和环境整体性考虑，判断土壤环境影响的可接受性，由此确定该拟建项目的环境可行性。

（二）避免、消除和减轻负面影响的对策

1. 提出拟建工程应采用的控制土壤污染源的措施

（1）工业建设项目应首先通过清洁生产或废物最少化措施减少或消除废水、废气和废渣的排放量，同时在生产中不用或少用在土壤中易累积的化学原料。其次是采取排污管终端治理方法，控制废水和废气中污染物的浓度，保证不造成土壤的重金属和持久性的危险有机化学品（如多环芳烃、有机氯、石油类等）的累积。

（2）危险性废物堆放场地和城市垃圾等固体废物填埋场应有严格的隔水层设计、施工，确保工程质量，使渗漏液影响减至最小；同时做好渗漏液收集和处理工程，防止土壤和地下水污染。

（3）提出针对受污染影响的土壤的监测方案，作为受拟建工程影响的土壤环境管理的依据。

2. 提出防止和控制土壤侵蚀的对策

（1）对于在施工期破坏植被、造成裸土的地块应及时覆盖砂、石和种植速生草种并进行经常性管理，以减少土壤侵蚀。

（2）对于农副业建设项目，应通过休耕、轮作以减少土壤侵蚀；对于牧区建设，应降低过度放牧，保持草场的可持续利用。

（3）在施工中开挖出的弃土应堆置在安全的场地上，防止侵蚀和流失；如果弃土中含污染物，应防止流失、污染下层土壤和附近河流；在工程完工后，这些弃土应尽可能返回原地。

（4）加强土壤与作物或植物的监测和管理。在建设项目周围地区加快森林和植被的生长。

3. 方案选址

任何开发行动或拟建项目必须有多个选址方案，应从整体布局上进行比较，从中选择出对土壤环境的负面影响较小的方案。

习　题

1. 土壤环境有什么特点？土壤环境质量评价的工作基础是什么？
2. 土壤环境质量评价的原则是什么？
3. 土壤环境质量评价的基本内容有哪些？
4. 我国的土壤环境质量标准和绿色食品土壤环境质量标准有何区别？
5. 土壤环境质量如何分级？
6. 土壤环境影响预测包括哪些内容？
7. 人类的哪些活动对土壤环境会造成影响？如何避免或减轻负面的影响？

第六章　噪声环境质量评价

第一节　概　述

一、噪声源及分类

物理学上的噪声指不规则的声音，从环境角度看噪声是人们不需要的声音。噪声是物理污染（称能量污染），是感觉公害，受害程度取决于受害人的生理、心理及所处的环境等因素。

声音是由振动产生的，振动的一切物体称为声源，产生噪声的声源称为噪声源。声源、介质、接收器称为声源的三要素。

噪声按产生的机理可划分为机械噪声、空气动力性噪声和电磁性噪声三大类；噪声按其随时间变化可分为稳态噪声和非稳态噪声两大类；按噪声的来源又可分为交通噪声、工业噪声、社会生活噪声、施工噪声和自然噪声五类。噪声源按形态可分为点声源、线声源与面声源三类。

二、噪声的影响

噪声作用于人体，对人体的影响是多方面的，它会干扰睡眠，引发神经系统、心血管系统、消化系统等的疾病。长时间遭受较大噪声侵害的人，可以导致耳聋——噪声性耳聋。

听力在接触强噪声后短时间暂时下降现象称为听觉疲劳或叫做“暂时性听阈偏移”。人耳长期暴露在较高噪声环境中，听觉器官会发生器质性病变，发展成永久性听力损失，当对 500、1 000、2 000 赫兹（Hz）三个频率听力损失的平均值超过 25dB 时，就称为噪声性耳聋。

噪声对睡眠有直接影响。人的睡眠状态一般分为四个阶段：第一阶段是从清醒到昏沉欲睡状态，再到逐渐入睡；第二阶段为入睡深化；第三阶段为睡着；第四阶段为熟睡。噪声对睡眠的干扰一是影响睡眠的深度，二是将睡眠者完全唤醒，人反应“被吵醒”。据资料，当噪声声级为 50dB（A）时，所有的人睡眠深度都会减弱，其中被吵醒的比例增加到 50%。

噪声作用于人的中枢神经系统，能使人的大脑皮层兴奋或抑制，平衡失调，导致条件反射异常，大脑功能受损，以致产生头疼、头晕、耳鸣、多梦、失眠、心悸、记忆力减退、全身疲乏无力等症状。

噪声对心血管系统也会造成影响，影响分暂时性效应和持久性效应两类情况。暂时性效应一般表现为脉频和血液的波动，持久性效应则是心血管系统功能的损害。

还有不少资料报道了噪声对消化系统、内分泌系统、视觉器官的影响，对胎儿发育的影响，对儿童智力发育的影响等。

噪声对脑力劳动的影响更明显。在嘈杂的环境中，精力不易集中，难以进行深入的思维活动，心情烦躁，工作效率低。噪声除了降低工作效率外，还可能导致工伤事故的发生。

150dB 以上的强噪声，会使金属结构疲劳。如一块 0.6mm 厚的不锈钢板，在 168dB 无规噪声作用下，只要 15min，就会断裂。由于声疲劳结果，可能造成飞机或导弹飞行事故。

三、噪声标准

噪声对人的影响与声源的物理特性、暴露时间和个体差异等因素有关。所以噪声标准的制订是在大量实验基础上进行统计分析的，主要考虑因素是保护听力、噪声对人体健康的影响、人们对噪声的主观烦恼度和目前的经济、技术条件等方面。

从保护听力而言，一般认为每天 8h 长期工作在 80 dB 以下听力不会损失，而在声级分别为 85 dB 和 90 dB 的环境中工作 30 年，根据国际标准化组织（ISO）的调查，耳聋的可能性分别为 8%和 18%。在声级 70 dB 环境中，谈话就感到困难。而干扰睡眠和休息的噪声级阈值白天为 50 dB，夜间为 45 dB，我国提出的环境噪声允许范围见表 6-1。

表 6-1　我国环境噪声允许范围　　单位：dB

人的活动	最高值	理想值
体力劳动（保护听力）	90	70
脑力劳动（保证语言清晰度）	60	40
睡眠	50	30

为了保护城镇居民（乡村生活区域可参照本标准执行）工作、生活，保证声环境质量，我国制定了城市区域的环境噪声最高限值，见表 6-2《声环境质量标准》（GB 3096—2008）。

表 6-2 声环境质量标准

单位：dB（A）

类别	昼间	夜间
0	50	40
1	55	45
2	60	50
3	65	55
4a	70	55
4b	70	60

0 类声环境功能区：指以康复疗养区等特别需要安静的区域。1 类声环境功能区：指以居民住宅、医疗卫生、文化教育、科研设计、行政办公为主要功能，需要保持安静的区域。2 类声环境功能区：指以商业金融、集市贸易为主要功能，或者居住、商业、工业混杂，需要维护住宅安静的区域。3 类声环境功能区：指以工业生产、仓储物流为主要功能，需要防止工业噪声对周围环境产生严重影响的区域。4 类声环境功能区：指交通干线两侧一定距离之内，需要防止交通噪声对周围环境产生严重影响的区域，包括 4a 和 4b 两种类型。4a 类为高速公路、一级公路、二级公路、城市快速路、城市主干路、城市次干路、城市轨道交通（地面段）、内河航道两侧区域；4b 类为铁路干线两侧区域。

上述标准值指户外允许噪声级，测量点设在受影响的居住或工作建筑物外 1m，传声器高于地面 1.2 m 以上的噪声影响敏感处（例如窗外 1 m 处）。如必须在室内测量，则标准值应低于所在区域 10 dB（A）。夜间频繁出现的噪声（如飞机等），其峰值不准超过标准值 10 dB（A），夜间偶尔出现的噪声（如短促鸣笛声）其峰值不准超过标准值 15 dB（A）。

对于工厂及有可能造成噪声污染的单位，国家规定了排放噪声的限值，即《工业企业厂界噪声标准》（GB 12348—2008），见表 6-3。

表 6-3 工业企业厂界噪声标准

单位：dB（A）

厂界外声环境功能区类别	昼 间	夜 间
0	50	40
1	55	45
2	60	50
3	65	55
4	70	55

表 6-3 中，环境功能区的分类与 GB 3096—2008 一致。“昼间”是指 6：00 至 22：00 之间的时段；“夜间”是指 22：00 至次日 6：00 之间的时段。夜间频繁突发的噪声，其峰值不准超过标准值 10 dB（A）；夜间偶然突发的噪声，其峰值不准超过标准值 15 dB（A）。

第二节　噪声评价基础

一、基本概念

声音的本质是振动。受作用的空气发生振动，当振动频率在 20～20 000Hz 时，作用于人的耳鼓膜而产生的感觉称为声音。声源可以是固体，也可以是流体（液体和气体）的振动。声音的传媒介质有空气、液体和固体，它们分别称为空气声、液体声和固体声等。

（一）声音的物理特性和量度

1. 波长、声速和频率

当物体在空气中振动，使周围空气发生疏、密交替变化并向外传递，且这种振动频率在 20～20 000Hz 之间，人耳可以感觉，称为可听声，简称声音。频率低于 20Hz 的叫次声，高于 20 000Hz 的叫超声。声源在一秒钟内振动的次数叫频率，记作 f，单位为 Hz。

声源振动一次所经历的时间叫周期，记作 T，单位为 s。频率和周期互为倒数：

$$T = \frac{1}{f} \tag{6-1}$$

沿声波传播方向，振动一个周期所传播的距离，或在波形上相位相同的相邻两点间的距离称作波长，记为 λ，单位为 m。

一秒时间内声波传播的距离叫声波速度，简称声速，记作 c，单位为 m/s。频率、波长和声速三者的关系是：

$$c = f\lambda \tag{6-2}$$

声速与传播声音的媒质和温度有关。在空气中，声速（c）和温度（t，单位℃）的关系可简写为：

$$c = 331.4 + 0.607t \tag{6-3}$$

常温下，声速约为 345m/s。

2. 声功率、声强和声压

声功率（W）是指单位时间内，声源所发出的总声能量。在噪声监测中，声功率是指声源总声功率，单位为 W。

声强（I）是指单位时间内，声波通过垂直于声波传播方向单位面积的声能量，单位为 W/m^2。声强与声功率之间的关系为：

$$I = \frac{W}{S} \tag{6-4}$$

S 是声波所垂直通过的面积，m^2。

声强和声功率不同。声功率是描述声源所发噪声能量大小，与接收噪声地点无关。而声强则是描述空间各处噪声的强弱，与所研究地点的位置有关。

例 一个点声源 S（声源大小可不考虑），声功率为 W，位于没有反射的空间（自由声场），求距声源 r 远处 M 点的声强。

解 以 S 为球心，r 为半径，作一个球面，则此球面垂直于声波传播方向。单位时间内通过球面的总声能就等于声源声功率 W。球面面积为 $4\pi r^2$，由于声源均匀向四周辐射声能，因此球面上各处声强值相等，按照定义得：

$$I = \frac{W}{4\pi r^2} \tag{6-5}$$

可见，I 与 r 的平方成反比，随距离 r 增加，声强 I 衰减很快。如离声源 8m 处的声强值只有 2m 处的 1/16。因此在噪声控制设计中，应注意将要求安静的地方尽量远离噪声源。

若其它条件不变，只是将点声源置于坚硬地面上，这时声波仅可向上半个空间均匀传播，叫半自由声场。类似前面分析与做法，作出半个球面，并得：

$$I = \frac{W}{\left[\left(\frac{1}{2}\right) \times 4\pi r^2\right]} = \frac{2W}{4\pi r^2} \tag{6-6}$$

声强值比自由声场大 1 倍。

上面两个式子可合写成一个式子，并应用到 1/4，1/8 个自由空间。

$$I = \frac{QW}{4\pi r^2} \tag{6-7}$$

Q 叫声源指向性因数。

上述讨论亦适用于房间内直达声的计算，分别相应于声源置于房中央、地面（墙）中央、两墙交线、房角，相应的 Q 分别等于 1，2，4，8。

声压（P）是由于声波的存在而引起的空气压力的增值。声波是空气分子有指向、有节律的运动，声压单位为 Pa（$1Pa = 1N/m^2$，1atm（大气压）$= 10^5 Pa$）。声波在空气中传播时形成压缩和稀疏交替变化，所以压力增值是正负交替的。但通常讲的声压是取均方根值，叫有效声压，故实际上总是正值，对于球面波和平面波，声压与声强的关系是：

$$I = \frac{P^2}{\rho c} \tag{6-8}$$

式中　ρ——空气密度，如以标准大气压与20℃时的空气密度和声速代入，得到$\rho c=408$国际单位值，也叫瑞利，称为空气对声波的特性阻抗。

（二）分贝、声功率级、声强级和声压级

1. 分贝

人们日常生活中遇到的声音，若以声压值表示，变化范围非常大，可以达六个数量级以上，同时由于人体听觉对声信号强弱刺激反应不是线性的，而是成对数比例关系。所以采用分贝来表达声学量值。

所谓分贝是指两个相同的物理量（例如A_1和A_0）之比除以10为底的对数并乘以10（或20）。

$$N = 10\lg\frac{A_1}{A_0} \tag{6-9}$$

分贝符号为“dB”，它是无量纲的。在噪声测量中是很重要的参量。式中A_0是基准量（或参考量），A是被量度量。被量度量和基准量之比取对数，这对数值称为被量度量的“级”。亦即用对数标度时，所得到的比值，它代表被量度量比基准量高出多少“级”。

2. 声功率级

$$L_W = 10\lg\frac{W}{W_0} \tag{6-10}$$

式中　L_W——声功率级，dB；

W——声功率，W；

W_0——基准声功率，为10^{-12}W。

3. 声强级

$$L_I = 10\lg\frac{I}{I_0} \tag{6-11}$$

式中　L_I——声强级，dB；

I——声强，W/m^2；

I_0——基准声强，为$10^{-12}W/m^2$。

4. 声压级

$$L_P = 10\lg\frac{P^2}{P_0^2} = 20\lg\frac{P^2}{P_0} \tag{6-12}$$

式中　L_P——声压级，dB；

P——声压，Pa；

P_0——基准声压，为2×10^{-5}Pa，该值是对1 000 Hz声音人耳刚能

听到的最低声压。

5. 噪声的叠加

声能量是可以代数相加的，设两个声源的声功率分别为 W_1 和 W_2，那么总声功率 $W_{总}=W_1+W_2$；两个声源在某点的声强为 I_1 和 I_2 时，叠加后的总声强 $I_{总}=I_1+I_2$。声压不能直接相加，而是采用能量相加的方法。

由于 $$I_1=\frac{P_1^2}{\rho c}\qquad I_2=\frac{P_2^2}{\rho c}$$

故 $$P_{总}^2=P_1^2+P_2^2$$

又 $$\left[\frac{P_1}{P_0}\right]^2=10^{\frac{L_{P1}}{10}}\qquad \left[\frac{P_2}{P_0}\right]^2=10^{\frac{L_{P2}}{10}}$$

$$L_P=10\lg\left[\frac{P_1^2+P_2^2}{P_0^2}\right]=10\lg\left[10^{\frac{L_{P1}}{10}}+10^{\frac{L_{P2}}{10}}\right]\tag{6-13}$$

对于有多个噪声源作用于一点的噪声的叠加，按下式计算：

$$L_{PT}=10\lg\left[\frac{P_T^2}{P_0^2}\right]=10\lg\left[\sum_{i=1}^{n}10^{\frac{L_{Pi}}{10}}\right]\tag{6-14}$$

如果 $L_{P1}=L_{P2}$，即两个声源的声压级相等，则总声压级：

$$L_P=L_{P1}+10\lg 2\approx L_{P1}+3(\text{dB})$$

也就是说，作用于某一点的两个声源声压级相等，其合成的总声压级比一个声源的声压级增加 3dB。

例　两声源作用于某一点的声压级分别为 $L_{P1}=96$dB，$L_{P2}=93$ dB。由于 $L_{P1}-L_{P2}=3$ dB，由公式或查有关曲线得 $L_{P总}=97.8$ dB。

噪声测量中经常碰到如何扣除背景噪声问题，这就是噪声相减的问题。通常是指噪声源的声级比背景噪声高，但由于后者的存在使测量读数增高，需要减去背景噪声。

例　为测定某车间中一台机器的噪声大小，从声级计上测得声级为 104 dB，当机器停止工作，测得背景噪声为 100 dB，求该机器噪声的实际大小。

解：由题可知 104 dB 是指机器噪声和背景噪声之和（L_P），而背景噪声是 100 dB（L_{P1}），机器噪声 L_{P2}。

该机器的实际噪声声级 L_{P2} 为：$L_{P2}=10\lg\ (10^{0.1L_P}-10^{0.1L_{P1}})$ dB。也可以查有关图表求出 L_{P2}。

二、噪声评价量

为了能用仪器直接反映人的主观响度感觉的评价量，有关人员在噪声测量仪器——声级计中设计了一种特殊滤波器，叫计权网络。通过计权网络测得的声压级，已不再是客观物理量的声压级，而叫计权声压级或计权声级，简称声级。通常有 A、B、C 和 D 计权声级。

计权网络是一种特殊滤波器，当含有各种频率的声波通过时，它对不同频率成分有不同的衰减程度，A、B、C 计权网络的主要差别是在于对频率成分衰减程度，A 衰减最多，B 其次，C 最少。A 计权声级是模拟人耳对 55 dB 以下低强度噪声的频率特性而设计的。A 计权声级以 L_{PA} 或 L_A 表示，其单位用 dB（A）表示。

（一）等效连续声级

A 计权声级能够较好地反映人耳对噪声的强度与频率的主观感觉，因此对一个连续的稳态噪声，它是一种较好的评价方法，但不适合起伏的或不连续的噪声。因此提出了一个用噪声能量按时间平均方法来评价噪声对人影响的问题，即等效连续声级，符号“L_{eq}”。它是用一个相同时间内声能与之相等的连续稳定的 A 声级来表示该段时间内的噪声的大小。例如，有两台声级为 85 dB 的机器，第一台连续工作 8h，第二台间歇工作，其有效工作时间之和为 4h。显然作用于操作工人的平均能量是前者比后者大一倍，因此，等效连续声级反映在声级不稳定的情况下，人实际所接受的噪声能量的大小，它是一个用来表达随时间变化的噪声的等效量。

$$L_{eq} = 10\lg\left(\frac{1}{T}\int_0^T 10^{0.1L_{PA}}\,dt\right) \tag{6-15}$$

式中　L_{PA}——某时刻的瞬时 A 声级，dB；

T——规定的测量时间，s。

如果数据符合正态分布，其累积分布在正态概率纸上为一直线，则可用下面近似公式计算：

$$L_{eq} \approx L_{50} + \frac{d^2}{60}, d = L_{10} - L_{90} \tag{6-16}$$

其中 L_{10}，L_{50}，L_{90} 为累积百分声级，也称统计噪声级，其定义是：

L_{10}——测量时间内，10％的时间超过的噪声级，相当于噪声的平均峰值。

L_{50}——测量时间内，50％的时间超过的噪声级，相当于噪声的平均中值。

L_{90}——测量时间内，90％的时间超过的噪声级，相当于噪声的背景值。

累积百分声级 L_{10}、L_{50} 和 L_{90} 的计算方法有两种：其一是在正态概率纸上画出累积分布曲线，然后从图中求得；另一种简便方法是将测定的一组数据（例如 100 个），从大到小排列，第 10 个数据为 L_{10}，第 50 个数据为 L_{50}，第 90 个数据即为 L_{90}。

（二）噪声污染级

许多非稳态噪声的实践表明，涨落的噪声所引起人的烦恼程度比等能量的稳态噪声要大，并且与噪声暴露的变化率和平均强度有关。试验证明，在等效连续声级的基础上加上一项表示噪声变化幅度的量，更能反映实际污染程度。用这种噪声污染级评价航空或道路的交通噪声比较恰当。故噪声污染级（L_{NP}）公式为：

$$L_{NP}=L_{eq}+K\delta$$

式中 K——常数，对交通道路和飞机噪声取值 2.56；

δ——测定过程中瞬时声级的标准偏差。

$$\delta=\left[\frac{1}{(n-1)}\sum_{i=1}^{n}(\bar{L}_{PA}-L_{PAi})^2\right]^{\frac{1}{2}} \tag{6-17}$$

式中 L_{PAi}——测得第 i 个瞬时 A 声级；

$\bar{L}_{PA}$——所测声级的算术平均值，即 $\bar{L}_{PA}=\dfrac{1}{n}\sum\limits_{i=1}^{n}L_{PAi}$；

n——测得总数。

对于许多重要的公共噪声，噪声污染级也可写成：

$$L_{NP}=L_{eq}+d \text{ 或 } L_{NP}=L_{50}+\frac{d^2}{60}+d$$

式中：$d=L_{10}-L_{90}$

（三）昼夜等效声级

考虑到夜间噪声具有更大的烦扰程度，故提出一个新的评价指标——昼夜等效声级（也称日夜平均声级），符号“L_{dn}”。它是表达社会噪声昼夜间的变化情况，表达式为：

$$L_{dn}=10\lg\left[\frac{(16\times10^{0.1L_d}+8\times10^{0.1(L_d+10)})}{24}\right] \tag{6-18}$$

式中 L_d——白天的等效声级，时间是从 6:00～22:00，共 16 小时；

L_n——夜间的等效声级，时间是从 22:00 至次日的 6:00，共 8 小时。昼间和夜间的时间，可依地区和季节不同而稍有变更。

为了表明夜间噪声对人的烦扰更大，故计算夜间等效声级这一项时应加上 10 dB 的计权。

为了表征噪声的物理量和主观听觉的关系，除了上述评价指标外，还有语言干扰级（SIL），感觉噪声级（PNL），交通噪声指数（TN_1）和噪声次数指数（NN_1）等。

三、噪声的频谱分析

一般声源所发出的声音，不会是单一频率的纯音，而是由许许多多不同频率、不同强度的纯音组合而成。将噪声的强度（声压级）按频率顺序展开，使噪声的强度成为频率的函数，并考察其波形，叫做噪声的频率分析（或频谱分析）。

频谱分析的方法是使噪声信号通过一定带宽的滤波器，通带越窄，频率展开越详细；反之通带越宽，展开越粗略。以频率为横坐标，相应的强度（例声压级）为纵坐标作图。经过滤波后各通带对应的声压级的包络线（即轮廓）叫噪声谱。

滤波器有等带宽滤波器、等百分比带宽滤波器和等比带宽滤波器。等带宽滤波器是指任何频段上的滤波，通常都是固定的频率间隔，即含有相等的频率数；等百分比带宽滤波器具有固定的中心频率百分数间隔，故它所含有频率数随滤波通带的频率升高而增加，例如，等百分比为3%的滤波器，100 Hz 的通带为 100±3 Hz；1 000 Hz 的通带为 1 000±30 Hz，而 10 000 Hz 的通带为 10 000±300 Hz。噪声监测中所用的滤波器是等比带宽滤波器，它是指滤波器的上、下截止频率（f_2 和 f_1）之比以 2 为底的对数为某一常数，常用的有倍频程滤波器和1/3倍频程滤波器等。它们的具体定义是：

1 倍频程：$\log_2 \dfrac{f_2}{f_1} = 1$

1/3 倍频程：$\log_2 \dfrac{f_2}{f_1} = \dfrac{1}{3}$

其通式为：$\dfrac{f_2}{f_1} = 2^n$

1 倍频程常简称为倍频程，在音乐上称为一个八度，是最常用的。表 6-4 列出了 1 倍频程滤波器最常用的中心频率值（f_0）以及上、下截止频率。这是经国际标准化认定并作为各国滤波器产品的标准值。

表 6-4　常用 1 倍频程滤波器的中心频率和截止频率

中心频率 f_m (Hz)	上截止频率 f_2 (Hz)	下截止频率 f_1 (Hz)	中心频率 f_m (Hz)	上截止频率 f_2 (Hz)	下截止频率 f_1 (Hz)
31.5	44.547 3	22.273 7	1 000	1 414.20	707.100
63	89.094 6	44.547 3	2 000	2 828.40	1 414.20
125	176.775	88.387 5	4 000	5 656.80	2 828.40
250	353.550	176.775	8 000	11 313.6	5 656.80
500	707.100	353.550	16 000	22 627.2	11 313.6

中心频率（f_0）的定义是：　　$f_0 = (f_2 \cdot f_1)^{\frac{1}{2}}$

第三节 噪声环境现状评价

一、噪声测量仪器

噪声测量仪器的测量内容有噪声的强度，主要是声场中的声压，至于声强、声功率的直接测量较麻烦，故较少直接测量；其次是测量噪声的特征，即声压的各种频率组成成分。

噪声测量仪器主要有：声级计、声频频谱仪、记录仪、录音机和实时分析仪器。

（一）声级计

声级计是最基本的噪声测量仪器，它是一种电子仪器，但又不同于电压表等客观电子仪表。在把声信号转换成电信号时，可以模拟人耳对声波反应速度的时间特性；对高低频有不同灵敏度的频率特性以及不同响度时改变频率特性的强度特性。因此，声级计是一种主观性的电子仪器。

1. 声级计的工作原理

声压由传声器膜片接收后，将声压信号转换成电信号，经前置放大器作阻抗变换后送到输入衰减器，由于表头指示范围一般只有 20 dB，而声音范围变化可高达 140 dB，甚至更高，所以必须使用衰减器来衰减较强的信号，再由输入放大器进行定量放大。放大后的信号由计权网络进行计权，它的设计是模拟人耳对不同频率有不同灵敏度的听觉响应。在计权网络处可外接滤波器，这样可做频谱分析。输出的信号由输出衰减器减到额定值，随即送到输出放大器放大。使信号达到相应的功率输出，输出信号经 RMS 检波后（均方根检波电路）送出有效值电压，推动电表，显示所测的声压级分贝值。

2. 声级计的分类

声级计整机灵敏度是指在标准条件下测量 1 000 Hz 纯音所表现出的精度。根据该精度声级计可分为两类：一类是普通声级计，它对传声器要求不太高。另一类是精密声级计，其传声器要求频响宽，灵敏度高，长期稳定性好，且能与各种滤波器配合使用，放大器输出可直接和电平计录器、录音机相连接，可将噪声信号显示或贮存起来。如将精密声级计的传声器取下，换以输入转换器并接加速度计就成为振动计可作振动测量。

近年来有人又将声级计分为四类，即 0 型、1 型、2 型和 3 型。它们的精度分别为±0.4 dB、±0.7 dB、±1.0 dB 和±1.5 dB。

仪器上有阻尼开关能反映人耳听觉动态特性，快挡“F”用于测量起伏不大的稳定噪声。如噪声超伏超过 4 dB 可利用慢挡“S”，有的仪器还有读取脉冲噪声的“脉冲”档。

声级计的示值表头刻度方式，通常采用由－5（或－10）到 0，以及 0 到 10，跨度共 15（或 20）dB。

（二）其他噪声测量仪器

1. 声级频谱仪

噪声测量中如需进行频谱分析，通常是精密声级配用倍频程滤波器。根据规定需要使用 10 档，即中心频率为 31.5、63、125、250、500、1k、2k、4k、8k、16k。

2. 录音机

有些噪声现场，由于某些原因不能当时进行分析，需要储备噪声信号，然后带回实验室分析，这就需要录音机。供测量用的录音机不同于家用录音机，其性能要求高得多。它要求频率范围宽（一般为 20～15 000 Hz），失真小（小于 3%），信噪比大（35 dB 以上），此外，还要求频响特性尽可能平直，动态范围大等。

3. 记录仪

记录仪是将测量的噪声声频信号随时间变化记录下来，从而对环境噪声作出准确评价，记录仪能将交变的声谱电信号作对数转换，整流后将噪声的峰值，均方根值（有效值）和平均值表示出来。

4. 实时分析仪

实时分析仪是一种数字式谱线显示仪，能把测量范围的输入信号在短时间内同时反映在一系列信号通道示屏上，通常用于较高要求的研究、测量。

二、噪声现状评价

1. 工业企业噪声源的评价

（1）现状监测

测量时天气要正常，风力小于四级，工厂正常生产，施工噪声等其它噪声应排除，偶然汽车噪声也应排除（除交通道路外）。测量时间应根据实际情况，划分为白天和夜间两个阶段，白天为 16h，夜间为 8h，每一阶段测量时应选择恰当的时候。白天 16h 内，如用积分声级计测量，建议测 3 次，每次半小时。夜间 8h 内，如用积分声级计测量，建议测两次，每次半小时。每年在冬夏两季分别测定一次。对于稳定噪声源，每次至少应测定 1 昼夜，随机噪声源应测定 5 昼夜。

对工业企业噪声测量，为避免围墙、厂房墙面反射和屏蔽作用，仿声器应固定于工厂围墙上方1m处，测点间距一般为10～20m，如相邻两点间差值大于5dB，应补充测点，直到满足小于5dB为止。如评价整个工厂对环境的影响，测点应沿工作边界环形布点，以平均L_{eq}值为准，如评价工厂对某一居民住宅区的影响，测点应在实际影响的界线上布点，没有必要对工厂全部边界进行测量。最好对工厂休息日（停工情况）的环境作本底对比测量。

(2) 居民主要反应调查

调查对象：受影响的机关、学校、医院、文化设施等，老年人、年轻人、儿童、病人等。

调查内容：上述对象对不同时段的噪声的感觉影响，另外对睡眠、听力以及其它人体健康的影响。

(3) 噪声源调查

调查一定范围内的噪声源，按其分布情况，分别测定噪声强度，找出主要污染源。

(4) 评价方法

根据工厂噪声污染源调查，工厂噪声对周围环境影响的调查，即可作出噪声环境质量现状的结论。工厂噪声评价一般评价厂界外1m噪声是否达到《工业企业厂界噪声标准》(GB 12348—90)。

评价方法可采用超标值法，计算公式为：

$$P = L_A - L_b$$

式中 P——噪声超标值，dB (A)；

L_A——某点测量的A声级，dB (A)；

L_b——执行的厂界噪声标准值，dB (A)。

如工厂噪声对周围环境有较大影响，必须提出要求工厂采取必要的措施，包括主要污染源的控制和其它隔声措施等，以达到厂界噪声标准。

2. 城市环境噪声的现状评价

对于城市环境噪声的现状评价，其测量点的选择应为：把城市划分为250m×250m的小网格，测量点选在网格的中心。如果中心位置不适宜测量（如房顶、河沟和街道中心线等），可以移到附近适合测量的地方。网格的尺度可按500m×500m的面积来划分。但总网格数不能少于100个，否则将影响精确度。

对城市污染作综合评价时，可以预先确定等效A声级的一个基准值L_b。把通过测量的平均等效A声级L_{eq}除以基准值L_b就能求得评价噪声质量的污染分指数P_N：

$$P_N = \frac{L_{eq}}{L_b} \tag{6-19}$$

对于区域质量环境评价，可取 $L_b=75$dB（A）。根据算得的 P_N 值，可对噪声环境质量进行分级，见表 6-5。

表 6-5 城市环境噪声质量分级

类型	分级名称	P_N 范围	L_{eq}［dB（A）］
1	很好	<0.6	<45
2	好	0.60～0.67	45～50
3	一般	0.67～0.75	50～56
4	坏	0.75～0.1	56～75
5	恶化	>1.0	>75

3. 城市道路交通噪声的评价

道路交通噪声评价常用的评价量为 L_{eq}、L_{NP}和道路交通噪声指数 TNI。

道路交通噪声指数 TNI 是一个综合评价量，它定义为：

$$TNI = 4(L_{10} - L_{90}) + L_{90} - 30\text{dB} \quad (6\text{-}20)$$

TNI 强调了 L_{10} 与 L_{90} 的差值，即噪声的涨落对人的影响乘以系数 4 的加权数。

第四节 噪声环境影响评价

一、概述

《环境影响评价技术导则——声环境》（HJ 2.4—2009）规定了声环境影响评价的一般性原则、方法、内容及要求，适用于建设项目声环境影响评价及规划环境影响评价中的声环境影响评价。主要内容包括：总则、评价工作等级、评价范围和基本要求、声环境现状调查和评价、声环境影响预测与评价、噪声防治对策、规划环境影响评价中声环境评价要求等。在附录中还给出了倍频带声压级合成 A 声级计算公式和推荐的工业企业噪声，公路、城市轨道、铁路交通运输噪声和飞机噪声预测模式。

该导则是对《环境影响评价技术导则——声环境》（HJ/T 2.4—1995）的第一次修订，自 2010 年 4 月 1 日起实施。实施之日起，HJ/T 2.4—1995 废止。

二、声环境影响评价的基本任务

声环境影响评价的基本任务主要有三个方面。

1. 评价建设项目引起的声环境变化和外界噪声对需要安静建设项目的影响程度

要评价建设项目建设前后声环境变化情况，就需要做好声环境现状调查监测评价工作和声环境影响预测评价工作。声环境变化影响既要说明该建设项目对外界环境的影响，对于噪声敏感的项目（如居住小区开发项目），还应说明周边环境对敏感建筑物的声环境影响，如周边工业噪声、交通噪声等对其的影响。

2. 提出合理可行的防治措施，把噪声污染降低到允许水平

针对声环境评价结果，提出有针对性的具体噪声防治对策是声环境影响评价工作的重要内容。噪声防治措施应进行可行性论证，做到技术可行、经济合理与达标排放。

3. 为建设项目优化选址、选线、合理布局以及城市规划提供科学依据

要结合当地城镇或地区总体规划开展声环境评价工作，为建设项目优化选址、合理布局以及城市规划提供科学依据。

在声环境影响评价及环保措施论证分析的基础上，从环境保护角度分析建设项目的可行性。

三、声环境评价类别和评价时段

1. 声环境评价类别

按评价对象划分，可分为建设项目声源对外环境的环境影响评价和外环境声源对需要安静建设项目的环境影响评价。

按声源种类划分，可分为固定声源和流动声源的环境影响评价。

固定声源的环境影响评价：主要指工业（工矿企业和事业单位）和交通运输（包括航空、铁路、城市轨道交通、公路、水运等）固定声源的环境影响评价。

流动声源的环境影响评价：主要指在城市道路、公路、铁路、城市轨道交通上行驶的车辆以及从事航空和水运等运输工具，在行驶过程中产生的噪声环境影响评价。

2. 声环境评价时段

建设项目声环境影响评价时段可分为施工期、运行期两个时段评价。

建设项目运行期声环境评价时段：

固定声源：将固定声源投产运行后作为环境影响评价时段。

流动声源：将工程预测的代表性时段（一般分为运行近期、中期、远期）分别作为环境影响评价时段。

四、评价量

1. 声环境质量评价量

根据《声环境质量标准》(GB 3096)，声环境功能区的环境质量评价量为昼间等效声级（L_d）、夜间等效声级（L_n），突发噪声的评价量为最大 A 声级（L_{max}）。

根据《机场周围飞机噪声环境标准》(GB 9660)，机场周围区域受飞机通过（起飞、降落、低空飞越）噪声环境影响的评价量为计权等效连续感觉噪声级（L_{WECPN}）。

2. 声源源强表达量

A 声功率级（L_{Aw}），或中心频率为 63 Hz～8 kHz 8 个倍频带的声功率级（L_w）；距离声源 r 处的 A 声级［$L_A(r)$］或中心频率为 63 Hz～8 kHz 8 个倍频带的声压级（$L_P(r)$）；等效感觉噪声级（L_{EPN}）。

3. 厂界、场界、边界噪声评价量

根据《工业企业厂界环境噪声排放标准》(GB 12348)、《建筑施工场界噪限值》(GB 12523)，工业企业厂界、建筑施工场界噪声评价量为昼间等效声级（L_d）、夜间等效声级（L_n）、室内噪声倍频带声压级，频发、偶发噪声的评价量为最大 A 声级（L_{max}）。

根据 GB 12525、GB 14227，铁路边界、城市轨道交通车站站台噪声评价量为昼间等效声级（L_d）、夜间等效声级（L_n）。

根据 GB 22337，社会生活噪声源边界噪声评价量为昼间等效声级（L_d）、夜间等效声级（L_n），室内噪声倍频带声压级、非稳态噪声的评价量为最大 A 声级（L_{max}）。

五、声环境影响评价工作程序

声环境影响评价工作程序见图 6-1。

六、声环境影响评价工作等级划分

声环境影响评价工作等级一般分为三级，其中一级为详细评价，二级为一般

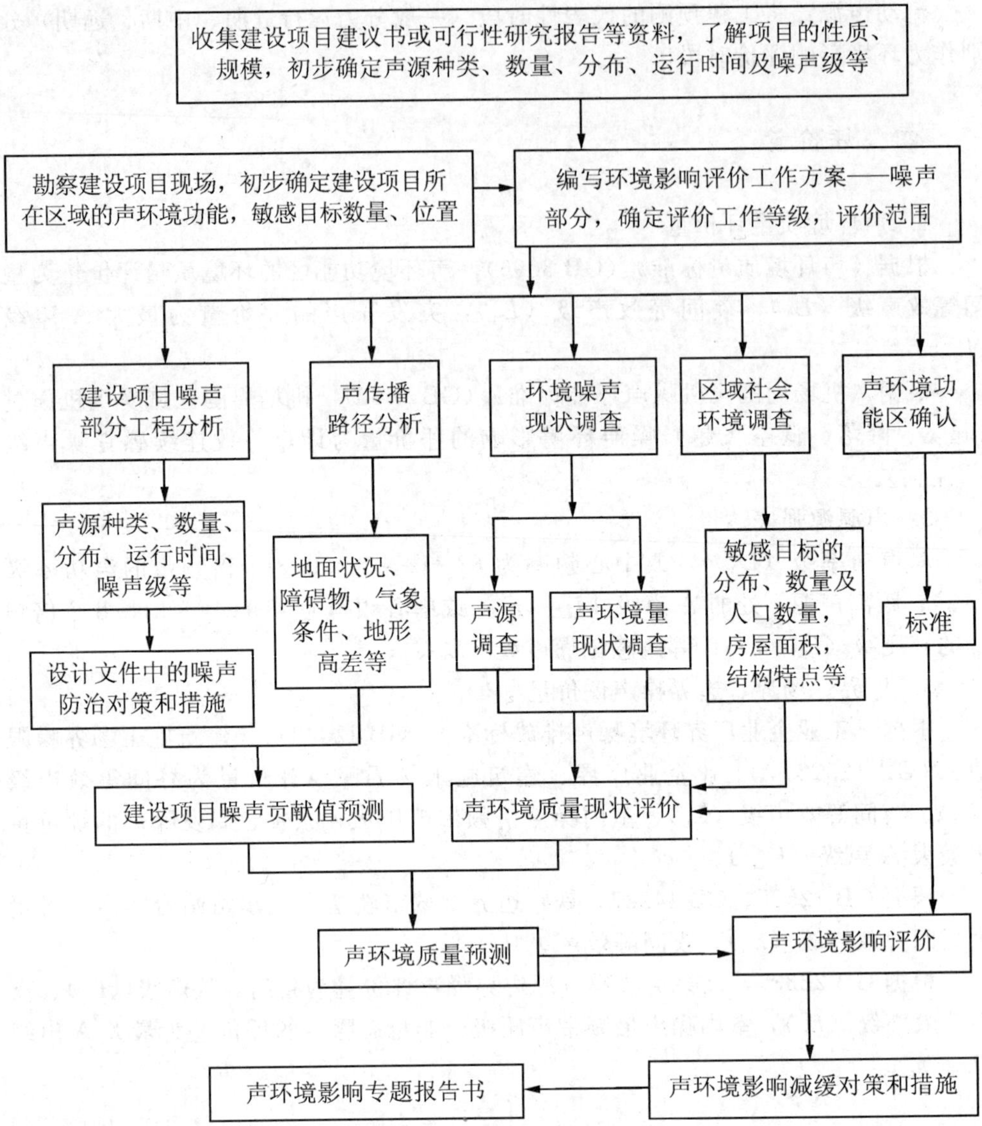

图 6-1　声环境影响评价工作程序

评价，三级为简要评价。

1. 声环境影响评价工作等级划分依据

(1) 建设项目所在区域的声环境功能区类别

(2) 建设项目建设前后所在区域的声环境质量变化程度

(3) 受建设项目影响的人口数量

针对具体建设项目，综合分析上述声环境影响评价工作等级划分的依据，可确定建设项目声环境影响评价工作等级。

2．声环境影响评价工作等级划分的基本原则

（1）一级评价

◆评价范围内有适用于《声环境质量标准》（GB 3096）规定的 0 类声环境功能区域，以及对噪声有特别限制要求的保护区等敏感目标；

◆或建设项目建设前后评价范围内敏感目标噪声级增高量达 5dB（A）以上［不含 5dB（A）］或受影响人口数量显著增多时。

（2）二级评价

◆建设项目所处声环境功能区为 GB 3096 规定的 1 类、2 类地区；

◆或建设项目建设前后评价范围内敏感目标噪声级增高量达 3 ～5 dB（A）［含 5dB（A）］，或受噪声影响人口数量增加较多时。

（3）三级评价

◆建设项目所处声环境功能区为《声环境质量标准》（GB 3096）规定的 3 类、4 类地区；

◆或建设项目建设前后评价范围内敏感目标噪声级增高量在 3 dB（A）以下［不含 3dB（A）］，且受影响人口数量变化不大时。

需要注意的是，在确定评价工作等级时，如建设项目符合两个以上级别的划分原则，按较高级别的评价等级评价。

3．各等级声环境影响评价工作的基本要求

（1）一级评价工作基本要求

◆声环境质量现状：评价范围内具有代表性的敏感目标的声环境质量现状需要实测。对实测结果进行评价，并分析现状声源的构成及其对敏感目标的影响；

◆工程分析：给出建设项目对环境有影响的主要声源的数量、位置和声源源强，并在标有比例尺的图中标识固定声源的具体位置或流动声源的路线、跑道等位置。在缺少声源源强的相关资料时，应通过类比测量取得，并给出类比测量的条件；

◆噪声预测：

① 要覆盖全部敏感目标，给出各敏感目标的预测值。

② 给出厂界（或场界、边界）噪声值。

③ 等声级线：固定声源评价、机场周围飞机噪声评价、流动声源经过城镇建成区和规划区路段的评价应绘制等声级线图，当敏感目标高于（含）三层建筑时，还应绘制垂直方向的等声级线图。

④ 环境影响：给出建设项目建成后不同类别的声环境功能区内受影响的人口分布、噪声超标的范围和程度。给出项目建成后各噪声级范围内受影响的人口

分布、噪声超标的范围和程度。

◆预测时段：不同代表性时段噪声级可能发生变化的建设项目，应分别预测其不同时段的噪声级；

◆方案比选：对工程可行性研究和评价中提出的不同选址（选线）和建设布局方案，应根据不同方案噪声影响人口的数量和噪声影响的程度进行比选，并从声环境保护角度提出最终的推荐方案；

◆噪声防治措施：针对建设项目的工程特点和所在区域的环境特征提出噪声防治措施，并进行经济、技术可行性论证，明确防治措施的最终降噪效果和达标分析。

（2）二级评价工作基本要求

◆声环境质量现状：评价范围内具有代表性的敏感目标的声环境质量现状以实测为主，可适当利用评价范围内已有的声环境质量监测资料，并对声环境质量现状进行评价；

◆工程分析：给出建设项目对环境有影响的主要声源的数量、位置和声源源强，并在标有比例尺的图中标识固定声源的具体位置或流动声源的路线、跑道等位置。在缺少声源源强的相关资料时，应通过类比测量取得，并给出类比测量的条件；

◆噪声预测：

① 预测点应覆盖全部敏感目标，给出各敏感目标的预测值。

② 给出厂界（或场界、边界）噪声值。

③ 等声级线：根据评价需要绘制等声级线图。

④ 给出建设项目建成后不同类别的声环境功能区内受影响的人口分布、噪声超标的范围和程度。

◆预测时段：不同代表性时段噪声级可能发生变化的建设项目，应分别预测其不同时段的噪声级；

◆噪声防治措施：从声环境保护角度对工程可行性研究和评价中提出的不同选址（选线）和建设布局方案的环境合理性进行分析。针对建设项目的工程特点和所在区域的环境特征提出噪声防治措施，并进行经济、技术可行性论证，给出防治措施的最终降噪效果和达标分析。

（3）三级评价工作基本要求

◆重点调查评价范围内主要敏感目标的声环境质量现状，可利用评价范围内已有的声环境质量监测资料，若无现状监测资料时应进行实测，并对声环境质量现状进行评价；

◆在工程分析中，给出建设项目对环境有影响的主要声源的数量、位置和声源源强，并在标有比例尺的图中标识固定声源的具体位置或流动声源的路线、跑道等位置。在缺少声源源强的相关资料时，应通过类比测量取得，并给出类比测量的条件；

◆噪声预测应给出建设项目建成后各敏感目标的预测值及厂界（或场界、边界）噪声值，分析敏感目标受影响的范围和程度；

◆针对建设项目的工程特点和所在区域的环境特征提出噪声防治措施，并进行达标分析。

七、声环境影响评价范围

声环境影响评价范围依据评价工作等级确定。

(1) 对于以固定声源为主的建设项目（如工厂、港口、施工工地、铁路站场等）

◆满足一级评价的要求，一般以建设项目边界向外200m为评价范围；

◆二级、三级评价范围可根据建设项目所在区域和相邻区域的声环境功能区类别及敏感目标等实际情况适当缩小；

◆如依据建设项目声源计算得到的贡献值到200m处，仍不能满足相应功能区标准值时，应将评价范围扩大到满足标准值的距离。

(2) 城市道路、公路、铁路、城市轨道交通地上线路和水运线路等建设项目

◆满足一级评价的要求，一般以道路中心线外两侧200m以内为评价范围；

◆二级、三级评价范围可根据建设项目所在区域和相邻区域的声环境功能区类别及敏感目标等实际情况适当缩小；

◆如依据建设项目声源计算得到的贡献值到200m处，仍不能满足相应功能区标准值时，应将评价范围扩大到满足标准值的距离。

(3) 机场周围飞机噪声评价范围

◆应根据飞行量计算到L_{WECPN}为70dB的区域；

◆满足一级评价的要求，一般以主要航迹离跑道两端各6～12km、侧向各1～2km的范围为评价范围；

◆二级、三级评价范围可根据建设项目所处区域的声环境功能区类别及敏感目标等实际情况适当缩小。

八、环境噪声现状调查与测量

1. 环境噪声现状调查的基本内容

(1) 影响声波传播的环境要素调查

调查建设项目所在区域的主要气象特征：年平均风速和主导风向、年平均气

温、年平均相对湿度等。

收集评价范围内1：2 000～50 000地理地形图，说明评价范围内声源和敏感目标之间的地貌特征、地形高差及影响声波传播的环境要素。

（2）评价范围内现有敏感目标调查

调查评价范围内的敏感目标的名称、规模、人口的分布等情况，并以图、表相结合的方式说明敏感目标与建设项目的关系（如方位、距离、高差等）。

（3）声环境功能区划和声环境质量现状调查

调查评价范围内不同区域的声环境功能区划情况，调查各声环境功能区的声环境质量现状。

（4）现状声源调查

建设项目所在区域的声环境功能区的声环境质量现状超过相应标准要求或噪声值相对较高时，需对区域内主要声源的名称、数量、位置、影响的噪声级等相关情况进行调查。

有厂界（或场界、边界）噪声的改、扩建项目，应说明现有建设项目厂界（或场界、边界）噪声的超标、达标情况及超标原因。

2. 环境噪声现状调查的基本方法

环境现状调查的基本方法是：收集资料法、现场调查法、现场测量法。评价时，应根据评价工作等级的要求确定需采用的具体方法。

为了提高环境现状调查的效果，在调查中可运用照相、录音、录像等直观显示的手段。

3. 环境噪声现状测量点的布置原则

（1）布点范围

布点应覆盖整个评价范围，包括厂界（或场界、边界）和敏感目标。当敏感目标高于（含）三层建筑时，还应选取有代表性的不同楼层设置测点。

（2）评价范围内没有明显的声源（如工业噪声、交通运输噪声、建设施工噪声、社会生活噪声等），且声级较低时，可选择有代表性的区域布设测点。

（3）评价范围内有明显的声源，并对敏感目标的声环境质量有影响，或建设项目为改、扩建工程，应根据声源种类采取不同的监测布点原则。

① 当声源为固定声源时，现状测点应重点布设在可能既受到现有声源影响，又受到建设项目声源影响的敏感目标处，以及有代表性的敏感目标处；为满足预测需要，也可在距离现有声源不同距离处设衰减测点。

② 当声源为流动声源，且呈现线声源特点时，现状测点位置选取应兼顾敏感目标的分布状况、工程特点及线声源噪声影响随距离衰减的特点，布设在具有代表性的敏感目标处。为满足预测需要，也可选取若干线声源的垂线，在垂线上距声源不同距离处布设监测点。其余敏感目标的现状声级可通过具有代表性的敏

感目标噪声的验证和计算求得。

③ 对于改、扩建机场工程，测点一般布设在主要敏感目标处，测点数量可根据机场飞行量及周围敏感目标情况确定，现有单条跑道、二条跑道或三条跑道的机场可分别布设 3～9 个、9～14 个或 12～18 个飞机噪声测点，跑道增多可进一步增加测点。其余敏感目标的现状飞机噪声声级可通过测点飞机噪声声级的验证和计算求得。

九、环境噪声现状评价的主要内容

（1）以图、表相结合的方式给出评价范围内的声环境功能区及其划分情况，以及现有敏感目标的分布情况。

（2）分析评价范围内现有主要声源种类、数量及相应的噪声级、噪声特性等，明确主要声源分布。

（3）分别评价不同类别的声环境功能区内各敏感目标的超标、达标情况，说明其受到现有主要声源的影响状况。

（4）给出不同类别的声环境功能区噪声超标范围内的人口数及分布情况。

十、噪声预测

1. 预测的基础资料

建设项目噪声预测应掌握的基础资料包括建设项目的声源资料和建筑布局、室外声波传播条件、气象参数及有关资料等。

（1）建设项目的声源资料

建设项目的声源资料主要包括：声源种类、数量、空间位置、噪声级、频率特性、发声持续时间和对敏感目标的作用时间段等。

（2）影响声波传播的各种参量

影响声波传播的各类参量应通过资料收集和现场调查取得，各类参量如下：

① 建设项目所处区域的年平均风速和主导风向，年平均气温，年平均相对湿度。

② 声源和预测点间的地形、高差。

③ 声源和预测点间障碍物（如建筑物、围墙等；若声源位于室内，还包括门、窗等）的位置及长、宽、高等数据。

④ 声源和预测点间树林、灌木等的分布情况，地面覆盖情况（如草地、水面、水泥地面、土质地面等）。

2. 噪声源噪声级数据的获得

噪声源噪声级数据包括：声压级（包括倍频带声压级）、A声级（包括最大A声级）、A声功率级、倍频带声功率级以及有效连续感觉噪声级。

获得噪声源数据有两个途径：类比测量法；引用已有的数据。

对引用已有的数据要注意：

① 引用类似的噪声源噪声级数据，必须是公开发表的、经过专家鉴定并且是按有关标准测量得到的数据。

② 报告书应当指明被引用数据的来源。

3. 预测范围和预测点的布置原则

(1) 噪声预测范围一般与所确定的噪声评价等级规定的范围相同，也可稍大于评价范围。

(2) 建设项目厂界（或场界、边界）和评价范围内的敏感目标应作为预测点。

4. 声源简化的条件和方法

在声环境影响评价中，需要根据靠近声源某一位置（参考位置）处的已知声级来计算距声源较远处预测点的声级。在预测前需根据声源与预测点之间空间分布形式对声源简化成三类声源：即点声源、线声源和面声源。

点声源确定原则：当声波波长比声源尺寸大得多或是预测点离开声源的距离d比声源本身尺寸大得多（$d>2$倍声源最大尺寸）时，声源可作点声源处理，等效点声源位置在声源本身的中心。如各种机械设备、单辆汽车、单架飞机等可简化为点声源。

线声源确定原则：以柱面波形式辐射声波的声源，辐射声波的声压幅值与声波传播距离的平方根（$\sqrt{r}$）成反比。对于一长度为l_0的有限长的线声源，在线声源垂直平分线上距线声源的距离为r，如$r>l_0$，该有限长线声源可近似为点声源；如$r<l_0/3$，该有限长线声源可近似为无限长线声源。

面声源确定原则：以平面波形式辐射声波的声源，辐射声波的声压幅值不随传播距离改变（不考虑空气吸收）。对一长方形的有限大面声源（长度为b，高度为a，并$a>b$），在该声源中心轴线上距声源中心距离为r：如$r<a/\pi$时，该声源可近似为面声源（$A_{div}\approx 0$）；当$a/\pi<r<b/\pi$，该声源可近似为线声源（$A_{div}\approx 10\lg(r/r_0)$）；当$r>b/\pi$时，该声源可近似为点声源（$A_{div}\approx 20\lg(r/r_0)$）。

一个线声源或一个面声源也可分为若干线的分区或若干面积分区，而每一个线或面的分区可用处于中心位置的点声源表示。

5. 户外声源声波在空气中传播引起声级衰减的主要因素

户外声源声波在空气中传播引起声级衰减的主要因素有：几何发散引起的衰减（包括反射体引起的修正）、屏障引起的衰减、地面效应引起的衰减、空气吸收引起的衰减、绿化林带以及气象条件引起的附加衰减等。

6. 典型建设项目的预测内容

(1) 工业噪声预测内容

① 厂界（或场界、边界）噪声预测。预测厂界噪声，给出厂界噪声的最大值及位置。

② 敏感目标噪声预测。预测敏感目标的贡献值、预测值、预测值与现状噪声值的差值，敏感目标所处声环境功能区的声环境质量变化，敏感目标所受噪声影响的程度，确定噪声影响的范围，并说明受影响人口分布情况。

当敏感目标高于（含）三层建筑时，还应预测有代表性的不同楼层所受的噪声影响。

③ 绘制等声级线图。绘制等声级线图，说明噪声超标的范围和程度。

④ 根据厂界（或场界、边界）和敏感目标受影响的状况，明确影响厂界（或场界、边界）和周围声环境功能区声环境质量的主要声源，分析厂界和敏感目标的超标原因。

(2) 公路、铁路、轨道交通噪声预测内容

预测各预测点的贡献值、预测值、预测值与现状噪声值的差值，预测高层建筑有代表性的不同楼层所受的噪声影响。按贡献值绘制代表性路段的等声级线图，分析敏感目标所受噪声影响的程度，确定噪声影响的范围，并说明受影响人口分布情况。给出满足相应声环境功能区标准要求的距离。

依据评价工作等级要求，给出相应的预测结果。

(3) 机场飞机噪声预测内容

在 1∶50 000 或 1∶10 000 地形图上给出计权等效连续感觉噪声级（L_{WECPN}）为 70dB、75dB、80dB、85dB、90dB 的等声级线图。同时给出评价范围内敏感目标的计权等效连续感觉噪声级（L_{WECPN}）。给出不同声级范围内的面积、户数、人口。

依据评价工作等级要求，给出相应的预测结果。

十一、声环境影响评价

1. 声环境影响评价的主要内容

(1) 确定评价标准

根据声源的类别和建设项目所处声环境功能区等确定声环境影响评价标准，没有划分声环境功能区的区域由地方环境保护部门参照《声环境质量标准》（GB 3096）和《城市区域环境噪声适用区划分技术规范》（GB/T 15190）的规定划定声环境功能区。

(2) 根据噪声预测结果和环境噪声评价标准，评述建设项目在施工、运行阶

段噪声的影响程度、影响范围和超标状况（以敏感区域或敏感点为主）。

（3）分析受噪声影响的人口分布（包括受超标和不超标噪声影响的人口分布）。

（4）分析建设项目的噪声源和引起超标的主要噪声源或主要原因。

（5）分析建设项目的选址、设备布置和设备选型的合理性；分析建设项目设计中已有的噪声防治对策的适用性和防治效果。

（6）为了使建设项目的噪声达标，评价必须提出需要增加的、适用于评价工程的噪声防治对策，并分析其经济、技术的可行性。

（7）提出针对该建设项目的有关噪声污染管理、噪声监测和城市规划方面的建议。

在声环境影响评价中：第一，要讲清楚项目建设前后声环境变化，即项目建设前声环境现状，项目建设在施工、运行阶段噪声的影响程度、影响范围和超标状况。重点要评价敏感区或敏感点声环境的变化。第二，进行四方面的分析，即分析受噪声影响的人口分布，分析建设项目的噪声源和引起超标的主要噪声源或主要原因，分析建设项目选址、选线、设备布局和设备选型的合理性，分析建设项目设计中已有的噪声防治措施的适用性和防治效果。第三，提出措施和建议，即提出建设项目需要增加的噪声防治措施，并进行其经济、技术的可行性论证；在噪声污染防治管理、噪声监测和城市规划或区域规划方面提出建议。

2. 背景值、贡献值、预测值的含义及其应用

背景值：不含建设项目自身声源影响的环境声级。

贡献值：由建设项目自身声源在预测点产生的声级。

预测值：预测点的贡献值和背景值按能量叠加方法计算得到的声级。

边界噪声评价量：新建建设项目以工程噪声贡献值作为评价量；改扩建建设项目以工程噪声贡献值与受到现有工程影响的边界噪声值叠加后的预测值作为评价量。

敏感目标噪声评价量：以敏感目标所受的噪声贡献值与背景噪声值叠加后的预测值作为评价量。对于改扩建的公路、铁路等建设项目，如预测噪声贡献值时已包括现有声源的影响，则以预测的噪声贡献值作为评价量。

十二、噪声防治对策制订的原则

（1）工业（工矿企业和事业单位）建设项目噪声防治措施应针对建设项目投产后噪声影响的最大预测值制订，以满足厂界（或场界、边界）和厂界外敏感目标（或声环境功能区）的达标要求。

（2）交通运输类建设项目（如公路、铁路、城市轨道交通、机场项目等）的

噪声防治措施应针对建设项目不同代表性时段的噪声影响预测值分期制订，以满足声环境功能区及敏感目标功能要求。其中，铁路建设项目的噪声防治措施还应同时满足铁路边界噪声排放标准的要求。

（3）噪声防治对策必须符合针对性、具体性、经济合理性和技术可行性的原则。

习　题

1. 噪声源分哪几种？
2. 声压级与声强级、声功率级有何关系？
3. 为什么要进行噪声的频谱分析？
4. 主要的噪声评价量有哪些？
5. 简述城市环境噪声评价方法。
6. 声环境影响评价工作等级划分的依据、基本原则和基本要求是什么？
7. 怎样确定声环境影响评价的范围？
8. 简述典型建设项目声环境预测的内容。

第七章　生态评价

第一节　生态评价概述

一、生态评价的概念

（一）生态环境

我们知道，环境是指人类以外的整个外部世界；生态学是研究生物有机体及其与周围环境之间关系的科学。传统生态学所称的环境是从生物的生存与发展角度考察的环境。以人类为中心进行考察，生物圈是人类环境的一个组成部分，而且是与人类生存和发展关系极其密切的环境。这就是通常所称的生态环境。因此，生态环境主要是指人类的生物圈环境。由于环境科学从控制污染发端，其工作亦以控制工业污染和保护城市环境为主，因而赋予生态环境有别于环境的含义，使其成为生物圈这一自然环境的代名词，也成为一个独立的研究体系。从人类的长远生存与发展来看，生态环境具有特殊重要性和决定性意义。

（二）生态评价

生态评价是生态环境评价的简称。与环境评价一样，生态环境评价一般也可分为生态环境质量评价和生态影响评价。从可持续发展的高度出发，生态评价更侧重于生态影响评价。

生态环境质量评价是根据选定的指标体系，运用综合评价的方法评定某区域生态环境的优劣，作为环境现状评价和环境影响评价的参考标准，或为环境规划和环境建设提供基本依据。生态环境质量评价还可用于资源评价中。

生态影响评价是对人类开发建设活动可能导致的生态环境影响进行分析与预测，并提出减少影响或改善生态环境的策略和措施。环境影响评价是我国一项重要的环保制度。一般来说，环境影响评价包含生态评价在内，但现行的环境影响评价以污染影响评价为主，其生态评价的内容不全、深度不够，与实际需要进行的生态评价尚有较大差距，而且二者在诸多方面是不同的（表 7-1）。

表 7-1　生态评价与现行环境影响评价的区别

	现行环评	生态环评
主要目的	控制污染。解决清洁、安静问题，主要为工程设计和建设单位服务	保护生态环境和自然资源，解决优美和持续性问题，为区域长远发展利益服务
主要对象	污染型工业项目，工业开发区	所有人类活动，区域开发建设
评价因子	水、大气、噪声、土壤污染，根据工程排污性质和环境要求筛选	生物及其生境，污染的生态效应，根据开发活动影响性质、强度和环境特点筛选
评价方法	重工程分析和治理措施、定量监测与预测、指数法	重生态分析和保护措施，定量与定性方法相结合，综合分析评价
工作深度	阐明污染影响的范围、程度，治理措施达到排放标准和环境标准要求	阐明生态环境影响的性质、程度和后果（功能变化），保护措施达到生态环境功能保持和可持续发展需求的要求
措　　施	清洁生产、工程治理措施，追求技术经济合理化替代方案	合理利用资源，寻求保护、恢复途径和补偿、建设方案及替代方案
评价标准	国家和地方法定标准，具有法规性质	法定标准、背景与本底、类比及其他，具有研究性质

二、生态评价的实质

生态评价是对生态环境的功能进行定性的描述和定量的判断。生态环境对人类的巨大贡献主要因为其具有巨大的功能。人类对生态环境重要性的认识，也主要源于对其环境功能的认识。

生态环境的功能体现在生产生物资源，蓄水保水、缓解旱涝等极端水情，保护土壤、防止水土流失，防风固沙、防止土地沙漠化，改善小气候，吸收二氧化碳和制造氧气，净化空气和水，保护和维持生物多样性，防灾减灾。此外，生态环境多样性造就的美丽景观和提供的娱乐、旅游、野趣条件，以及生物多样性对人类智慧的启迪，提供科学研究对象和文学、美学创作的源泉等，对于现代人类社会来说，具有重要价值，而且随着人类社会的发展，这种功能越来越大，价值越来越高。生态评价的实质就是使生态环境的功能得到人类的充分认识，使其价值得到最大程度的体现。

三、生态评价的基本原则

生态评价是一个综合分析生态环境和开发建设活动特点以及二者相互作用的过程，并依据国家的政策和法规提出对受影响生态环境行使有效保护的途径和措施；依据生态学和生态环境保护基本原理进行生态系统的恢复和重建的设计。在进行生态评价时，应遵循下述基本原则：

（一）自然资源的可持续性原则

自然资源是人类生存和发展的物质基础。人类社会的可持续发展取决于自然资源的可持续利用性。因此，在生态评价中，首先应注意保护自然资源，特别是保护那些关系到基本生存的资源。此外，自然资源又是一个动态的概念，它总是与一定的社会条件和技术水平相联系的。因此，评价中应该用科学的观点、超前的观念和可持续发展的观念对待自然资源。

自然资源的可持续性原则主要包括：

（1）保护资源特色，发挥资源优势　自然资源具有鲜明的地域性，并在历史性利用和养护中形成自己的个性特色，这种特色在大区域中就形成资源的多样性和互补性，某地的资源特色也可能就是其资源优势。

（2）协调资源的竞争性利用，保持资源的可持续利用能力　在协调资源的竞争性利用中，应贯彻特殊用途和狭窄用途优先，高效利用和可逆性利用占优的原则。可再生资源的开发利用量应不超过其生长量；资源的消耗量不应大于其补充量，自然资源的采补应当保持平衡，并应有“生态保险系数”，即考虑到生态风险问题。

（3）重要资源加强保护，稀缺资源重点保护　凡对经济社会可持续发展有重要作用的资源，如水资源、耕地资源，不管其在区域内可（有）否替代，都应加强保护和管理，少占少用，多投（入）多补（偿）。凡区域内稀缺的资源，都应给予特别的关注。

（4）资源环境一体化管理，实行有偿使用　鉴别资源的主要依存条件以及影响资源消长动态的主要作用因子和作用过程，实行资源与环境的一体化管理。我国已确定的资源政策是“自然资源开发利用与保护增殖并重”以及资源的有偿使用制度。具体办法就是“谁开发谁保护、谁利用谁补偿、谁破坏谁恢复”。此外，对各种不同的资源，还实行有针对性的管理政策与制度，使上述原则得以具体化。

（二）生态科学性原则

从可持续发展战略出发，生态评价的主要目的和根本任务是保持生态系统的环境功能，满足区域可持续发展对生态环境的要求。要提高评价的有效性，首先必须使评价具有科学性，即要使评价建立在生态学基本原理的基础上，遵循生态学基本规律，反映生态环境客观实际和按生态环境固有特点采取相应的对策措施。

根据生态学和生态环境保护基本原理，生态评价应遵循的科学性原则主要是：

(1) 层次性　生态系统组成的层次性特点和开发建设活动的影响特点相结合，使得生态评价须根据需要确定评价的层次和相应的内容。有的评价需在景观生态层次上进行全面评价，有的则只评价组成生态系统的某些因子，如水分和土壤影响或其生物因子，如群落或种群，有的则全面评价和重点因子评价二者兼而有之。这一原则在确定评价等级时将得到较充分的体现。

(2) 结构—过程—功能整体性　保持生态系统结构的整体性和生态过程（运行）的连续性，是保持生态系统环境功能的基础，也是生态评价的关注焦点。生态系统的结构、过程和功能是一个紧密联系的整体，特别是结构的整体性，是生态系统得以生存、发展或自我调节、恢复的基础。生态环境保护的核心也就是保护这个整体性。

(3) 区域性　生态评价与环境污染评价的显著不同点是其区域性特点。生态评价的区域性特点表现于：评价目的不是主要为工程设计和建设单位服务，而是主要明确开发建设者的环境责任，为区域的长远发展利益服务；评价范围不局限于开发建设活动发生区和直接影响，而是包括生态影响相关联的地区和间接影响；采取的环保措施也不一定局限在人类活动或工程直接所在地或影响区，而应从区域生态环境功能需求出发，在最有效的地区实施。

(4) 生物多样性保护优先性　生物多样性是生态系统建造、运行和发展的基础，也是惠泽人类的诸多生态环境功能的源泉。生物多样性保护更要贯彻预防为主的原则，首先要减少人类的干预，要将保护建立在科学认识的基础上。其次，必须树立保护第一的思想，特别是自然保护区，是今人留给后代为数不多的财富，应特别强调保护，任何出于利益或经济考虑的利用，如旅游等，都可能使之遭到严重破坏。此外，生物多样性保护是一项全民的事业，动员群众参与保护和防止某些领导者的决策失误之影响，是同样重要的两个方面。开发建设活动的生物多样性保护是一件十分复杂的事情，需要在环评中尽可能搞得精细、明确。

(5) 注意特殊性　“物以稀为贵”，生态评价中亦必须保护所有稀贵的东西，如稀贵的资源、珍稀物种等。稀贵或珍贵都是相对的。对于一个小山村，其赖以取水的小泉水就十分珍贵。对于一座拥挤的城市，一小片公园或绿地就是特别珍贵的。至于在各类生态脆弱带地区，则必须依据具体情况保护最珍贵的资源或生态支持系统。

(6) 谋求在发展中改善生态环境　改善生态环境，既是现实的需要，更是未来的需求。我国目前生态环境质量差，存在着许多影响重大的生态环境问题。不解决这些重大生态环境问题就不可能扭转生态环境不断恶化的趋势，也就不可能有可持续的社会经济发展。另一方面，随着社会经济的发展，人民生活水平不断提高，在解决温饱之后，人民的精神需求会迅速增长，对生态环境服务功能的要求会越来越高。因此，对于人类一切新的开发建设活动，仅仅要求不造成不可接受的环境影响是远远不够的。应当使每一项开发建设活动在生态环境影响方面都有所失，有所得，而且总体上应做到得大于失。尤其对于生态环境十分恶劣的地区，仅仅保护是不足的，必须有所建设、有所改善。为此，在评价中：①必须明确区域重要生态环境问题，开发建设不使此类问题“雪上加霜”；②明确改善区域生态环境质量的关键点，开发建设活动应对此作出贡献；③搭各项目建设之“车”，促进区域生态建设工程的进展。

（三）针对性原则

针对性是进行开发建设活动生态评价的灵魂。这一点主要是由环境的地域差异性决定的。针对性原则主要包括：

（1）针对开发建设活动特点　开发建设活动对生态环境的影响主要有：以占地为核心内容的物理性影响，以污染为主的化学性影响，以生态失衡为主要后果的生物性影响。但是，各种开发建设活动的性质、内容和规模不同，其影响方式、影响时间、影响范围、程度、性质等各不相同，评价中必须逐一分析。

（2）针对环境特点　同样的开发建设活动，同样的影响方式或影响强度，甚至影响同样的生态环境因子，作用在不同的地区或不同类型的环境上，其最终影响结果可能会有天壤之别。例如：同是修公路，平原上的环境问题主要是取土挖废耕地，山区则是弃土造成水土流失，干旱多风地区有可能是破坏植被引起的土地沙漠化。中国的环境类型多、问题多、地域性强，再加上经济、社会、文化差异和长期积淀，造成很多特别的敏感保护目标，任何一项开发建设活动的环评都必须充分注意这种特殊性、差异性，所采取的保护措施和措施的实施地点、实施方式也会因之而有很大不同。

要使生态评价具有针对性，详细的现场调查和实地踏勘不仅是必要的，而且是必不可少的。航片、卫片信息和文献资料调查都不能代替现场调查与实地踏勘。而且，由于生态环境组成、运行和功能的复杂性，现场调查与踏勘必须由多学科的专业人员参与，以获得正确的信息。

（四）政策性原则

环境影响评价是一项重要的环境保护政策和法律规定，同时又是贯彻实行国家环保政策的具体行动。在评价中贯彻国家环境保护的政策，依法进行生态环境管理，是生态评价的基本原则之一。

1. 预防为主和加强管理

开发建设活动对生态环境的影响具有突然性和冲击性特点，自然生态系统对此无力作出适应性变化，因而事前的周密规划、计划、设计和事中的强化管理，就成为减少损失和破坏的先决条件和基本要求。

“预防为主”对于不可逆性影响具有特殊重要性。许多重要生境的破坏和生物多样性损失，一旦发生往往不可补救。一些具有累积效应的影响，如水土流失、沙漠化、重金属污染累积、地下水污染等，也必须防患于未然，否则这类影响就可能由量变发展到质变，变得不可收拾。

在我国的一些法律中，已将“预防为主”作为法律条文规定下来。例如，“水土保持法”规定的水土流失防治基本方针是：“预防为主，全面规划，综合防治，因地制宜，加强管理，注重实效”。

开发建设活动的生态评价在贯彻“预防为主”的环保政策方针时，除了在工程措施、管理措施等方面努力外，重要的还要在替代方案上下工夫。“预防为主”是一项贯穿开发建设活动全过程的环保方针，是根本大计，也是一项费省效宏的环保措施。

2. 可持续地利用自然资源

《中国21世纪议程》指出：“中国可持续发展建立在资源的可持续利用和良好的生态环境基础上，国家保护整个生命支撑系统和生态系统的完整性，保护生物多样性；解决水土流失和荒漠化等重大生态环境问题；保护自然资源，保护资源的可持续供给能力，避免侵害脆弱的生态系统……”。并规定：“为了确保有限自然资源能够满足经济可持续高速发展的要求，中国必须执行保护资源，节约和合理利用资源”、“开发利用与保护增殖并重”的方针和“谁开发谁保护、谁破坏谁恢复、谁利用谁补偿”的政策。

“谁开发谁保护”的生态保护政策与“谁污染谁治理”的污染防治方针实质上是相同的，其基本含义：一是明确了保护生态环境的责任主体，二是体现资源开发与生态环境的协同性和同步性。

“谁利用谁补偿”和“谁破坏谁恢复”的政策是为保护生态资源不因开发建设活动干扰而枯竭，保护生态功能不因开发建设活动而削弱。人类在开发建设活动中，利用生态资源和破坏某些生态系统几乎是不可避免的，这种日积月累的消耗和破坏最终将导致生态系统的全面崩溃，丧失持续利用的可能性。因此，补偿生态环境的损耗和恢复被破坏的生态环境，就成为协调现时利益和长远利益、局部利益和整体利益的主要措施。从开发建设活动对生态环境的影响特点和保持生态环境功能的需要出发，最重要的补偿是植被损失的补偿，包括就地补偿和易地补偿，同种类补偿和异种类补偿；最重要的恢复工程是被破坏土地的恢复和被破坏生境的恢复，如土地复垦、退耕还林、退田还湖、绿化建设等。生态补偿和生态环境恢复是生态评价的“核心”。

“自然资源开发利用与保护增殖并重”是从可再生资源的再生产特性出发的。由于可再生资源的保护和增殖伴随着生态环境功能的保持与增强，因而生态环境保护与可再生自然资源的保护的目的和效果是趋同的。

此外，我国对自然资源采取“有偿使用”政策，这不仅体现了生态资源的价值，而且可防止滥用资源。

从生态效益的社会性出发，还应贯彻“谁受益谁负担”的资源政策。这是将效益与费用挂钩，并体现社会公平和增加生态环境建设后劲的导向性政策。诸如水利工程建设，往往使上游地区或受淹没之害，或为保护水库限制其经济活动而受影响；下游广大地区则受灌溉、防洪之利。通过受益者分摊部分费用，有助于补偿建设地区受影响的人群，也可增加上游地区植被建设资金，进一步保证工程的长期效益。

（五）协调性原则

促进环境与社会经济的协调发展既是环境评价的目的，也是保证所提出的环保措施得以实施，提高环评可行性的重要方面。协调性原则主要指：

1. 协调生态环境保护与社会经济的关系

环境保护与社会经济发展的关系从国家和民族的长远利益和整体效益出发考察，是完全一致的和协调的，但从短期利益和局部利益来看，又常常是矛盾的，甚至是冲突的。环境评价中一条重要的原则就是协调这种矛盾和冲突，使短期利益与长期利益、局部利益与整体利益取得一定程度的调和与妥协。由于生态环境与可再生资源的保护和增殖有十分密切的联系，它是人类持久生存与发展的根本基础，因而生态评价更应当注重保护长远利益和整体利益。

生态评价中，在协调长期与短期利益、局部与整体利益时，所需遵循的基本原则是长远和整体利益至上，兼顾短期和局部利益；进行生态环境损益分析和实行社会费用内在化；与社会主义市场经济体制相协调；选优和妥协相结合。

2. 协调区域开发与项目建设的关系

开发建设活动从宏观和长远看，都具有区域影响性质。但目前环境影响评价除了少数开发区的评价外，多是以项目的形式一个一个进行的，只有当多个项目建成后，其区域性累积效果才显现出来。因此，要提高生态评价的有效性，必须处理好区域评价与建设项目评价的关系。

任何生态评价都具有区域性质，因而生态评价亦必须从区域的角度出发，以区域生态环境的整体保护为原则进行评价的设计与工作。

第二节 生态评价的程序与内容

生态评价应遵循环境影响评价的一般程序，生态评价的范围、内容、标准、等级和评价方法等，需根据人类活动的影响性质、影响程度和生态环境条件作具体的分析和确定。

生态评价的主要目的是认识区域的生态环境特点与功能，明确人类活动对生态环境影响的性质、程度和生态系统对影响的敏感程度，确定应采取的相应措施以维持区域生态环境功能和自然资源的可持续利用性。通过评价，可明确开发建设者的环境责任，同时为区域生态环境管理提供科学依据，也为改善区域生态环境提供建设性意见。

人类活动对生态环境的影响，无论是项目建设还是区域开发，都具有区域影响性质和影响效应的累积性特点。因此，生态评价应从区域着眼认识生态环境的特点与规律，从项目着手实施生态环境保护与建设措施。

由于生态系统强烈的地域性特点，相同的人类活动也不会有完全相同的评价报告。因此，生态评价应以实地调查为主，评价结论应符合项目建设地的环境特点，生态环境保护措施应做到因地制宜，因害设防，重点建设，讲求效益。

一、生态评价的范围

生态评价的范围包括人类活动的直接影响的范围和间接影响的所及范围。按照环评工作程序，评价范围可分为生态调查范围、生态分析范围、影响分析与预测范围等。按照受影响因子的性质，可有植被、动物、土壤、地面水、地下水等不同因子相应的调查与评价范围。

生态系统结构的整体性，运行特点和生态环境功能都是在较大的时空范围内才能完全和清晰地表现出来，因而生态评价范围宜大不宜小。生态环境调查范围、生态分析与影响分析范围，一般都应大于人类活动直接影响所及的范围。生态环境保护措施的实施主要强调其针对性和有效性，实施范围首先考虑直接受影响地区，也可以从区域整体性和有效性出发，在非直接影响地区实施。

一般确定生态评价范围的考虑因素是：

（一）地表水系特征

水是生态系统的第一位限制因子，水系特征往往决定着生态系统的基本结构和运行规律。生态评价中一般须明确地表水系源头与归宿、集水区面积及其植被情况，河岸形态与冲淤情况，地表水功能及使用情况，水生生物类型及其生态特点，径流特点与输沙情况，相关水系或水网特点，人类活动与地表水系的关系如取水、排水及其影响可及的范围、对象，影响地表水系水量和水质的主要因素，流域内敏感的生态目标如列为保护的鱼类和湿地栖息地等。评价范围的确定要能够阐明这些基本要求。

（二）地形地貌特征

在平原或浅丘地区，生态系统的相似程度较高，调查范围可选择在人类活动发生地及其直接影响所及的地域内。在山地丘陵区，可以山体构成的相对独立或封闭的地理单元为评价范围（如某盆地或坪坝内），但沿着河道或沟谷等廊道应适当延伸。如果生物多样性保护为主要环境目标，人类活动可导致某种特别生境毁灭或某种生物种灭绝，调查和评价范围需适当扩大，以明确是否有可替代性生境。在陆海交接区，调查范围应沿岸带延伸至相邻的其他功能区，向海洋的深入范围应包括整个潮间带或深入到岸带生物基本消失的海域，并同样须考虑海流、海峡、岛屿等廊道或阻隔体的影响。

（三）生态特征

生态特征主要是指受影响生态系统的结构完整性。动物的活动范围对生态调查范围有很大的决定作用，例如：鱼类的繁殖与索饵范围，鸟类的筑巢与取食距离，大型动物的活动半径等，都是生态调查必须覆盖的。特殊生境如湿地、红树林、保护区等，应视为独立的生态系统而进行全面调查。此外，人类活动所在或所影响的生态系统物流的源与汇，生态环境功能的作用所及范围和污染波及范围亦应列为调查与评价的范围。

（四）人类活动特征

人类活动的空间布局主要有点状（如工厂或装置）、线型（如铁路、公路、管线）、斑点式（如矿山）、蛛网形（如水利工程）、面状（如各类开发区）等，其影响范围不同，调查和评价范围亦不同。一般来说，环境影响的调查和评价范围以项目（主工程和全部辅助、支持工程）发生地和直接影响所及范围为主，但由于生态因子的高度相关性和生态系统的开放性特征，使许多人类活动的生态评价范围还须包括间接影响所及的范围。在实际环评工作中，点状布局的项目主要按上述水系、地形地貌、生态特征和工程的规模、能流物流强度等因素来确定调查和评价范围；线型布局的项目根据所涉及生态系统的类型、地理地质、河流水系单元等，采取点线结合、以点为主（车站、桥梁、隧道、重要工业场地与作业点、集中临时生活区等）的原则确定调查和评价范围；斑点状、蛛网状以及面状布局的项目，原则上应做区域调查，采取点、线、面结合的办法确定调查与评价的范围和重点，还有的项目须根据生态因子相关性分析的相关程度确定其调查与评价范围，如三峡大坝工程将长江口生态作为调查与评价范围。

二、生态评价的标准

现行的环境评价以污染控制为宗旨，其评价标准有质量标准和污染物排放标准。生态评价也需要一定的判别基准。但生态系统不是大气和水那样的均匀介质和单一体系，而是一种类型和结构多样性很高、地域性特别强的复杂系统，其影响变化包括内在本质（生态结构）的变化和外在表征（环境功能）的变化，既有数量变化问题，也有质量变化问题，并且存在着由量变到质变的发展变化规律，因而评价的标准体系不仅复杂，而且因地而异。

此外，生态环评是分层次进行的，评价标准也是根据需要分层次决定的，即系统整体评价有整体评价的标准，单因子评价有单因子评价的标准。

（一）生态评价标准的基本要求

生态评价的标准应能满足如下要求：

（1）能反映生态环境质量的优劣，特别是能够衡量生态环境功能的变化。

（2）能反映生态环境受影响的范围和程度，尽可能定量化。

（3）能用于规定开发建设活动的行为方式，即具有可操作性。

目前除国家已制定的标准和行业规范与设计标准之外，生态评价的标准大多数尚处于探索阶段。

（二）生态评价的标准来源

生态评价的标准可从以下几方面选取：

1. 国家、行业和地方规定的标准

国家发布在全国范围内实施的环境质量标准。行业标准指行业发布的环境评价规范、规定、设计要求等。地方政府颁布的标准和规划区目标，河流水系保护要求，特别地域的保护要求，如绿化率要求、水土流失防治要求等，均是可选择的评价标准。

2. 背景值或本底值

以人类活动所在的区域生态环境的背景值或本底值作为评价标准，如区域植被覆盖率、区域水土流失本底值等。有时，亦可选人类活动进行前所在地的生态环境背景值作为评价标准，如植被覆盖率、生物量、生物种丰度和生物多样性等。

3. 类比标准

以未受人类严重干扰的相似生态环境或以相似自然条件下的原生自然生态系统作为类比标准；以类似条件的生态因子和功能作为类比标准，如类似生境的生物多样性、植被覆盖率、蓄水功能、防风固沙能力等；以同类工程的影响作为影响评价参考标准；以类似的环境条件下发生的影响作为影响评价参考标准等。类比标准须根据评价内容和要求科学地选取。

4. 科学研究已判定的生态效应

通过当地或相似条件下科学研究已判定的保障生态安全的绿化率要求、污染物在生物体内的最高允许量、特别敏感生物的环境质量要求等，亦可作为生态评价中的参考标准。

（三）生态评价标准的指标值选取应考虑的基本原则

1. 可计量

特别是能通过数量化计量和能反映生态系统结构和运行特征或其环境功能。

2. 先进性和超前性

特别是能满足区域可持续发展对生态环境的要求。例如：选取区域背景绿化率作指标时，应考虑未来的环境功能需求，在植被覆盖率不高而生态环境质量较差或在生态脆弱带地区，其指标值应高于背景值。

3. 地域性

生态系统的地域性特征使得生态环境影评价不宜采取划一的标准和指标值，而应根据地域特点科学地选取。如山区的植被覆盖率应高于平原区，才能有效地防止水土流失。

（四）标准的应用

人类活动对大气和水环境的污染影响只是增加其中的异物质，引起质量的部分变化；对生态环境的影响则除了对生态系统输入异物质而影响其质量外，还常常随着土地利用方式的改变而部分或完全改变生态系统的结构，形成新的生态系统。所以，仅从结构上无法定量地说明生态系统的盛衰或变优变劣。但是，任何一个生态系统结构方式都具有相应的环境功能，如生产生物资源的功能、储蓄水的功能、改善气候的功能和社会文化功能等。这些环境功能恰是人类对生态环境的基本需求和关注点。因此，可以通过人类活动实施前后生态系统环境功能的变化来衡量生态环境的盛衰与优劣。

在生态评价中，所有能反映生态环境功能和表征生态因子状态的标准和其指标值，可以直接用作判别基准；大量反映生态系统结构和运行状态的指标，尚需按照功能与结构对应性原理，根据生态环境具体性状，借助于一些相关关系经适当计算而转化为反映环境功能的指标，方可用作判别基准。例如：植被覆盖可直接用于生态环境优劣的判别，亦可用于计算水土保持功能。在生态环境质量的综合评价中，常常需要选取一组指标进行量化比较，由类比对象（或本底）得到的综合指标值可作为标准，由评价对象得到的综合指标值就可与其作比较，以评价生态环境现状或变化趋势的好与坏。生态评价中标准和指标体系的应用是异常复杂的。

生态环境的功能是多种多样的。在生态评价中，一般不可能对所有的功能变化都做出定量评价，因而一般根据主要功能的分析和筛选，有选择地进行评价。主要功能要依据区域环境特点，如敏感环境、社会经济可持续发展对生态环境功能的需求、主要生态限制因子和主要存在的生态环境问题等筛选确定。

三、生态影响识别

环境影响识别是设计环评工作和编制环评大纲中的重要步骤，这是将人类活动的作用和环境的反应结合起来作综合分析的第一步，目的是明确主要影响因素，主要受影响的生态系统和生态因子，从而筛选出评价工作的重点内容。

影响识别是一种定性的和宏观的生态影响分析，主要包括影响因素的识别，影响对象识别和影响性质与程度的识别。

（一）影响因素识别

这是对作用主体（人类活动）的识别。作用主体应包括主要工程（或主设施，主装置）和全部辅助工程在内，如为工程建设开通的施工道路，集中的工业作业场地，重要原材料的生产（造纸原料生产，采石场，取土场）、储运设施建设、拆迁居民安置地等。在实施的时间序列上，应包括施工建设期和运营期的影响因素识别，有的项目甚至还包括设计期（如选址和决定施工布局）和死亡期（如矿山闭矿、渣场封闭与复垦）的影响识别。此外，还应识别集中开发建设地和分散的影响点，永久占地与临时占地等影响因素。

影响因素的识别内容还包括影响的发生方式，如作用时间的长短，直接作用还是间接作用等。

（二）影响对象识别

这是对影响受体（生态环境）的识别，识别的内容应包括对生态系统组成要素的影响，如组成生态系统的生物因子、非生物因子；对区域主要生态问题的影响，如水土流失、沙漠化、各种自然灾害等；对敏感生态保护目标有无影响，如水源地、水源林、风景名胜区、自然保护区、珍稀濒危动植物、特别生境、脆弱生态系统等；是否影响到地方要求的特别生态保护目标，如文物古迹、自然遗迹、特产地和其它特别纪念意义或科学价值的地方。

（三）影响后果与程度识别

生态环境影响识别时主要需判别的内容是：

1. 影响的性质

即是正影响还是负影响，是可逆影响还是不可逆影响，可否恢复或补偿，有无替代，是长期影响还是短期影响，是累积性影响还是非累积性影响。

2. 影响的程度

即影响发生的范围大小，持续时间的长短，影响发生的剧烈程度，是否影响到生态系统的主要组成因素等。

在影响的识别中，常可通过识别生态系统的敏感性来宏观地判别影响的性质和影响导致的变化程度。

影响识别及其表达可用列表清单法。该法就是将人类活动的各期各种活动和可能受影响的生态环境因子和问题分别列为同一表格中的列与行，再用不同的符号标示每项活动对相应环境因子影响的性质与程度，例如：用正负符号表示正面影响与负面影响，用←→或→表示影响性质是可逆或不可逆，用1—3的数字表示影响程度的轻重等，再辅之以文字说明其他问题，一般就能比较清楚地表达出影响识别的结果。

四、生态评价的等级划分

评价等级的划分是为了确定评价工作的深度和广度，体现对人类活动的生态环境影响的关切程度和保护生态环境的要求程度。参照世界银行要求，生态评价的等级可划分为三级：一级为深入全面的调查与评价，生态环境保护要求严格，必须进行技术经济分析和编制生态环境保护实施方案或行动计划；二级为一般评价与重点因子评价相结合，生态环境保护要求较严格，必须针对重点问题编制生态环境保护计划和进行相应的技术经济分析；三级为重点因子评价或一般性分析，生态环境保护要求一般，必须按规定完成绿化指标和其他保护与恢复措施。

（一）等级划分原则

等级划分的主要依据有三条：一是影响程度，即人类活动的影响范围的大小，影响强度的强弱，影响持续的时间以及影响是否涉及生态系统的主导因子等；二是受影响生态环境的敏感特性，即是否是脆弱生态系统，要求的保护级别是否特别高，是否特别稀有等；三是影响的性质，即影响的可逆性或不可逆性，可恢复与不可恢复，可补偿或不可补偿，短期性与长期性，一过性影响或累积性影响等。

1. 影响性质的判别

生态环境影响的性质是一个不易判别的问题。例如：任何工业建设项目，不论其规模如何小，都会占用土地，将林业、农业用地转换为工业用地，导致原有生态系统的破坏，而且不可能恢复。如果以生态系统结构的可逆与不可逆变化作为判别影响性质的标准，则任何涉及土地利用方式改变和生态系统结构变化的项目都属于不可逆变化性质，包括将草地变为林地或退耕还林还牧的土地，都应看作是不可逆变化。这样的判别有悖于一般对生态环境的基本理解。

根据对生态环境的理解和生态环境功能，可以将判别生态环境影响的性质建立在生态环境功能变化的基础上。凡生态环境功能可恢复者，其影响性质为可逆性；凡生态环境功能不可恢复者，其影响性质为不可逆性。例如：植树造林工程、荒漠变绿洲工程、水土保持工程、盐碱地改造工程、中低产田改造工程等，或者使生态环境功能提高，或者基本不影响生态环境功能，都应划为可逆变化性质。有些人类活动，虽然占用土地和改变部分生态系统的结构，但可以通过项目区的重新绿化或参与区域生态建设工程，使损失的生态环境功能得到补偿，则同样可认为是可逆变化性质的，或者认为是由不可逆变化转化为可逆变化性质。

但是，大多数人类活动的生态环境影响性质介于可逆与不可逆之间，或者部分生态环境功能可以恢复，而部分生态环境功能不可恢复。此时，性质判别须作具体分析：一是看影响的环境功能是否是区域的主要功能，凡影响主功能并导致主功能不可逆变化者，应按不可逆性对待；二是看是否影响到特别重要或有特殊保护要求的功能，凡造成这类特殊功能改变者，均按不可逆性对待；三是看影响的涉及面，凡是因某种功能影响波及很多的其他环境功能，或某种不可逆变化涉及的面积较大、范围较广，也应按不可逆变化性质来看待整个工程。总之，判别工程建设的不可逆性应按较高的标准要求。

2. 影响程度的判别

影响程度的判别依据，主要是人类活动的组成、性质、规模、持续时间、施工作业方式及影响涉及范围等。但同样的影响施加在不同的对象上，其响应可能是很不相同的，所以影响程度的判别还包括受影响生态系统的特征，即人类活动区域的生态环境状况，生态系统是脆弱的还是稳定的，可恢复能力强还是弱，受影响因子是主要因子还是次要因子，受影响生态环境是否有功能替代的对象等，还有是否影响到要求特别保护的生态系统等。

影响程度的判别在大纲编制阶段是宏观的、定性的。真正确定影响的程度需在预测评价阶段完成。

（二）评价等级划分示例

根据评价等级划分原则，凡是造成生态环境不可逆变化或影响程度大的人类活动，一般需进行一级生态评价（表 7－2）。二级评价的人类活动指基本不会造成不可逆性生态环境影响，或者通过人为努力可以使生态环境功能得到恢复或补偿，或者虽有不可逆性生态环境影响，但由于规模小、范围有限，不会对区域生态环境功能有影响者（表 7－3）。但如果项目建设区生态环境脆弱，对人为干预特别敏感，或者影响到有特殊保护要求的目标，则应考虑提高评价级别或做详细的专题性评价。

三级评价的人类活动是指本身无害于生态环境功能或影响很小的项目，例如：城市建成区内的住房改造、小型技改项目；三产项目；中小型生态建设工程如小流域治理、水土保持治理、治沙、治理盐碱土地；防止生态或自然灾害的工程，如治理泥石流或崩塌的项目、护坡护岸工程、营造防风林带；农村中低产田改造、发展生态农业工程、农民住房建设等。这类项目只须登记在册。说明其生态环境现状与问题和工程建设中采取的保护生态环境措施等，或者只对某个专门问题进行深入分析与评价。

表 7-2 生态环境影响一级评价示例

项目	影响性质	工程规模	持续时间	影响范围
水坝和水库	不可逆	大、中	长	大、中
灌溉和排水	可逆或不可逆	大	长	大
新土地开发	不可逆	大、中	长	大、中、小
矿产开发	可逆或不可逆	大、中	长	大、中
管线和输水	不可逆或可逆	大、中	长	大、中
公路和铁路	不可逆	大、中	长	大
流域开发	不可逆或可逆	大、中	长	大、中
工厂或工业区	不可逆	大、中	长	大、中
港口和海湾开发	不可逆	大、中	长	大
水（海）产养殖	不可逆或可逆	大	长或短	大
新定居区	不可逆	大	长	大、中
旅游区	可逆或不可逆	大	长或短	大
林业工程	可逆或不可逆	大	长	大
农业区域开发	可逆或不可逆	大	长	大
开发区	不可逆	大、中、小	长	大、中
风险性项目	可逆或不可逆	大、中、小	长或短	大、中、小

表 7-3 一般环境条件下生态环境影响二级评价示例

项目	影响性质	工程规模	持续时间	影响范围
水坝和水库	不可逆或可逆	小	长或短	小
灌溉和排水	可逆	中或小	长或短	小
矿产开发	可逆或不可逆	小	长或短	小
管线和输水	可逆	中或小	长或短	小
乡村道路	可逆	小	长或短	小
引水或扬水	可逆	中或小	长或短	小
工厂	可逆或不可逆	小	长或短	小
公共设备（医院、学校）	可逆或不可逆	中、小	长	小
居民住宅	可逆或不可逆	小	长	小
旅游地	可逆	中、小	长或短	小
水（海）产养殖	可逆或不可逆	中、小	长或短	小
新定居区	可逆或不可逆	小	长	小

续表

项目	影响性质	工程规模	持续时间	影响范围
林业工程	可逆	小、中	长或短	小或中
农田建设	可逆	小、中	长	小或中
城市建筑	可逆或不可逆	小、中	长	小
工业就地改扩	可逆或不可逆	小、中、大	长或短	小
城市环境综合整治	可逆	小、中	长或短	小或中

五、生态环境调查

生态环境调查是进行生态评价的基础性工作。生态系统的地域性特征决定了细致周详的生态环境现场调查是必不可少的工作步骤。

生态环境调查也应尽可能地了解其历史变迁情况。

（一）生态环境调查要求

生态环境调查的主要内容和指标应能满足生态系统结构与功能分析的要求，一般包括组成生态系统的主要生物要素和非生物要素；能明确认识区域的主要生态环境问题和影响生态环境的主要因素；能分析区域自然资源优势和资源利用情况。在有敏感生态保护目标或有要求特别保护的对象时，须对之作专门的调查。

（二）自然生态系统调查内容

一般陆地生态系统调查的主要内容如表 7-4 所示。

表 7-4 陆地生态系统调查主要内容

调查内容		指　标	评价作用
气候与气象调查	降水	量及时间分布	确定生态类型、分析蓄水泄洪功能需求等
	蒸发	蒸发量土壤湿度	分析生态特点、脆弱性或稳定程度
	光、温	年日照时数、年积温	分析生态类型、生物生产潜力等
	风	风向、风力、风频	分析侵蚀、风灾害、污染影响
	极端气候	台风、沙尘暴、霜冻、暴雨等	分析系统稳定性和气候灾害，减灾功能需求

续表

调查内容		指 标	评价作用
地理地质与水土条件调查	地形地貌	类型、分布、比例、相对关系	分析生态系统特点、稳定性、主要生态问题、物流等
	土壤	成土母质、演化类型、性状、理化性质、厚度，物质循环速度、肥分、有机质、土壤生物特点、外力影响	分析生产力，生态环境功能（如持水性、保肥力、生产潜力）等
	土地资源	类型、面积、分布、生产力、利用情况	分析景观特点、系统相互关系，生产力与生态承载力等
	耕地	面积、肥力、生产力、人均量等，水利状况	生产力、区域人口承载力与可持续发展能力
	地面水	水系径流特点，水资源量、水质、功能、利用等	分析生态类型、水生生态、水源保护目标等
	地下水	流向、资源量、水位、补排、水质、利用等	分析采水生态影响、确定水源保护范围
	地质	构造、结构、特点	生态类型与稳定性
	地质灾害	方位、面积、历史变迁	分析生态建设需求，确定防护区域
生物因子调查	植被	类型、分布、面积、盖度、建群种与优势种，生长情况，生物量，利用情况	分析生态结构、类型，计算环境功能。分析生态因子相关关系，明确主要生态问题
	植物资源	种类、生产力、利用情况	计算社会经济损失，明确保护目标与措施
	动物	类型、分布、种群量、食性与习性，生殖与居栖地等	分析生物多样性影响，明确敏感保护目标
	动物资源	类型、分布、生消规律、利用情况	分析资源保护途径与措施

在陆生生态系统调查中，植被的调查始终是一个重点。这不仅因为绿色植物是建造生态系统的基础，而且也是生态环境保护工作中主要可采取措施的对象。植被有自然植被与人工植被之分，其中自然植被的调查尤为重要，因为它关系到生物多样性的保护，可能涉及尚未认识的物种。植被调查可利用地图、航片、卫

片提供的信息，但现场踏勘是不可缺少的，而且还需要像大气和水质监测那样进行采样调查，以获得定量概念。植被调查是一个数量与质量相结合的调查过程，即不但应调查植被的类型、各类植被的分布、面积，建群种与优势种等内容，而且还须调查盖度、生长情况、生物生产力等。

在生态评价中，水土资源和动植物资源的调查也十分重要，因为它涉及社会经济稳定和持续发展的问题。资源调查也应本着质和量相结合的原则进行。例如：各类土地资源不仅有面积、人均拥有量等数量概念，还有结构、肥力、有机质等质量指标；水亦有水资源量与水质两类指标；植物资源也同样有数量多少和质量好坏之别。耕地和草原都已按照一定的指标划分为不同的等级。

在生态环境调查中，除表 7-4 所列的调查内容外，还有两类重要的调查：一是区域生态环境问题调查，二是生态环境特别保护目标调查。

生态环境问题主要指水土流失、沙漠化、盐渍化以及环境污染的生态影响（表 7-5）。这类问题须重视其动态和发展趋势，许多生态环境问题发展到一定程度就以灾害的形式表现出来，严重的水土流失导致洪灾和泥石流灾害，土地沙漠化导致沙尘暴和土地与城镇的沙埋等。

表 7-5　一般生态环境问题调查主要内容

生态问题	指　　标	评价作用
水土流失	历史演变，流失面积与分布、侵蚀类型，侵蚀模数，水分肥分流失量，泥沙去向，原因与影响	分析生态系统动态变化、环境功能保护需求，控制措施与实施地
沙漠化	历史演变，面积与分布，侵蚀类型，侵蚀量，侵蚀原因与影响	分析生态系统动态变化，环境功能需求，改善措施方向
盐渍化	历史演变，面积与分布，程度、原因与影响途径	分析生态系统敏感性。水土关系，寻求减少危害和改善
污染影响	污染来源，主要影响对象，影响途径，影响后果	寻求防止污染、恢复生态系统的措施

（三）与生态环评有关的社会经济状况调查

社会经济状况调查主要目的是为了解社会经济发展与环境的相互作用，其主要内容包括：

（1）区域经济发展水平，产业结构、项目区的产业发展情况，毗邻的工矿企业（相对位置，相互关系）。

（2）区域总人口、城乡比例、人口密度、人均耕地与水资源，收入水平与主要来源，居住特点与村镇分布，占地拆迁问题及安置办法，如安置区环境容量等。

（3）项目区域有无流行性疾病或地方病、疫源、危害途径等。

（4）区域社会文化特点，有无特别民俗，教育普及程度，人口文化素质、人文景观与历史文化保护目标。

六、生态分析

生态分析与生态影响分析是在生态调查的基础上，对生态环境进行深入认识的过程。生态分析主要是认识生态系统的类型、结构、运行特点及其环境功能，认识区域可持续发展对生态环境功能的主要需求，生物资源优势以及系统主要受到的外力作用。生态影响分析则是在工程分析和生态环境调查的基础上，分析人类活动影响生态环境的途径、方式、强度和性质，以及受影响生态系统的响应特点。

由于生态环境的复杂性以及迄今人类对它的认识还十分肤浅，认真进行生态分析，以全面深入地认识系统的特点就成为环评中一项贯彻始终的工作。成为进行环境影响评价、规范人类行为的重要步骤。

生态分析是在生态调查已获得相当信息的基础上，运用生态学原理进行由此及彼、由表及里、由局部到整体的综合研究过程。分析的目的是深入认识生态系统的内在本质和外在表征，明确区域主要生态环境问题，认识区域不同生态系统之间和各生态因子间的相互关系，分析区域资源优势，以及生态环境与社会经济的相互联系等，从而为进一步的评价工作奠定基础。

（一）生态系统分析

在生态调查的基础上进行的生态系统分析，主要是认识系统本身的特点与规律。

首先须认识生态系统的类型，如森林生态系统、农田生态系统、草原生态系统、河流或湖泊生态系统、海洋或滩涂生态系统、城市或乡村生态系统等。区分类型的目的是为分别认识不同类型生态系统的内在规律与特点，考察不同类型生态系统间相生或相克的相关关系，认识区域居优势的生态系统、环境功能和优势资源。

生态系统结构的整体性分析应从区域或流域等较大的空间着眼，依据生态学基本原理进行。整体性分析主要内容包括：生态系统地域分布的连续性，组成层次的结构完整性、组成因子的匹配与协调性食物链（网）的完整性等。

生态系统的运行情况分析主要是考察系统物质的输入输出以及在系统内基本

循环特点，系统能量流动特征，系统与系统之间物质和能量的交换与流动的主要途径和特点。

生态系统环境功能的分析主要是分析生态系统的现实功能和区域可持续发展对生态环境功能的需求。

（二）相关性分析

在某一区域中，各类生态系统之间，各生态因子之间都有着千丝万缕的联系。正是这种联系决定了生态系统各自的特点和生态位，也是认识生态系统的困难所在。进行相关性分析，就是将纷繁浩杂的生态关系进行梳理，确定那些相关性特别强的系统或因子，揭露生态系统的本质，进而可采取最有效的措施达到保护和改善生态环境的目的。

研究生态系统、生态因子的相关性都是专门的学问。对于刚刚起步的生态评价来说，一般还做不到精细的分析。在实际工作中，相关性分析都是针对具体对象进行的，可列出矩阵表达。生态环境因子相关性分析可采用两两比较的方法进行。在两两比较时，对不同的相关性记分并统计，这样就能找出相关性最高或最重要的因子，把不同相关性的因子排队，就可明确哪些因子是最重要的，是应主要评价的因子。对于复杂的生态系统或分析精度要求较高时，还可借助一些数学方法来进行分析。

在相关性分析中，食物链（网）的分析具有特别重要的意义。在海洋、湖泊这类水生生态系统中，这种相关关系更为敏感，进行相关性分析也就变得更为必要。据报载，云南的“高原明珠”洱海，因引入外来鱼种而导致当地土著鱼种的消亡；因大量船只捕鱼而使鱼类种群下降，同时输入湖中过多的污染物（如油类）；因养鱼而大量打捞水草，减少了吸收固定营养物质的绿色植物，同时养鱼又输入大量营养物。如此数年，使湖内生态平衡失调，摄食藻类的鱼类和吸收营养物的植物减少，使螺旋鱼腥藻等浮游生物大量繁殖，致使湖水浊绿，水发异味，水源受到严重威胁。

（三）生态约束条件分析

生态约束条件分析的目的是认识主导生态系统“安全”的主要因子，或者就是为了判明影响生态环境改善的主要障碍因素。生态约束条件分析是在实地调查的基础上并根据区域生态环境变迁历史来进行识别的。一般陆地生态的分析重点包括：

1. 水分约束

包括水量和水质两方面的问题，如水的来源、资源供给量、保证度和易得性（如年内分配和年际分配），用水竞争和生态建设用水需求；生态系统对水的敏感程度，水污染及水质对功能的满足程度等。

2. 土地与土壤约束

包括数量和质量两方面的问题，如各种用地竞争对土地的压力，土壤特点、质量、生产力，土壤面临的问题如水土流失、沙漠化、盐渍化及污染影响等，这些问题对生态环境的约束力。

3. 气候条件约束

包括降雨与蒸发、干旱与风沙、洪涝及其他气候灾害，如台风、霜冻等对生态环境的作用。

4. 地理地质条件约束

包括地理条件造成的生态系统特殊性与敏感性，如高山深谷地形造就的生物多样性高，垂直分布以及脆弱性等；地质条件造成的生态不稳定性，如石灰岩地区的土壤瘠薄、山势陡峭易侵蚀，花岗岩地区土壤瘠薄易侵蚀，黄土高原区土质疏松导致流失及由此造成的生态脆弱性等。

5. 生物条件约束

包括建群生物动态，植被类型、特点，覆盖率与质量，变化趋势等；动物类群、分布、生态特点及对生态系统稳定性的作用；生态平衡状况及生物性灾害问题，如草原生态失衡导致的鼠虫灾害，农林主要病虫害等。

6. 社会经济条件约束

主要分析内容包括区域人口、人口密度，人均资源占有量如人均耕地、人均水资源量，区域经济发展水平、特点及对资源环境的压力，污染物排放及其主要影响的生态系统等。这一约束是生态环境现在的主要影响因素与约束条件，后面还将专门讨论。

生态约束条件分析与其他生态分析一样，都须针对不同的生态系统作具体分析。生态因子相关性分析常可成为约束条件分析的基础。对于复杂的系统，约束条件分析有时须借助一定的数学方法完成，如利用逐步回归分析可确定生态系统中影响最大的因子。

（四）生态特殊性分析

生态系统的地域性特点和特殊地域对生态功能的特殊要求，使得进行生态特殊性分析变得十分必要。生态特殊性分析的主要内容是：

1. 生态系统特殊性分析

如荒漠生态系统对水分的极端敏感性，使得人类干预这类系统时要对水的运行特点和规律给予特别的关注。

2. 主导性生态因子分析

在生态结构与功能分析、生态因子相关性分析和生态约束条件分析的基础上，要明确各个生态系统的主导性生态因子，即对生态系统的稳定性或生死存亡具有决定性影响的因子。如红树林对其海岸生态是主导性因子，盐度对于河口生态中某些鱼类的生殖繁育可能有决定性作用，而高山植被的存留则是山下绿洲生存的基础等。

3. 敏感生态环境保护目标分析

敏感生态目标是指生物多样性高或需要特别保护的生态系统和生境，如原始森林、热带雨林，湿地生境、珊瑚礁，珍稀濒危动植物生境和法定保护的自然保护区，森林公园；对生物多样性保护有特殊意义的地区，如候鸟栖息地、鱼类洄游通道和产卵场；具有特殊经济意义的地区如农林特产地、茶果园、城市菜篮子工程、保护性耕地；种质资源保护地等；水源地和重要集水区；风景名胜区、历史文物；需特别保护的自然遗迹、历史遗迹等；自然灾害设防区；特别脆弱的生态环境，如固定半固定沙丘等。

七、生态影响分析

生态影响分析包括影响因素分析和影响效应分析两个方面。这两个方面又都有宏观、中观、微观之区别，亦有长期与短期、直接与间接等差异。生态影响分析是个复杂的过程，也是生态评价中的关键性工作过程。

生态影响分析的要求是：对影响因素（影响主体，即人类活动）的分析要求全面性；对影响的受体（生态环境）的分析要求针对性；对影响效应（即一般所谓的影响）的分析要求科学性。此外，影响分析中还需将影响的区域性特征与工程性特征结合起来考虑。

（一）影响因素分析

人类活动对生态环境的影响可分为物理性作用、化学性作用和生物性作用三类。

物理性作用是指因土地用途改变、清除植被、收获生物资源、引入外来物种、分割生境、改变河流水系、以人工生态系统代替自然生态系统，使组成生态系统的成分、结构形态或支持生态系统的外部条件发生变化，从而导致系统的结构和功能发生变化（表 7-6，表 7-7）。

表 7-6　人类活动对生态系统生物组成成分的直接物理影响

影响因素	生物组成成分影响	环境功能影响
收获生物资源	系统简化，物质循环受阻，系统稳定性降低	生物生产力降低、生物多样性降低，功能减弱
清除植被	原系统结构破坏	多种功能损失
清除动物	系统简化，生态平衡打破	生物多样性降低，诱发灾害

续表

影响因素	生物组成成分影响	环境功能影响
人工生态代替自然生态	系统变换，遗传均化，稳定性降低	生物多样性减少，环境功能可能减弱
引进外来物种	系统变化，遗传均化或物种替代	生物多样性减少
土地占用	系统分隔或破坏	多种功能损失
栖息地破坏	生态系统变换或毁灭	生物多样性降低，多种功能变化或损失
河流截流	水生生态破坏或影响	水生物减少或灭绝

表 7-7 建设项目使生态系统支持条件变化导致的生态环境影响

支持条件变化	原因	生态系统影响	环境功能影响
水分供给减少	截流、调水、抽取地下水	类型变化，植被恶化	多种功能减弱
水文变化	清除森林和破坏植被、水利工程	结构恶化或改变，水生态破坏	水土流失和自然灾害加剧
土地占用	多种开发建设活动	结构变化或肢解	多种功能损失
耕地占用	多种开发建设活动	农业生态系统变化	多种功能损失，农业损失
土壤退化	侵蚀作用和收获生物质	系统结构恶化	生物量减少，多种功能削弱
土壤流失	扰动土壤和破坏植被	系统结构恶化或毁灭	多种功能削弱，淤塞
土地沙化	植被破坏和减少供水等	系统结构恶化或毁灭	多种功能损失，灾害加剧
土壤盐渍化	灌溉不当，排水不良	系统结构恶化或改变	部分功能减弱生物多样性降低
地面变形	工程动土、塌陷	结构恶化、稳定性降低	水土流失和灾害加剧
水气候变化	植被减少，城市化等	结构恶化	功能减弱

化学性作用是指环境污染的生态效应。如大气中的铅、氟、硫氧化物、氮氧化物对植物或作物的影响；水中的重金属、有机耗氧物质对水生生物的影响等。这些影响有的是直接毒杀作用，有的是间接改变生物生存条件（如土壤板结、水质恶化）所致；有的是急性作用，如一次酸雨可导致大面积水稻失收，有的是缓慢的累积性影响，如微量的有机氯在食物链中的逐渐富集过程。

生物性作用是指人为引入外来物种或严重破坏生态平衡导致的生态影响。这种作用在人类活动中发生的几率不高。

除了人类活动对生态系统的影响之外，许多自然力也对生态系统发生巨大影响。如气候变化、干湿交替、旱霜、干旱、风沙或其他作用都会使生态系统受到很大影响，尤其在重建生态系统时，这些作用常起决定性作用。

在很多情况下，生态系统都是同时处在人类作用和自然力的双重作用之下，而且两种作用常常相互叠加，相互推波助澜，加剧危害。例如：人为开垦草原会加剧残余草原的放牧压力，过度放牧和开荒降低了草原植被覆盖率，加剧了草原的干旱、蒸发和风力，干旱和风沙的共同作用又导致了草原的沙漠化，使开荒地和放牧地都遭到破坏。

（二）影响对象分析

影响对象分析的内容主要包括：主要受影响的生态系统和生态因子；主要受影响的途径与方式，即直接影响或间接影响，或者通过相关性分析明确的潜在影响。影响对象的敏感性是影响对象分析中的重要内容。这类敏感性高的保护对象经常遇到的是：①需要特别保护的对象，如水源地、风景名胜区、文物古迹、珍稀濒危动植物及其生境等；②法定的保护目标如自然保护区、森林公园等；③具有较高保护价值的目标，如特产地、生物多样性高的生态系统；④特别脆弱的生态系统，一旦破坏就可能导致不可逆性质的变化，如沙漠化地区、石漠化地带、水土流失特别严重的地带、高山峡谷生态系统等；⑤稀有或特别自然资源或稀缺性资源。

实际评价工作中，一般是按照人类活动所影响或涉及的生态系统，如农业生态系统、草原生态系统等进行分析，影响因子分析也首先是分析组成这些系统的主要生态因子。

（三）影响效应分析

生态系统受到某种作用力后，所发生的变化（即效应）依作用的方式、强度、范围大小、时间长短等不同会有很大的差异。在进行影响效应分析时，同时应进行如下判别。

1. 影响效应的性质

即影响是正向还是负向，导致的变化是不可逆的还是可逆的。在生态影响中，凡不可逆变化应尽量避免，分析时应给予更多的关注，在确定影响可否接受时应给予更大的权重。

2. 影响效应的程度

即根据影响作用的方式、范围、强度、持续时间来判别生态系统受影响的范围、强度、持续时间，受到影响的生态因子多少以及生态环境功能的损失程度。在判别生态受影响的程度时，受到影响的空间范围越大、强度越高、时间越长，受影响因子越多或影响到主导性生态因子，则影响就越大。

3. 影响效应的特点

生态组成因子不同、生态影响因子不同，会使影响效应的表达多种多样。有些生态系统或生态因子受到影响后，其变化是渐进的、累积性的和从量变到质变的，只有达到某种临界状态或直到系统崩溃时，才能发现影响的结果。例如：山区开矿的尾矿弃石不断堆积，由少到多，只有达到一定量并有某一次大暴雨和山洪暴发时，才以泥石流的形式倾泻而下。水土流失由轻到重，由重到发生大面积崩塌，也是一个逐渐累积的过程。自然地域或保护区缩小到某一临界面积，或生物种群减少到某一临界面值时，物种就不可避免地会灭绝。生态效应的累积性、渐变性和从量变到质变的特点，是生态影响效应分析中应予特别重视的问题。

4. 影响效应的相关性分析

从生态因子相关性分析可知生态效应的相关性，这也是生态分析中直接与间接、显在与潜在影响的问题。从生态环境功能的保护来看，对生态系统的直接影响往往比间接影响要小得多。这是生态环境影响的一大特点，也是生态影响分析中应予充分注意的地方。

影响分析依内容不同，可采取不同的方法。通过区域生态环境变迁历史的分析常可明了区域生态环境的问题和原因；运用类比方法，常可判明某些影响的性质和程度；针对具体的生态系统，运用列清单法可以逐条分析所有可能的影响及其性质和程度。

八、生态现状评价

生态环境现状评价是将生态分析得到的重要信息进行量化，定量或比较精细地描述生态环境的质量状况和存在的问题。由于生态环境结构的层次性特点，决定着生态环境的评价也具有层次性，一般可按两个层次进行评价：一是生态系统层次上的整体质量评价；二是生态因子层次上的因子状况评价。两个层次上的评价都是各由若干指标来表征的。在人类活动的生态环评中，一般对可控因子要做较详细的评价，以便采取保护或恢复性措施；对人力难以控制的因子，如气候因子，一般只作为生态系统存在的条件和影响因素看待，不作为评价的对象。

（一）生态因子现状评价

大多数人类活动的生态现状评价是在生态因子的层次上进行。一般评价的内容是：

1. 植被

应阐明植被的类型、分布、面积和覆盖率、历史变迁及原因、植物群系及优势植物种，植被的主要环境功能，珍稀植物的种、分布及其存在的问题等。

2. 动物

应阐明野生动物生境现状，破坏与干扰，野生动物的种类、数量、分布特点，珍稀动物种类与分布等。动物的有关信息可从动物地理区划资料、动物资源收获（如皮毛收购）、实地考察与走访、调查，从生境与动物习性相关性等获得。

3. 土壤

应阐明土壤的成土母质，形成过程，理化性质，土壤类型、性状与质量（有机质含量，全氮、有效磷、钾含量，并与选定的标准比较而评定其优劣），物质循环速度，土壤厚度与容重，受外环境影响（淋溶、侵蚀）以及土壤生物丰度、保水蓄水性能和土壤碳氮比（保肥能力）等以及污染水平。

4. 水资源

包括地面水资源与地下水评价两大领域，评价内容主要是水质与水量两个方面。水质评价是污染性环评的主要内容之一。生态环评中水环境的评价亦有两个方面：一是评价水的资源量，如供需平衡、用水竞争状况和生态用水需求等；二是与水质和水量都有紧密联系的水生生态评价。在有养殖和捕捞渔业的水环境的影响评价中，水生生态状况的评价是必要的。

（二）生态系统结构与功能现状评价

不同类型的生态系统很难进行结构上的优劣比较，但可借助于生态制图并辅之以文字描述阐明生态系统的空间结构和运行情况，亦可借助景观生态学的评价方法进行结构的描述，还可通过类比分析定性地认识系统的结构是否受到影响等。

生态环境功能是可以定量或半定量地评价的。例如：生物量、植被生产力和种群量都可定量地表达；生物多样性亦可量化相比较。运用综合评价方法，进行层次分析，设定指标和赋值，可以综合地评价生态系统的整体结构和功能；许多研究还揭示了诸如森林覆盖率（或城市绿化率）与气候的相关关系，利用这些信息亦可评价生态系统的功能。

（三）区域生态环境问题评价

一般区域生态环境问题是指水土流失、沙漠化、自然灾害和污染危害等几大类。这类问题亦可以进行定性与定量相结合的评价。用通用土壤流失方程可计算工程建设导致的水土流失量；用侵蚀模数、水土流失面积和土壤流失量指标，可定量地评价区域的水土流失状况；测算流动沙丘、半固定沙丘和固定沙丘的相对比例，辅之以荒漠化指示生物的出现和盖度，可以半定量地评价土地沙漠化程度；通过类比，可以定性地评价生态系统防灾减灾（削减洪水，防止海岸侵蚀，防止泥石流，滑坡等地质灾害）功能。

（四）生态资源评价

无论是水土资源还是动植物资源，因其巨大的经济学意义，一般都已在使用中，都有相应的经济学评价指标。例如：土地资源需进行分类，阐明其适宜性与限制性，现状利用情况（需附图表达）以及开发利用潜力；耕地分为等级，并可用历年的粮食产量来衡量其质量，评价中应阐明其肥力、通透性、利用情况、水利设施、抗洪涝能力、主要受到的灾害威胁等；草原根据其产草量和可利用性，定量地分为 8 等 24 级。木材、药材、建材等动植物资源，亦有相应的经济计量方法。一般而言，环境质量高，其资源的生产率亦高，经济价值亦高，因而有些经济学评价方法可以引入到环境评价中来。

九、生态影响预测

（一）影响预测的基本步骤

人类活动生态环境影响预测是在生态环境现状调查、生态分析和影响分析的基础上，有选择有重点地对某些受影响生态系统作深入研究，对某些主要生态因子的变化和生态环境功能变化作定量或半定量预测计算，以便把握因开发建设活动而导致的生态系统结构变化和环境功能变化的程度以及相关的环境后果，由此进一步明确开发建设者应负的环境责任以及指出为保护生态环境和维持区域生态环境功能不被削弱而应采取的措施及要求。

生态环境影响预测的基本程序是：

（1）选定影响预测的主要对象和主要预测因子。

（2）根据预测的影响对象和因子选择预测方法、模式、参数，并进行计算。

（3）研究确定评价标准和进行主要生态系统和主要环境功能的预测评价。

（4）进行社会、经济和生态环境相关影响的综合评价与分析。

（二）影响预测的内容与指标

通过前述的生态分析和影响分析，预测的对象和生态环境因子一般已能确定。本步骤的重点是针对影响预测的对象（生态系统和因子）选择能够表征其本质的指标，并通过资料查询、实地测量和科学实验获取定量计算所必需的参数，进行定量或半定量的预测计算。

影响预测的内容与指标基本上从保护环境功能出发，结合具体情况进行。例如：我国许多人类活动发生在农业区，农业区的主要环境功能是生产生物资源，同时具有区域生态环境保护所要求的其他相关功能。人类活动对农业生态系统的影响主要有占地、恶化土壤性质和生态条件，改变系统结构以及污染影响等。预测应围绕农业生态系统主功能和区域生态环境功能的保护进行，尚需注意支持条件和影响生态系统的主要环境问题（表 7-8）。

表 7-8　农业生态环境一般考虑的影响内容与指标

环境功能	功能性质	影响预测因子与指标考虑
生物资源生产力（含特产）	主功能	资源类型、面积、产量与价值；污染影响面积、程度、种类与损失价值
土壤质量保护	支持条件	污染面积、程度；肥力和水分变化等
蓄水功能	相关功能	集水面积、持水能力、蓄水量，地下水影响
保护土壤	支持条件	土壤侵蚀面积、特点、模数、侵蚀量及相关损失
防止沙化	支持条件	沙化面积、侵蚀模数，相关损失
区域气候维持	相关功能	干湿度变化，防风能力变化等
防止盐渍化	支持条件	盐渍化面积、程度，变化动态、经济损失、物种损失
生物多样性	支持条件	物种增减数量与种类，生境变化情况，生态平衡分析

又如，我国多山地丘陵，从区域生态环境保护需求和山地丘陵生态系统自身的保护考察，涉及山地丘陵的生态环境影响预测在内容和指标选取上都应充分体现这种特点（表 7-9）。

表 7-9　山地丘陵生态环境影响预测的一般内容与指标考虑

环境功能	功能性质	影响预测的内容与指标
生物资源生产力（含特产）	主功能	土地类型、面积、生物资源量与价值；污染影响面积、程度，影响种类及损失量
森林与植被	支持条件	种类、面积、覆盖率，相关影响
蓄水功能	主功能	集水面积、蓄水量，水源情况
保护土壤	主功能	侵蚀面积、模数、土壤流失量及相关损失
防止灾害	相关功能	崩、滑、流易发点、几率、量及经济损失
生物多样性保护	主功能	物种多样性动态变化，影响范围
调节水文	相关功能	对极端水情的缓解情况，削洪补枯作用
调节气候	相关功能	防风能力，干湿变化，制氧与吸收 CO_2
净化污染物	相关功能	吸收污染物种类，数量及变化情况
景观等		视具体情况确定

（三）预测评价

建设项目的生态环境影响预测中，进行综合评价与分析是一个十分重要的步骤，一般应阐明如下问题和内容：

（1）生态环境所受的主要影响。阐明建设项目主要影响的生态系统及其环境功能，影响的性质和程度。

(2) 生态环境变化对区域或流域生态环境功能和生态环境稳定性的影响。阐明影响的补偿可能性和生态环境功能的可恢复性。

(3) 对主要敏感目标的影响程度及保护的可行途径。

(4) 主要生态问题和生态风险。阐明区域生态环境的主要问题、发展趋势；阐明主要生态风险（生态灾害与污染风险）的源、出现概率、可能损失、影响风险的因素及防范措施。

(5) 生态环境宏观影响评述。评述区域生态环境状况及可持续发展对生态环境的需求，阐明建设项目生态环境影响与区域社会经济的基本关系。

第三节 生态评价方法

生态评价的方法依据评价对象、内容和特点、主要评价目的和评价要求进行选择，也受评价者的专长、意志和偏好所左右。生态评价的方法目前正处于探索与发展阶段，本节所介绍方法仅供参考。

一、类比分析法

类比法是一种比较常用的定性和半定量评价方法，一般有生态环境整体类比、生态因子类比、生态环境问题类比等。

类比分析是根据已有的开发建设活动对生态环境产生的影响来分析或预测拟进行的开发建设活动可能产生的生态环境影响。选择好类比对象是进行类比分析或预测评价的基础，也是该法成败的关键。

类比对象的选择条件是：工程性质、工艺和规模基本相当，生态环境条件（地理、地质、气候、生物因素等）基本相似，所产生的影响已基本全部显现。

类比对象确定后则需选择和确定类比因子及指标，并对类比对象开展调查与评价，再分析拟建项目与类比对象的差异。根据类比对象与拟建项目的比较，作出类比分析结论。

类比方法主要应用于进行生态环境影响识别和评价因子筛选；将原始生态系统作类比对象，可评价生态环境的质量；进行生态环境影响的定性分析与评价；进行某一个或几个生态环境因子的影响评价；预测生态环境问题的发生与发展趋势及其危害；确定环保目标和寻求最有效的、可行的环境保护措施。

二、列表清单法

列表清单法是Little等人于1971年提出的一种定性分析方法。该法的特点是简单明了，针对性强。其基本做法是，将拟实施的开发建设活动的影响因素与可能受影响的环境因子分别列在同一张表格的行与列内，逐点进行分析，并以正负符号、数字、其他符号表示影响的性质、强度等，由此分析开发建设活动的生态环境影响。

列表清单法主要应用于影响识别和评价因子筛选；进行生态环境因子相关性分析（行、列均为生态因子）；进行开发建设活动对生态环境因子的影响分析。

三、生态图法

生态图法，即图形叠置法，是把两个以上的生态信息叠合到一张图上，构成复合图，用以表示生态环境变化的方向和程度。本法的特点是直观、形象，简单明了，但不能作精确的定量评价。

编制生态图有指标法和迭图法两种基本手段。指标法先确定评价区域范围，进行生态调查，收集评价范围与周边地区自然的和生态的信息，同时收集社会经济和环境污染及环境质量信息；然后进行影响识别和筛选拟评价因子，其中包括识别和分析主要生态环境问题；研究拟评价生态系统或生态因子的地域分异特点与规律，对拟评价的生态系统、生态因子或生态环境问题建立表征其特性的指标体系，并通过定性分析或定量方法对指标赋值或分级，再依据指标值进行区域划分；最后将上述区划信息绘制在生态图上。

叠图法先用透明纸作底图，底图范围应略大于评价范围，在底图上描绘生态环境主要因子信息，如植被覆盖度、动物分布、河流水系、土地利用和特别保护目标等；然后进行影响识别与筛选评价因子；对拟评价因子作影响程度透明图，并用不同颜色和色度表示影响的性质和程度；最后将影响因子图和底图迭加，得到生态评价图。

生态图法主要应用于区域环境影响评价；用于具有区域性影响的特大型建设项目评价中，如大型水利枢纽工程，新能源基地建设等；用于土地利用规划和农业开发规划中。

在微机上进行生态图叠置，不仅省工省力，而且可得到直观的动态变化显示。

四、指数法

指数法是建设项目环境影响评价中规定的评价方法，同样可将其拓展而用于生态评价中。指数法简明扼要，且符合人们所熟悉的环境污染影响评价思路，但困难之点在于需明确建立表征生态环境质量的标准体系，而且难以赋权与准确定量。

指数法首先分析研究评价的生态因子的性质及变化规律，建立表征各生态因子特性的指标体系，确定评价标准；然后建立评价函数曲线，将评价的环境因子的现状值（开发建设活动前）与预测值（开发建设活动后）转换为统一的无量纲的环境质量指标、用1—0表示优劣（“1”表示最佳的、顶级的、原始或人类干预甚少的生态环境状况，“0”表示最差的、极度破坏的、几乎非生物性的生态环境状况，如沙漠）。这一划分实际上是确定了生态环境质量标准，由此计算出开发建设活动前后环境因子质量的变化值，并根据各评价因子的相对重要性赋予权重。最后将各因子的变化值综合，得出综合影响评价值。即

$$\Delta E = \sum_{i=1}^{n} (E_{h_i} - E_{q_i}) \times W_i \tag{7-1}$$

式中 ΔE——开发建设活动前后生态环境质量变化值；

E_{h_i}——开发建设活动后 i 因子的质量指标；

E_{q_i}——开发建设活动前 i 因子的质量指标；

W_i——i 因子的权重。

指数法应用于生态因子单因子质量评价和多因子综合质量评价，也可用于生态系统功能评价。

五、景观生态学方法

景观生态学方法通过两个方面评价生态环境质量状况：一是空间结构分析，二是功能与稳定性分析。这种评价方法可体现生态系统结构与功能匹配一致的基本原理。

空间结构分析认为：景观是由拼块、模地和廊道组成。其中，模地是区域景观的背景地块，是景观中一种可以控制环境质量的组分。因此，模地的判定是空间结构分析的重点。模地的判定有三个标准：相对面积大、连通程度高、具有动态控制功能。模地的判定多借用传统生态学中计算植被重要值的方法。拼块的表征，一是多样性指数，二是优势度指数。优势度指数（D）由密度（R_d）、频度（R_f）和景观比例三个比例计算得出。

景观的功能和稳定性分析包括组成因子的生态适宜性分析；生物的恢复能力分析；系统的抗干扰或抗退化能力分析；种群源的持久性和可达性分析（能流是否畅通无阻，物流能否畅通和循环）；景观开放性分析（与周边生态系统的交流渠道是否畅通）等。

（一）景观生态学评价方法

1. 计算景观多样性指数（H）

$$H = -\sum_{i=1}^{m}(P_i \cdot \ln P_i) \tag{7-2}$$

式中，P_f 为某类型景观所占百分比面积；m 为景观类型数。

2. 计算优势度指数（D）

$$D = \frac{1}{2} \times [(R_d + R_f)/2 + L_p] \times 100\% \tag{7-3}$$

式中　密度 R_d＝（拼块 i 的数目/拼块总数）×100%；

频度 R_f＝（拼块 i 出现的样方数/总样方数）×100%；

景观比例 L_p＝（拼块 i 的面积/样地总面积）×100%。

3. 计算生态环境质量（功能与稳定性）（选择 4 项指标）：

$$EQ = \sum_{i=1}^{n} A_i/N \tag{7-4}$$

式中　EQ——生态环境质量（功能与稳定性）；

A_1——土地生态适宜性（以土地的生态适宜性大小给分，分阈值 0～100）；

A_2——植被覆盖度（以土地的实际覆盖度为权重，值阈按实际覆盖度除以 100 计）；

A_3——抗退化能力赋值（群落抗退化能力强时赋值 100，较强者赋值 60，一般水平赋值 40，一般以下赋值为 0）；

A_4——恢复能力赋值（群落恢复能力强赋值 80，较强赋值 60，一般赋值 40，一般以下赋值 0）；

N＝4。

EQ 值划分标准及相应生态级别见表 7-10。

表 7-10　EQ 值划分标准及相应生态级别

EQ 值	100～70	69～50	49～30	29～10	9～0
生态级别	Ⅰ	Ⅱ	Ⅲ	Ⅳ	Ⅴ

使用方法：专家评分法，即对开发建设活动前后分别给分计算。

（二）景观生态学方法的应用

景观生态学方法应用于城市和区域土地利用规划与功能区划；区域生态评价；特大型建设项目环境影响评价；景观资源评价。

（三）景观生态学的判别

根据下列原则或方法，判别生态问题：

1. 景观镶嵌的稳定性以三种方式增大

在完全没有生物量时，趋于物理系统稳定性；存在低生物量时，受干扰后趋于较快速恢复；当存在高生物量时，通常对干扰有较高抵抗力，但干扰后恢复得相对较慢。

2. 景观改变的法则

在未受干扰的条件下，水平景观结构倾向于累进地变得均一；中等干扰能迅速地增大异质性；严重的干扰可能增大异质性，也可能减少异质性。

植被中的镶嵌性大多数是由“干扰”引起的。这种干扰包括自然的和人为的。多重干扰的相互作用、干扰的累积影响等，对敏感生境和环境质量保护十分重要。

3. 养分再分布法则

景观要素中的矿物养分再分布速率随着景观要素受干扰的强度的增加而增大。

4. 尺度法则

空间格局和生态过程相互关联；在某种空间和时间尺度上了解景观问题将受益于在较细和较大尺度上的试验和观察；在不同的空间和时间尺度上，生态过程的影响和重要性是不同的，如生物地理过程在决定区域格局上的重要性比决定局部格局要大；不同的种和有机体类群在不同的空间尺度上起作用，因此须重视从不同的尺度上研究；研究特定的问题应选择合适的尺度。

5. 结构（格局）影响功能

如景观连接度对生物种分布、运动和持久性影响很大，板块的大小、形状和多样性影响生物种的多度格局。

从较大的空间格局看，廊道对生物种有很大影响：绿色廊道如树篱，有助于植物种和动物种从一个资源拼块运动到另一个资源拼块内，有助于生物多样性的维护；而人造的廊道如高速公路等，却可起分割生境、阻碍物种运动交流的作用，易造成生物种的损失。据海南三亚地区的研究，廊道（树篱）的宽度效应在12m以上，大于12m时，草木种类的平均数是窄带时的2倍以上。

6. 层系性质

一般来说，低层次的事件比较小型和快速，较高层次的行为较大型和较缓慢。研究不同的问题须选择合适的层次，并注意其上部层次可成为其边界约束，而其下部层次可用于解释有关问题。

7. 土地规划须遵循的法则

在一给定的区域单元内，占优势的土地利用类型必须不成为唯一存在的类型，至少地表的10%～15%必须为其他土地利用类型或生态区元；即在集约农业和城市工业土地利用规划中，至少应有10%的地面保持自然、近自然和半自然生态系统，称为“10%急需律”。

六、生态系统综合评价法

生态系统是由多因子（生物因子和非生物因子）组成的多层次的复杂体系和开放系统，其系统内部各因子和系统与外部环境之间有着千丝万缕、密不可分的相互联系和相互作用。采用定性与定量相结合的方法认识和评价这样的复杂系统，是目前最常见的评价方法，这就是层次分析法。

层次分析法（AHP法）是一种对复杂现象的决策思维过程进行系统化、模型化、数量化的方法，所以又称多层次权重分析决策法。

（一）AHP方法

该方法的一般步骤如下：

1. 明确问题

即确定评价范围和评价目的、对象；进行影响识别和评价因子筛选、确定评价内容或因子；进行生态因子相关性分析，明确各因子之间的相互关系。

2. 建立层次结构

根据对评价系统的初步分析，将评价系统按其组成层次构筑成一个树状层次结构。在层次分析中，一般可分为3个层次：目标层、指标层、策略层。

目标层：又可分为总目标层和分目标层。在区域生态环境质量评价中，社会－经济－自然复合生态系统可作为总目标层；生态环境分解为自然生态环境和社会生态环境两个系统，并以一定的指数表达，可作为分目标层。

指标层：指标层是由可直接度量的因素组成，如大气二氧化硫浓度，土地的生物生产力，植被覆盖率等。有些生态因子的表征指数比较复杂，可能由若干因子组成，所以指标层也有时包括分指标层。例如 i 是土壤一个重要的生态因子，是评价生态系统质量中的一个重要指标，但土壤可由pH值、污染指数、有机质含量、氮磷钾含量（肥力指标）、土壤容重、团粒结构、抗侵蚀能力、渗透性等多个分指标表征，其本身实际可构成一个层次分析的结构体系。

策略层：对每一个指标的变化和发展都会有不同的发展方向和策略方案，即具有不同的可供选择的后果和对策措施。

3. 标度

在进行多因素、多目标的生态环境评价中，既有定性因素，又有定量因素，还有很多模糊因素，各因素的重要度不同，联系程度各异。在层次分析中针对这些特点，对其重要度作如下定义：第一，以相对比较为主，并将标度分为 1，3，5，7，9 共 5 个，而将 2，4，6，8 作为两标度之间的中间值；第二，遵循一致性原则，即当 C_1 比 C_2 重要、C_2 比 C_3 重要时，则认为 C_1 一定比 C_3 重要。

4. 构造判断矩阵

在每一层次上，按照上一层次的对应准则要求，对该层次的元素（指标）进行逐对比较，依照规定的标度定量化后，写成矩阵形式。此即为构造判断矩阵，是层次分析法的关键步骤。判断矩阵构造方法有两种：一是专家讨论确定，二是专家调查确定。

5. 排序计算

排序计算的实质是计算判断矩阵的最大特征根及相应的特征向量。此外在构造判断矩阵时，因专家在认识上的不一致，须考虑层次分析所得结果是否基本合理，需要对判断矩阵进行一致性检验，经过检验后得到的结果即可认为是可行的。

最大特征根值及一致性检验方法如下：

通过计算 $\lambda_{\max}$ 和 W 使得

$$A_{n\times n} = \lambda_{\max} W \tag{7-5}$$

式中，$A_{n\times n}$ 为 $n\times n$ 阶互反性判断矩阵；$\lambda_{\max}$ 为最大特征根；W 为最大特征根所对应的特征向量，计算过程如下：

取归一化的初值向量 $W_0=$（W_i^0，…，W_n^i），计算：

$$A_{n\times n}\cdot W^{i-1} = W^i \tag{7-6}$$

直至收敛，停止计算，则 $W=$（W_1^i，W_2^i，…，W_n^i）^{w}

$$\lambda_{\max} = \sum_{j=1}^{n} A_{ij} W_j / W_i \quad (i=1,2,\cdots,n) \tag{7-7}$$

求得的 W 便是要求的排序权重。$\lambda_{\max}$ 可用于矩阵的一致性判断：

$$CR = \frac{(\lambda_{\max}-n)/(n-1)}{RI} \tag{7-8}$$

当 CR 值小于 1 时被认为一致性可接受（RI 可参考层次分析的有关书籍）。

6. 选择评价标准

通过上述 5 个步骤确定了区域生态系统综合评价的指标体系、层次结构及各层的权重，接着应确定相应于指标体系的评价标准体系。

评价标准有些可根据国家颁布的标准，如地面水环境质量标准、渔业水质标准、农田灌溉水质标准、空气质量标准等；社会体系的标准有些可根据国家社会经济发展规划或有关规定确定；有些标准则须经专家研究确定，如自然生态体系的标准等。

7. 评价与判别

评价一般采用指数方法。在区域生态环境综合评价中，对生态环境质量可作表 7-11 所述的综合性判别。

表 7-11 生态环境质量综合判别

等级	表征状态	指标特征
Ⅰ	理想状态	生态环境基本未受干扰破坏，生态系统结构完整，功能较强，系统恢复再生能力强，生态问题不显著，生态灾害少
Ⅱ	良好状态	生态环境较少受到破坏，生态系统结构尚完整，功能尚好，一般干扰下可恢复，生态问题不显著，灾害不大
Ⅲ	一般状态	生态环境受到一定破坏，生态系统结构有变化，但尚可维持基本功能，受干扰后易恶化，生态问题显现，生态灾害时有发生
Ⅳ	较差状态	生态环境受到较大破坏，生态系统结构变化较大，功能不全，受外界干扰后恢复困难，生态问题较大，生态灾害较多
Ⅴ	恶劣状态	生态环境受到很大破坏，生态系统结构残缺不全，功能低下，退行性变化，恢复与重建很困难，生态环境问题很大并经常演变成生态灾害

（二）AHP 方法的应用

AHP 主要应用评价区域性生态环境总体质量及其变化、区域生态环境功能区划、大中型建设项目的生态评价、自然保护区质量评价、社会经济环境综合决策分析。

七、生物生产力评价法

生态系统的生物生产力是系统的首要功能表征。衡量其功能优劣有三个基本生物学参数：生物生长量、生物量和物种量。

生物生长量是生态系统在单位空间和单位时间所能生产的有机质的数量，即生产的速率，以 t/hm^2 表示，在生态评价中，一般不需要全面测定生物（全部动植物）的生长量，多以绿色植物的生长量代表之。生物生长量既表征系统的生产能力，也在一定程度上可表征系统受影响后的恢复能力。

生物量是指一定空间内某个时期全部活有机体的数量，又称现有量，在生态评价中，一般选用标定相对生物量作表征的指数。“标定”是指考虑了非生物学参数的作用（如土壤中的有机质和有效水分含量等）而得出的参数。

物种量是指单位空间（如单位面积）内的物种数量。物种量是生态系统稳定性以及系统与环境和谐程度的表征。生态评价中亦用标定物种量的概念，并且将物种量与标定物种量的比值，即标定相对物种量，作为评价的指标（P_s）。

生物生产力一般表达式为

$$P_q = P_n + R \tag{7-9}$$

$$P_n = B_q + L + G \tag{7-10}$$

式中 P_q——总生物生产量；

P_n——净生物生产量；

R——生物呼吸作用消耗量；

B_q——活物质生产量；

L——枯枝落叶量；

G——被动物消耗掉的生物量。

由于生物生长量的变化极不稳定，因此生态评价中常选用标定生长系数作指数，即取生长量与标定生物量的比值：

$$P_a = \frac{B_q}{B_{mo}} \tag{7-11}$$

式中 P_a——标定生长系数，P_a 值增大，则生态环境质量趋好。

B_{mo}——标定生物量。

标定相对生物量（P_b）为：

$$P_b = \frac{B_m}{B_{mo}} \tag{7-12}$$

式中 B_m——生物量；

B_{mo}——标定生物量；

P_b——标定相对生物量，P_b 值增大，表示生态环境质量趋好。

标定相对物种量（P_s）为：

$$P_s = \frac{B_s}{B_{so}} \tag{7-13}$$

式中 B_s——物种量（种数/hm^2）；

B_{so}——标定物种量（种数/hm^2）；

P_s——标定相对物种量，P_s 越大，环境质量越好。

八、其他方法

针对生态环境的不同特点与属性，或者针对不同的评价问题，不同的专家从各自的专长出发，探索和试验了多种多样的方法。

（一）多因子数量分析法

从生态环境在一定时间、一定范围所发生的变化是由各生态因子的变化和状态所决定出发，通过测定各生态因子的变化趋势，进行生态因子相关性分析和主分量分析，进而进行生态环境变化的趋势分析。有人以此方法分析了采取乔灌结合的治沙措施后沙漠化土地逆转过程中生态环境的相应变化。

（二）回归分析法

回归分析是研究两个及两个以上变量之间相互关系的一种统计分析方法。回归分析的变量中有一个是因变量，其余是自变量，分析时要通过监测或观察数据来寻找自变量和因变量之间的统计关系。

回归分析一般包括确定变量之间的回归方程，对回归方程是否合适进行统计检验，当有多个自变量时需要进行选择以确定具有显著影响的变量，进行预报等几个步骤。

生态评价中，往往需采用多元线性回归分析法，而且除部分问题属于线性关系外，大部分问题实质上是非线性的，因而或者需将非线性问题简化为线性问题处理，或者需进行多元线性模型分析。

（三）解决特别问题的数学方法

应用相关分析法，可分析生态因子间的相关关系和重要度。

应用主成分分析法，可分析生态环境的主要影响因子或主要问题等。

应用聚类分析进行各因子亲疏关系分析，可用于进行生态区划等。

（四）系统分析法

对于多目标的动态性问题，可采用系统分析法进行评价。许多学者尝试应用系统动力学方法、模糊综合评判法、灰色关联分析等方法，用于生态评价。

生态环评方法正处于蓬蓬勃勃的发展时期，这些方法各有千秋。不管采取什么方法，其可靠性最终取决于对生态环境的全面认识和深刻理解。获取可靠的资料数据，仔细分析生态环境的特点、本质和各要素之间的内在联系，是评价成功的关键。

第四节 生物多样性评价和风景资源评价

一、生物多样性评价

生物多样性评价重在实地调查，包括生态系统和生物种的历史变迁调查和现状调查及主要问题等。评价目的是为了有效保护生物多样性，以保持区域可持续发展所依赖的资源基础和生态环境基础。生物多样性包括生态系统多样性、群落多样性、物种多样性。一般以物种多样性评价为基础。

（一）生物多样性调查

1. 植物样地设置与调查

乔灌木林样地从 20m×20m 开始，逐倍扩至新物种不再出现时为止。草本植物可按植物一面积曲线确定最小调查面积，当最小面积很大时，可采用 1m×1m 样方进行随机取样。不同生态系统均选择样方进行调查。

2. 动物调查

根据调查对象栖息活动范围和生境，选择一定路线，调查一定面积上的动物种及其生境。

（二）生物多样性定量评价

1. 物种多样性指数

Shannon－Wiener 多样性指数：

$$H = -\sum_{i=1}^{n} P_i \log_2 P_i \tag{7-14}$$

式中，P_i 为第 i 种的个体数 n_i 占总个体数 N 的比例。式（7-14）含义为以各个种的相对多度来反映群落的物种多样性，即反映群落的物种丰富度。

一般说来，北温带地区木本植物 H 值多小于 2，草本植物 H 值在 2.0～2.5 之间。

本法亦可用于群落多样性、生态系统多样性的表达。

2. 均匀度

均匀度的定义为：

$$E = \frac{H}{H_{\max}} \tag{7-15}$$

式中，E 为均匀度，$H_{\max}$ 为最大多样性。设群落中物种总数为 T，当所有种都以相同比例（$1/T$）存在时，将有最大的多样性，即 $H_{\max} = \log_2 T$。

样地中，各个种多度的均匀程度，即是每个种个体数量间的差异。种的多样性与种间个体分布的均匀度有关。

3. 优势度

优势度的定义为：

$$D = \log_2 T + \sum_{i=1}^{n} P_i \log_2 P_i \tag{7-16}$$

式中，D 为优势度，T 为总丰富度，即群落中物种总数。

优势度表明群落中占统治地位的物种及其分布。

（三）生境评价

生境是生物活动的场所，它由生物赖以生存的生物环境与非生物环境构成。生境破坏是导致生物多样性损失的最重要原因。生境评价的方法和步骤如下：

首先，分析对象物种的生境要求，明确影响其种群及行为的限制因素或主导因素。一般可从如下几个方面进行分析：物理环境因素，如海拔高度、地貌地形、水分获取、隐蔽要求等；生物环境因素，如食物来源，天敌与竞争物种、病害威胁等；化学环境因素，如水质、空气质量、污染抗性等；人为干扰因素，如森林砍伐、水源改变、生境切割或挤占、工农业生产活动和土地利用改变等。

其次，建立评价准则，进行单项因素的适宜性分析。针对各种影响生境的因素，建立适宜性评价准则的矩阵，运用生态的适宜度模型或其他方法，分析生境适宜性。

最后，根据一定的准则，进行生境的综合分析与评价，分析评价的空间单元对象物种的适宜性特征。根据单项因素的适宜性分析，分别明确物理环境因素制约下的适宜生境范围与分布、化学环境因素制约下的适宜生境范围与分布、生物环境因素制约下的适宜生境范围与分布等，并综合物理的、化学的、生物的环境适宜性，得出综合性的适宜生境范围与分布，进而分析人类活动的干扰和影响，就可以明了应实施的保护措施和保护对象。

生境评价可以地理信息系统作为一种空间分析的工具，但取决于对评价问题的理解和对有关领域知识的掌握与运用。

二、风景资源评价

（一）风景资源的单项评价

表征风景资源质量的指标有建设年代、地理位置、优美程度、稀缺程度和游人数目等五项。

1. 建设年代

这是表征风景资源的时间指标。对于各个时期的名胜古迹、人文景观的历史价值，根据其开发年代，给出相应的评分值 A_1。

$$A_1 = 21 - t \tag{7-17}$$

式中，t 为风景建设的年代（世纪）。

另规定，公元前的风景资源评分值为 21 分。

2. 地理位置

这是表征风景资源的空间指标。一般以距离省会城市的远近给予相应的评分值 A_2。即离省会中心城市 100km 的范围内给予 10 分，以后每增加 100km，评分值降低 1 分，不足 100km 按 100km 计。另规定最低评分值为 0。

3. 优美程度

以优美程度作为评价风景资源艺术价值的标准，并根据风景资源的情况（表7-12），采用专家咨询（参见第二章第五节）给出评分值 A_3。

表 7-12 风景资源的优美程度赋值

优美级别	一级	二级	三级	四级	五级
评分值	10	8	6	4	2

4. 稀缺程度

以稀缺程度作为评价风景资源在国内外的地位，也采用专家咨询给出评分值 A_4（表 7-13）。

表 7-13 风景资源的稀缺程度赋值

稀缺级别	世界级	国家级	省市级	区县级
评分值	10	7	4	1

5. 游人数目

游人数目可以综合风景资源的环境效果。各风景由于建设年代、所处的地理位置、优美程度和稀缺程度不同而对游人的吸引有所差异，因此游人数目的多少反映了风景区的环境质量的效果。可以根据游人的数目给出相应的评分值 A_5（表 7-14）。

表 7-14 游人数目的评分值

游人数目（万/a）	＞500	500～200	200～100	100～50	＜50
评分值	10	8	6	4	2

（二）风景资源的综合评价

对上述 5 项指标进行单项评价后，便可在其基础上采用加权平均指数进行风景资源的综合评价。其评价模型为：

$$A = \sum_{i=1}^{5} W_i A_i \tag{7-18}$$

式中，A 为风景资源的综合评价值，W_i 为每个单项指标的权重，其确定方法可采用层次分析法或参见本书有关章节。

最后，对风景资源的综合评价值进行质量分级，并给出相应的评语（表7-15）。

表 7-15 风景资源的综合评价等级

评分值 A	＞20	20～15	15～10	10～5	＜5
等级	一级	二级	三级	四级	五级

习 题

1. 环境和生态环境的概念有什么区别和联系？生态环境有哪些功能？
2. 生态评价与现行的环境评价相比，有哪些不同点？
3. 生态评价的实质是什么？
4. 生态评价应该遵循哪些基本原则？
5. 如何确定生态评价的范围？
6. 生态评价的标准应符合哪些基本要求？常用的生态评价标准有哪些？
7. 生态环境调查的内容包括哪些？
8. 怎样进行生态分析？
9. 生态评价的方法有哪些？各怎样进行？
10. 怎样进行生物多样性评价？怎样进行风景资源的评价？

第八章 环境质量综合评价

第一节 概 述

一、环境质量综合评价的概念

在评价和研究环境质量时，从大气、水体、土壤和生物等单一环境要素考虑，用污染物的时空变化，污染物的超标率、检出率、分布状况和影响程度等来表示，客观上反映了环境质量水平。但在实际环境中，单一污染物或单一环境要素所造成的影响，远小于多因素联合作用所造成的污染结果。因此，应在了解单一环境要素污染状况与影响的同时，查明多要素之间的关系及其影响的程度，将大量的环境监测数据和调查材料系统地加以分析与进行环境质量指数的计算，从宏观的角度研究多要素的联合作用，并对环境质量变化的时空分布进行综合分析，对区域性总体环境质量状况进行综合评价。简言之，环境质量综合评价就是按照一定的目的在对一个区域的各种单要素评价的基础上，对环境质量进行总体的定性和定量的评定。

环境质量综合评价与单要素环境质量评价的主要不同点在于：综合评价是将某一环境体系看成是一个整体，即一个环境基本单元，在考虑它的功能的同时，突出其中某一项或某几项主要污染问题，将其与人体健康以及防治对策作为主要的研究目标，进行总体的环境质量评定。

二、环境质量综合评价的原则

1. 主要关系原则

要正确进行综合评价,必须弄清区域环境中的各种环境要素变化之间的因果关系和主次关系,这不仅可以深刻地认识评价对象,也便于划分环境要素的等级体系,确定适宜的权系数值,有助于正确地评价环境质量状况和计算环境污染所产生的效益与损失。

2. 总体估计原则

环境质量综合评价，就已建项目和待建项目对各种环境要素所造成的综合影响，作一个总体估计和比较。要求既要有一定的准确性和可比性，又不能过于精细和烦琐。这就既要注意所选择的评价环境要素和评价参数有代表性，又要考虑经济、技术力量的可能性，要避免评价工作的复杂化。

3. 经济补偿原则

环境质量综合评价中往往要落实到经济效益和损失上。建设项目对环境所造成的影响，有的损失是永久性的，如修建水库所造成的损失；有的损失是周期性的；有的损失是偶然性的，如旱灾或涝灾。这些损失不能直接比较，因此，在计算经济损失时应按一次性补偿的原则来确定。“三废”污染物对农业环境所造成的损失，按其污染面积的大小，轻重程度酌情补偿。

4. 贵极无价原则

所谓贵极无价原则是指少数贵重的稀世珍品，即是无价之宝，如濒临灭绝的珍稀物种、独一无二的文物古董、自然奇观，其价值无穷，无法用数量来表示，对这些事物只能用特殊的符号来表示而不能估价。

三、环境质量综合评价的程序

环境质量综合评价没有固定的模式，通常根据评价目的和评价区域的特点来确定评价的程序。国内外已进行的环境质量综合评价的方法大体上可分二类，一是所谓的两步法（图 8-1），首先进行单要素评价，然后归纳这些评价结果，得出环境质量综合评价；二是所谓的一步法，即根据评价目的，直接选用最能反映环境质量的某些环境要素和某些有代表性的参数，直接求出环境质量综合评价值。

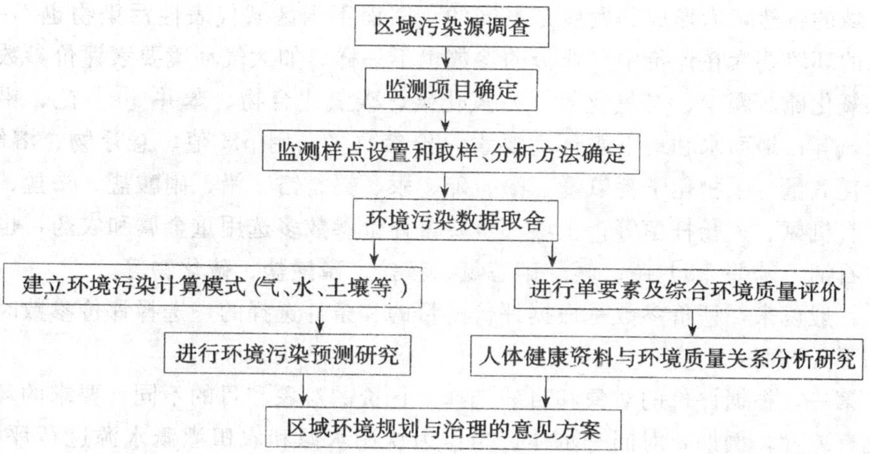

图 8-1　两步法评价程序

国内开展的环境质量综合评价工作，大多是突出环境污染物对人体的影响这一关键问题，将评价落实在指导制定污染防治途径上。根据国内环境质量评价的实际情况及要求，环境质量综合评价程序可参考图 8-1 制定。

四、评价要素的选择

对一个具体的环境，往往包括多个环境要素，在进行评价要素选择时，应根据评价的目的及条件，不漏掉主要评价要素为原则，使评价结果能较客观地反映评价区域的环境质量特征及规律。

如以控制污染为主要目标，则应抓住与人体健康，农业生物生长条件等有关的要素，并力求突出其中的主要问题。通常把地表水、土壤、大气、农副产品等几个环境要素作为评价要素，并将大气、地表水和食物污染问题等并重，突出主要污染问题。

如以改善环境质量为主要目标，则应抓住与人们生活、生产等活动有关的各种环境要素。例如：土壤、地表水、地下水、道路交通、生产设施等。

如以保护、利用和开发为主要目标，则应抓住生物资源、土地资源、水资源、能源等环境要素。突出资源的合理开发和利用的问题。

但是在区域的综合评价中，往往兼有上述两方面或三方面的目标。此时，则应同时包含有关的环境要素，以满足评价目的与要求为原则。

五、评价因子的选择

在确定了综合评价的环境要素后，还应选择适当的评价参数。因为不同的环境区域的自然环境形成和发展是不同的，因而不同区域代表性污染物也不一样。不同的环境要素在评价中可选择的参数也不一样。如大气环境要素评价参数多选用二氧化硫、飘尘、二氧化氮、一氧化碳、碳氢化合物、苯并［a］芘、铅、农药和氟等；地面水和地下水环境要素评价参数多选用 pH 值、悬浮物、溶解氧、化学耗氧量、生物化学耗氧量、酚、砷、汞、镉、铬、铅、硝酸盐、铵盐、磷酸盐、有机氯、大肠杆菌等；土壤环境要素评价参数多选用重金属和农药，也选用酚、石油、苯并［a］芘、氟、硝态氮、铵盐、磷酸盐、硫化物等。

一般说来，评价参数是根据评价的目的和条件选择的，选择评价参数时应考虑如下几方面：

第一，根据评价的对象和目的选择　评价的对象和目的不同，要求的环境质量也有差异。例如，对同一水体，当作为饮用水源和农田灌溉水源进行评价时，所选择的评价参数就不同。前者主要选用与人体健康有关的参数，如大肠杆菌、水的硬度和毒理学指标等。而后者主要选用重金属、农药、石油、酚、氰化物等指标作评价参数。

第二，根据评价区域排入的有害污染物的特点选择　不同地区的产业结构、布局、数量、规模不同，地质结构和成土母质不同，对环境释放出来的有害物质也不相同。只有从主要污染物中选择评价参数，才能体现这一地区环境质量优劣的真实性和改造控制环境质量的可能性。

第三，应尽量选择国家规定的监测项目　我国相继提出了一系列环境污染监测项目和标准。这些标准都是从毒性大小，对人体健康的危害程度，对生物生存的影响程度，以及对环境质量的影响情况等多方面的考虑制定的。当评价一个特定区域环境时，应尽量选择国家有关规定的监测项目和标准规定中的项目。这样不仅使评价有所规范，而且使得有关参数有标准可循，使评价的质量准确而又有效。

如评价参数没有国家规定的标准，可根据本地区调整，以确定不同数据所反映的环境状况，定出标准。就综合环境质量评价而言，概括起来，选择评价参数的限制条件是：①在评价区域内，所选择的评价参数应能表达本地区环境受到的影响程度；②所选择的评价参数在评价方法上能解决定量化问题，以便确定评价函数和确定权系数。

六、评价标准的确定

环境质量综合评价和单要素评价一样，应选择适应的环境质量标准。评价标准选择的依据是：

第一，我国已经颁布的环境质量标准。有地方标准的应首先选用地方标准，无地方标准的再选用国家标准。

第二，我国环境质量未规定的项目，可以选用本地区、国内外相应地区的环境质量标准、背景值作为评价的参考标准。

第三，所选择的评价标准，应从防治污染造成当前的和今后的影响出发，能保障人民身体健康需要，保障生物生存生长、农副产品符合品质质量要求的环境质量标准，作为环境质量综合评价的标准。

七、评价参数权系数的确定

为了说明某一要素或全环境质量的好坏，需要将等标化后的评价参数综合起来，即是将评价参数质量分指数加权，这就需要确定评价参数的权系数（也称权重值）。正确地确定权系数应包括两个方面的工作，一是要深入研究标志污染物所在区域环境中的污染状况及对生物和人体健康的影响，特别要加强多种污染物联合作用的毒理学研究；二是要运用现代数学工具进行数学分析。

环境质量综合评价中涉及两次（或一次）加权，第一次是单个环境要素质量评价时的加权；第二次是环境整体质量综合评价时的加权。由于污染物的权系数难以定论，又考虑到引用的标准有一定的权系数意义，所以通常采用均权处理。

对环境质量评价的权系数值可采用下述方法确定：

（1）根据群众来信或征求群众意见后，由专家确定权值　例如选取环境要素后，可根据人民来信进行统计分析，并结合当地环境污染特点提出相应的加权值。

（2）根据生产需要确定　例如，一条河流，可以根据饮用、灌溉和养鱼用水等的需要量确定权值。

（3）根据环境容量确定　环境容量是指环境对某种污染物可容纳的程度。可用下式求得：

$$V_i=\frac{S_i-B_i}{B_i} \tag{8-1}$$

式中　V_i——i 物质环境容量的倒数；

S_i——i 物质的环境质量标准值；

B_i——环境本底值。

权值 W_i 可用下式求算：

$$W_i=\frac{V_i}{\sum V_i} \tag{8-2}$$

（4）模糊数学法　利用模糊数学法可从几组权系数方案中选择最优的一种方案。本法将在第二节详细介绍。

第二节　环境质量综合评价方法

一、决定论评价方法

略，有关内容见本书第二章第四节。

二、经济论评价方法

略，有关内容见本书第九章第六节。

三、多要素环境质量综合指数法

对环境中某一个要素的环境质量分指数评价方法，适用于地表水质评价、空气质量评价、土壤环境质量评价及非污染生态环境质量等单要素。但是，一个区域的环境是由多种环境要素，如大气、水、土壤、生物、生态系统和社会经济环境等诸多方面组成的复杂综合体系。因此，要评价一个区域的环境质量，不仅要对其中每个环境要素进行评价，还需要对一个区域的环境质量进行综合评价，以得出该区域环境总的质量状况。

从目前国内外的环境质量评价实践来看，由多个要素的环境质量分指数产生环境质量综合指数的主要方法是对各指数的线性加权求和，得到一个综合评价指数后，根据综合指数的范围对最终的评价对象确定其环境质量等级，而对分指数的非线性和相互耦合作用则较少考虑。

已见报道的加权求和综合指数有：加拿大总环境质量指数（专家确定权值法）、美国国家野生生物联合会（NWF）环境质量指数（专家评分法）、日本大阪府环境污染综合评价（主成分分析定权法）、北京西郊环境质量综合评价系数（直接加和法）、北京东南郊环境质量综合指数（模糊聚类评判法）、沈阳地区环境质量综合评价值（加权求和法）等。

在这些综合指数计算中，权重的确定仍然是方法的关键。最常用的权重确定的方法有专家评分法、主成分分析法、层次分析法、模糊综合评判法等。前两种方法在本书已有介绍，这里主要介绍后两种评价方法。

1. 层次分析法

近来，基于专家评分法的层次分析法（Analytic Hierarchy Process）正得到人们的重视。与专家评分法直接确定权重系数相比，T. L. Saaty 于 1980 年提出的层次分析法更具科学性、系统性、完整性和层次性。该方法所需数据量少、评分花费的时间短、计算工作量小、易于理解和掌握，现在已成为系统科学中常用的决策分析工具。该方法在环境质量评价中的初步应用介绍如下。

（1）专家调查评分重要性程度

确定权重的专家调查评分法，其方法是对单个因子相对于分指数的重要性评估后，直接计算出相对重要性并归一化后得到权重系数。层次分析法的基础也是专家调查评分，但对比评分和计算权重系数方法不同。试验表明，人们对多个因子的不同重要程度作比较时，进行比较和判断的因子不能过多。通常人能同时比较的因子数不能超过 7 个。然而，对于两个因子之间重要程度差异的比较，人完全能够胜任。因此对于多因子权重分析可采用“两两比较法”，每次在 n 个因子中只对两个因子相互比较相对重要性，并设定对 i 与 j 两个因子进行重要程度比较时作如下约定：

$$i, j\ \text{比较}\begin{cases}\text{极为重要记为 } 9\\ \text{重要得多记为 } 7\\ \text{重要记为 } 5\\ \text{稍重要记为 } 3\\ \text{一样重要记为 } 1\\ \text{稍次要记为 } 1/3\\ \text{次要记为 } 1/5\\ \text{次要得多记为 } 1/7\\ \text{极为次要记为 } 1/9\end{cases}$$

2，4，6，8 用于重要性程度之间的中间值。

(2) 构造多因子比较矩阵

设有 n 个需要比较的因子 x_1、x_2、……、x_n 和评分者（环境专家或公众代表）对话，进行两两因子之间重要程度的比较，可得到如下结果。

	x_1	x_2	……	x_n
x_1	a_{11}	a_{12}	……	a_{1n}
x_2	a_{21}	a_{22}	……	a_{2n}
…	…	…	……	…
x_n	a_{n1}	a_{n2}	……	a_{nn}

将结果写成矩阵得到比较矩阵 A

$$A = [a_{ij}]_{n\times n}$$

该矩阵是一个 n 阶互反性判断矩阵，矩阵元素有：$a_{ii}=1$，$a_{ij}=1/a_{ji}$，进行两两比较的次数为 $n(n-1)/2$。

(3) 因子权重系数的确定

对比较矩阵 A 先计算出最大特征值 $\lambda_{\max}$，然后求出其相应的规范化的特征向量 W，即

$$AW=\lambda_{\max}W$$

式中，W 的分量（w_1，w_2，…，w_n）就是对应于 n 个因子的权重系数。

(4) 求解特征值和特征向量

直接求解矩阵 A 的特征向量比较麻烦。由于专家进行两两因子相对重要性比较的精度有限，在实际工作中常用两种近似算法可以简便地计算权重系数。

① 和积法　这种方法的步骤为：

对 A 按列规范化

$$\overline{a_{ij}}=a_{ij}/\sum a_{ij}$$

再按行相加求和数

$$\overline{W_i}=\sum \overline{a_{ij}}$$

再规范化，即得权重系数 W_i

$$W_i=\overline{W_i}/\sum \overline{W_i}$$

② 方根法　这种方法的步骤为：

按行元素求几何均值，得

$$W_i=\left(\prod a_{ij}\right)^{1/n}$$

规范化，即得权重系数 W_i：

$$W_i=\overline{W_i}/\sum \overline{W_i}$$

（5）一致性检验

用两两比较法得到的比较矩阵可能会发生判断不一致，所以需要进行一致性检验。所谓一致性，即指当 x_1 比 x_2 重要、x_2 比 x_3 重要时，则认为 x_1 一定比 x_3 重要。当判断完全一致时，应该有 $\lambda_{max}=n$，定义一致性指标 C. I. 为：

$$C.I.=(\lambda_{max}-n)/(n-1)$$

当一致时，C. I. =0；不一致时，一般 $\lambda_{max}>n$，因此，C. I. >0。关于如何衡量 C. I. 值可否被接受，Saaty 构造了最不一致的情况，就是对不同 n 的比较矩阵中元素，采取 1/9，1/7，1/5，…，5，7，9 随机取数的方式赋值，并且对不同 n 用了 100～500 个子样，计算其一致性指标，再求得平均值，记为 C. R. 。其实验结果为：

n	3	4	5	6	7	8	9	10	11
C. R.	0.58	0.90	1.12	1.24	1.32	1.41	1.45	1.49	1.51

只要满足 C. I. /C. R. <0.1，就认为所得比较矩阵的判断可以接受。

最大特征值的简易算法是：

$$\lambda_{max}=\sum [AW]_i/nW_i$$

（6）实例计算

例 8-1　某水电工程项目环境影响评价。综合评价目标集合的上层归结为五个因子需要考虑，即经济效益、社会效益、工程建设影响、生态环境改善、移民生活水平提高等。分别设为 x_1，x_2，x_3，x_4，x_5。经过专家评分比较的结果是：

① x_1 与 x_2 相比，x_1 稍微重要，所以 $a_{12}=2$；

② x_1 与 x_3 相比，x_1 较为重要，所以 $a_{13}=4$；

③ x_1 与 x_4 相比，x_1 极为次要，所以 $a_{14}=1/9$；

④ x_1 与 x_5 相比，x_1 稍微次要，所以 $a_{15}=1/2$；

⑤ x_2 与 x_3 相比，x_2 稍重要，所以 $a_{23}=3$；

⑥ x_2 与 x_4 相比，x_2 次要，所以 $a_{24}=1/6$；

⑦ x_2 与 x_5 相比，x_2 稍次要，所以 $a_{25}=1/3$；

⑧ x_3 与 x_4 相比，x_3 极为次要，所以 $a_{34}=1/9$；

⑨ x_3 与 x_5 相比，x_3 次要得多，所以 $a_{35}=1/7$；

⑩ x_4 与 x_5 相比，x_4 稍重要，所以 $a_{45}=3$。

下面通过方根法列出计算结果，见表 8-1。

表 8-1　方根法计算权重系数结果

项　目	x_1	x_2	x_3	x_4	x_5	按行求积	n 次幂	规范化	$[AW]_i$
x_1	1	2	4	1/9	1/2	0.4444	0.8503	0.110	0.5775
x_2	1/2	1	3	1/6	1/3	0.0833	0.6084	0.079	0.4034
x_3	1/4	1/3	1	1/9	1/7	0.0013	0.2654	0.034	0.1815
x_4	9	6	9	1	3	1458.0	4.2929	0.557	2.9915
x_5	2	3	7	1/3	1	14.000	1.6952	0.220	1.1036

由表中结果，可得：

$$\lambda_{max}=1/5\ (0.5775/0.110+0.4034/0.079+0.1815/0.034 +2.9915/0.557+1.1036/0.220) =5.204$$

计算 C. I. 得：

$$C.I.=\lambda_{max}-n/(n-1)=5.204-5/(5-1)=0.051$$

查表 $n=5$ 时，C. R. ＝1. 12，计算得：

$$C.I./C.R.=0.051/1.12=0.045<0.1$$

所以，专家评分所得结果的一致性可以被接受。求得的权重系数可以使用，即最终的权重系数为 $W=[0.11,0.08,0.03,0.56,0.22]$。

2. 模糊综合评价方法

环境是一个多因素耦合的复杂动态系统，“当这个系统的复杂性日益增长时，我们作出系统特性的精确而有意义的描述能力将相应降低，直至达到这样一个阈值，一旦越过它，精确性和有意义性就变成两个相互排斥的特性”。随着环境质量评价工作的不断深入，需要研究的变量关系也愈来愈多、愈加错综复杂，其中既有确定的可循的变化规律，又有模糊的一面。环境质量同时具有的这种精确与模糊、确定与不确定的特性都具有量的特征。有的时候可以用精确的语言来表述。有的时候则需要用模糊的语言来表述。因此，环境质量评价中引入了模糊评价方法是客观事物的需要，也是主观认识能力的发展。

（一）环境质量评价中引入模糊数学的原因

在环境质量评价的整个过程中，被评价的对象、评价方法甚至评价主体及其掌握的评价标准都具有不确定性。其原因可归纳为：认识上的局限性、数据的不充分或不可靠性、环境质量本身具有的随机性和可变性等三个方面。

1. 认识的局限引起的不确定性

（1）受环境科学发展的局限　对复杂的环境系统和重要的因果关系缺乏认识。

（2）受预测模式的局限　环境质量的预测模式是对实情的近似描述，它既是对环境系统的不严格的智力图像，也是物理、数学的高度抽象概括出来的具有严密结构的图式。因此，预测模式的局限性一方面表现在模式不可控制的变量中永远存在着不可确定性，另一方面表现在人们描述真实情况的能力。

（3）受监测技术发展的局限　目前，人们对环境质量的监测能力是有限的，根本原因是监测技术和分析手段尚不完善。

2. 环境监测数据的不充分和不可靠引起的不确定性

（1）受采样条件的限制数据不充分　如受仪器、时间、经费等原因的限制，监测数据少，时间、空间重复率低。

（2）数据的代表性差　在难以得到监测数据时，经常以外推的方式得到。如某种污染物对人体健康的效应—剂量曲线，是根据同一污染物在动物身上做实验来推断的。

（3）缺少历史累积数据

3. 随机性和可变性引起的不确定因素

（1）随机性是环境要素的一种属性，如影响大气和水体稀释自净能力的湍流过程就是一个随机过程。

（2）环境质量有其自身的演变规律，人类活动对环境质量的改变，是叠加在这个变化规律之上的。这也就体现了环境质量变化的可变性。

（3）预测误差中的随机性。

4. 评价主体的心理因素造成的不确定性

综上所述，在环境质量评价中，评价结论必然存在一定程度的不确定性。如何处理评价中的不确定性因素，不仅关系到评价结论是否全面地反映环境质量的价值，而且还关系到依据评价结论所做的决策是否正确。模糊数学兴起为确定和不确定，为精确与模糊的沟通发掘出一套数学方法，也为解决环境质量评价中的不确定性开辟了另一途径。

（二）模糊集合理论在环境质量评价中的应用

1. 模糊集合理论简介

随机性和模糊性都是不确定性。所谓随机性，是指事件的发生与否而言，但事件本身的含义是确定的，而是由于条件不充分，事件的发生与否有多种可能的不确定性，如在［0，1］上取值的概率分布函数就是描述这种随机性的；所谓模糊性，是指元素对集合的隶属关系而言，而事件本身的含义是不确定的，但事件的发生与否是可以确定的，因而元素对集合的隶属关系是不确定的。在［0，1］上取值的隶属函数就是描述这种模糊性的。模糊数学就是用数学的方法来研究、处理实际当中存在的大量不确定的、模糊的问题。

（1）集合　所谓集合是指具有某种性质的、确定的、彼此可以区别的事物的汇总。构成集合的事物叫做集合的元素，通常用大写字母 A、B、C…等表示集合，而小写字母 a、b、c…等表示元素。当元素 a 属于集合 A 时，记为 $a \in A$，当元素 a 不属于集合 A 时，记为 $a \notin A$。

（2）模糊集合　模糊数学研究的问题无法用一种精确的语言或概念来加以描述，只有通过在与普通集合的比较过程理解它。普通集合是用于描述“非此即彼”的清晰概念，因而它可用属于或不属于来确定集合的全体成员。如所有大于1的实数，可用集合

$$A = \{x \mid 1 < x < \infty\}$$

来表示。它表明大于1的实数都是 A 的成员，尽管 A 的元素无法一一列举，但其范围是可以完全确定的。

若将上述概念改为“所有比1大得多的实数”，这就变成一个模糊概念了。因为无法划出严格分明的界限，在此界限内部都属于“比1大得多的实数”，在此界限外都不属于。而只能说某数比1大得多的实数的程度高，另一数属于它的程度低。又如，判断评价环境质量未污染、污染较重、污染严重等，都很难找出一个分明的界限，它们都是一些模糊概念。因此，对于模糊而言，不能用“属于和不属于”来表达。可用模糊集合 A

$$A: U \rightarrow [0, 1]$$

来表示，它表明 A 是论域 U 上的一个模糊集合。

（3）隶属度与隶属函数　隶属度表示元素 a 属于模糊集合 A 的程度，也就是对模糊集合的判断是用元素对此集合的从属程度大小来表达的。这样，即使集合界限模糊不清，也不影响我们对元素属于集合的判断，隶属度可以是0～1间的任何数。隶属度的概念是普通集合论和模糊集合论的关键区别。

根据用特征函数表示普通集的方法，可用隶属函数表示模糊集。隶属函数是指在论域 U 到［0，1］上的映射 u，即

$$u: U \rightarrow [0, 1]$$

当 $u(u)=1$ 时，则 u 完全属于模糊集合，当 $u(u)=0$ 时，则 u 完全不属于模糊集合，$u(u)$ 越接近1，u 属于 A 的程度就越大。显然，当隶属度只取0，1等值时，模糊集合便退化为普通集合了，即不确定性变成了确定性。

2. 环境质量综合评价的模糊数学模型

(1) 用隶属度刻画环境质量的分级界线

在模糊集理论中，运用隶属度为刻画客观事物中大量模糊的界线，而隶属度可用隶属函数来表达。在环境质量评价中，“污染程度”是一个模糊概念，从而作为评价污染程度的分级标准也应是模糊的，像水质、大气、土壤的分级界中常采用的数学指标作为分界线，界线两边截然分为不同级别。例如有的标准把一级水的溶解氧（DO）规定为8.0mg/L。如果实际情况是8.1mg/L则算作一级水，而7.9mg/L则算作非一级水，实际上8.1与7.9相差很小，所以这样分级不太客观。当采用模糊概念，用隶属度来刻画这条界线就好得多。比如可以说，DO值为8.1mg/L时隶属一级水的程度达到100%，而7.9mg/L时隶属一级水的程度为95%，相应地隶属于非一级水的程度就是5%，对于其他数值也可给予不同的隶属度。显然这样刻画其界线要合理得多。

为了进行模糊运算，需要确定隶属函数。以DO为例，为了便于说明问题，隶属函数取线性的，若DO指标一级水标准为8mg/L，二级水标准为6mg/L，则DO属于一级水的隶属度可用隶属函数表示为：

$$u(u)=\begin{cases}1 & u\geqslant 8\\ -\frac{1}{2}(u-6) & 6<u<8\\ 0 & u\leqslant 6\end{cases}$$

函数表达的意思是当实测值 u 大于8mg/L时，DO属于一级水的隶属度是100%，当实测值 u 小于6mg/L，属于一级水的隶属度为0，如果实测值 u 界于两者之间，对于一级水的隶属度为0.5 $(u-6)$。

再举一例，来说明隶属函数的建立过程。若BOD有分级标准如表8-2所示。

表8-2　BOD分级标准　　单位：mg/L

水质标准	一级标准	二级标准	三级标准	四级标准	五级标准
BOD	1	3	5	8	12

BOD对一级水质标准的隶属函数为：

$$u_1(u)=\begin{cases}1 & u\leqslant 1\\ -\frac{1}{2}(u-3) & 1<u<3\\ 0 & u\geqslant 3\end{cases}$$

BOD对二级标准的隶属函数为：

$$u_2(u)=\begin{cases}0 & u\leqslant 1 \quad u\geqslant 5\\ \frac{1}{2}(u-1) & 1<u\leqslant 3\\ -\frac{1}{2}(u-5) & 3<u<5\end{cases}$$

$$u_3(u)=\begin{cases}0 & u\leqslant 3 \quad u\geqslant 8\\ \frac{1}{2}(u-3) & 3<u\leqslant 5\\ -\frac{1}{3}(u-8) & 5<u<8\end{cases}$$

$$u_4(u)=\begin{cases}0 & u\leqslant 5 \quad u\geqslant 12\\ \frac{1}{3}(u-5) & 8<u<12\\ -\frac{1}{4}(u-12) & 5<u\leqslant 8\end{cases}$$

$$u_5(u)=\begin{cases}0 & u\leqslant 8\\ \frac{1}{4}(u-8) & 1<u\leqslant 3\\ 1 & u\geqslant 12\end{cases}$$

（2）对单项指标分别进行评价

大气、水体、土壤等单要素评价时，都有几项甚至十几项参数指标。若取U为污染物各单项指标的集合，V取分级标准的集合。例如评价水体污染，可取U为［BOD，DO，COD，酚，CN］，取V为［Ⅰ级水，Ⅱ级水，Ⅲ级水，Ⅳ级水，Ⅴ级水］，对U上的每个单项指标进行评价，通过隶属函数求出单项指标对于5个级别水的隶属度。如BOD项有实测值$u=4$，就可分别求出属于Ⅰ，Ⅱ，Ⅲ，Ⅳ，Ⅴ级水的隶属度$u(u)$，得出一组5个数。$u_1(4)=0$，$u_2(4)=0.5$，$u_3(4)=0.5$，$u_4(4)=0$，$u_5(4)=0$。同样DO、COD、酚、CN也分别得出一组5个数，每项指标的5个数依次排列，组成一个5×5的模糊矩阵，称作模糊关系矩阵R。第一行是BOD对5个级别水质的隶属度，第一列是U上五个单项指标分别对于Ⅰ级水质的隶属度。其他行列意义类推。如果U取n项，则R为$n\times 5$矩阵。

$$R=\begin{bmatrix}0 & 0.5 & 0.5 & 0 & 0\\ 0 & 0 & 0.69 & 0.31 & 0\\ 0 & 0 & 0.09 & 0.91 & 0\\ 0 & 0.48 & 0.52 & 0 & 0\\ 0 & 0.33 & 0.67 & 0 & 0\end{bmatrix}$$

（3）计算权系数

由于各单项评价指标（或评价要素）对某一环境综合体的贡献存在差异，即对综合体的作用不同，相应有不同的侧重，因此对各单项指评指标应给予一定的权系数。对于总体污染状况，显然超标越多，实际浓度越大，影响越大。任何污染物只有当它达到一定深度时才产生危害，这一方法反映了超标多，加权大的特点。计算权系数公式：

$$W_i=\frac{C_i}{S_i}$$

式中：C_i 为 i 种指标（污染物）实测浓度，S_i 为 i 种指标在某种功能情况下浓度标准值。

因为单项指标总体中权系数的大小与某种功能下的单项分级标准无关。所以对于 S_i，如果某单项指标分为 5 个级别，则取它们的均值：

$$S_i=\frac{1}{5}\ (S_1+S_2+S_3+S_4+S_5)$$

由于 DO 不是污染物，其指标与其他指标相反，其值越大说明水质越好。故计算权系数时应取倒数：

$$W_{DO}=\frac{1}{\frac{C_{DO}}{S_{DO}}}=\frac{S_{DO}}{C_{DO}}$$

为了进行模糊运算，各单项权系数值还须归一化，所以：

$$W_i=\frac{\frac{C_i}{S_i}}{\sum_{i=1}^{n}\frac{C_i}{S_i}}$$

对于模糊集合 U 上单项指标的权系数，也可以写成矩阵形式，如 $B=$ [0.20，0.19，0.30，0.18，0.13]，说明 BOD 的权系数为 0.20，DO 的权系数为 0.19，依此类推。如果 U 取 n 项，则 B 为 $1\times n$ 矩阵。

（4）模糊矩阵复合运算

进行单项评价并配以权系数后，可得到两个模糊矩阵，即权系数模糊矩阵 B 和关系模糊矩阵 R。所谓关系模糊矩阵 R 就是隶属度矩阵。在此基础上，把 B 和 R 进行复合运算便得出综合评价指数。模糊矩阵复合运算非常类似于普通矩阵乘法，只是将矩阵乘法运算中的“×”号改为“∧”号，将“＋”号改为“∨”号，“∧”意为两数之中取小的。“∨”意为两数之中取大的。试比较：

普通矩阵乘法：设 $F=[2,\ 3,\ 4]$，$E=\begin{bmatrix}3 & 4 & 5\\2 & 1 & 2\\3 & 2 & 3\end{bmatrix}$

F 与 E 两矩阵相乘：

$$F\times E = [2,\ 3,\ 4] \times \begin{bmatrix} 3 & 4 & 5 \\ 2 & 1 & 2 \\ 3 & 2 & 3 \end{bmatrix}$$

$$=[(2\times3)+(3\times2)+(4\times3),(2\times4)+(3\times1)+(4\times2),(2\times5)+(3\times2)+(4\times3)]$$

$$= [24\ 19\ 28]$$

如进行模糊矩阵复合运算：

$$F\bigcirc E = [2,\ 3,\ 4] \bigcirc \begin{bmatrix} 3 & 4 & 5 \\ 2 & 1 & 2 \\ 3 & 2 & 3 \end{bmatrix}$$

$$=[(2\wedge3)\vee(3\wedge2)\vee(4\wedge3),(2\wedge4)\vee(3\wedge1)\vee(4\wedge2),(2\wedge5)\vee(3\wedge2)\vee(4\wedge3)]$$

$$= [3\ 2\ 3]$$

再回到水质模糊评价的例子：

$$B\bigcirc R = [0.20\quad 0.19\quad 0.30\quad 0.18\quad 0.13]\bigcirc \begin{bmatrix} 0 & 0.5 & 0.5 & 0 & 0 \\ 0 & 0 & 0.69 & 0.31 & 0 \\ 0 & 0 & 0.09 & 0.91 & 0 \\ 0 & 0.48 & 0.52 & 0 & 0 \\ 0 & 0.33 & 0.67 & 0 & 0 \end{bmatrix}$$

$$=[(0.20\wedge0)\vee(0.19\wedge0)\vee(0.30\wedge0)\vee(0.18\wedge0)\vee(0.13\wedge0),(0.20\wedge0.5)\vee(0.19\wedge0)\vee(0.30\wedge0)\vee(0.18\wedge0.48)\vee(0.13\wedge0.33),(0.20\wedge0.5)\vee(0.19\wedge0.69)\vee(0.30\wedge0.09)\vee(0.18\wedge0.52)\vee(0.13\wedge0.67),(0.20\wedge0)\vee(0.19\wedge0.31)\vee(0.30\wedge0.91)\vee(0.18\wedge0)\vee(0.13\wedge0),(0.20\wedge0)\vee(0.19\wedge0)\vee(0.30\wedge0)\vee(0.18\wedge0)\vee(0.13\wedge0)]$$

$$=[0\vee0\vee0\vee0\vee0,0.2\vee0\vee0\vee0.18\vee0.13,0.2\vee0.19\vee0.09\vee0.18\vee0.13,0\vee0.19\vee0.30\vee0\vee0,0\vee0\vee0\vee0\vee0]$$

$$=[0\ 0.2\ 0.2\ 0.3\ 0]$$

得出的指数是对应于 V 集合上各项的隶属度。即对一级水的隶属度为 0，对二级水的隶属度为 0.2，三级水的隶属度为 0.2，对四级水的隶属度为 0.3，对五级水的隶属度为 0，结果对四级水的隶属度为最大。结论：水体为四级。

用两个模糊矩阵的复合运算做综合评价的含义是：B 中 5 个数是 U 上 5 个单项指标对于总体污染作用的权系数大小，R 中第一列是 U 上 5 个单项指标分别属于一级水的隶属度，第二列是各项指标分别属于二级水的隶属度，依此类推。在综合考虑总体对各级水的隶属度时必然要考究各项分指标对各级水的隶属度和其在总体中的重要程度。这就是 B 矩阵与 R 矩阵中各列复合计算的目的。经过一番取大取小的选择，可得出总体对于各级水的隶属度。

如果在模糊矩阵复合运算结果中出现两个最大值时，这时要考虑次大值贴近哪个。例如：某一复合运算结果为：

$$B \bigcirc R = [0.18\ 0.30\ 0.30\ 0\ 0]$$

结果中对于二级、三级水的隶属度都是 0.30，但对于一级水的隶属度为 0.18，对四级水的隶属度为 0。所以结论应更偏向一级水方向，故最终结论定为二级水。

综上所述，综合评价的模糊数学模型为：

设：环境质量的因素集合为：

$$U = [u_1, u_2, u_3, \cdots, u_n]$$

式中：u_1，u_2，…，u_n 为参与评价的 n 个环境因素的数值，环境质量评价标准集合为：

$$V = [v_1, v_2, v_3, \cdots, v_m]$$

式中：v_1，v_2，…，v_m 为与 u_j 相应的评价标准集合。

在 U 和 V 给定之后，因素论域（各环境因素）与评语论域（各评价标准）之间的模糊关系可用模糊矩阵 R 来表示：

$$R = \begin{bmatrix} u_{11} & u_{12} & u_{13} & \wedge & u_{1m} \\ u_{21} & u_{221} & u_{23} & \wedge & u_{2m} \\ u_{31} & u_{32} & u_{33} & \wedge & u_{3m} \\ \wedge & \wedge & \wedge & \wedge & \wedge \\ u_{n1} & u_{n2} & u_{n3} & \wedge & u_{nm} \end{bmatrix}$$

u_{ij} 表示第 i 种因素的环境质量数值，属于第 j 类评价标准的隶属度。

因素论域 U 上的每一个单因素 u_i 在所有因素中所起作用的大小，可用权系数 B 度量。

$$B = [b_1, b_2, b_3, \cdots, b_n]$$

b_1，b_2，b_3，…，b_n 表示单因素 u_i 在所有因素中的权系数。

则环境质量模糊综合评价模型为：

$$Y = B \bigcirc R$$

式中：Y 为模糊综合评价结果，是评语论域 V 上的模糊子集；○为模糊矩阵的复合运算，一般取算字"∧"和"∨"。

（三）利用模糊数学法确定权系数

给定一个权系数分配方案 U，进行复合运算便可得到一个综合评价结果，综合评价做得好不好，关键看权系数 U 是否合理，那么究竟怎样合理地确定权系数呢？

这是一个辩证关系，要作出综合评价需要利用权系数，而为了合理地确定权系数，又必须先就一个典型环境作出一个可靠的综合评价，或选取一个事先已有定论的典型环境以供分析，或者集中有经验的专门工作者集体鉴定，综合各方面因素，全盘审度，反复计议，各抒己见，求同存异，作出统一（确切）或非统一（模糊）但都是可靠的综合评价。

假定有一个可靠的综合评价 D，又假定有一个由单因素评价所构成的矩阵 R，便可以反过来检验权系数方案是否合乎实际。假设需要检验一组备择权系数分配方案 U_1，U_2，…，U_n。择优原则是：每个 U_i 作用在矩阵 R 上都产生一个综合评价 U_iR（1，2，…，n），而 D 是靠的综合评价，哪一个 U_iR 与 D 最接近，就认为那个 U_i 是其中相对的最优方案。这就是所谓的权系数确定办法。

举例来说，设 $D=$［0，0.2，0.7，0.1，0］，又设矩阵 R 如前，假定备择的权系数有三：

$$U_1=[0.2,\ 0.3,\ 0.4,\ 0.1]$$
$$U_2=[0.2,\ 0.3,\ 0.3,\ 0.2]$$
$$U_3=[0.4,\ 0.3,\ 0.2,\ 0.1]$$

可以算得：

$$U_1R=[0.03,\ 0.08,\ 0.72,\ 0.14,\ 0.03]$$
$$U_2R=[0.03,\ 0.1\ ,\ 0.71,\ 0.13,\ 0.03]$$
$$U_3R=[0.03,\ 0.14,\ 0.72,\ 0.08,\ 0.03]$$

三者之中，谁与 D 最“接近”？什么叫“接近”？由于综合评价是论域 Y 上的模糊子集，按照模糊数学中基于对称差的“接近”概念，对于任意两个模糊集：

$$\alpha=[a_1,\ a_2,\ a_3,\ a_4,\ a_5]$$
$$\beta=[b_1,\ b_2,\ b_3,\ b_4,\ b_5]$$

记 $\alpha\theta\beta=[\,|a_1-b_1|,|a_2-b_2|,|a_3-b_3|,|a_4-b_4|,|a_5-b_5|\,]$

称为 α 与 β 的对称差(仍为一模糊集)，又记：

$\alpha\theta\beta=[\,|a_1-b_1|+|a_2-b_2|+|a_3-b_3|+|a_4-b_4|+|a_5-b_5|\,]$称为 α 与 β 的自由度，差异越小就越相近。

由于 $D=$［0，0.2，0.7，0.1，0］

故：$D\theta U_1R=0.03+0.12+0.02+0.04+0.03=0.24$

$D\theta U_2R=0.03+0.10+0.01+0.03+0.03=0.20$

$D\theta U_3R=0.03+0.06+0.02+0.02+0.03=0.16$

三者之中，以 $D\theta U_3R$ 值为最小，故在三种权系数分配方案 U_1，U_2，U_3 中，

以 U_3 为较好。故选 $U_3=[0.4, 0.3, 0.2, 0.1]$ 作为权系数方案。

这里并不是无条件地确定最优的权系数方案，而是在备择的几种方案中挑一种相对来说最优的权系数方案。备择的方案愈多，选出的方案也就愈好。一次综合检测，引出一个相对最优的方案，还可以多作几次综合检测，以不断修改权系数方案，使之尽量符合实际。

第三节　区域（城市）环境质量综合评价

一、城市的特征与城市环境质量评价原则

（一）城市的特征

1. 社会性　城市是人类历史发展过程的必然产物，每个城市都有其产生、发展、老化和灭亡的兴衰史，随着城市的形成和发展，自然环境面貌逐渐发生了变化或根本的变化，形成社会中某一个层次的政治、经济、文化、科学活动中心，生产的发展、人口的集中、社会生活的现代化等带来的环境问题都具有社会性。

2. 综合性　城市环境的综合性，突出体现在人类活动的高度集中。

① 人口高度集中：这是城市形成的首先条件。人类活动在城市环境中起着决定性作用，若把城市看作一个人工生态系统，则应以人为中心，人类活动为线索，研究由此而产生的对自然环境的冲击。

② 生产高度集中：工业化生产的高度发展，已打破了手工业的自然经济。城市也是高度的经济发展与环境之间冲突比较集中的地区。

③ 资源能源消耗高度集中：为了维持生产、生活活动，以及政治、科学、文化、旅游等需要，目前世界 90%左右的能源都是在城市中消耗掉，40%～70%的水资源也被城市消耗掉。

④ 交通高度集中：为了维持频繁的城市经济活动需要，各种物质流、能量流、信息流以及人流也主要集中在城市，运输量大，交通频繁。

⑤ 三废排放集中：大量的工业与生活废物进入城市环境，冲击着自然环境，引起一系列环境污染问题，甚至公害问题。

3. 复杂性　由于城市或工业区，常常是人口密集，经济活动频繁和资源、能源消耗集中的地区，也是自然环境改变较为明显的地区，同时也是经济发展与环境保护这一矛盾冲突比较集中的地区。在城市环境系统中，区域性社会、经济活动与自然环境循环之间，以各种物质流、能量流和信息流的形式，相互作用、

相互制约、相互促进，形成一个极复杂的系统，因此，决定了城市环境质量问题的复杂性。

（二）城市环境质量评价原则

研究城市环境质量的形成、变化和发展，并在此基础上，进行评价，必须注意下列几条原则：

1. 健康原则

《中华人民共和国环境保护法》第一章总则第二条指出："中华人民共和国环境保护法的任务，是保证在社会主义现代化建设中，合理地利用自然环境，防治环境污染和生态破坏，为人民造成清洁适宜的生活和劳动环境，保护人民健康，促进经济发展"。根据其中精神，进行环境质量评价，常采用健康原则、生态原则和生产力原则。这几条原则，在城市（区域）环境质量评价中同样要考虑。但城市是人口密集的地区，环境质量好坏常具体表现在人群健康上。因此，必须将健康性原则作为城市（区域）评价的首要原则。

2. 动态、整体原则

组成城市（区域）环境的人文和自然环境相互作用、相互制约、相互融合，构成一个有机整体。它是一个动态、复杂系统，常把它当作生态系统看待，称为城市生态系统。该系统与自然生态系统在本质上不同之处在于：后者以生物群为中心，前者人类在其中起着主宰作用。在城市人民生活和生产中，促进能源和物质在城市生态系统中迁移和转化。在迁移和转化中，排出了废气、废水、废渣和垃圾，产生物理能量的积聚（如热、噪声、电磁波等）皆可引起环境质量恶化。因此，城市环境必须作为整体看待，研究其动态过程，对城市环境质量的时空变化做动态评价。

二、城市（区域）环境质量评价类型及内容

根据城市（区域）的现状、功能和评价目的，可以将城市（区域）环境质量评价分为城市环境污染现状评价、城市社会生活环境质量评价、旅游区环境质量评价和自然保护区环境质量评价四种类型。

（一）城市环境污染现状评价

这是目前开展最多的一种城市环境质量评价类型，评价城市环境质量现状的目的是为了控制污染，以改善城市的环境质量。因此，其工作内容包括三个方面：①进行环境污染的现状监测和污染源调查；②研究城市或工业区环境污染物在环境中的迁移、转化途径和规律；③研究环境污染对城市生态和人群健康影响及其相关性。这类评价工作，都是在评价工作的基础上，进行污染综合防治对策的研究。

（二）城市社会生活环境质量评价

我们可将“环境”分为物理环境、社会环境、美学环境和经济环境，大气、水、土壤等环境要素的评价皆属于物理环境评价问题，而社会环境则指与人的吃、住、用、行、文化、娱乐等活动有关的各种要素所构成的城市居民的生活环境，评价社会环境质量的目的为了改善人民生活环境质量。

城市居民要求生活在舒适、清洁、安全和美化的社会环境中，因此，社会环境质量评价内容不仅应包括物理环境质量的评价部分，还应抓住与居民生活有关的公共设施与社会服务的评价，诸如人口密度、居住面积、商业网点、副食供应、道路交通、绿化美化、文化教育、娱乐场所等各种要素的评价，涉及我国社会主义初级阶段城市人民生活环境质量的标准及其改善的途径。

城市（区域）环境质量综合指数既包括自然环境因素又包括社会环境因素，是一个全面综合的指数。

人们对环境的要求概括起来可以用“安全、卫生、方便、舒适”八个字描写。安全指人身安全和财产安全；卫生指人类生活环境的清洁程度；方便指人类生活环境的便利程度；舒适指人类生活环境的舒服安逸。综合各种因素后，选取安全、方便、舒适作为综合评价的三个方面，分别称为安全度、方便度、舒适度。

城市（区域）环境质量综合指数包括 3 个度和 12 个环境因子（图 8-2）。

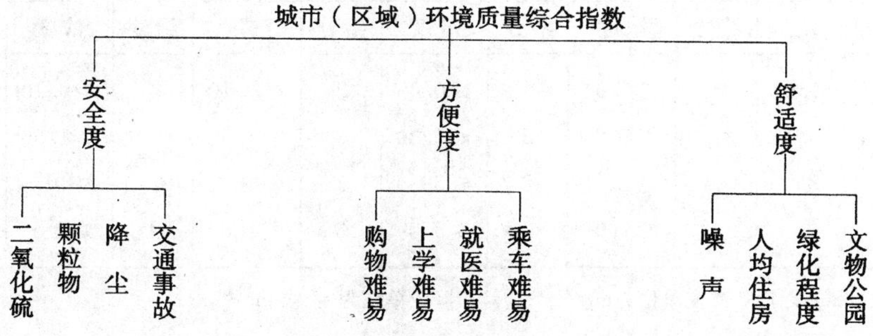

图 8-2　城市（区域）环境质量综合指数构成图解

综合指数按下式计算：

$$P'_j = \sum_{i=1}^{4} P_i$$

$$P_k = \sum_{j=1}^{3} W_j P'_j$$

$$\sum_{j=1}^{3} W_j = 1$$

式中 P_i——单因子评分分级值；

P_j——单要素评分分级值；

P_k——城区环境质量综合评分值；

P'_j——单要素环境质量级别；

W_j——单要素权系数值。

凡是有国家环境质量标准的评价因子，其评价标准采用国家环境质量标准，凡是没有国家环境质量标准的评价因子，其评价标准根据城市（区域）实际情况制定评价标准。下面以安全度为例说明评价过程。

在安全度评价中，选取的评价标准如下：

SO_2 采用国家《大气环境质量标准》（GB3095－1996）的二级标准的年日均值［0.06mg/m^3（标）］作为评价的及格级标准。TSP 采用二级标准的日平均值［0.03mg/m^3（标）］作为评价的及格级标准。降尘采用 20t/（km^2·月）作为评价的及格级标准。交通事故采用评分值为 3.0 作为评价的及格级标准（表 8-3）。

表 8-3 评价标准及评分分级表

安全因子	1		2		3		4		5	
	优		良		及格		差		极差	
	浓度*	给分	浓度	给分	浓度	给分	浓度	给分	浓度	给分
SO_2	≤0.04	1	≤0.04	2	≤0.06	3	≤0.10	4	>0.10	5
TSP	≤0.15	1	≤0.25	2	≤0.30	3	≤1.5	4	>1.50	5
降尘	≤8	1	≤12	2	≤20	3	≤40	4	>40	5
交通事故**	0	1	≤1.0	2	≤3.0	3	≤6.0	4	>6.0	5

注：* SO_2、TSP 浓度单位为 mg/m^3（标）；降尘单位为 t/（km^2·月）；

** 交通事故单位为人/a。

SO_2、TSP 采用污染浓度分级评分法。凡是在环境单元中没有实测污染物浓度的用内插法补齐。降尘也用内插法补齐数值。

对交通事故评价因子，首先调查各环境单元中的死亡、重伤、轻伤人数，进行指数处理，然后分级评分。其模式为：

$$P = n_1W_1 + n_2W_2 + n_3W_3$$

式中 P——交通事故分指数；

n_1——死亡人数，人/年；

n_2——重伤人数，人/年；

n_3——轻伤人数，件；

W_1——死亡人数权系数，取0.7；

W_2——重伤人数的权系数，取0.2；

W_3——轻伤人数的权系数，取0.1。

将4个安全因子按表8-3进行评分分级，计算单要素评分分级值，按表8-4确定单要素质量级别。以同样方法确定出方便度、舒适度的单要素质量级别，计算城区环境质量综合评分值，按表8-5确定环境单元的综合评价环境质量级别。待在评价区内每个环境单元都进行综合评价以后，就可绘制评价区的综合环境质量评价图了。

表8-4　安全、方便、舒适评分分级表

质量级别	单要素环境质量级别				
	1	2	3	4	5
评分合计	4～5	6～9	10～13	14～17	18～20

表8-5　综合评价评分分级表

级　　别	综合评价环境质量级别				
	1	2	3	4	5
综合评分值	1～1.4	1.6～2	2.2～3	3.2～4	4.2～5

在进行综合评价时，安全度、方便度、舒适度的权系数值分别为0.4、0.4、0.2。

三、城市社会环境质量评价方法

（一）评价参数与标准

城市社会环境质量评价是以城市居民生活环境质量的评价为主要工作内容，故评价参数应包括传统的公用事业和社会服务，即能反映卫生医疗保健、学校与文化教育、公园与娱乐场所、治安消防、道路与交通以及住房、商业购物网点等方面的质量，评价的标准是以能否满足城市居民的基本衣、食、住、行为准则的。

关于社会环境质量的全面评价我国尚在起步，大多仅限于在居住条件、公园绿化、商业网点和道路交通等方面来进行质量评价，也无正式的评价标准，多以

《工业企业卫生设计标准》中有关规定作为参考值，或根据当地实地测算划定评价等级和相应的基准。

社会环境质量评价参数，一般包括：

人口与住宅——人口密度、居住面积水平、居住建筑水平、居住建筑密度等；

公园、绿地——人均公园面积、绿化覆盖率、人均占有园林绿地面积等；

学校与文化教育——小学、初中和高中容量负荷，学生步行或乘车上学人数比例，图书馆服务范围，每 1 000 人口的座位数，人均藏书数，人均报刊杂志数；

体育与娱乐设施——各类体育场、影剧院、文化俱乐部等的服务人口和范围；

卫生保健——每 1 000 人医生数、病床数，至急诊室平均所费时间，保健站面积密度，急救站、车负担率等；

道路交通——各类车流量、拥塞程度、公务人员上班平均乘车时间、效率、人均占有道路面积、长度等；

治安、消防——每 1 000 人口警察数、消防员人数，消防反应距离、时间等；

环卫设施——保洁、清扫人员负担面积，垃圾站负荷，垃圾转运距离、费用等；

商业、购物——各类网点密度、分布、购物条件（方便、多样化、拥挤）等。

此外，社会环境质量评价中还应包括自然环境质量的评价参数，如空气质量、地表水质、饮用水质量、噪声水平等。

评价时可根据当地具体情况和居民生活中最为关心的问题，选择评价参数。

（二）评价方法

社会环境质量评价一般采用各类指数法进行。

天津市城市规划局和环境保护局在天津市市区社会环境质量评价研究中，曾采用网格分析方法和“规范化指数”法，做法是将市区按 500m×500m 划分为 600 个网格，分别调查出各评价参数（居住面积水平、居住建筑密度、工业局部污染、园林绿化覆盖率、环境噪声和交通环境等 6 个）的数值，然后按规范化指数确定社会环境质量等级（表 8-6）。

表 8-6 社会环境质量评价参数规范化指数

级别	质量	规范化指数	居住质量				工业局部污染		园林绿化覆盖率		环境噪声		交通环境	
			居住面积水平		居住建筑密度		网格数	比例(%)	网格数	比例(%)	网格数	比例(%)	网格数	比例(%)
			网格数	比例(%)	网格数	比例(%)								
1	优良	>100	39	13.4	104	35.4	31	10.3	33	10.7	1	0.3	6	2.0
2	合格	80～99	124	42.8	77	26.2	88	29.2	61	19.9	10	5.6	13	4.3
3	稍差	60～79	72	24.8	—	—	53	17.6	39	12.7	41	14.2	20	6.6
4	差	30～59	38	13.1	113	38.4	51	16.9	84	27.4	111	38.5	107	35.5
5	很差	10～29	10	3.4	—	—	27	9.1	81	26.4	84	29.2	75	24.9
6	恶劣	0	7	2.4	—	—	51	16.9	9	2.9	35	12.1	80	26.6

四、应用举例：沈阳地区环境质量评价

（一）评价因子的选择

沈阳地区环境质量的综合评价（1977～1979 年）是在详细评价了大气、地面水、地下水、土壤、生物等 5 个环境要素，共计 64 个因子（参数）的基础上进行的。

从对人体健康、生态和自然环境的影响程度三个角度以及在本地区居民中已有明显反应的污染因子，选择了 28 个评价参数（表 8-7）。

表 8-7 环境综合评价所选的参数

	大气		地表水						地下水				
	1	2	3	4	5	6	7	8	9	10	11	12	13
	飘尘	SO_2	嗅阈值	镉	汞	铬	酚	COD	镉	铅	铬	亚硝酸根	硝酸根
人体健康	—	—	—						—		—	—	—
生态影响	—	—		—	—	—	—	—					
自然环境	—			—	—	—	—	—	—	—	—	—	—

地下水				土壤			生物							
							粮食				木本植物		水生生物	
14	15	16	17	18	19	20	21	22	23	24	25	26	27	28
氨	酚	胺基	氯根	镉	铅	酚	镉	铅	砷	油	刺槐生长量	树叶中含铅	水生藻类	底栖生物
—	—	—	—				—	—	—	—				
				—	—	—	—	—	—	—	—	—	—	—
—	—	—	—	—	—	—					—	—	—	—

注：带“—”部分为相应评价观点所选择的因子。

表 8-8 污染水平确定原则

单因子水平		污染水平	单因子评价值
（一）	（二）		
按对应的环境影响程度确定的范围	按超过环境质量确定的范围		
低于或者相当于本地区背景值	低于或者相当于环境质量标准	清洁	1
高于本地区背景值，低于或者相当于可见伤害症状时的平均值	介于环境质量标准 1～3 倍之间	轻污染	2
高于可见伤害症状的平均值，低于发生明显危害时的平均值	介于环境质量标准 3～5 倍之间	中度污染	3
相当于或者高于发生明显危害时的平均值	大于环境质量标准 5 倍以上	重污染	4

具体确定单因子评价值时，还可借助于单因子评价值与污染物的关系，作出评价函数（图 8-3、图 8-4）。

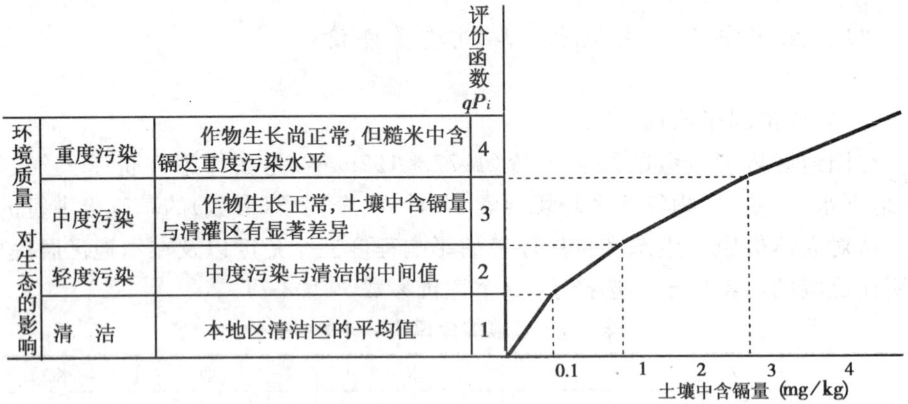

图 8-3 土壤中镉的评价函数

（二）综合评价值的计算

① 第一次综合（评价观点的综合）

评价函数可以定量地从不同的角度评价单因子对环境的影响，从综合的观点评价其对环境的影响，就必须进行第一次综合，综合计算式：

$$qW_j \cdot qP_i = \frac{\sum qW_j \cdot qP_i}{\sum qW_j}$$

式中 $qW_j \cdot qP_i$——综合评价值；

qP_i——单因子评价值；

qW_j——不同因子权系数。

权系数的确定：沈阳地区环境质量评价，着眼对于人体健康的影响；也考虑其他环境条件的变化会不会也带来对人体健康的影响。因此，在确定评价权系数值之前，首先评定各因子对人体健康影响的程度，把影响程度分为 4 级：

0——评价因子与相应的评价观点无直接关系。

1——评价因子与相应的评价观点有直接关系。

2——评价因子与相应的评价观点有直接关系，并可直接或间接地给人带来影响。

3——评价因子与相应评价观点有直接关系，并可直接给人带来危害。

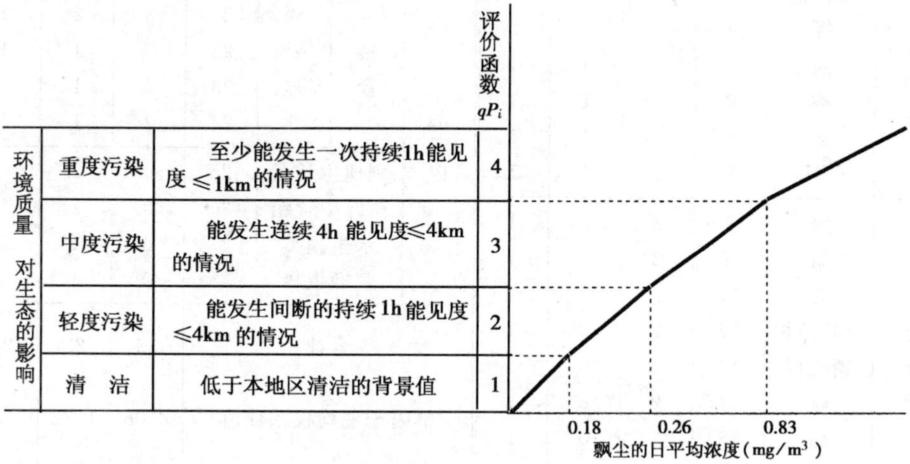

图 8-4　飘尘的评价函数

按上述原则评价 28 个因子结果（表 8-9）。从表中可以确定每种观点的平均值，平均值之和为 4.28。当三种观点为均权时，平均值之和应为 3。按平均值的比例调整评价观点的权值 qW_j，使权值之和为 3，得到调整后的评价观点的权值分别为 1.44、0.86 和 0.70。

② 第二次综合（环境综合值的计算）

第一次综合，是从综合评价观点，确定单因子的影响。由于选择了 28 个因子，每次综合最多可达到 15 个因子（5 个环境要素，考虑三种影响类型）。怎样综合这些因子来评价环境，就是环境的综合评价要解决的问题。

单因子叠加后，相互间的影响是增加了对环境的危害，还是减少危害，目前还不能确切地回答，但不同因子本身的稳定性和环境被它破坏能否恢复，是可以回答的。因此，确定不同因子的权系数时，对比较稳定的因子及被它破坏的环境很难恢复的，就给予比较大的权系数值。这样，环境综合评价值就可按如下计算：

表 8-9 三种影响类型的权系数值（qW_j）

环境要素	评价因子		影响类型 人体健康	生态影响	自然环境	环境要素	评价因子		影响类型 人体健康	生态影响	自然环境
大气	飘尘	1	3	2	1	土壤	镉	18	0	2	1
大气	二氧化硫	2	3	1	0	土壤	铅	19	0	1	1
地表水	嗅阈值	3	2	0	0	土壤	酚	20	0	1	1
地表水	镉	4	0	2	1	生物	粮食 镉	21	3	2	1
地表水	汞	5	0	1	1	生物	粮食 铅	22	2	1	1
地表水	铬	6	0	1	1	生物	粮食 砷	23	2	1	1
地表水	酚	7	0	1	1	生物	粮食 油	24	2	1	1
地表水	COD	8	0	1	1	生物	刺槐生长量	25	0	1	1
地下水	镉	9	2	0	1	生物	树叶中含铅	26	0	1	1
地下水	铅	10	2	0	1	生物	水生藻类	27	0	1	1
地下水	铬	11	2	0	1	生物	底栖生物	28	0	1	1
地下水	亚硝酸根	12	2	0	1	合计			33	22	26
地下水	硝酸根	13	1	0	1	单因子平均权系数值			2.06	1.22	1
地下水	氨	14	2	0	1	调整后权系数值			1.44	0.86	0.7
地下水	酚	15	2	0	1						
地下水	胺基	16	2	0	1						
地下水	氯根	17	1	0	1						

注：单因子的平均权值计算式：33/16=2.06，32/18=1.22，26/26=1。

$$EQI=\frac{\sum eW_i \cdot (qW_j \cdot qP_i)}{\sum eW_i}$$

式中 $qW_j \cdot qP_i$——综合评价值；

$\sum eW_i$——评价因子的权值；

EQI——环境综合评价值（环境综合评价指数）。

其中评价因子的权值是按上面两个因素评定的分数。评分的方法是：若按均权考虑时，分数取 1（即一正号，一负号）；当增加一个负号时，去掉 0.5 分；增加一个正号时，增加 0.5 分。可以给每个因子打分，分数的总和为 30.5 分。当均权时，总和为 28 分。把总和分数调整到 28 分时，每个因子的分数，即为评价因子的权值（表 8-10）。

（三）环境综合评价值分级

按上述加权的方法和权值的范围，环境综合评价值仍然在 1～4 之间，所以环境综合评价的分级，自然可采用表 8-10 的分级标准。因权系数的处理突出了对人体健康的影响，突出了在环境中性质稳定和环境不易恢复的因素，所以事实证明这种方法是符合沈阳污染状况的，较好地反映了环境质量方面的问题。

表 8-10　评价因子的数值（eW_i）

环境要素	评价因子		稳定或转化为更有害的物质	可恢复性	评分	权系数值
大气	飘尘	1	+	−	1	0.92*
	二氧化硫	2	+	−	1	0.92
地表水	嗅阈值	3	−	−	0.5	0.47
	镉	4	+	+	1.5	1.37
	汞	5	+	+	1.5	1.37
	铬	6	+	+	1.5	1.37
	酚	7	−	−	0.5	0.47
	COD	8	−	−	0.5	0.47
地下水	镉	9	+	+	1.5	1.37
	铅	10	+	+	1.5	1.37
	铬	11	+	+	1	1.37
	亚硝酸根	12	−	+	1	0.92
	硝酸根	13	−	+	1	0.92
	氨	14	−	+	1	0.92
	酚	15	−	+	1	0.92
	胺基	16	−	+	1	0.92
	氯根	17	+	+	1.5	1.37
土壤	镉	18	+	+	1.5	1.37
	铅	19	+	+	1.5	1.37
	酚	20	−	−	0.5	0.47
生物	粮食　镉	21	+	+	1.5	1.37
	粮食　铅	22	+	+	1.5	1.37
	粮食　砷	23	+	+	1.5	1.37
	粮食　油	24	−	+	1	0.92
	刺槐生长量	25			0.5	0.47
	树叶中含铅	26			0.5	0.47
	水生藻类	27			0.5	0.47
	底栖生物	28			1	0.92
					30.5	28.01

表中：正号代表稳定，或者可转化为更有害物以及难恢复；负号代表不稳定，或者可以降解为无害物以及不难恢复。

①例如：大气中的飘尘是稳定的（+），但是飘尘很容易随风迁移（−），评分为 1.0。对 28 个因子逐个评分后，总和为 0.5，大气中飘尘的 $eW_i=28/30.5\times1=0.92$。

（四）环境质量图

按下列步骤完成环境质量图：

① 选择十万分之一的地图作为工作底图，在上划分为 $1\times1\text{km}^2$ 基本网格；

② 绘制等值线：各因子平方公里内部都有采样点，分别绘制各因子的等浓度图，用插值法，确定每个网格内的浓度值，在工作底图上标绘出每个网格内的 P_i 值；根据网格内的 P_i 值，计算 EQI，再按分级的标准分级，连接相同网格，得到一张环境质量图。

第四节 旅游区与自然保护区环境质量评价

一、旅游区环境美学评价

我国领土辽阔，各种自然景观极为丰富，我国历史悠久，文化古迹无与伦比，皆为发展旅游事业创造了极有利的条件。开展旅游区环境质量评价的目的是开发、利用和保护旅游资源。因此，其研究内容不应仅限于环境污染和防治，还应根据各类旅游区的特点，从环境美学质量要素（自然景观、建筑艺术、人文景观、园林艺术、环境气氛和社会服务质量）方面进行综合评价。自然景观美是环境美感的基础，它是由山、水、树、花鸟、云雾等组成；建筑艺术、人文景观和园林艺术是历史匠人、艺术家和文学家通过对自然的改造、精心的艺术加工形成的，是人类历史、文化艺术和自然三位一体的综合美，也是旅游区环境美感的重要组成部分；环境气氛如：整洁、卫生、安宁是构成环境审美的基本要素，它与我们通常研究的大气、水环境质量，以及环境噪声密切相关；社会服务质量则是人类审美的必要条件和保证，如食宿、交通条件，最佳控制游人数等，在环境美学质量评价中都占有一定的位置。

（一）评价参数的选择

旅游区环境质量的评价，实质上就是环境美学的评价，表 8-11 列出了环境美学质量的六大要素及其美学主要因子，评价时应根据旅游的特征和实际情况，从中选择最有代表性和最重要相关的美学因子作为评价参数。

表 8-11 各个环境美学质量要素的主要因子

环境美学质量要素	环境美学因子
自然景观美	自然景区总体景观、山景、奇峰异洞、水景（江、河、湖、海、溪流）、海滩浴场、潮、瀑布、森林、草原、古树花卉、云雾天空、四季景致、夜景、村廓田野、自然保护区原始景观、野生动物群落
建筑艺术美	建筑总水面布局（包括竖向布局）、建筑群体构景、衬景借景、主体建筑造型与立面效果、建筑内外空间构图、建筑色彩、建筑细部装修、民族形式、古建筑保护、意境与效果
园林艺术美	园林布局、构思与构图、园林与建筑、假山奇石、园林水景、花墙洞门、小桥、林木花草、绿化种植技巧、盆景艺术、园林历史、绿化色泽与声影

续表

环境美学质量要素	环境美学因子
人文景观美	历史古迹：碑石、摩岩雕刻、壁画、塑像、古墓、古战场、古城遗址、考古发掘 人文：故居、革命文物、文稿手迹、书画题记、古物珍宝、风土人情、神话传说
环境气氛美	整洁卫生、大气质量（降尘量、飘尘、能见度、氧气含量、有毒有害成分）、水体质量（清澈、透明度、能否允许人体接触）、温湿度、环境安宁（无噪声干扰）、大自然声影效果
社会服务质量美	交通道路、旅游服务（食、宿、导游）、景区容纳最佳人数、商业服务、文化艺术服务、安全、文明礼貌

（二）评价工作的内容和程序

旅游区环境美学评价的内容和工作程序可用图 8-5 表示。

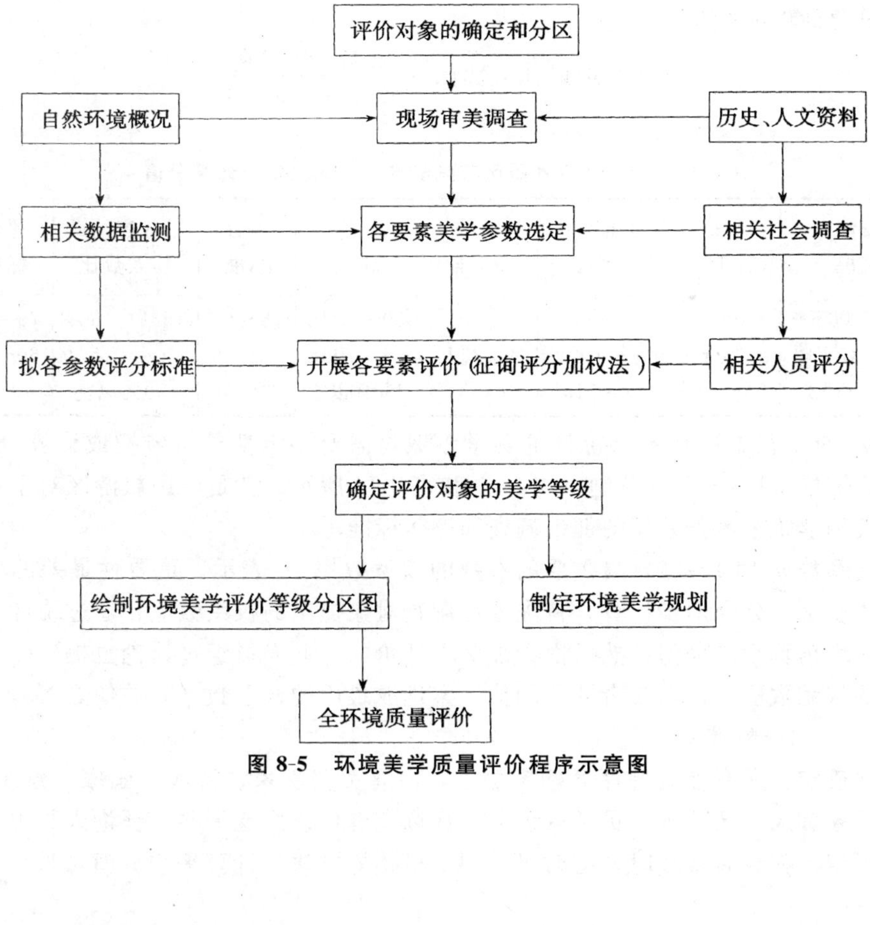

图 8-5　环境美学质量评价程序示意图

（三）评价方法

旅游区环境质量评价，实质上就是景区环境美学评价，美作为物质的一种属性是通过人的视觉、听觉、嗅觉等才在人的头脑中引起美的感受，这种美感则由于不同国家、民族、宗教、信仰、风俗以及人的文化修养、专业和情趣的差异而评价不同。在人类的审美活动中，对于任何一个景观实体的评价都具有随机性质。因此，美学评价通常采取征询评分统计加权的评价方法。

以江西庐山旅游区评价为例，介绍一种常用的征询评分统计加权的评价方法。

1. 美学参数的评分标准及征询调查

美学参数的评分标准的确定有两种情况：

① 有监测数据为依据和可进行数学统计的参数，依据某种分级将其转换成无量纲的计算分值，评分采用 0～100 分，100 分表示美学质量最好，0 分则代表最差。例如，可将环境气氛中的安静状况，依噪声监测数据计算分值，还可将旅游人数的统计按下式计算出景区容纳最佳人数比，然后计算分值，表 8-12 即是这种分值计算标准的举例。

$$景区容纳最佳人数比=\frac{高峰游览人数}{允许容纳游人数}$$

表 8-12　噪声水平和景区容纳最佳人数比的相应计算分值

安静状况	评分标准	景区容纳最佳人数比	评分标准	安静状况	评分标准	景区容纳最佳人数比	评分标准
35dB 以下	100	80%～96%	100	50～55dB	75～60	115%～130%	75～60
35～45dB	90 以上	96%～102%	90 以上	55～70dB	60～30	130%～150%	60～40
45～55dB	90～75	102%～115%	90～75	70dB 以上	30～0	150%以上	40～0

② 对于很难进行定量统计的美学参数，需要将定性分析转换成计算分值。例如，同样采用 0～100 分制，表 8-13 和表 8-14 所示的就是庐山旅游区对于自然景观美和建筑艺术美采用的征询调查和评分标准。

权系数 q_i 用 1～10，最重要的参数的权系数用 10 表示，重要性最差的权系数用 1 表示。分为两步计算，首先根据调查对象提出的权系数值，通过统计学的处理，求出算术平均值；然后由参加美学评价的专业人员经过讨论也提出一个各参数的权系数值，再取二者的平均值，整理成最后的权系数 q_i，并使之 $\sum q_i=1$。

2. 征询资料整理

在确定了所有参数的评分标准之后，向有关美学家、诗人、画家、建筑师、地理学家和风景区管理人员征询评分，征询范围可以广泛一些，征询人数视实际情况而定。在最后整理时，有时可采用随机抽样方法，计算平均分值，采用下列

表 8-13　庐山"自然景观美"征询调查评分表

美学质量评价要素	美学因子	评分值 C_i	权系数 q_i	评分标准	分值
自然景观美	瀑布与泉水景观			天下奇观、美不胜收	100～90
				景观好、美感强	90～75
				景观一般、有美感	75～60
				景观较差、美感弱	60～40
				景观很差	40 以下
	云雾景观			变化奇幻、感染力强、构成好景	100～90
				有变化、有吸引力、能构成景	90～75
				变化不多、比较平淡、只成配景	75～60
				偶有云雾、难成景色	60～40
				无云雾景观	40 以下
	四季景致			四季景色皆绝、有魅力	100～90
				四季有好景、可供观赏	90～75
				景观有季节性、不能连续观赏	75～60
				有景时间短、景色平淡	60～40
				四季无景	40 以下
	森林与古树名木			森林覆盖好、构成佳景、有珍贵古树名木	100～90
				二强一弱（上述三项）	90～75
				二强一差	75～60
				一强一差	60～40
				三差	40 以下

被征询人姓名		年龄		文化程度		职业		爱好	

公式：

$$C_i=\sqrt{\frac{C_{i最大值}^2+C_{i平均值}^2}{2}}$$

式中　C_i——各美学参数的计算分值。

在征询评分时，要特别注意专业人员的不同意见。例如，对某一件碑刻古迹，考古和文物保护人员给的分值很高，而其他人员给的分值较低时，则不必采用计算平均分值的方法，而直接选定一个恰当的分值。

3. 评价模式及质量分级

环境美学质量要素的评价模式采用的计算式：

$$M_y=\sum_{i=1}^{n}C_iq_i=C_1q_1+C_2q_2+C_3q_3+\Lambda+C_nq_n$$

式中　C_i（C_1，C_2，…，C_n）——各美学参数的计算分值；

q_i（q_1，q_2，…，q_n）——各美学参数的权系数；

M_y——环境美学质量要素的评分计算值。

表 8-14 庐山东林寺“建筑艺术美”征询调查评分表

美学质量评价要素	美学因子	评分值 C_i	权系数 q_i	评分标准	分值
建筑艺术美	建筑总平面布局			布局很好、构思绝妙、景观优美 布局合理、有特色、景观好 布局一般、比较平淡、景观还好 布局不合理、景观呆板 布局紊乱、不成景观	100～90 90～75 75～60 60～40 40 以下
	主体建筑造型与立面设计			艺术性强、和谐优美、耐人寻味 有艺术性、美感强、有感染力 艺术性一般、比较美 艺术性差、美感很弱 毫无美感、比例失调	100～90 90～75 75～60 60～40 40 以下
	建筑色彩			明快、协调、富有艺术性 二强一弱（上述三项） 二强一差 一强二差 三差	100～90 90～75 75～60 60～40 40 以下
	名建筑保护			历史悠久、保存完好、有很高价值 历史悠久、保存一般、有价值 年代较近、保存一般、有一定价值 几经变迁、残破不全、价值不高 完全破损、面目全非、没有价值	100～90 90～75 75～60 60～40 40 以下
	意境与效果			有特色、引人入胜、流连忘返 颇有特色、观赏丰富、艺术感强 颇有特色、观赏好 单调、无感染力 无欣赏价值	100～90 90～75 75～60 60～40 40 以下

被征询人姓名		年龄		文化程度		职业		爱好	

二、自然保护区环境质量评价

自然保护区是国家为了保护自然环境和自然资源，对有代表性的不同自然地带的环境和生态系统、珍稀动物自然栖息地及其他自然历史遗迹等划出的某一实施特殊保护地域，自然保护区能够完整地保存自然生态系统和本来天然面貌，为人类研究自然界的发展规律，保护珍稀动植物物种，以及为环境质量评价提供客观依据都有着重要的意义。

自然保护区环境质量的评价，因其保护对象不同而不同：如对于以保护典型的有代表性的天然生态系统为主的自然保护区，如吉林长白山温带森林生态系统自然保护区，四川卧龙和福建武夷山的亚热带森林生态保护区，海南岛、云南西双版纳的热带森林生态系统自然保护区等，则应对所在地带的多种多样的自然生态系统进行全面的评价。

对于保护某类特有生态系统为主的自然保护区，如广西花坪的银杉保护区和四川卧龙大熊猫等珍贵动物保护区的环境质量评价，则只对某类生态系统或以其中某一珍贵物种的生态系统进行评价。

评价中应对自然保护区的生物群落及其生存环境的动态平衡系统及其质量、生态系统的能量流动、物质循环、生产量以及生态常规演替等进行研究，目的是保护现存的生态系统，为防止发生自然生态系统失调、危机和破坏提供科学依据。

自然保护区的环境质量评价以生态系统评价为主要工作内容，生态评价方法是评价工作中采用的主要方法。这部分内容可参见本书第七章。

习　题

1. 环境质量综合评价的原则是什么？环境质量综合评价与单要素评价的区别是什么？
2. 简述环境质量综合评价的工作程序。
3. 城市环境有哪些特征？城市环境质量评价的原则是什么？
4. 结合具体实例说明城市环境质量综合评价的方法。
5. 旅游区环境美学评价的意义和特点是什么？
6. 结合所在地区旅游景点设计一张征询调查评分表。

第九章　环境影响评价

第一节　概　　述

一、环境影响与环境影响评价

（一）环境影响（Environmental Impact）

环境影响是指人类的各种活动对环境的作用和导致的环境变化以及由此引起的对人类社会和经济的效应。环境影响可分为以下类别：

1. 按影响的来源分：可分为直接影响、间接影响和累积影响。

直接影响与人类活动在时间上同时，空间上同地，而间接影响在时间上推迟，在空间上较远，但是在可合理预见的范围内。直接影响一般比较容易分析和测定，而间接影响就不太容易，间接影响的空间和时间范围的确定、影响结果的量化，是环境影响评价中比较困难的工作。直接影响也称为原发性影响，间接影响也称为继发性影响。

累积影响是指一项活动的过去、现在及可以预见的将来的影响具有累积性质，或多项活动对同一地区可能叠加的影响。当某一活动在时间上过于频繁或在空间上过于密集，以致对环境的影响来不及消除时，就会产生累积影响。

2. 按影响效果分：可分为有利影响和不利影响。

有利影响是指对环境质量、生态平衡、人群健康、社会经济发展等有积极的促进作用的影响；反之，不利影响则是对以上因素有消极阻碍或破坏作用的影响。需要注意的是，有利影响和不利影响是相对的，对于不同的个人、团体、组织，由于价值观念、利益需要等的不同，对同一环境影响的评价可能不尽相同。因此对环境影响有利还是不利的确定，要综合考虑多方面的因素。

3. 按影响的性质划分：可分为可恢复影响和不可恢复影响。

可恢复影响是指人类活动造成的环境某特性改变或某价值丧失后可能恢复到原来的状态；而有些活动由于过分剧烈，改变了环境原有的状态或使环境价值完全丧失，以致达到不可再恢复到原来的状态和功能的地步，这种影响就是不可恢复的影响。

此外，环境影响还可分为短期影响与长期影响，区域影响与全球影响，建设（施工）阶段影响与运行（运营）阶段影响等。

（二）环境影响评价

关于环境影响评价（Environmental Impact Assessment，EIA），《中国大百科全书环境科学卷》的定义是："环境影响评价是指在一项工程动工兴建之前对它的选址、设计以及在建设施工过程中可能对环境造成的影响进行预测和估计，又称环境影响分析。"环境科学大词典的定义是："环境影响评价又称环境影响分析，是指对建设项目、区域开发计划及国家政策实施后可能对环境造成的影响进行预测和估计。"《环境影响评价技术原则与方法》的定义是：环境影响评价狭义地说，是对特定建设项目在动工兴建以前即在可行性研究阶段对其选址、设计、施工等过程，特别是在运营或生产阶段可能带来的环境影响进行预测和分析，同时规定防治措施，确保生态环境良性循环。广义地讲，又是指人类在进行某项重大活动（包括开发建设、规划、计划、政策、立法）之前，通过环境影响评价预测该项活动对环境带来的不利影响。《世界银行工作指南第四号附件 A》的定义是：环境影响评价是对建设项目、区域开发计划及国家政策实施后，可能对环境造成的影响进行预测和估计，环境影响评价的目的是确保拟开发项目在环境方面是合理的、适当的，并且确保任何环境损害在建设项目前期得到重视，同时在项目设计中予以落实。

尽管以上定义在表述上有所不同，但基本含义是相同的，即环境影响评价是对拟议中的活动（包括建设项目、区域开发、国家政策的实施）可能造成的环境影响（包括环境污染和生态破坏，也包括对环境有利的影响），进行预测和分析，在此基础上提出拟采取的措施和对策。

（三）环境影响评价的类型

从环境影响评价的对象来看，可以将其分为三个类型，第一类是建设项目的环境影响评价，包括新建、扩建和改建的项目，凡是对环境可能产生影响的都应进行环境影响评价；第二类是区域开发活动的环境影响评价，包括老工业区、老城区的改造，高新技术开发区、农业、林业、牧业、海岸带等开发区等，有些开发区实际上是多个建设项目的综合；第三类即是对国家的政策、法规、计划、规划等的实施可能给环境带来的影响进行预测和评价，称为战略环境影响评价（Strategic Environmental Assessment，SEA ）。

从环境要素来区分，可分为水环境影响评价、大气环境影响评价、土壤环境影响评价、噪声环境影响评价、生态环境影响评价、社会环境影响评价等，但多数环境影响评价涉及各种环境要素，需要将单要素的评价结果进行综合，即称为环境影响综合评价。

此外，还有一种所谓环境影响后评估，是在开发建设活动实施后，对环境的实际影响程度进行系统调查和评估，检查对减少环境不利影响措施的落实程度和实施效果，验证环境影响评价结论的正确可靠性，判断提出的环境保护措施的有效性，对一些在评价时未认识到的影响进行分析研究，并采取补救措施，达到消除不利影响的作用。

二、环境影响评价制度

（一）环境影响评价制度的概念

环境影响评价与环境影响评价制度是两个不同的概念。

环境影响评价的概念最早是在1964年加拿大召开的国际环境质量评价会议上提出来的，环境影响评价是一种科学方法和技术手段，并通过理论研究和实践检验，不断地改进、拓展和完善，是一个科学上的概念，属于学术研究的范畴。而环境影响评价制度则是一个法律上的概念，属于上层建筑的范畴，一旦国家（政府）把环境影响评价作为一种国家（政府）行为，并通过法律规定了进行环境影响评价的程序、分类、审批以及违反环境影响评价要负的法律责任时，就建立了环境影响评价制度。因此这两个概念是有区别的。但是它们彼此之间也有联系，环境影响评价是环境影响评价制度的科学依据和技术支持，环境影响评价制度是环境影响评价在法律和环境管理中的具体体现和实际应用。

（二）环境影响评价制度的发展

1969年美国国会通过的《国家环境政策法》把环境影响评价作为联邦政府在环境管理中必须遵循的一项制度。同年，瑞典在《环境保护法》、1974年澳大利亚在《联邦环境保护法》中，分别效法美国，规定了环境影响评价制度。以后，新西兰、加拿大、德国、菲律宾、印度、泰国、印度尼西亚等国家也相继在20世纪70年代建立了环境影响评价制度。到现在为止，全世界已有100多个国家在开发建设活动中推行环境影响评价制度。

在中国，环境影响评价制度的建立也有一个历史的过程。1972年联合国人类环境会议后，首先由高等院校从国外引进了“环境影响评价”这一概念，并陆续开展了环境影响评价工作的研究和探讨。1979年9月13日，五届全国人大常委会第十一次会议通过《中华人民共和国环境保护法（试行）》，该法第6条明确规定：“在进行新建、改建和扩建工程时，必须提出对环境影响的报告书，经环境保护部门和其他部门审查批准后才能进行设计。”此后，许多环境保护法律法规相继出台，都对环境影响评价制度作了规定，并使该制度不断完善。特别是1986年原国务院环境保护委员会、国家计划委员会、国家经济委员会联合发布的《建设项目环境保护管理办法》，对环境影响评价的程序、内容、审批等都作了详细的规定，使我国建立了比较完善的环境影响评价制度。

1998年11月18日国务院第10次常务会议通过了《建设项目环境保护管理条例》，并于当年11月29日以中华人民共和国国务院令第253号发布施行。这个条例在总结我国1979年实行环境影响评价制度以来的经验的基础上，第一次通过行政法规明确规定国家实行环境影响评价制度，比1986年的管理办法提高了一个层次，在内容上更加完善、准确，对有关部门的责任规定更加分明，标志着我国环境影响评价制度的实行进入了一个新的时期。

为了统一我国的环境影响评价技术，使环境影响报告书的编制更加规范化，国家环境保护总局组织力量编写了《环境影响评价技术导则》，包括总纲、大气环境部分、地面水环境部分、声环境部分、非污染生态影响部分，将成为我国环境影响评价制度的技术保证。

（三）我国环境影响评价制度的特点

我国的环境影响评价制度有以下几个特点：

1. 以建设项目环境影响评价为主

近20年来我国进行的环境影响评价绝大多数都是建设项目的评价，近年来也开展了一些开发区的环境影响评价，战略环境评价开展很少。今后，后两种评价将逐步增多。

2. 具有法律强制性

我国的环境影响评价制度是国家环境保护法明确规定的一项法律制度，以法律形式约束人们必须遵照执行，具有不可违背的强制性，所有对环境有影响的建设项目必须执行这一制度。

3. 已纳入基本建设的程序

建设项目的环境影响评价已经进入了基本建设的程序，为建设单位所熟知，目前环境影响评价和项目的可行性研究处于同一个阶段，各种投资类型的项目都要求在可行性研究阶段或开工建设之前，完成环境影响评价的报批。

4. 实行分类管理

对造成不同程度环境影响的项目实行分类管理。对环境有重大影响的项目必须编写环境影响报告书，对环境影响较小的项目可以编写环境影响报告表，而对环境影响很小的项目，可只填报环境影响登记表。

5. 实行评价资格审核认定制

为确保环境影响评价工作的质量，从1986年起，建立了评价单位的资格审查制度，强调评价机构必须具有法人资格，具有与评价内容相适应的固定的专业人员和测试手段，能够对评价结果负法律责任。评价资格经审核认定后，发给环境影响评价资格证书。

1998年国务院颁发的《建设项目环境保护管理条例》第十三条明确规定：

“国家对从事建设项目环境影响评价工作的单位实行资格审查制度，从事建设项目环境影响评价工作的单位，必须取得国务院环境保护行政主管部门颁发的资格证书，按照证书规定的等级和范围从事建设项目环境影响评价工作，并对评价结论负责。”持证评价是中国环境影响评价制度的一个重要特点。

（四）中国环境影响评价制度的法规体系

中国环境影响评价制度的法规体系是由国家法律、行政法规、部门行政规章和地方法规几个层次组成的。

国家法律：中华人民共和国环境保护法、中华人民共和国海洋环境保护法、中华人民共和国水污染防治法、中华人民共和国大气污染防治法、中华人民共和国噪声污染防治法、中华人民共和国固体废物污染防治法、中华人民共和国土地管理法、中华人民共和国森林法、中华人民共和国草原法等。

行政法规：《建设项目环境保护管理条例》、《规划环境影响评价条例》。

部门行政规章：环境保护部、国务院有关部委关于环境保护的有关规定。

地方法规：各省、自治区、直辖市有关建设项目环境保护管理的条例、办法、政府令等。

三、我国环境影响评价的管理程序

（一）环境影响分类筛选

凡新建或改扩建工程，根据环境保护部“分类管理名录”确定应编制环境影响评价报告书、环境影响报告表或填报环境影响登记表。

1. 编写环境影响报告书的项目：指对环境可能造成重大的不利影响，这些影响可能是敏感的、不可逆的、综合的或以往尚未有过的。这类项目需要做全面的环境影响评价。

2. 编写环境影响报告表的项目：指可能对环境产生有限的不利影响，这些影响是较小的，或减缓影响的补救措施是容易找到的。这类项目可编写环境影响报告表，对其中个别环境要素或污染因子需进一步分析的，可附单项环境影响专题报告。

3. 只填写环境保护管理登记表的项目：对环境不产生不利影响或影响极小的项目，不需要开展环境影响评价，只需要填报环境影响登记表。

（二）评价大纲的审查

编制环境影响报告书的项目，应编制评价大纲，大纲是环境影响报告书的总体设计，应在开展评价工作以前编制。评价大纲由建设单位向负责审批的环境保护主管部门申报，并抄送行业主管部门。环境保护主管部门根据情况确定审批方式，提出审查意见。

（三）环境影响评价的质量管理

环境影响评价工作一旦确定，承担单位要根据批准的大纲开展工作，同时要制定监测分析、参数测定、野外实验、室内模拟、模式验证、数据处理、仪器校验等一系列质量保证计划。为了获得满意的环境影响报告书，必须按照环境影响评价的管理程序和工作程序进行有组织、有计划的活动，成立质量保证小组，把好各个阶段、各个环节的质量关，将质量保证工作贯穿于评价工作的全过程。在评价工作中，应向各个方面的有经验的专家咨询，最后请具有权威的专家审评报告。

（四）环境影响报告书的审批

环境影响报告书由建设单位报主管部门预审，主管部门提出预审意见后转报负责审批的环境保护行政主管部门审批。各级主管部门和环境保护部门在审批时应贯彻以下原则：

1. 审查该项目是否符合国家产业政策。

2. 审查该项目是否符合城市环境功能区划和城市总体发展规划，做到合理布局。

3. 审查该项目的技术与装备政策是否符合清洁生产的要求。

4. 审查该项目是否做到污染物达标排放。

5. 审查该项目是否满足国家和地方规定的污染物总量控制指标。

6. 审查该项目建成后是否能维持地区环境质量，符合功能区环境质量的要求。

7. 审查该项目的环境影响评价工作是否符合有关法律和行政规章规定的程序。

环境影响报告书的审查以技术审查为基础，审查方式是专家评审会还是其他形式可由环境保护主管部门根据具体情况而定。

第二节　环境影响评价的程序

一、环境影响评价的工作程序

环境影响评价大体分为三个阶段。第一阶段为准备阶段，主要工作为研究有关文件，进行初步的工程分析和环境现状调查，筛选重点评价项目，确定各单项环境影响评价的工作等级，编制评价工作大纲。第二阶段为正式阶段，主要工作为进一步的工程分析和环境现状调查，并进行环境影响预测，评价项目对环境的影响。第三阶段为报告书的编制阶段，主要工作为汇总、分析第二阶段工作所得到的各种资料、数据，得出评价结论，完成环境影响报告书的编制。环境影响评价的工作程序见图 9-1。

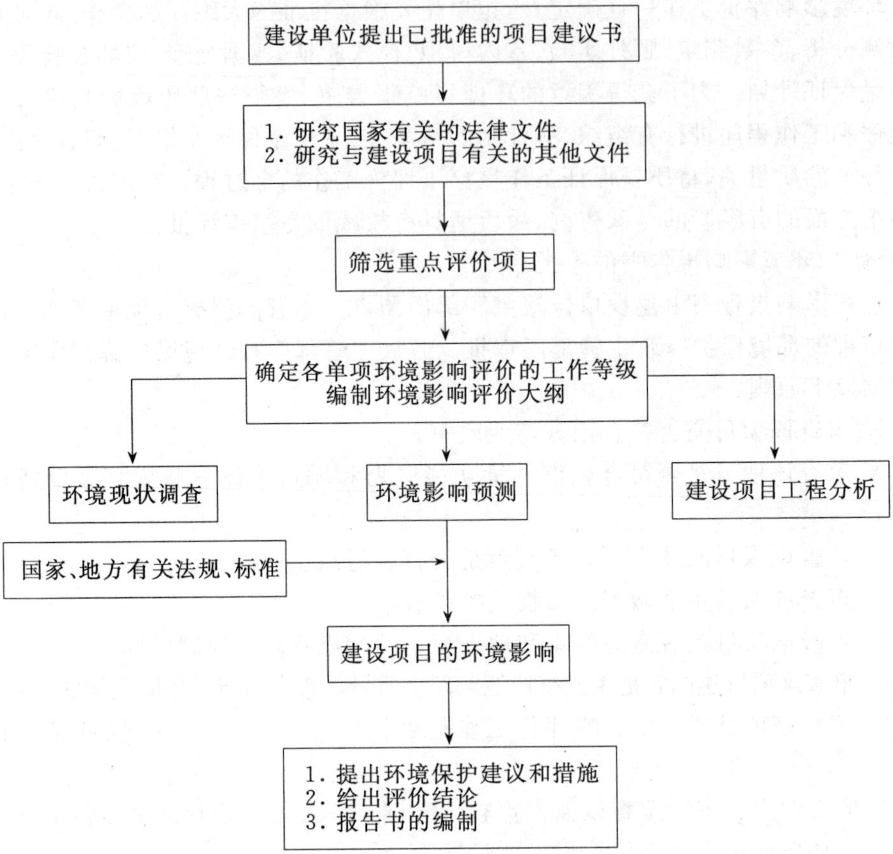

图 9-1 环境影响评价工作程序

二、环境影响评价工作等级的确定

环境影响评价工作等级是指需要编制环境影响评价报告书和各专题工作深度的划分，各单项环境影响评价划分为三个工作等级，一级评价最详细，二级次之，三级最简略（也可分为 A、B、C 三个等级)。工作等级划分依据如下：

1. 根据建设项目的工程特点，包括工程性质、工程规模、能源及资源的使用量及类型等，预计项目对环境影响的程度。

2. 项目所在地区的环境特征，包括自然环境特点、环境质量现状、环境敏感程度及社会经济状况等，以及当地对环境的特殊要求。

3. 国家或地方政府所颁布的有关法规和标准（环境质量标准和污染物排放标准)。

三、环境影响评价大纲的编写

环境影响评价大纲是环境影响评价报告书的总体设计和行动指导。评价大纲应在开展评价工作之前编制，它是具体指导环境影响评价的技术文件，也是检查报告书内容和质量的主要依据。大纲应在充分研究有关文件、进行初步工程分析和环境现状调查的基础上形成。

环境影响评价大纲应包括以下内容：

1. 总则：包括评价任务的由来，编制依据，环境保护的目标和对象，采用的评价标准，评价项目及其工作等级和重点等。

2. 评价项目的概况。

3. 拟建项目所在地区环境概况。

4. 建设项目工程分析的内容和方法。

5. 环境现状调查，根据已确定的各评价项目的工作等级、环境特点和影响预测的需要，尽量详细地说明调查参数、调查范围及调查方法、时间、地点、次数等。

6. 环境影响预测与评价建设项目对环境的影响，包括预测方法、内容、范围、时段及有关参数的估算方法，拟采用的评价方法。

7. 评价工作成果清单，成果形式。

8. 评价工作的组织，计划安排。

9. 评价经费概算。

四、区域环境质量现状调查与评价

1. 区域环境质量现状调查的内容

(1) 地理位置。

(2) 地质、地貌和土壤情况，水系分布和水文情况，气候与气象。

(3) 矿藏、森林、草原、水产和野生动物、农产品、动物产品等。

(4) 大气、水体、土壤等要素的环境质量现状。

(5) 环境功能情况，特别关注环境敏感区及重要的社会文化设施。

(6) 社会经济情况。

(7) 人群健康及地方病情况。

(8) 其他环境污染和生态破坏情况的资料。

2. 环境现状的调查方法

调查的方法主要有：搜集资料法、现场调查法和遥感法。表 9-1 对三种方法进行了比较，通常这三种方法应有机结合，互相补充。

表 9-1 环境现状调查的三种方法比较

方法	搜集资料法	现场调查法	遥感法
特点	应用范围广，收效大，较节省人力、物力、时间	直接获取第一手材料，可弥补搜集资料法的不足	从整体上了解环境特点，对不易直接开展调查的地区更为有效
局限性	只能得到第二手材料，往往不够全面，还需补充	工作量大，耗时费力，受到季节、仪器设备条件的限制	不宜用于微观环境状况的调查，受技术条件的制约

3. 环境质量现状评价

参见前述有关章节。

五、环境影响报告书的编制原则与主要内容

见本书第十一章。

第三节　环境影响评价的方法

所谓环境影响评价方法，是指在环境影响评价的实际工作中，按照评价工作的规律，为解决某些环境问题而创造和发展的一类方法。环境影响评价的方法不是简单地搬用其它专业的方法，而是针对环境影响评价的特点，综合性地发展起来的反映人类活动与环境状况的方法。环境影响评价的方法有以下一些共同的特点：

1. 具有综合性：从孤立地处理单个的环境参数发展到综合处理各参数之间的联系，能反映出人类活动对环境影响的整体轮廓和整体关系。

2. 具有可比性：能将不同的环境影响换算为具有同一量纲或无量纲的结果表示形式。

3. 具有可辨别性：能将某一活动造成的环境影响与其他原因造成的环境影响区别开来。

4. 具有动态性：能利用动态的观点来预测人类活动对环境造成的影响。

5. 具有客观性：能利用环境监测、环境调查等手段保证影响评价的客观性。

一、环境影响识别的方法

对环境影响进行识别的目的就是确定人类活动影响的环境因素及受影响的时

间、空间范围及影响种类与程度。进行环境影响识别是开展环境影响评价工作的基础，从事这一工作需要具有全面的知识和丰富的经验。目前常用的具体方法有核查表法和矩阵法。

（一）核查表法

这种方法是在识别影响时，把必须考虑的环境参数和影响一一列出，经修正后可反映人类活动的性质。核查表法可分为四类：一是简单型核查表，仅是一个参数表，不能说明如何度量和解释环境参数的判据；二是描述型核查表，包含有环境参数的识别，并有说明环境参数如何度量的准则；三是分级型核查表，是利用分级技术评价人类活动对环境的影响，附有对环境参数主观分级的判据；四是分级—加权型核查表，包括对表中环境参数的叙述和对每个参数的数值等级和重要程度的说明。前两种方法能识别潜在的环境影响，但不能评估这些影响的相对强度；后两种方法是在前两种方法基础上发展的，除了有识别功能外，还能评估这些影响的相对强度。下面重点介绍简单型核查表和分级—加权型核查表的使用。

1. 简单型核查表：用一个实际例子对该方法加以说明，表 9-2 是某一公路工程对环境影响的识别，从表中可以看出，公路建设项目中可能受影响的环境因子与可能产生影响的性质，它可以给评价工作者一个定性的影响识别的分析，但对决策者来说，仅此还不足以作出决策的依据。

表 9-2　某公路工程建设项目环境影响的简单型核查表

可能受影响的环境因子	可能产生影响的性质									
	不利影响						有利影响			
	ST	LT	R	IR	L	W	ST	LT	SI	N
水生生态系统		×		×	×					
渔业		×		×	×					
森林		×		×	×					
陆生野生生物		×		×		×				
稀有及濒危生物		×		×		×				
陆地水文		×		×		×				
地表水质量		×								
地下水		*		*	*	*	*	*	*	*
土壤										
空气质量					×					
航行		×			×					
陆上运输								×	×	
农业								×	×	
社会经济								×		×
美学		×			×					

注：ST 表示短期影响，LT 表示长期影响，R 表示可逆的影响，IR 表示不可逆影响，L 表示局部的影响，W 表示大范围的影响，SI 表示显著的影响，N 表示正常的影响，×表示不可忽略的影响，* 表示可忽略的影响。

2. 分级—加权型核查表

这种方法是由美国 Battelle 哥伦布实验室为水资源项目而建立的。它对核查表中所列可能受影响的环境因子进行描述，并指出每个环境因子与其它因子的相对比例及重要性。这种方法的关键是要计算一项工程对环境产生的净影响，即计算在有工程项目和没有工程项目两种情况下的环境质量之差 EI，若 $EI<0$ 说明工程对环境有不利影响，若 $EI>0$ 说明工程对环境有有利的影响，若 $EI=0$ 说明工程对环境产生的各种影响可以忽略。表 9-3 给出了水资源项目环境影响的分级—加权型核查表。

表 9-3　水资源项目环境影响的分级—加权型核查表

环境影响类别		无工程项目情况下的环境质量	有工程项目情况下的环境质量	环境的净影响
生态影响	陆地生态	883	693	−190
	水生生态	484.3	721.6	237.3
	小计	1 367.3	1 414.6	47.3
物理一化学影响	土地	518.5	368.3	−150.2
	地表水	535.9	341.9	−194.0
	地下水	530.8	270.6	−260.2
	大气	405.6	355.3	−50.3
	小计	1 990.8	1 336.1	−654.7
社会经济影响	健康	247.6	779	531.4
	经济	806.0	1 586.2	780.2
	小计	1 053.6	2 365.2	1 311.6
美学影响	美学	660.5	618.2	−42.3
合　计		5 072.2	5 734.1	661.9

评价结果显示，该工程的净环境影响有正值 661.9，这主要是由于对人体健康和经济效益有很大好处。

（二）矩阵法

矩阵法是核查表的延伸，该方法是把人类活动和受影响的环境特征和标志组成一个矩阵，在它们之间建立起直接的因果关系，定量或半定量地说明人类活动对环境的影响。

1. Leopold 矩阵法

这种方法是 Leopold 等人设计的一种用于资源开发过程的环境影响评价矩阵，后来被用作许多矩阵法的基础，比如迭代矩阵法、关联矩阵法、最优通道矩阵法及交叉影响矩阵法等。

表 9-4 是某纸浆厂工程的 Leopold 矩阵，具体做法是在矩阵的每个空格都填

上以下内容：

(1) 如果一种某项活动对某一环境因素的影响可能发生，则在活动与该因素对应的空格上画一对角线；

(2) 在对角线的上方写上1～10之间的一个数值表示这一影响的幅度（1最小，10最大）；

(3) 在对角线的下方写上1～10之间的一个数值表示这一影响的重要性（1最小，10最大）。

上述幅度定义为影响程度的范围，重要性则是影响显著程度的加权，前者以事实为依据，后者则以判断为基础。

把所有有关空格都填好就可以编制一个简化的矩阵表，此表中只包括有相互影响的工程活动和环境因素。Leopold的简化矩阵可用来进行煤矿、电厂、供水系统和传输线路、公路、铁路等项目的环境影响评价。

2. 交叉影响矩阵法

该法对于一组将来可能产生的影响用两种数据表示。第一种数据估计每一种影响在将来某个特定的时间间隔内要发生的概率，第二种数据估计任何一种可能发生的影响会对其它影响作用的概率。通过适当的分析，并应用主观概率估计法，把这些概率的估计值直接填到交叉影响矩阵的每一个方格中。主要步骤如下：

(1) 估计各个影响事件之间的相互作用（交叉影响）的范围、方式、强度和时间延迟程度；

(2) 选定任一影响，利用模拟技术，确定其是否发生；

(3) 根据在第一步骤中估计的相互作用调整其它事件的概率；

(4) 从其余事件中选择另一事件，和第二步骤一样决定它是否发生；

(5) 继续这个过程，直到全部影响被决定为止。

按照以上步骤，计算了一个实例（见表9-5和表9-6），该矩阵反映了一个发展中国家在发展科学技术时应考虑的环境影响和社会影响。

二、环境影响预测的方法

环境影响预测是在经过影响识别确定可能是重大的环境影响之后，预测各种活动对环境产生影响导致环境质量或环境价值的变化量、空间变化范围、时间变化阶段等。环境影响预测的方法按环境要素可分为：大气环境影响预测、水环境影响预测、土壤环境影响预测、噪声环境影响预测、社会经济环境影响预测等；按预测的手段可分为物理—化学影响预测法、生物的影响预测法、美学的影响预测法等。具体的预测技术主要有以下几种：

表 9-4 某纸浆厂工程的 Leopold 矩阵表

工程活动 / 环境因素	工厂建设	红麻种植	杀虫剂及化肥的使用	原料运输	抽水	固体废弃物	废水排放	废气排放	职工雇用
地表水质量			6/7			4/4	2/8		5/5
地表水水文					1/7				
空气质量	3/6			2/6				4/5	
渔业			2/5				2/7		
水生生态			2/6				2/5		
陆生野生生物栖居地	3/4								
陆生野生生物	2/5								
土地利用形式	5/6	/							
公路、铁路				6/5					
供水			3/6				2/7		
农业		7/7							
住房									7/6
健康						3/5	2/8	2/6	
社会经济状况		10/8							8/8

表 9-5 每一种影响将发生的概率

影响	T	P	A	S	H	Cp	Tp	E
概率	0.1	0.005	0.005	0.001	0.001	0.001	0.0001	0.0015

表 9-6 交叉影响矩阵表

	T	P	A	S	H	Cp	Tp	E
T	0.75	0	0	−1	0	0	0	0
P	0.5	0	0	0	0	0.9	0	0
A	0	0.5	0	0	−0.8	0	0	0
S	0	0.5	1	0	0	0	0	−0.5
H	0	0	0	0.8	0.1	0	0	0
Cp	0	0	0	1	0	0	0.2	0
Tp	0	0.6	0	0	0	0	0	0
E	0	0	0	0	0	0.1	0.15	0

（一）专业人员定性预测

这种方法主要凭专业人员根据自己的经验，对各种环境要素和污染参数的变化规律及发展趋势作出定性的预测，对某些环境影响，这可能是唯一的方法。但由于缺乏定量的分析，可能预测结果不够准确，一般容易对环境影响估计过高。

（二）利用单位产品排污量（排污系数）进行预测

如果对环境的影响程度与污染物的数量有关，那么，只要确定生产单位产品所排出的污染物的数量或产生的影响量，就可以根据产品的数量确定总的影响量。具体的做法是：

1. 确定生产单位产品所排出的污染物量或产生的影响量。

2. 计算造成影响的总污染物量或总的影响量。

总污染物量或总的影响量 =（单位产品排污量或影响量）×（产品数量）

单位产品排污量的例子有：空气污染的单位产品排污量、水污染的单位产品排污量、固体废物的排污量及其占地面积……

（三）利用模型预测

这是在环境影响评价中用的最多的一种预测方法。预测模型可分为数学模型和物理模型。数学模型包括：经验模型、统计模型和理论模型等。物理模型则包括：实验室水族槽、土柱和微宇宙模型、水力学模型、风洞模拟实验模型、生态系统研究模型等。

按照环境要素划分可有下列模式：

1. 大气环境：预测大气环境污染物浓度的模式有高架点源模式、地面点源、面源和线源模式、城市区域模式、统计模式、箱式模式、大气反应模式等；

2. 水环境（地面水）模式：包括水量和水质两类模式，对于河流、湖泊和水库，在水质方面要考虑保存性污染物、非保存性污染物、营养物和富营养化、细菌和热污染、海湾要考虑潮汐影响，海洋要考虑石油溢流和钻探影响，排放口则要考虑污染物的羽状扩散；

3. 地下水环境：可采用地下水动力学模式和污染物转移模式（溶质运移模式）等；

4. 土壤环境：根据土壤中污染物的输入量、输出量、污染物残留量采用土壤污染物积累模式、农药残留污染模式等；

5. 生物环境：对陆生生物和水生生物的影响预测可采用经验指数法和能流图法，此外还有水生和陆生环境中化学物质吸收模式；

6. 噪声环境：可采取点源模式、线源模式、列线图表法等。列线图表法多用于预测飞机场附近的噪声污染；

7. 社会经济环境：社会经济环境的主要预测模式有人口增长模式、经济变化模式、生活质量指数等。

（四）用类比法预测

在环境影响评价中有时由于时间和其他条件不具备时，可以采用类比法进行预测，即寻找与拟建项目性质、规模、条件等近似的已建项目进行调查，根据已建项目对环境的影响推断、预测拟建项目对环境的影响。使用类比法时一定要注意两者在各方面的近似性，并应根据拟建项目的特点进行调整。

三、环境影响评价方法

广义的环境影响评价方法应包括环境识别法、环境影响预测法和环境影响评价法，狭义的环境影响评价法是指在进行过影响识别和预测后对环境影响作出评价，近年来国内外研究了许多具体的方法，以下作一简要介绍。

（一）清单法

即核查表法，见环境影响识别法。

（二）矩阵法

见环境影响识别法。

（三）网络法

网络法的原理是采用原因—结果的分析网络来阐明和推广矩阵方法，它要求首先弄清楚建设项目的原生影响面，说明在这些范围内的影响是什么？第二级影响是什么？第三级影响是什么？等等。网络法是一种很有用的环境影响评价方法。

为了说明网络法的具体运用过程，可把某项目的环境影响分支概括地列出（见图 9—2 所示）。设某项目有两个基本的工程方案 A 和 B，其中方案 A 有两种原生影响，3 种第二层影响和 2 种第三层影响；方案 B 有两种原生影响，4 种第二层影响和 4 种第三层影响。整个影响链构成 10 个分支。由于这种图形很像树枝，故也称影响树法。

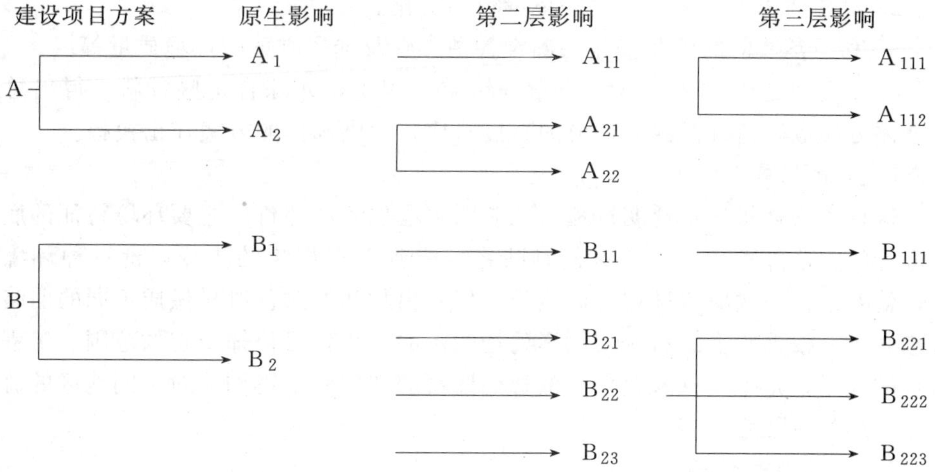

图 9-2 建设项目的环境影响网络法图解

设 P_i 为分支 i 上的环境影响评分，$i=1, 2, 3, \cdots, 10$，则其各种影响（X）可定义如下：

$$M(X) = (+\text{或}-)\ \text{影响}\ (X)\ \text{的大小}$$

$$I(X) = \text{影响}\ (X)\ \text{的权重值}$$

设 $M(X)$ 和 $I(X)$ 都有一定的值域（1～10），则某给定分支的环境影响评分为：

$$\Sigma M(X)\ I(X)$$

通过上式可以求出某分支上 X 的总和，其环境影响评分为：

$$M(A_1)\ I(A_1) + M(A_{11})\ I(A_{11}) + M(A_{111})\ I(A_{111})$$

用同样的方法可求出其它 9 个分支的环境影响评分。由于项目的原生、第二层、第三层的影响都有某种不确定性，所以应按发生的概率求取各分支的权重值，以便修正各分支的评分。最后，求出所有各个分之的权重评分之和，即可得出“期望环境影响评分”。

$$\text{期望环境影响} = \sum_{i=1}^{10} P_i \qquad (\text{分支的环境影响评分})$$

（四）评价函数作图法

具体做法是利用评价函数，采用函数曲线作图的方法，将各种参数值转换成环境质量等级值，然后将环境质量等级值与参数重要性的权重值相乘，得出环境影响值，根据环境影响值对各种活动进行评价。工作步骤如下：

1. 获得没有项目时的各种环境因子的参数材料，将这些参数材料转换为环境质量等级值，再乘以权值，得出没有项目时环境的混合评分。

2. 对各种选择方案，预测环境参数的变化。

3. 利用参数值的预测变化，确定各种参数及选择方案的环境质量等级。

4. 将各种选择方案的环境质量等级乘以权重，并综合这些资料，得出总的混合评分，最后通过对混合评分的直接对比，对供选择的方案作出抉择。

（五）图形叠置法

这种方法是将一张透明纸覆盖在表明工程位置和评价区主要环境特征的底图上进行的。这些特征是经专家们判断将要受到工程影响的。每评价一种环境特征，就要进行一次覆盖透视，影响程度用黑白相间的颜色符号做成不同的明暗强度来表示。根据图上绘有一定阴影的透明图的面积，可得知影响的范围。工程总影响的表示，是把每种颜色代号的透明图覆盖在底图上得到。对不同地区的总影响用阴影相对强度来表示。

（六）模拟模型法

在环境影响评价中，已提出的模拟模型有如下几种：

1. 污染分析模拟模型

（1）环境管理通用系统模型：日本渡边、千仞等提出的以防止水质污染模拟系统为中心的环境管理通用系统模型。

（2）三阶段系统模型：日本平泉泰提出，先用负荷模型预测环境负荷，再根据环境模型预测污染负荷引起的环境变化，最后根据社会费用模型评价环境变化引起的社会问题。

（3）环境污染分析模型：根据一个地区内的生产、消耗和环境污染之间的相互关系而建立起来的模型。

2. 生态系统模拟模型

这是一种评价生态系统的模型，其中包括生态系统的变化趋势分析和根据环境变化过程所作出的评价。这种模型特别适用于自然资源管理战略的制定、评价和选择。

3. 环境影响综合评价模型

在对各个单要素进行环境影响评价的基础上，通过对影响的加权或集合产生出所有影响的总的评价值。

4. 动态系统模拟模型

以动态观点综合研究一定范围内人口、经济发展、环境和资源之间的复杂关系。在进行这类模拟时，由于范围大、条件复杂，往往需要对社会行为和经济、技术发展作一系列严格的假定。

（七）环境系统综合评价法

这一方法是根据北京师范大学刘培桐教授关于人类生态系统的学术思想提出的，已在一些项目的环境影响评价工作中得到应用。该方法强调把各环境要素作为环境系统整体的一个组成部分，研究它们之间的联系和各种过程的时空变化规律，并在区域自然环境特点和社会经济特点的背景上来研究建设项目的环境影响。该方法由三部分组成：

1. 建设项目的环境影响分析

（1）影响形式的分析：不仅注意对单个要素和过程的直接影响，而且还应注意建设项目对各要素和过程相互作用和联系的影响，注意对环境对策的后果和环境影响社会经济后果。

（2）影响程度分析：引入开发程度指标进行影响程度分析。所谓开发程度指标是建设项目对环境施加影响的一种度量，通过它可以把建设项目的规模、性质与对环境的预测及环境对策分析结合起来。该指标应具有确切的物理意义，可定量计算，并应是时间的函数，可动态地反映项目的整个开发过程。

2. 环境要素与环境过程变化预测

包括定性分析方法、数学模型方法（统计预测模型、“灰箱”模型、系统模型方法等）。其中“灰箱”模型是一类表示环境要素与环境过程变化机制和变化过程的模型，其中反映的各个参数之间的关系又是不确定的。这类模型用于对需要预测的环境要素和环境变化过程有一定程度的了解但又不完全了解，或对其中一部分了解而对另一部分不甚了解的情况。

应用“灰箱”模型进行环境预测一般分三步进行，第一步是“结构识别”，即根据预测问题的要求，从已有的各种模型中选择决定采用的模型或建立新的模型；第二步是“参数识别”，即在模型选定或建立后，根据局部的观测数据确定模型中的各个系数，得到评价地区适用的模型；第三步是利用电子计算机进行预测。

3. 对策分析方法

环境对策分析是在环境预测的基础上，对建设项目的环境影响、环境后果的防治途径及其效果进行分析，以提出整个建设项目方案的环境总体分析。它包括以下内容：

（1）确定区域环境保护目标和环境质量标准；

（2）提出环境后果防治措施并进行分析；

（3）建设项目开发方案环境总体分析，用货币作为单位，从经济上对开发方案做环境总体上的分析。

第四节 工程建设项目的环境影响评价

一、工程建设项目环境影响评价的工作程序

建设项目的环境影响评价在我国已经明确进入法制轨道，目前绝大多数的环境影响评价工作都是围绕建设项目进行的，其目的是为项目的布局、选址和确定其发展规模提供决策基础和环境保护措施方面的服务，即在造成环境损害之前尽可能多地提供环境信息，以求把不利的环境影响降低到最小程度。世界上许多国家和机构，尤其是像世界银行和亚洲开发银行等金融机构，都对建设项目的环境影响评价作了一些具体的规定，编制了一定的工作程序。

（一）环境影响评价与工程建设程序的关系

建设项目的环境影响评价必须在项目建设前期工作的可行性研究阶段进行。因此，这一评价的技术依据是已被有关部门批准并纳入前期工作计划的项目建议书。根据我国关于工程建设持续的规定，工厂建设的可行性研究是建设前期的重要工作内容，尽管环境影响评价与可行性研究分别进行，但作为建设项目的主要依据之一，它应与可行性研究同时完成。例如亚洲开发银行就规定工程建设程序与环境保护步骤相匹配，并强调环境影响评价是可行性研究中的一个独立部分，必须与工程的可行性同时完成。

表 9-7 亚洲开发银行的项目建设程序与环境影响评价活动

工程项目建设程序	环境影响评价工作
1. 现场调查研究	1. 现场环境情况调查
2. 编制工程项目的预可行性研究	2. 编制环境影响初评（IEE）
3. 编制工程项目的可行性研究	3. 进行环境影响评价，编制报告书
4. 工程设计	4. 监督设计，落实评价要求
5. 施工	5. 监督环保设计在施工中实施
6. 运行	6. 进行周围环境监测

（二）工程项目环境影响评价的工作程序

工作程序是环境影响评价工作自身规律的反映，但不同国家的环境影响工作程序不尽相同，我国的建设项目环境影响评价程序见图 9-1。亚洲开发银行推荐

的发展中国家的环境影响评价工作程序见表 9-8。

表 9-8　发展中国家环境影响评价工作程序

评价步骤	评价时段	工作承担者
1. 初步研究	在可行性研究期间	项目管理和环境研究小组
2. 影响识别（确定范围）	在可行性研究与初步设计之间	环境研究小组
3. 基础研究	在初步设计期间	环境和工程研究小组
4. 影响评价	在初步设计与最终设计之间	环境研究小组和技术专家
5. 环境对策措施	在初步设计与最终设计之间	环境和工程研究小组
6. 方案比较	在最终设计之前	环境研究小组
7. 报告编制	在最终设计之前	环境研究小组
8. 决策	在最终设计之前	环境管理部门
9. 追踪调查	在运行开始后	项目运行和管理部门

二、工程建设项目环境影响评价的工作内容

（一）工程分析

1. 工程分析概述

工程分析是从有可能对环境产生影响的角度对建设项目的性质、生产规模、原料、能源、工艺、土地利用和污染特征进行系统全面的分析，以确定主要影响因子，查清其影响的过程及危害特性。工程分析是环境影响评价工作的基础，可为项目决策提供基础资料，弥补可行性研究中对项目的产污环节和源强估算的不足，为环境保护设计提供优化建议，为项目的环境管理提供建议指标和科学数据。

2. 工程分析的主要内容

工程分析的工作内容，原则上是应根据建设项目的工程特性，包括项目的类型、规模、开发建设的方式与强度、能源和资源用量、污染物排放特征以及项目所在地的环境条件来决定。对于环境影响以污染因素为主的项目来说，其工作内容主要包括下列部分：

（1）工程概况：包括工程名称、建设性质、建设地点、项目组成、建设规模、车间组成、产品方案、辅助设施、配套工程、储运方式、占地面积、职工人数、工程总投资及发展规划、物料及能源消耗定额、主要技术经济指标等；

（2）工艺路线与生产方法及产污环节分析：用流程图的方式说明生产过程，

同时在工艺流程中表明污染物产生的位置和污染物的类型，必要时列出主要的化学反应式和副反应式；

(3) 污染物源强分析与核算：按建设过程、生产过程和服务期满后（退役期）三个时期详细核算污染源分布、污染物类型和排放量，按排放点编号，列表逐点统计各种污染物的排放浓度、强度及数量，并说明排放方式、排放去向和处理方式等。污染物源强情况可按表 9-9 的方式表示。

表 9-9 污染物源强一览表

序　号	排放点	主要污染因子	排放浓度	排放总量	其它
1					
2					
3					
……					

在统计污染物排放量时，对于新建项目要算清两本账，一本是工程自身的污染物设计排放量；另一本是按治理规划和评价规定的措施实施后能够实现的污染物削减量，两本之差才是评价需要的污染物的最终排放量。

对于改扩建项目和技术改造项目的污染物统计则要算清三本账：第一本是改扩建和技术改造前现有的污染物实际排放量；第二本是改扩建和技术改造项目按计划实施的自身污染物排放量；第三本是实施治理措施和评价规定措施后能够实现的污染物削减量。这类项目一般要求以新带老，实现污染物总量削减。

污染物源强的计算方法有三种，即物料平衡计算法、实际监测法和排污系数法。在环境影响评价中，应根据不同行业的具体条件与特点进行物料平衡分析与计算，例如在合成氨厂中，通常要进行全厂的物料平衡、氨平衡和水平衡，可绘制物料平衡图。

(4) 清洁生产水平分析：重点比较建设项目与国内外同类项目按单位产品或万元产值的排放水平，并论述其差距。对废气排放应按能源政策评述其合理性，对其中可燃性气体说明其回收利用的可能性；对废水排放应通过水量平衡，并按照资源利用和环境保护政策评述一水多用或循环利用的合理程度；对于固体废物应根据其性质、组成，论述其综合利用的前景。

(5) 环境保护措施方案分析：应对建设项目可行性研究阶段环境保护措施方案进行分析，并提出进一步改进的意见；分析污染物处理工艺有关技术经济参数的合理性，分析环境保护设施投资构成及其在总投资中所占的比例。

(6) 总图布置方案分析：要分析厂区与周围保护目标之间所定的卫生防护距

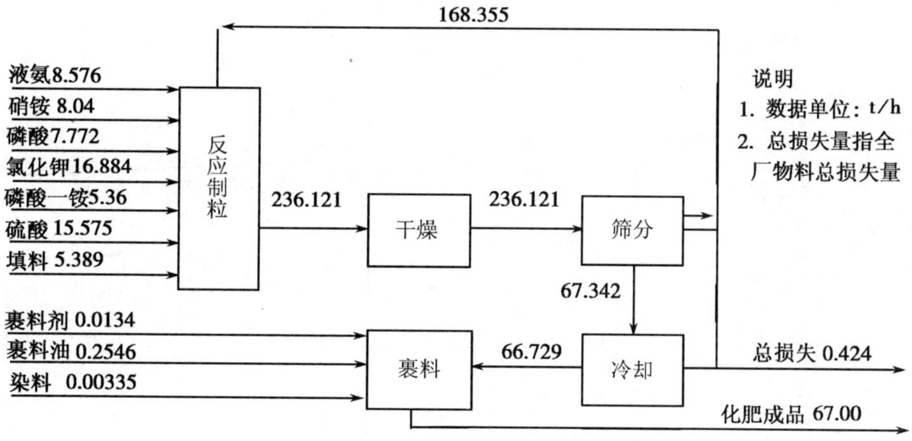

图 9-3 某化肥厂全厂物料平衡图

离和安全防护距离的可靠性，根据气象、水文等自然条件分析工厂和车间布置的合理性，对有些需要搬迁的情况分析村镇居民搬迁的必要性。

（7）补充措施与建议：包括关于产品结构合理性与生产规模的建议，优化总图布置的建议，可燃性气体平衡与回收利用的建议，用水平衡及节水措施的建议，废渣综合利用的建议，污染物排放方式的建议，环境保护设备选型和实用参数的建议以及与建设项目和环境保护有关的其它建议。

3. 工程分析的作用和意义

工程分析的作用和意义主要反映在四个方面：

（1）为项目决策提供依据：在一般情况下，工程分析从环境保护角度对项目建设的性质、产品结构、生产规模、工艺技术、能源结构、技术经济指标总体布置等方面作出分析意见，在特定或敏感的环境保护地区布置有明显污染或危害环境的项目时，在水资源紧缺地区布置大量耗水型项目时，在自净能力差或环境容量接近饱和的地区安排建设项目时，通过工程分析，可以直接作出否定的结论。

（2）弥补可行性报告对建设项目产污环节和源强的估算不足：目前在可行性研究报告中一般只对拟建项目的主要生产工艺进行初步研究，而对具体产污环节没有明确说明，而环境影响评价的工程分析需对各个产污环节重新进行详细分析，对各个环节的源强仔细核算，从而为环境影响预测和防治对策提供可靠的基础数据。

（3）为环境保护设计提供优化建议：工程分析从环境保护的全局要求和实用技术出发对生产工艺进行优化论证，并提出清洁生产工艺建议，使环境保护设计具有先进性、可靠性和实用性。

（4）为项目的环境管理提供建议指标和科学数据：工程分析筛选的主要环境

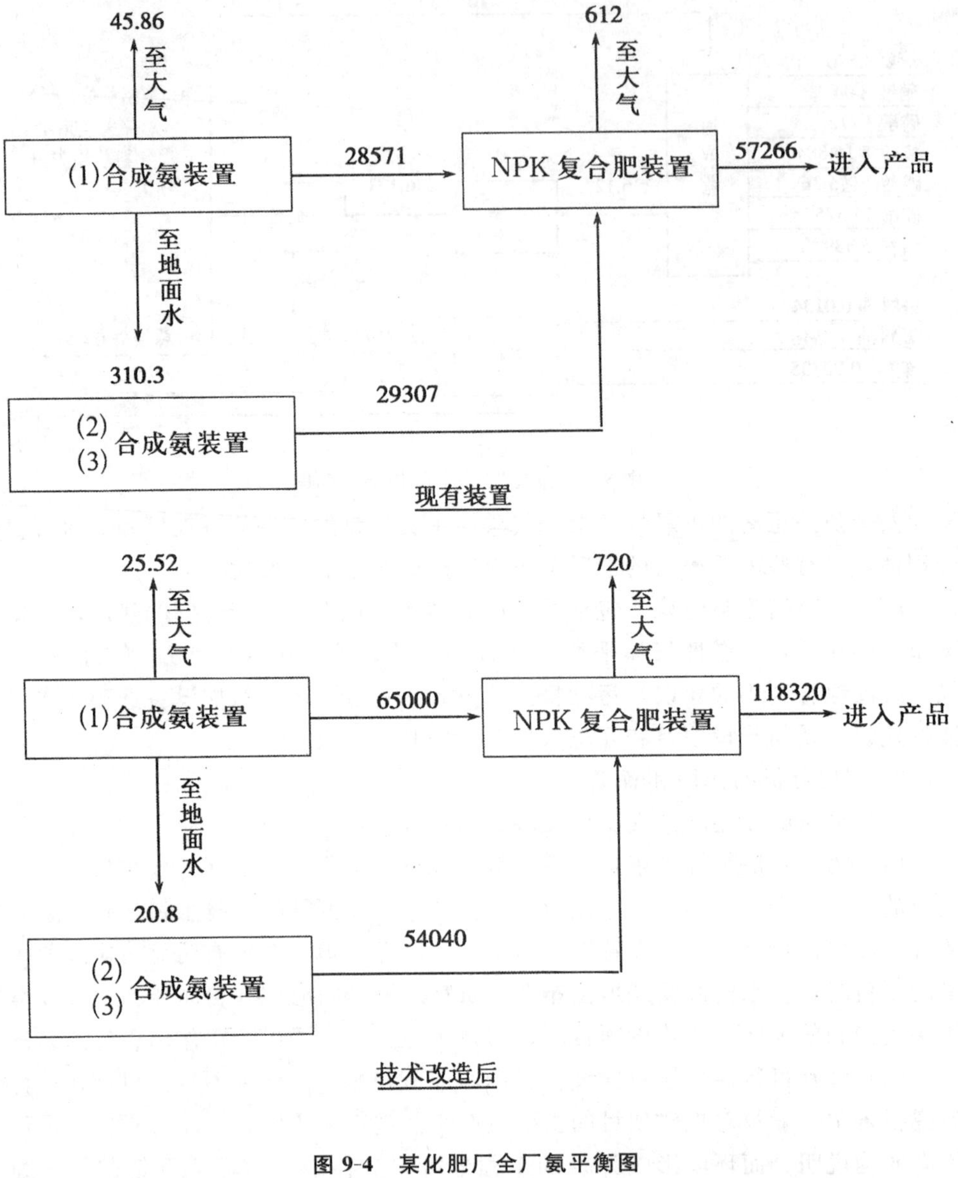

图 9-4 某化肥厂全厂氨平衡图

因子是项目建成后日常管理的对象，为保护环境所核定的污染物排放总量是开发建设活动应当控制的重要指标，因此必然为项目的环境管理提供科学依据。

（二）清洁生产评价

1. 清洁生产的基本概念

清洁生产在不同的发展阶段、不同的国家有不同的叫法，例如“废物最小化”、“无废物工艺”、“污染预防”等，但其基本内涵是一致的，即对产品和产品的生产过程采用预防污染的策略来减少污染的产生。1989 年联合国环境规划署提出了清洁生产的定义，1996 年又将该定义进一步完善为“清洁生产指将整体预防的环境战略持续应用于生产过程、产品和服务中，以增加生态效率和减少人类对环境的风险”。因此我们可将清洁生产的含义理解为：对生产过程，要求节约原材料和能源，淘汰有毒原材料，降低所有废弃物的数量和毒性；对产品，要求减少从原材料提炼到产品最终处置的全生命周期的不利影响；对服务，要求将环境因素纳入设计和所提供的服务当中。

2．清洁生产与环境影响评价的关系

环境影响评价对项目的污染控制提出了要求和建议，而传统的污染控制方法是末端处理，我国通过调查发现，大约三分之一的企业的末端处理设施在通过验收后停止了使用，三分之一的企业正在使用，但也未按照原设计的要求进行运转，只有三分之一的企业的末端处理设施正常运行。造成这种局面的原因很多，主要原因是末端处理的运行费用较高，许多企业负担不了。在项目的环境影响评价时，对企业能否负担得起高昂的处理费用考虑较少。

清洁生产已被证明是优于污染末端控制且需优先考虑的一种环境战略，将这一战略思想引入环境影响评价中，将大大提高环境影响评价的质量。

（1）减轻建设项目末端处理的负担：在污染物产生之前和产生的过程中就予以削减，减少了污染物的种类和数量，当然也就减轻了末端处理的负担。

（2）提高建设项目的环境可靠性：末端处理的“三同时”一直是我国环境管理的重点和难点，如果环境评价提出的末端处理方案不能实施或实施不完全，将直接导致环境负担的增加，实际上也是环境影响评价制度的间接失效。而实行了清洁生产，则可提高建设项目环境管理的效果，使项目的环境可靠性得到提高。

（3）提高建设项目的经济效益和市场竞争力：清洁生产需要提高原材料、能源的利用率来达到，在许多情况下会降低成本，提高产品质量，有利于提高经济效益和市场竞争力。

（4）树立和改善建设项目的环境形象：在环境法律日趋严格，公众环境意识日益提高的今天，社会对企业及其产品的环境要求也日趋严格，实施清洁生产，有利于建设项目及建成后的企业树立和改善其环境形象，有利于提高其社会效益。

因此，将清洁生产与环境影响评价结合起来，不但为环境影响评价增添了新的内容，提高了环境影响评价的质量，也推动了环境影响评价制度和我国环境管理的发展。

3．清洁生产评价指标体系

清洁生产评价指标选取的原则是从产品生命周期的全过程来考虑，体现污染预防的思想，容易量化和数据易得。依据生命周期分析的原则，环境影响评价中的清洁生产指标可分为以下四类：

（1）原材料指标：包括原材料的毒性、生态影响（如露天采矿比矿井采矿的影响大）、可再生性、能源强度（原材料在采掘和生产过程中消耗能源的程度，如铝的能源强度高于铁）、可回收利用性（原材料的可回收利用程度，如金属材料比许多有机物的可回收利用程度高）。

（2）产品指标：包括产品销售过程的环境影响、使用期间的环境影响、寿命优化（在多数情况下产品的寿命越长越好，但有时并不尽然，如高耗能的产品，寿命优化是使产品寿命处于最优状态）和产品报废对环境的影响。

（3）资源指标：包括单位产品新鲜水耗量、单位产品的能耗、单位产品的物耗等，这些指标能够反映企业技术工艺和管理水平，从清洁生产的角度看，资源消耗高低也可反映对生态系统的影响程度。

（4）污染物产生指标：包括废水产生指标、废气产生指标和固体废物产生指标，一般都用单位产品废物产生量。这一指标也能够表示生产工艺和管理水平的先进与落后。

4. 清洁生产评价方法

（1）评价等级：根据以上指标分析，清洁生产评价可分为定性评价和定量评价。原材料指标和产品指标在目前情况下难以量化，属于定性评价，粗分为三个等级，即高、中、低。高，表示所使用的原材料和产品对环境的影响比较小；中，表示所使用的原材料和产品对环境的影响中等；低，表示所使用的原材料和产品对环境的影响比较大。资源指标和污染物产生指标比较容易量化，可作定量评价，细分为五个等级：

清洁：有关指标达到本行业国际先进水平；

较清洁：有关指标达到本行业国内先进水平；

一般：有关指标达到本行业国内平均水平；

较差：有关指标达到本行业国内中下水平；

很差：有关指标为本行业国内较差水平。

表 9-10 原材料和产品指标的等级评分标准

等　级	分值范围	低	中	高
等级分值	0～1.0	0～0.30	0.30～0.70	0.70～1.0

注：确定分值时取两位有效数字。

表 9-11 资源指标和污染物产生指标的等级评分标准

等　级	分值范围	很　差	较　差	一　般	较清洁	清　洁
等级分值	0～1.0	0～0.2	0.2～0.4	0.4～0.6	0.6～0.8	0.8～1.0

注：确定分值时取两位有效数字。

(2) 评价方法：清洁生产评价方法采用百分制，首先对原材料指标、产品指标、资源指标和污染物产生指标按等级评分标准分别打分，然后分别乘以各自的权重值，最后累加起来得到总分。通过总分值的比较可以基本判定建设项目总体达到的清洁生产程度。

权重值的确定是根据专家调查打分的方法得出的，见表 9-12。

表 9-12　清洁生产指标权重值专家调查结果

评价指标	分指标	权重值
原材料指标		25
	毒　性	7
	生态影响	6
	可再生性	4
	能源强度	4
	可回收利用性	4
产品指标		17
	销　售	3
	使　用	4
	寿命优化	5
	报　废	5
资源指标		29
	能　耗	11
	水　耗	10
	其它物耗	8
污染物产生指标		29
总权重值		100

表 9-12 中污染物产生指标包括三项分指标，即废水、废气、固体废物，如果在一个企业中这三项都存在，可分别给它们的权重值定为 10、10、9，如果仅有一项，如造纸厂的主要污染物是废水，则可将废水的权重定为 29，当然废水中各种污染物可以有不同的权重，但其权重之和应为 29。

(3) 总体评价要求：清洁生产是一个相对的概念，其指标的评价结果也是相对的。总体上来看，如果一个建设项目清洁生产在综合评分结果大于 80 分，该项目应属于“清洁生产”；如果综合评分在 70～80 分之间，可认为属于“传统先进”的项目；若综合评分在 55～70 分之间，可认为该项目为“一般”的项目，若综合评分在 40～55 分之间，则可判定该项目为“落后”水平，其某些指标水平在国内属于较差或很差的水平；若综合评分结果在 40 分以下，则可判定该项目为应“淘汰”的项目，因为该项目的总体水平属于国内较差或很差的水平，不仅消耗了过多的资源，产生了过量的污染物，而且在原材料的利用和产品的使用及报废后的处置方面都可能对环境造成超出常规的不利影响。

表 9-13 清洁生产指标总体评价分值要求

总体评价	指标分数	总体评价	指标分数
清洁生产	80 以上	落　　后	40～55
传统先进	70～80	淘　　汰	40 以下
一　　般	55～70		

（三）工程建设项目的环境影响识别与预测

这部分内容参见本章第三节所述。

三、工程建设项目环境影响评价的后评估

（一）后评估的内涵和意义

它是环境影响评价管理的一种形式。它有两个方面的内涵：一是对于在环境影响评价中难以预测的长期的潜在性环境影响，应在工程投入运行后进行事后评估；二是对提交的环境影响报告书进行事后验证，验证的内容主要是出现了哪些环境影响，这些影响在报告书中是否预见到了，提出的防护措施是否有效。

后评估的重要意义在于,进一步加强对环境影响评价的管理工作,检查和监督工程建设单位和环境影响评价单位认真履行各自的职责,以保证环境影响评价工作的质量,通过后评估发现重大环境问题,查明原因和责任,提出解决和补救的措施。

（二）后评估的对象

一般应根据工程的性质、排放物质的毒性、影响区域的大小来确定后评估的对象。比如大中型工程项目建设在环境敏感地区，排放一定量有毒物质或危害严重的建设项目，对有潜在环境影响而在报告书中对其影响尚不能给出明确结论或建议的工程项目等，均应进行后评估。

（三）后评估的主要内容

1. 有关工程概况的验证

验证工程项目是否发生较大的变更，以致使评价报告书中的内容和结果不能反映实际情况。由于建设项目是一个动态过程，一般允许工程运行后产生的污染情况和其他环境影响与报告书中预测的状况有一定的差别。因此需要进行事后验证与评估。

2. 环境保护建议与措施的验证

一方面验证报告书中提出的建议和措施是否合理、适用，能否满足环境保护的要求；另一方面对环境保护措施运行管理情况进行检验。

3. 某些重点评价要素的验证

后评估不是对原来环境影响评价工作的重复，而是对那些敏感区域的敏感要素有重点地进行验证，看原来预测和评价的结果与运行后的实际情况是否基本相符，同时也是对原来使用的预测方法和技术合理性和有效性的验证。

（四）后评估的基本方法

主要方法是进行现场调查、采样监测、收集资料，然后组织环境专家和特别监督团进行专家评估。这一工作是一项复杂而有一定难度的工作，目前我国有关部门正在研究制定有关的法规、标准和实施细则。

第五节 区域开发项目的环境影响评价

区域开发（Regional Development）是人类利用、改造自然的经常性活动，从古代到现代从未停止过。随着近代经济发展的需要，世界各国越来越广泛地采用区域开发的方式来发展经济，并取得了显著的效益。例如古埃及对尼罗河流域的开发，19 世纪末到 20 世纪初期美国西部的开发，20 世纪 50 年代中国西北部的交通建设、新疆和北大荒的农垦开发、60～70 年代的石油开发等，都取得了巨大的效益。20 世纪 80 年代以来，随着中国改革开放，先后建设了一些经济特区、经济开发区，如深圳、厦门、珠海、海南等，显示了经济发展的活力；90 年代以来，全国各地又建设了许多高新技术开发区；近年来党中央实施的西部大开发战略，对我国的社会经济发展的影响作用更加深远。随着区域开发的广度、深度和强度不断加大，也产生了一些人类面临的重要问题，主要是经济发展与生态环境的矛盾，经济发展与人口的矛盾，经济建设与资源合理利用、分配的矛盾，经济发展与城市化的矛盾等。区域开发引起的环境质量变化是造成经济发展与环境矛盾的根本原因，这种变化具有涉及面广、时间延续长、复合影响大等特点。因此需要在进行区域开发建设的同时进行环境影响评价，准确地预测环境质量的变化范围和程度，提出合理可行的环境保护对策，实现区域环境保护的目标，使区域开发的经济建设和环境建设同步进行。

一、区域与区域开发

（一）区域的概念

区域是地球表层划分的一种方式，即人们按照一定的目的和标准对地表划分的片断。区域和地区是有区别的，地区是指任意划分的片断，也可以是特意划分的片断；而区域则必须是按一定的目的和标准划分的片断。例如，为行使国家主权和执行国家任务而划定的行政区，按照自然界各组成要素的相互作用及其分异规律而划定的某种自然区，为了军事、文化、旅游等方面的需要而划定的军事区、文化区、旅游区等。各种划分方法的共同点是区域内部具有某种程度的一致特征，区域之间存在某种程度的差异性。

（二）区域开发及其特点

1. 区域开发的概念

区域开发是人类在限定的地区、限定的时间，按照明确的目的对区域内环境及资源条件利用的行为。

区域开发不是对任意地区的开发，而是对某一特定地区的开发。开发与未开发也只能作相对的理解，在当今的世界，人类的力量几乎遍及了地球的所有领域，因此，所谓开发实际上是对已经开发过的地区的继续开发，开发是没有止境的。

2. 区域开发的特点

（1）规模大，需要投入大量的资金（几亿、几十亿甚至几百亿元）、人力、物质与资源；

（2）占地广，例如西部大开发涉及全国 12 个省、自治区，上海浦东开发区占地 300 多 km^2；

（3）综合性强，开发区一般都为综合性开发，区内要建设不同类型和规模的工程；

（4）层次性明显，表现在由区域发展的总体规划到具体的方案设计，由短期的开发到长期发展，由部门参与到行业、企业参与等多种层次。如上海市的吴淞工业区占地 $21km^2$，由 7 个工业局和一个公司参与，现有 21 家工厂，计划发展 116 个建设项目；

（5）环境影响复杂，由于区域内建设项目多，规模大，所产生的环境影响大于它们单一影响之和。那些长距离、大范围的区域间的影响，包括有利和不利的环境影响比较难以识别。例如，长江三峡水电建设工程，有可能对远在 1 800km 以外的长江下游和上海市产生影响；

（6）适于集中管理，开发区内众多的建设项目有可能在企业和行业之间结成某种产业链，形成一种良性循环，便于污染集中控制，以较小的污染控制费用，换取最佳的环境效益。

（三）区域开发的类型

无论是发达国家和发展中国家，区域开发所面临的问题都集中在两个方面：一是对老的工业城镇发达地区和衰退地区进行调整和改造；二是对新的区域进行开发。因此对于区域开发的环境影响评价的对象来说，可以有以下几种类型的区域开发：

（1）按建设的性质，可划分为工业、农业、矿业开发计划；

（2）按区域的自然地理条件，可划分为山区、河口三角洲、海洋的区域开发等；

（3）按区域的发展过程，可分为新区的开发建设、老区的改造或扩建等；

（4）按产业结构，例如电子产业开发、信息产业开发、旅游开发、生态农业开发等。

以上类型也不是绝对能够分清的，有时是交叉的，综合性的，例如沿海新经济综合开发区就是交叉性的。有的大规模的开发区中还包括若干个不同类型的小开发区。

二、区域开发环境影响评价的主要特点

区域开发的环境影响评价不同于单项工程建设项目的环境影响评价，它有以下几个特点：

1. 开发对象的可选择性

这首先是由于开发是一个相对的概念，是否开发决定于开发的深度、广度和强度；其次是因为开发有着不同的类型，因此评价工作对象应根据具体情况来确定。目前我国已经开展的区域开发评价有：区域性的大规模集团建设项目的环境影响评价；区域社会发展规划或经济发展计划的环境影响评价；新技术开发区的环境影响评价；特大型的单项工程建设项目，其影响能达到区域规模的环境影响评价。

2. 区域性、动态性、非线性和自适应性

（1）区域性是区域开发项目环境影响评价不同于其它评价的主要特征之一，要体现区域作为整体的组合效应，即反映总体建设规划的影响与单项建设的影响，单项建设影响之间的统一性、综合性。由于区域开发产生的整体影响不等于它的部分影响之和，所以评价方法多采用总量控制法和表达区域环境整体性的环境容量、环境承载力等概念。

（2）动态性表现了区域开发在时间上处于不停地进行结构和功能的演变，在空间上不断发生人口、资源和污染物质的交换，环境影响评价的方法应该而且必须反映这种演变与开放的特性。

（3）非线性从本质上说是由于区域开发引起环境要素时空不均匀、作用不对称和影响不确定等造成的。如减少污染物的排放量与治理污染的费用就是非线性的。

(4) 自适应性是由于评价工作者已经认识到单靠一种方法不可能掌握环境影响评价的所有方面，尤其是对于区域开发的环境影响评价，因此他们在评价中将会根据项目的特征，按不同的阶段、不同的需要而采用适应性较强的不同方法。

3. 评价内容反映整体性和动态性

区域开发环境影响评价的内容除了单项建设项目评价已有的评价区域的确定、评价因子的选择、污染源的调查、各个环境要素的评价等内容外，还应有反映区域开发整体性、动态性的内容，如：环境承载力和污染物总量控制、环境功能区的划分、区域开发的可持续发展能力、选择适应协调发展的格局等。

三、新经济开发区的环境影响评价

新经济开发区通常是在地理条件优越的沿海滩涂、荒地、人口密度较小的农村或城市郊区等地区进行建设，与单个建设项目相比，它的占地范围大，投资多，耗费的能源资源多，一般都是多功能的综合开发，因此对环境的影响也比单个建设项目的深度和广度大。

(一) 新经济开发区的类型

新经济开发区的类型很多，一般可归纳成以下几种：

1. 按建设性质分：可分为城市型区域开发区、工业和矿业开发区、农业、林业、牧业、渔业开发区、高新科技开发区、风景旅游开发区等。

2. 按产业结构分：可分为多门类综合区域开发或包括许多生产部门的大型工矿企业基地开发，也有以某一产业为主的其它产业作为配套的开发区。

3. 按开发规模分：可分为国家级、省级、地区级和项目级的开发区。

(二) 新经济开发区环境影响评价的重点

1. 功能区和环境区划

(1) 功能区和环境功能区：功能区是指对经济和社会发展起特定作用的地域或地理单元。事实上，环境功能区也常是经济、社会和环境的综合性功能区。划分功能区的目的，一是合理布局，二是确定具体的环境目标，三是便于进行环境管理。对于新开发区，功能区的划分对其未来的环境状态有决定性的影响。

(2) 环境区划：环境区划是进行环境功能区划的前提和依据，其基本任务是将一个区域内的各个小区的不同用地方式进行适宜度分析，选择土地的最佳利用方式，做到布局和环境功能区划合理。环境区划的原则是保证居民的生产和生活的基本要求，有利于区域经济、社会与环境建设的协调发展，同时应充分利用区域的环境容量（环境承载力）。环境区划的依据是土地开发度的评价结果和生态适宜度的评价结果。

(3) 环境功能区划：在环境区划的基础上，按区域的规划功能要求，再进行环境功能区划。可根据自然条件、社会经济条件和环境开发利用的潜力划分环境功能区，也可按环境保护的重点和特点划分功能区，如：自然保护区、风景旅游区、水源保护区、工业区、居民区、教育文化区、重点环境保护区、一般环境保护区、污染控制区和重点污染治理区等。

2. 区域污染物排放总量控制

所谓污染物总量控制是在一个区域范围内，把排入这一区域的污染物总量控制在一定的数量之内，以期达到预定的环境目标的一种控制手段。区域污染物排放总量包括工业、交通、生活等污染源排放的污染物总量之和。我国实施的污染物排放总量控制一般分为三种类型：

(1) 容量总量控制：即把允许排放的污染物总量控制在受纳环境具体功能所对应的环境标准范围内，它把污染物控制管理目标与环境目标结合起来，用环境容量（环境承载力）推算受纳环境的允许纳污总量，并将其分配到区域内的各个污染单元（污染源）。

(2) 目标总量控制：即把允许排放污染物的总量控制在管理目标所规定的范围内。它是用行政干预的办法，通过对控制区域内污染源治理水平所能投入的费用及产生的效益进行综合分析，确定污染负荷的适宜削减率，并将其分配到各个污染源。

(3) 行业总量控制：即从行业生产工艺入手，通过控制生产过程中资源、能源的投入种类与数量和预防污染物的产生，使污染物总量限制在行业管理目标规定的限额之内。行业总量控制与生产工艺的革新、资源与能源的有效利用联系密切，代表了行业的清洁生产水平。

3. 区域环境规划与管理计划

新开发区的环境影响评价是为开发区的经济建设和居民生活服务的，最终要落实到制定区域的环境规划和环境管理计划上，环境规划和管理计划是根据污染物总量控制目标和环境质量目标来确定的。环境管理计划包括管理机构的确定和管理内容、环境监测计划等。

（三）新开发区环境影响评价的程序与内容

1. 确定评价区域范围和评价时段，环境影响评价应在开发项目的规划阶段或可行性研究阶段进行，作为区域开发规划报告或可行性研究报告的一部分。

2. 制定环境功能区划，确定开发区内各分区的环境功能。

3. 确定区域环境目标和采用的环境标准。

4. 论证可持续发展的开发布局，对区内的各个拟建项目进行工程分析。

5. 确定区域内和周围的环境敏感目标。

6. 进行区域内及周围地区的污染源和环境的过去和现状调查，进行环境容量（环境承载力）研究，应根据所确定的环境保护目标和环境质量标准建立环境容量模型，计算出污染物总量控制目标，并合理分配各个开发部门的污染物允许排放量。

7. 预测各个开发活动对环境要素的影响和开发后的环境变化。

8. 评价区域开发的资源（包括水、土地、能源、矿产、生物资源等）的需求、相互影响和冲突。

9. 评价开发活动的社会环境影响（人口、经济、文化、居民生活等）。

10. 提出区域环境保护措施，主要是污染集中控制方案及其优化和综合治理对策，并论证方案和对策的技术先进性和经济合理性。

11. 制定区域环境管理计划和环境监测计划。

12. 评价结论与建议。

第六节　社会经济环境影响评价

一、社会经济环境影响评价概述

（一）社会经济环境影响评价的目的

社会经济环境影响评价是开发建设项目环境影响评价的重要组成部分。开发建设项目对社会经济环境可能带来有利的和不利的影响，可能使一部分人受益而另一部分人受损，可以增加社区的经济发展潜力，也可能改变社会结构，干扰社区的稳定性。

社会经济环境影响评价的目的就是通过分析项目对区域社会经济环境产生的各种影响，提出防止或减少在获取效益时可能出现的各种不利的社会经济环境影响的途径或补偿措施，进行社会效益、经济效益和环境效益的综合分析，使开发建设项目的论证更加充分可靠，项目的设计和实施更加完善。

（二）社会经济环境影响评价的项目筛选

社会经济环境影响评价的项目筛选与整个环境影响评价的项目筛选类似，要在环境评价的初期进行。通过项目的筛选来确定拟建项目的类别，并以此决定是否需要进行社会经济环境影响评价以及评价的深度和广度。这里参照世界银行和亚洲开发银行的项目分类原则进行分类。

1. S1 类项目：拟建项目对外界社会经济环境无影响或影响很小（如技术改造项目以及项目远离社区或项目外界无敏感区的情况），一般不需要进行单独的社会经济环境影响评价，只需把可行性研究报告中的社会经济分析内容并入环境影响评价报告即可。

2. S2 类项目：拟建项目对外界社会经济环境产生有利和不利的影响（如能源以及一般工业项目等），除一些特殊大型项目以及外界社会经济环境较敏感的区域（如少数民族居住区及文物古迹保护区等）外，一般只要求进行社会经济环境简评。

3. S3 类项目：拟建项目主要产生有利的社会经济环境影响，此类项目包括脱贫及改善社会经济环境的项目，如农村和农业发展项目、贫穷落后地区的开发项目、基础设施建设项目和社会福利项目等，由于此类项目旨在提高社会经济福利总水平，所以是世界银行和亚洲开发银行等国际金融组织关注和投资的重点，一般要求进行社会经济环境影响详评，充分论证项目的社会经济效益或效果。

4. S4 类项目：拟建项目对社会经济环境产生严重不利影响或外界环境极为敏感的项目，如项目产生大量人口失业和引起项目周围地区居民生活水平降低，项目中有相当数量的移民，项目影响区内的国家重点文物保护区和少数民族集中区以及大坝、高速公路、机场引起大量人口迁移的项目等，此类项目要求进行社会经济环境影响详评，一般进行专题评价并形成专题报告书。

（三）社会经济环境影响评价的范围和敏感区

1. 社会经济环境影响评价范围

社会经济环境影响评价范围是由目标人口决定的，目标人口是指受拟建项目直接或间接影响的那部分人口，目标人口所在的社区范围即为社会经济环境影响评价的范围。例如建造水坝对库区的自然环境和社会环境都会产生影响，自然环境的评价范围可定为库区范围，但由于库区人口迁移会对移民安置区的社会经济环境产生影响，因此社会经济环境的评价范围应包括库区及移民安置区，其中目标人口包括库区人口（直接目标人口）和移民安置区（间接目标人口）。

2. 社会经济环境影响评价的敏感区

在世界银行和亚洲开发银行的贷款项目中特别关注一些社会经济环境敏感区，对这些敏感区要求进行详评或专项评价。一般来说以下区域属于敏感区：

（1）少数民族地区：当项目所在区或影响区为少数民族地区时，社会经济环境影响评价尤为重要。在评价中要依据我国有关的民族方针政策和尊重少数民族的习俗，充分征求他们对拟建项目的意见。与当地政府及民间机构取得联系，互通信息，注意少数民族的风俗习惯和传统观念及适应能力。少数民族居民可能会受到拟建项目带来的社会、经济的冲击，由此带来一定的社会风险因素，对此一定要给予充分重视。

（2）农业区：如果一个开发建设项目占用基本农田菜地等耕地，由此会带来当地农民丧失维持生存的最基本的生产资料——土地，以及引起移民和移民安置地。因此，在评价中要对占地搬迁引起的农业生产现实和潜在的损失以及由于粮食和蔬菜供给能力下降引起当地居民生活水平下降等问题，对这些人的赔偿和补偿及长期生活的安置问题，移民安置区的人口密度、土地使用以及其他潜在的社会经济问题都要特别重视。

（3）森林与草原区：森林与草原是构成生态环境的重要因素，在这些区域进行开发建设应特别重视对森林和草原的保护，如果开发过度或不当，将会导致整个区域生态退化甚至崩溃，由此带来许多社会经济问题，那些在很大程度上依赖森林草原资源而生存的人口将会受到极大的威胁，由此可能引起大量人口迁移，或严重影响他们的生产和生活方式。对此在社会经济环境影响评价中要给予充分的考虑。

（4）海岸带地区：沿海及海洋地区是世界上大多数生物，特别是水生生物的富产地带，多数是生态脆弱区。对环境的变化极为敏感，开发建设活动所产生的环境影响可能会导致海洋复杂的食物链和生物链遭到破坏，进而影响到以海洋资源为生的那部分目标人口，有可能使他们被迫迁移或改变谋生手段。因此在海岸带地区进行开发建设要特别注重社会经济环境影响评价。

（5）文物古迹保护区：文物古迹是历史遗产，其社会价值难以用货币计量，因此在文物保护区从事开发建设活动要特别慎重。在社会经济环境影响评价中要从保护文物古迹角度出发，遵照执行有关文物保护法律和条例，提出合理的开发建设方案，避免和尽量减少对文物古迹的影响和破坏。如果有些开发建设活动必须影响文物古迹，则要根据文物的保护级别咨询有关部门和专家来估算文物古迹的价值，进而估算开发建设项目的社会经济效益在多大程度上补偿了文物古迹的损失，同时要提出文物古迹损失的补偿及恢复措施，并与当地文物局和有关部门共同协商保护方案。

（四）社会经济环境影响评价因子识别

1. 社会影响评价因子

（1）目标人口：项目影响区内的人口总数、人口密度、人口组成、人口结构等现状；受拟建项目影响人口情况的变化，现实和潜在的收益者、受损者人数及其比例，人口迁移情况等。

（2）科技文化：当地的传统文化、习俗、科研单位、科研力量、科研水平、学校数、学生数、教学水平、入学情况等。

（3）医疗卫生：当地的医疗设施以及卫生保健情况，医院的分布、规模、设施、医疗人员数量、水平等。

（4）公共设施：当地的住房、交通、供电、供水、供热、排水、通信以及娱乐设施等方面的情况。

（5）社会安全：当地的犯罪率、火灾、交通事故及其他以外事故 以及防范措施等。

（6）社会福利：社会保险和福利事业以及生活方式和生活质量等方面的情

况。

2. 经济影响评价因子

(1) 经济基础：区域经济结构、产业布局、国民收入、人均收入水平等。

(2) 需求水平：根据市场预测对拟建项目产出的市场需求，特别是评价区内目标人口对拟建项目产出的需求。

(3) 收入分配：受拟建项目影响，收入分配在目标人口中的变化情况。

(4) 就业与失业：受拟建项目的影响。区域内目标人口就业和失业的变化情况。

3. 美学和历史学环境评价因子

(1) 美学因子：受拟建项目的影响，自然景观、风景区、游览区以及人工景观等具有美学价值的景点情况。

(2) 历史学因子：受拟建项目影响的历史遗迹、文物古迹、纪念物等具有历史价值的场所情况。

二、社会经济环境影响评价内容

(一) 社会经济环境影响调查分析

根据社会经济环境影响现状调查分析，分析影响程度和类别，进而给出各类影响可能产生的主要环境问题。这些影响可分为：

1. 有利影响和不利影响

有利影响表现为建设项目促进社会经济发展，如增加了目标人口的就业机会和收入等；不利影响表现在阻碍社会经济发展，如引起的目标人口生活水平降低，交通拥挤等，对此类影响要进行客观评价和分析，提出避免和减轻影响的措施。

2. 现实影响和潜在影响

现实影响是在项目施工和运行过程中直观出现，并通过一定现象很快地表现出来，潜在影响则很难通过一定现象很快表现出来，往往需要较长的潜伏期。例如修建高速公路的移民，会对迁居地和附近居民的社会经济状况产生潜在的影响，这些影响需要通过可靠的预测及项目施工期和运行期的管理监测来评价鉴别。

3. 直接影响和间接影响

直接影响是开发建设项目和某一社会经济环境要素之间直接作用产生的。例如某项目投产后排放的污水进入当地农民用于灌溉的河流，则直接影响到农作物的产量和质量。间接影响是项目通过某一媒介对社会经济环境要素发生影响，如农作物受到污染，可能会通过食物链影响到人体健康，此项目对人体健康的影响就是间接影响。

4. 短期影响和长期影响

短期影响和长期影响主要是根据时间来加以区分，期间并无严格的界限，要视具体情况而定。例如开发建设项目施工期对社会经济环境的影响可视为短期的，项目投产后由于“三废”的排放所产生的影响是长期的。

5. 可逆影响和不可逆影响

可逆影响是指项目所产生的社会经济环境影响经过人为的处理经过一段时间可以逆转或消失。例如某企业由于污水治理，可使受污水影响的河流水质逐步改善，恢复到受污染前的状态。不可逆影响是指项目产生的影响不能通过人工加以恢复，例如耕地被占用为建筑用地就很难恢复，生态破坏造成的濒危物种灭绝更无法挽回。

（二）社会经济效果分析

开发建设项目生产的各类影响的程度和后果可通过社会经济效果来评价和度量，这是社会经济环境影响评价的主要内容之一。

1. 正效果和负效果

这与项目的有利影响和不利影响是相对应的。一般说有利影响产生正的（好的）效果，如项目投产后的产品满足了人们的需求并使生产者从中获益，从而产生了正的社会经济效果；而不利影响产生负的或坏的社会经济环境效果，这是建设者和项目受益者不期望的。

2. 内部效果和外部效果

内部效果是通过项目自身的财务核算反映出来的。例如，项目的收益、获利、投资回收等都属于内部效果。外部效果不能在项目的收益或支出中直接反映出来，例如项目投产后排放的污水，使附近水域鱼类产量下降，产生了负的外部效果，这并不是建设者的目的。

3. 有形效果和无形效果

有形的社会经济效果一般都是可以用货币加以度量的，例如建设项目投产后的产品或污染物排放带来的直接经济损失等；而难以用货币计量的社会经济环境效果统称为无形效果。例如空气污染造成的人体健康损失，城市绿化对净化空气的效果，犯罪率的变化等，此类事物不会在市场上出现，没有市场价格，都是无形效果。

（三）对拟建项目的需求分析

根据对社会经济现状调查结果，估算拟建项目的现实和潜在受益者和受损者的人数及其比例，通过抽样调查或公众参与等方法给出愿意和不愿意参与项目或支持与不支持拟建项目的目标人口数及其比例，进而得出目标人口对拟建项目的需求程度。

亚洲开发银行在所提供的社会经济分析指南中，把目标人口对拟建项目的需求分为三个等级：

高：目标人口对拟建项目的潜在效益具有强烈的需求愿望，积极参与或愿意对项目作出贡献，积极支持及赞成项目的建设。

中：目标人口对拟建项目表现出一定的需求愿望，但参与项目的愿望有限，虽然支持和赞成项目建设，但态度不积极。

低：目标人口对拟建项目所产生的各种社会经济问题不满意或抱有成见，不愿参加项目，也不支持和赞成项目的建设。

（四）收入分配合理性分析

世界金融组织特别关心其贷款项目使哪些人受益，哪些人受损，是否会出现富人越富，穷人越来越贫穷的现象。一些贷款的宗旨就是减缓贫困，使项目收入分配更加合理。为了给出项目对目标人口收入分配的影响，引入基尼系数，它提供了拟建项目对收入分配的影响即目标人口中实际收入分配平均程度的指标，可看作是简单判断收入平等或不平等相对水平的总指数。一般来说，基尼系数在0.2～0.3之间表示收入分配平等，在0.5～0.7之间表示收入分配高度不平等。我们可以通过拟建项目所引起的基尼系数的变化来评价目标人口收入分配的合理性。

（五）美学及历史学环境影响评价

通过现状调查给出评价区内自然景观、人工景观、文物古迹保护区的数量、保护级别、分布范围、保护现状和保护价值，分析拟建项目对它们可能产生的各种影响及效果。

三、社会经济环境影响评价方法

（一）专业判断法

通过专家或一定的专业知识来定性描述拟建项目所产生的社会、经济、美学及历史学等方面的影响和效果，该方法主要用于对该项目所产生的无形效果进行评价，如拟建项目对景观、文物古迹等的影响难以用货币计量，对此类项目的影响和效果可以咨询美学、历史学、考古学和文物保护专家，通过专业判断法进行评价。

（二）调查评价法

采用调查评价法来估计目标人口对项目的需求情况，通过对项目产出的支付愿望或对项目产生的损失愿意接受的赔偿愿望来度量项目的效益。

1. 投标博弈法

该方法涉及的项目产出往往是一些公共商品，如公用设施和环境景观等。一般来说，每个目标成员被认为可以获得同样数量的公共商品。

投标博弈法根据人们对不同数量和质量水平的各组公共商品的需求作出估价，并通过水平提高所表达的支付愿望，或水平降低所愿意接受的赔偿愿望，把每个人的支付愿望或赔偿愿望作成投标曲线，把各投标曲线上的满意点加起来就得到总的投标曲线，并以此代替需求曲线。例如：有一个森林娱乐区，一直供附近居民免费游乐，有人建议开发这个区域，这样，附近居民就失去了这个娱乐区。这个娱乐区的价值有多大呢？或者说开发这个区域给居民带来的损失有多大呢？投标博弈法对娱乐区价值或效益损失的估价如下：

(1) 确定娱乐区用户的总人数（如 2 万人）；

(2) 选取能够代表全部用户的样本作为调查对象（如 1 000 人）；

(3) 进行实际调查，调查中提出的问题如下：为了维持你在这个娱乐区的出入，你愿意每年付多少钱？每年付给你多少钱，你才愿意放弃在这个娱乐区的出入？

在这里，第一个问题表达的是支付愿望，第二个问题表达的是赔偿愿望。

根据调查得到个人支付愿望和赔偿愿望的最高中值分别为 100 美元和 500 美元，根据投标博弈法计算出居民对这一娱乐区总的支付愿望和赔偿愿望分别为 685 000 美元和 2 980 000 美元，娱乐区的价值和开发后的效益损失可以认为是在支付愿望和赔偿愿望之间。

2. 比较博弈法

该方法是通过人们在各种支出中的选择来表达他们的支付愿望。例如，最简单的情况包括两种支出：一定数量的货币和一定数量与质量的环境商品，人们对这两项支出比较后，可能选择货币或环境商品，如果选择货币，就增加环境商品的数量，直到他们认为选择货币和环境商品一样时为止，此时的货币即为人们对一定数量环境商品的支付愿望。

3. 函询调查法

通过直接询问专家来评定环境商品的价值，邀请专家背靠背个别地对一组或几组环境商品定价，把所得到的数据制成表或图，并把那些偏离的数据请有关专家解释，然后把这些数据重新估价或校正，以得到新的数据，通过几个循环，得到分布比较集中的数据。

（三）费用—效益分析法

任何建设项目在实施过程中都要花费费用，其目的是取得一定的效益。所花费的费用包括生产成本以及社会付出的代价与环境受到的损害等，所得到的效益包括经济效益、社会效益和环境效益。在费用—效益分析法中可以把上述费用和效益看作是社会经济福利的一种度量，并把由项目引起的社会经济变化以等量的市场货币或一定的支付愿望来表示。例如，改善环境质量可以看作是一种促进人类社会经济福利增加的活动，福利的增加可以看作为了交换较好的环境质量所放弃等货币量的商品。

费用—效益法中根据模拟的市场需求曲线计算出效益 B、收益 R 和消费者剩余 CS。

$$CS=B-R$$

用模拟的市场供给曲线估算出投入的费用 C 和生产者剩余 PS，费用和生产者剩余即为项目的收益 R。

$$R=C+PS$$

根据需求曲线和供给曲线计算出净效益 NB，净效益是消费者剩余和生产者剩余之和，也等于总效益和总费用之差。

$$NB=CS+PS=B-C$$

在比较建设项目在不同时期的费用、效益和净效益时，需要对未来的费用、效益和净效益打个折扣，要用经济学的方法，采用一定的贴现率作为折扣的度量，计算出费用现值、效益现值和净效益现值。一般说，只要净效益现值大于零，就认为项目是可行的，但在实际中，人们希望项目的净效益现值越大越好。

（四）环境经济学方法

环境经济学方法包括市场价值法、资产价值法、人力资本法、旅行费用法、防护费用法、恢复费用法、机会成本法、影子工程法、工资差额法等，这里不再详细介绍。

第七节　战略环境影响评价简介

一、战略环境影响评价的概念与分类

（一）战略环境影响评价的概念

战略环境影响评价（Strategic Environmental Assessment，SEA）是环境影响评价的新领域，是可持续发展战略决策的重要支持工具，近年来在我国和世界范围开始受到广泛的重视。

所谓战略环境影响评价是环境影响评价在战略层次上的应用，它是对国家或地区的发展战略、政策、法规和规划、计划的实施可能对环境造成的影响进行系统的综合的预测评价，并在不利影响的情况下，采取预防措施或其它补救措施，对该战略进行修正或寻求替代方案。

SEA 具有高层次性、系统性、综合性、区域性和不确定性等特点。SEA 研究

既包括战略实施引发的环境因子改变及其程度等环境效应，也包括受环境效应的作用而造成的社会经济变化、人类健康、生态系统稳定性和景观的改变等影响。

（二）战略环境影响评价的分类

从评价对象来分类，SEA包括发展战略SEA、政策SEA、法规SEA、规划和计划SEA等。在应用上主要表现为三种形式：

1. 区域SEA

区域SEA是以可持续发展的观点，从整体上综合考虑区域内拟开展的各种社会经济活动所产生的环境影响，在此基础上帮助制定和选择维护该区域及周围环境良性循环和经济持续发展的最佳行动方案，为区域开发规划和管理提供决策依据。

2. 行业SEA

它是对国民经济中的某个产业部门的产业政策或规划、计划的实施所带来的大范围的相应的环境影响进行评价，同时对这一行业的发展和环境管理提供决策依据。

3. 间接SEA

主要是对科学技术政策、财政政策和法律、法规的实施所带来的社会经济要素的变化而引起的环境问题的评价。

二、开展战略环境影响评价的意义

（一）开展战略环境影响评价是可持续发展的需要

自20世纪末期，特别是里约联合国环境与发展大会以来，可持续发展的观念日益深入人心，各国政府纷纷制定21世纪议程和可持续发展的政策、规划等。我国在制定国民经济发展纲要和计划中也逐步增加了保护环境、经济建设与环境保护同步发展的内容。传统的环境影响评价主要限于建设项目和区域开发项目，显然已经不能适应形势的需要。在国家发展战略、政策法规和计划规划中增加环境影响评价的内容十分必要。环境影响评价进入这些领域必然对可持续发展起到有力的促进作用。

（二）战略环境影响评价是对项目环境影响评价的拓展、完善和提高

项目的环境影响评价已开展多年，技术逐步成熟，但受项目内容、地域、时间和经费的限制，往往缺乏广度和深度；同时项目的环境影响评价工作由于受业主委托，为项目服务，有时难免具有局限性，而缺乏全局性和客观性。战略环境影响评价是站在全局的角度，由政府部门组织进行，通过各个有关部门合作，吸收大批专家和公众参与，能够进行相对全面、客观的分析评价，在内容上、方法上都有新的发展，是对项目环境评价的拓展、完善和提高。

（三）战略环境影响评价的实施有助于提高政府政策法规的质量

政策、法律、法规等是社会经济发展的保障，也是环境保护工作的保证。SEA 的实施将环境保护的内容纳入政府的政策法规体系中，并广泛听取各方面专家和公众的意见，有利于政府在决策中充分考虑政策法规对环境的影响，帮助决策者制定既有利于社会经济发展又保护生态环境的政策法规，从而提高了政策法规的质量。

三、战略环境影响评价的发展情况

SEA 的发展最早可追溯到 1970 年 1 月生效的美国《国家环境政策法》，它要求对可能显著影响环境质量的政府行为作出详细的报告。20 世纪 70 年代中期，欧美一些国家开始将 SEA 应用到规划层次，到 80 年代，又将 SEA 扩展到政策层次。80 年代末，SEA 开始得到世界范围的接受，联合国、欧盟、世界银行等国际性组织都制定了相关的文件，启动了相应的研究计划，开始了 SEA 的探索与实践。美国、荷兰、加拿大等国在法律上对实施 SEA 有明确的要求，德国、英国等国家正在积极研究某些战略行为的宏观环境影响，并制定了一些部门的 SEA 程序。但总体上说。SEA 在世界范围内还属于研究和发展的初级阶段，尚未形成统一完整的理论体系。

我国从 20 世纪 80 年代中后期开始进行区域开发活动的 SEA ，并在理论和实践方面取得一些经验和成果。但对政策、法规和行业的 SEA 的研究从近年来才开始，一些学者在概念、理论、方法学方面进行了初步探讨，并进行了实践尝试。如对 2001 年 9 月 1 日实施的《中华人民共和国大气污染防治法》和《中国汽车产业政策》，都有人进行了 SEA 的尝试。我国政府已经认识到开展 SEA 的重要性和紧迫性，《中国 21 世纪议程》、《国务院关于环境保护若干问题的决定》等文件明确提出要开展对现行重大政策和法规的环境影响评价。2002 年 10 月 28 日我国人大常委会九届第三十次会议通过了《中华人民共和国环境影响评价法》，2003 年 9 月 1 日起施行。该法首次将规划的环境影响评价列入环境影响评价范围，以法律的形式确定了 SEA 的地位。

四、战略环境影响评价的实施程序

到目前为止，国内外 SEA 尚未形成一个成熟的评价实施程序体系。国内学者在综合了各类文献的基础上，提出了一个适用于各种层次 SEA 的一般程序，可供参考，参见图 9-5。

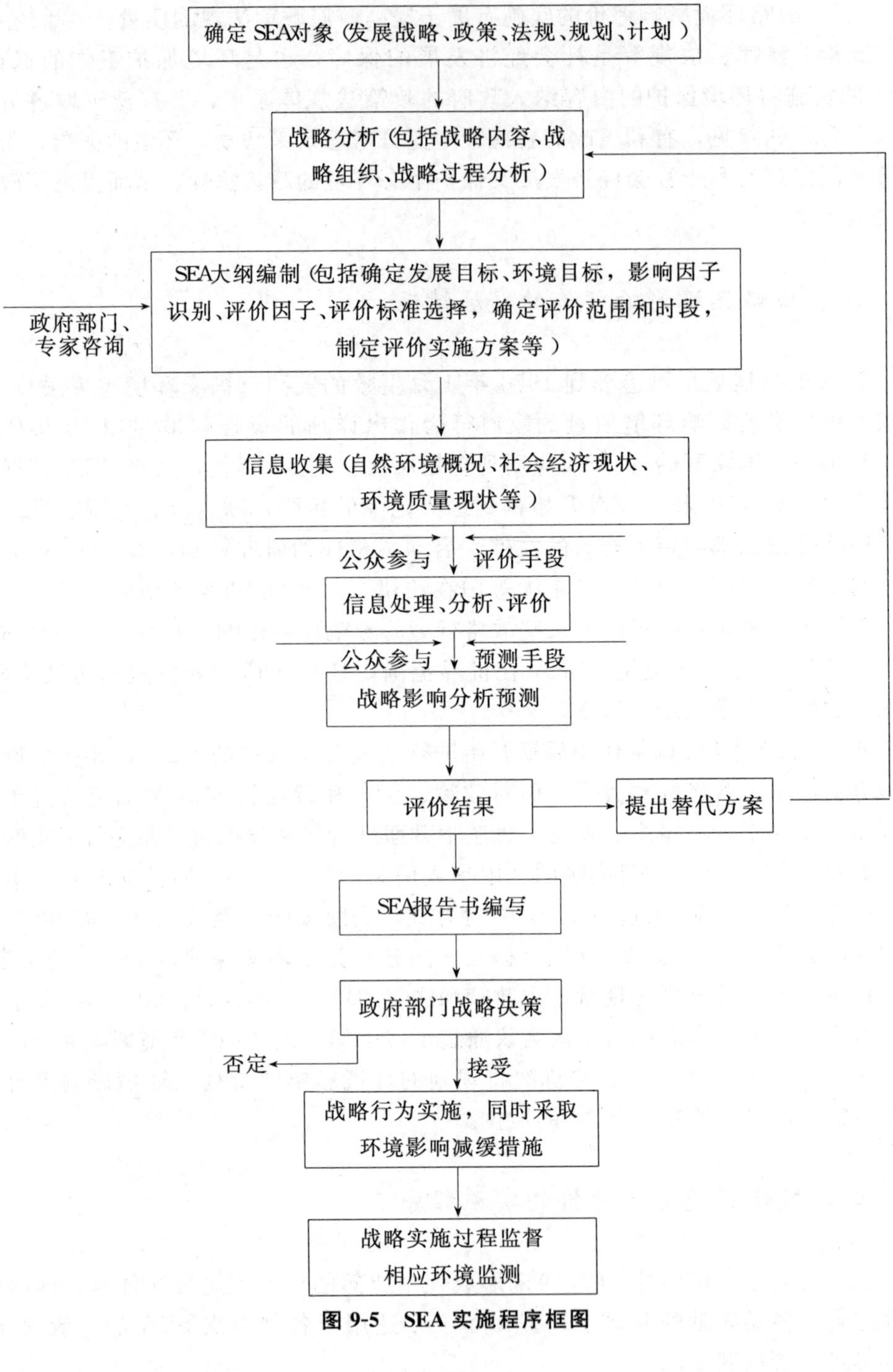

图 9-5　SEA 实施程序框图

当决定对某一战略行为进行 SEA 时，应由政府有关部门或指定一个机构（项目组）承担此项工作，首先进行战略分析，战略分析类似于建设项目的工程分析，主要从战略的内容、组织和实施三个方面进行分析。由于 SEA 涉及面较广，应在大纲阶段就广泛征求政府有关部门和专家的意见，使评价指标体系的确定更加客观。对通过各种方法（查阅文献、实地监测、GPS、GIS、RS 技术应用等）收集到的自然资源、环境、社会经济等现状资料及对战略行为进行分析评价时，可参考建设项目的评价方法。但考虑到 SEA 的特殊性，有时需要引入其他方法进行分析评价。在 SEA 中，公众参与的程度应比一般的 EIA 更为广泛，应渗透在评价的各个环节中。评价报告书应对该战略行为有一个明确的结论，是可行还是否决，或寻找替代方案，并提供切实可行的环境不利影响的减缓措施供有关部门参考。与建设项目一样，也应有专门的机构对战略实施过程进行环保监督，必要时进行环境监测，以保证 SEA 提出的各项措施的落实，使战略行为的实施做到经济、社会、环境三方面协调发展。

五、战略环境影响评价的技术和方法

由于 SEA 的发展历史较短，目前它的技术方法仍然很不完善，需要在实践中进一步探索和发展。近几十年来环境评价学科所形成的相对成熟的预测模型、评价技术主要是针对建设项目的，而 SEA 与传统的 EIA 在评价范围、评价对象和层次上都存在显著差异，同时 SEA 本身又有综合性、系统性、不确定性等特点，传统的 EIA 的预测方法、评价模式等一部分可以使用，但很多方法、模式等很难应用到 SEA，因此有必要开发一些综合性的操作性更强的方法和模型来解决这些问题。此外，SEA 往往具有区域性的特征，因此 SEA 技术需要区域环境承载力和区域总量控制等方法的有力支持，但目前这些方法在理论和实践方面尚有缺陷，需要进一步加强研究。同时，由于 SEA 的空间尺度大，需要地理信息系统的技术支持。地理信息系统作为一种分析处理地理空间信息及相关属性的技术近年来在许多领域都得到了应用，其特点是空间数据库的管理、空间建模及空间分析。SEA 所要分析评价的是较大区域尺度范围内人类活动的环境影响，必然与环境要素的空间分布及相互关系密切相关，因此 GIS 技术将是 SEA 的重要支持工具，有关的战略地位和区域背景、环境现状可用 GIS 可视化地表达。目前国外已有 GIS 在 SEA 中应用的实例。我国需要在借鉴国外 SEA 经验的基础上，结合我国的实际特点，开展 SEA 方法和技术的研究，完善适合我国国情的战略环境影响评价学，建立有中国特色的战略环境影响评价系统。

第八节　规划的环境影响评价

一、规划环境影响评价的概念和意义

2002 年 10 月 28 日通过、2003 年实施的《中华人民共和国环境影响评价法》对我国环境影响评价制度进行了重大的扩展，把过去仅对建设项目进行环境影响评价延伸到对各种规划也要进行环境影响评价，这对从决策源头上防治环境污染和生态破坏，全面实施可持续发展战略具有重大意义。

规划环境影响评价是指在规划编制阶段，对规划实施可能造成的环境影响进行分析、预测和评价，并提出预防或者减轻不良环境影响的对策和措施的过程。

所谓规划，是指比较全面长远的发展计划。计划一词，是指人们对未来事业发展所作的预见、部署和安排，具有很大的决策性，一般具有明确的预期目标、规定具体的执行者及应采取的措施，以保证预定目标的实现。我国的一般情况是：凡调控期在五年或五年以上部署和安排，无论名称为计划还是规划，均属于规划。在国外，规划指的就是计划。随着社会生产力的发展，社会化程度的提高，经济生活和社会生活日趋复杂和多样化，计划和规划日益成为人类组织社会生产活动的重要管理方法，规划的实施往往会给经济、社会和环境带来广泛和深远的影响，因此规划的环境影响评价对促进社会、经济和环境协调发展具有重要的作用。

二、需编制环境影响评价的规划的类别及评价要求

（一）规划的类别

《中华人民共和国环境影响评价法》对政府和有关部门组织编制的有关规划提出了开展环境影响评价的要求，这些规划分为三类：第一类是“一地”即土地利用的有关规划；第二类是“三域”即区域、流域和海域的建设开发利用规划；第三类是“十个专项”即工业、农业、畜牧业、林业、能源、水利、交通、城市建设、旅游、自然资源开发的有关专项规划。专项规划又分为指导性规划和非指导性规划。

（二）评价要求

“一地”、“三域”的有关规划和十个专项规划中的指导性规划，要编写与该规划有关的环境影响篇章或说明。规划有关的环境影响篇章或说明，应当对规划

实施后可能造成的环境影响作出分析、预测和评估，提出预防或者减轻不良影响的对策和措施，作为规划草案的组成部分一并报送规划审批机关。

十个专项规划中的非指导性规划，要提出规划的环境影响报告书，报告书应包括以下内容：对规划实施后可能造成的环境影响的分析、预测和评估，预防或者减轻不良影响的对策和措施，环境影响评价的结论。

三、规划环境影响评价的适用范围

经国务院批准，国家环境保护总局2004年对编制环境影响报告书和编制环境影响篇章或说明的规划规定了具体范围。

（一）编制环境影响报告书的规划的具体范围

1. 工业的有关专项规划

省级及设区的市级工业各行业规划

2. 农业的有关专项规划

（1）设区的市级以上种植业发展规划

（2）省级及设区的市级渔业发展规划

（3）省级及设区的市级乡镇企业发展规划

3. 畜牧业的有关专项规划

（1）省级及设区的市级畜牧业发展规划

（2）省级及设区的市级草原建设、利用规划

4. 能源的有关专项规划

（1）油（气）田总体开发方案

（2）设区的市级以上流域水电规划

5. 水利的有关专项规划

（1）流域、区域涉及江河、湖泊开发利用的水资源开发利用综合规划和供水、水力发电等专业规划

（2）设区的市级以上跨流域调水规划

（3）设区的市级以上地下水资源开发利用规划

6. 交通的有关专项规划

（1）流域（区域）、省级内河航运规划

（2）国道网、省道网及设区的市级交通规划

（3）主要港口和地区性重要港口总体规划

（4）城际铁路网建设规划

（5）集装箱中心站布点规划

（6）地方铁路建设规划

7. 城市建设的有关专项规划

直辖市及设区的市级城市专项规划

8. 旅游的有关专项规划

省及设区的市级旅游区的发展总体规划

9. 自然资源开发的有关专项规划

(1) 矿产资源：设区的市级以上矿产资源开发利用规划

(2) 土地资源：设区市级以上土地开发整理规划

(3) 海洋资源：设区的市级以上海洋自然资源开发利用规划

(4) 气候资源：气候资源开发利用规划

(二) 编制环境影响篇章或说明的规划的具体范围

1. 土地利用的有关规划

设区的市级以上土地利用总体规划

2. 区域的建设、开发利用规划

国家经济区规划

3. 流域的建设、开发利用规划

(1) 全国水资源战略规划

(2) 全国防洪规划

(3) 设区的市级以上防洪、治涝、灌溉规划

4. 海域的建设、开发利用规划

设区的市级以上海域建设、开发利用规划

5. 工业指导性专项规划

全国工业有关行业发展规划

6. 农业指导性专项规划

(1) 设区的市级以上农业发展规划

(2) 全国乡镇企业发展规划

(3) 全国渔业发展规划

7. 畜牧业指导性专项规划

(1) 全国畜牧业发展规划

(2) 全国草原建设、利用规划

8. 林业指导性专项规划

(1) 设区的市级以上商品林造林规划（暂行）

(2) 设区的市级以上森林公园开发建设规划

9. 能源指导性专项规划

(1) 设区的市级以上能源重点专项规划

(2) 设区的市级以上电力发展规划（流域水电规划除外）

（3）设区的市级以上煤炭发展规划

（4）油（气）发展规划

10. 交通指导性专项规划

（1）全国铁路建设规划

（2）港口布局规划

（3）民用机场总体规划

11. 城市建设指导性专项规划

（1）直辖市及设区的市级城市总体规划（暂行）

（2）设区的市级以上城镇体系规划

（3）设区的市级以上风景名胜区总体规划

12. 旅游指导性专项规划

全国旅游区的总体发展规划

13. 自然资源开发指导性专项规划

设区的市级以上矿产资源勘察规划

习　题

1. 什么是环境影响，环境影响可分为哪些种类？

2. 什么是环境影响评价，环境影响评价有哪些主要类型？

3. 什么是环境影响评价制度，我国的环境影响评价制度有什么特点？

4. 简述我国环境影响评价的管理程序和工作程序。

5. 为什么要进行环境影响识别，影响识别常用哪些方法？

6. 环境影响预测有哪些方法？

7. 环境影响评价的方法有哪些共同的特点？

8. 为什么在环境影响评价中要进行工程分析，工程分析的主要内容是什么？

9. 新建项目和改扩建项目分别要算清哪几本账？

10. 什么是清洁生产，它与环境影响评价有什么关系？

11. 什么是区域开发，区域开发有什么特点？

12. 新经济开发区的环境影响评价的重点是什么？

13. 简述社会经济环境影响评价的目的和主要内容。

14. 战略环境影响评价有什么重要意义？

15. 开展规划环境影响评价的目的和意义是什么？

16. 哪些类别的规划要进行环境影响评价？哪些规划要编写环境影响报告书？哪些规划只需编写环境影响篇章或说明？

17. 规划的环境影响报告书和环境影响篇章应包括哪些内容？

第十章　环境风险评价

第一节　概　述

一、国内外研究进展

在现代工业高速发展的同时，在世界环境史上曾发生几起震惊世界的重大污染事件，其中影响最大和后果最严重的当属 80 年代发生的印度博帕尔农药厂异氰酸酯毒气泄漏与前苏联切尔诺贝利核电站事故。因此人们逐渐认识并关心重大突发性事故造成的环境危害的评价问题。

这类风险评价常称事故风险评价。它主要考虑与项目连在一起的突发性灾难事故，包括易燃易爆和有毒物质、放射性物质失控状态下的泄漏，大型技术系统（如桥梁、水坝等）的故障。发生这种灾难性事故的概率虽然很小，但影响的程度往往是巨大的。

关于事故风险（或事故后果）评价，国际上是沿着三条线发展的。其一称为概率风险评价（PRA），它是在事故发生前、预测某设施（或项目）可能发生什么事故及其可能造成的环境（或健康）风险。其二为实时后果评价，其主要研究对象是在事故发生期间给出实时的有毒物质的迁移轨迹及实时浓度分布，以便作出正确的防护措施决策，减少事故的危害。其三称为事故后果评价，主要研究事故停止后对环境的影响。

目前国内外开展的环境风险评价属于第一类，即预测某设施（或项目）建成后可能造成的风险。1985 年，世界银行颁布了关于“控制影响厂外人员和环境的重大危害事故" 的导则和指南。1987 年联合国环境规划署制定了阿佩尔（APELL）计划，即“地区性紧急事故的意识和防备”。同年，欧盟甚至立法，规定对可能发生化学事故危险的工厂必须进行环境风险评价。80 年代，在美国的一些州环保局，风险评价正在成为环境影响评价的一个组成部分。亚洲开发银行于 1990 年出版了《环境风险管理》。在我国，80 年代也开始了对事故风险的重视与研究工作。国家环保局于 1990 年下发第 057 号文，要求对重大环境污染事故隐患进行环境风险评价。90年代在我国的重大项目的环境影响报告中也普遍开展了环境风险的评价，尤其是世界银行和亚洲开发银行贷款项目的环境影响报告书中必须包含有环境风险评价的章节。

二、环境风险评价的基本概念

（一）风险的概念

“风险”一词在字典中的定义是：“生命与财产损失或损伤的可能性”。有的作者定义风险为：“用事故可能性与损失或损伤的幅度来表达的经济损失与人员伤害的度量”。也有定义风险为“不确定危害的度量”。比较通用与严格的定义如下：风险 R 是事故发生概率 P 与事故造成的环境（或健康）后果 C 的乘积，即：

$$R\,[\text{危害/单位时间}] = P\,[\text{事故/单位时间}] \times C\,[\text{危害/事故}]$$

（二）环境风险

环境风险是指由人类活动引起的，或由人类活动与自然界的运动过程共同作用造成的，通过环境介质传播的，能对人类社会及其生存、发展的基础——环境产生破坏、损失乃至毁灭性作用等不利后果的事件的发生概率。

环境风险具有两个主要特点，即不确定性和危害性。不确定性是指人们对事件发生的地点、强度等事先难以准确预料；危害性指事件的后果而言，具有风险的事件对其承受者会造成威胁，并且一旦事件发生，就会对风险的承受者造成损失或危害，包括对人身健康、经济财产、社会福利乃至生态系统等带来程度不同的危害。

环境风险广泛存在于人们的生产和其他活动之中，而且表现方式纷繁复杂。根据产生原因的差异，可以将环境风险分为化学风险、物理风险以及自然灾害引发的风险。

化学风险是指对人类、动物和植物能产生毒害或其他不利作用的化学物品的排放、泄漏，或者是易燃易爆材料的泄漏而引发的风险。

物理风险是指机械设备或机械结构的故障所引发的风险。

自然灾害引发的风险是指地震、火山、洪水、台风等自然灾害带来的化学性和物理性的风险，显然，自然灾害引发的风险具有综合的特点。

另外，我们也可根据危害事件的承受对象的差异，将风险分为三类，即人群风险、设施风险以及生态风险。人群风险是指因危害性事件而致人病、伤、死、残等损失的概率；设施风险是指危害性事件对人类社会的经济活动的依托——设施，如水库大坝、房屋等造成破坏的概率；生态风险是指危害性事件对生态系统中的某些要素或生态系统本身造成破坏的可能性，对生态系统的破坏作用可以是使某种群落数量减少，乃至灭绝，导致生态系统的结构、功能发生变异。

（三）环境风险评价

环境风险评价，广义上讲是指对某建设项目的兴建、运转或是区域开发行为所引发的或面临的灾害（包括自然灾害）对人体健康、社会经济发展、生态系统等造成的风险，可能带来的损失进行评估，并以此进行管理和决策的过程。狭义上讲是指对有毒化学物质危害人体健康的可能程度进行概率估计，并提出减少环境风险的方案和决策。

人们已经逐渐认识到，环境风险与人类社会的经济发展往往是联系在一起的。对于人类社会的经济发展所带来的或面临的不确定性，特别是一些重大的不确定性影响进行分析、预测和评价，有助于决策者作出更为科学的决策。同时，从人类社会的开发行为的效益和风险两方面考察人类的行为，也反映了人们认识范围的扩大和水平的提高。

三、环境风险评价的程序和类型

1. 环境风险评价的程序

环境风险评价包括三个紧密相连的步骤，即环境风险识别、环境风险估计以及环境风险对策和管理。

（1）环境风险识别　又称危险识别，是进行环境风险评价时的首要工作。这是因为，引起环境风险的因素很多，其后果严重程度也各不相同；同时环境系统中各个因素间又错综复杂。忽略或遗漏某些重要因素对于决策的科学化是很危险的；然而面面俱到地考虑每个因素也会使问题复杂化。环境风险识别就是根据因果分析的原则，用筛选、监控和诊断的方法，把环境系统中能给人类社会、生态系统带来风险的因素识别出来的过程。它将对有哪些环境风险应当考虑、引起这些环境风险的主要原因是什么等问题作出回答。环境风险识别是整个评价过程的基础。

（2）环境风险估计　环境风险估计，或称环境风险度量，是指对环境风险的大小以及事件的后果（包括事件涉及的时空范围、强度等）进行量测。在环境风险识别中已回答了要遇到的风险及引发的因素是什么，在环境风险估计时就应回答这个事件有多大，给出事件发生的概率及其后果的性质。在回答这个问题之前，必须先确定风险事件危害的范围，分析环境风险的途径。确定环境风险的危害范围，应该从空间和时间两方面考虑。比如，在大多数环境风险评价中，从空间来讲有国界就足够了。例如一个新的杀虫剂厂需进口某种有毒物质，在该国的环境风险评价过程中空间范围将限于码头以及国内运输的途径，而不必去考虑别的国家加工以及在公海中运输的风险。另一方面，某些污染物有重大的区域性或全球性影响，这时范围的边界就应适当放宽。时间范围的限定对评价也很重要，比如，难降解的有毒重金属物质在环境中的积累和富集，将造成潜在的重大风险。分析环境风险的途径是考虑初始事件对人类健康最终影响之间的联系。这种联系的途径一般包括：①气、水、土壤和食物；②人通过皮肤接触、咽下或吸入有害物质。

环境风险估计常常采用定量化的方式估计不利事件发生的概率以及造成后果的严重程度来表示，如用单位时间内不希望出现的后果或某种损失超过正常值或背景值的增量来表示。

（3）环境风险决策和管理　是指根据风险分析、评估的后果，结合风险事件的承受者的承受能力，确定风险是否可以被接受，并根据具体情况采取减小风险的措施和行动，如工程技术措施等。

参考文献［15］认为一个完整的风险定量分析或评价程序替代由下述四个阶段组成（图 10-1）：①危害识别；②事故频率和后果估算；③风险计算；④风险减缓。

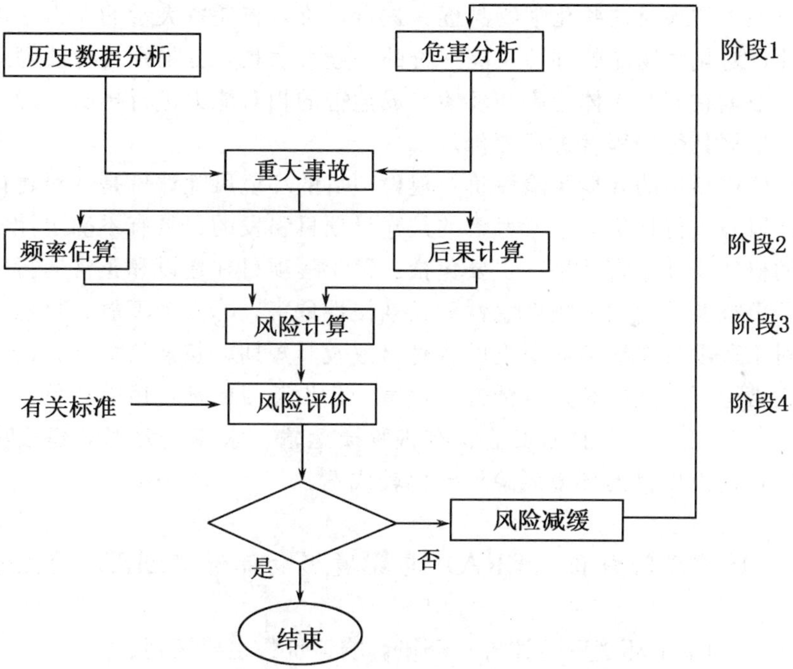

图 10-1　风险定量分析通用程序

环境风险评价从其评价范围而言又可分成三个等级，即微观风险评价（micro risk assessment）、系统风险评价（system risk assessment）和全国（或宏观）风险评价（national or macro risk assessment）。所谓微观风险评价系指对某单一设施进行风险评价；所谓系统风险评价即对整个项目中所包含的相关联的各个设施进行风险评价，它可以包含项目中的不同设施（如运输、贮藏、加工）、涉及不同的活动（如建造、运行、拆除）、包含不同风险种类（如致癌、事故损伤）及不同的人群（公众、职业人员）。框定其边界的四个要素是：关心的空间范围；关心的时间长度；关心的人群；关心的效应。全国或宏观风险评价是指全国范围内的例如某一行业的风险评价。

2. 环境风险评价的类型

目前，根据环境风险评价的内容，可以将环境风险评价分为两类，即各种化学物品的环境风险评价和建设项目的环境风险评价。

（1）化学物品的环境风险评价　是确定某种化学物品从生产、运输、消耗直到最终进入环境的整个过程中，乃至进入环境后，对人体健康、生态系统造成危害的可能性及其后果。对化学物品进行环境风险评价，不仅要从化学物品的生产技术及产量、化学物品的毒理性质等方面进行考虑，而且应考虑人体健康效应、生态效应以及环境效应。目前人工合成的化学物品已超过700万种，经常使用的也达数万种。如果对这些化学物品逐一进行评价，将耗费大量的人力、物力和财力。因此，对化学物品的环境风险评价的一般做法是，分门别类（或筛选）加以识别，并根据它们对人体健康和环境造成危害的相对能力进行排队，确定它们的优先权，根据其优先程度进行评价。

（2）建设项目的环境风险评价　建设项目的环境风险评价是针对建设项目本身引起的风险进行评价。它所考虑的是建设项目引发的、具有不确定性的危害事件发生的概率及其危害后果。主要包括：①工程项目在建设和正常运行阶段所产生的各种事故及其引发的短期急性和长期慢性危害；②人为事故、自然灾害等外界因素对工程项目的破坏而引发的各种事故及其短期、长期的危害；③工程项目投产后正常运行产生的长期（慢性）危害。建设项目的环境风险评价主要应用于核工业、化学工业、石油加工业、有害物质运输、水库、大坝等建设项目。其中，核工业建设项目的环境风险评价比较成熟。

四、环境风险评价（ERA）与环境影响评价（EIA）的主要区别

表10-1列举了环境风险评价与环境影响评价的主要区别。

表 10-1　环境风险评价与环境影响评价的主要不同点

次序	项　目	事故风险评价（ERA）	正常工况环境影响评价（EIA）
1	分析重点	突发事故	正常运行工况
2	持续时间	很短	很长
3	应计算的物理效应	火、爆炸，向空气和地面释放污染物	向空气、地面水、地下水释放污染物、噪声、热污染等
4	释放类型	瞬时或短时间连续释放	长时间连续释放
5	应考虑的影响类型	突发性的激烈的效应以及事故后期的长远效应	连续的、累积的效应
6	主要危害受体	人和建筑、生态	人和生态
7	危害性质	急性受毒；灾难性的	慢性受毒
8	大气扩散模式	烟团模式、分段烟羽模式	连续烟羽模式
9	照射时间	很短	很长
10	源项确定	较大的不确定性	不确定性很小
11	评价方法	概率方法	确定论方法
12	防范措施与应急计划	需要	不需要

第二节　环境风险识别

环境风险识别是指运用因果分析的原则，采用一定的方法（筛选、监控、诊断等）从纷繁复杂的环境系统中找出具有风险的因素的过程。环境风险识别是环境风险评价的首要步骤，它主要回答以下问题：

① 有哪些风险是重大的，并需要进行评价？

② 引起这些风险的主要因素和传播途径是什么？

在进行某个建设项目时，能引起的风险事件较多，存在许多不确定性。环境风险识别就是要合理地缩小这种不确定性。

常用于环境风险识别的主要方法，并不仅限用于环境风险评价，有些方法，如德尔斐法既可用于环境风险识别，又可用于环境质量预测等。

一、专家调查法

由于在环境风险识别阶段的主要任务是找出各种潜在的危险并作出对其后果的定性估量，但不要求作定量的分析；又由于有些危险因素很难，或者说不可能在短时间内用统计方法、实验分析的方法或因果论证的方法得到证实，例如河流污染对附近居民的癌症发病率的影响等。在这种情况下，人们用于环境风险识别的常用方法是专家调查法。它是一种专家按照规定程序对有关问题进行调查的方法，能够尽量准确地反映出专家们的主观估计能力，是经验调查法中的一种比较可靠、具有一定科学性的方法。

1. 智力激励法

这是一种刺激创造性、产生新思想的方法。它可以由单个人完成，然后将他们的意见汇集起来。参加的人数一般为10人左右。如果将此法运用于环境风险识别中，就应提出类似于以下的问题：进行某项工程项目，将会遇到哪些危险？这些危险危害各个方面的程度如何？为避免重复，提高效率，应首先将已进行的分析结果向有关方面说明，使人们不必在一些简单问题上花费过多的时间和精力，这样，可使环境风险识别者打开思路，寻求危害事件。在使用这种方法时应注意如下规则：

① 广开言路，对风险识别人员所发表的思想不得有任何非难。

② 应将参与人所提意见进行分类、组合以及合理的改进。对风险识别提的意见愈多，数量愈大，出现有价值的意见的概率也就愈大。

参加识别的人员应由环境风险评价的专家、某个相应专业领域内的专家和工程项目的设计者组成。这种方法适用于所研究或探讨的问题比较单纯、目标也比较明确的情况。如果问题牵涉面较广，包含因素太多，就应首先进行一下原则的分解，然后采用此法。

2. 德尔斐法

前面所讲的智力激励法是将专家们召集起来，同他们提出并交流各自对建设项目的观点以及对风险判识。这种方法的优点是能发挥专家的智力、技能优势，然而也具有以下缺点：

① 代表性不全。由于一个工程项目面临的潜在危险涉及面可能较宽，加上受专家本人专业知识及业务水平的限制，使得其中某些潜在危险可能没被识别出来。

② 有口才善言辩的专家占上风，但观点不一定正确；

③ 有些人出于对权威的崇拜可能导致错误的认识。

德尔斐法是将问题分头送给专家，并将专家意见统计后再返回专家，经多次反复后得到最终识别结果的方法。由于该方法避免了智力激励法的弱点，因而更为有效。德尔斐法应用于环境风险识别中有以下几个主要用途。

① 明确一些可以产生环境风险的因素。这些因素有人为的，也有自然的；有物理的，也有化学的；有技术性的，也有非技术性的。

② 对环境风险的实现及其时间作概率估计。

③ 利用专家，评价环境风险的时间进程。

④ 检查某一危险在既定条件下的可能性。

⑤ 在缺乏客观数据和资料时，对工程项目引发的环境风险作出主观定量测量。

二、幕景分析法

幕景分析法是一种能帮助识别关键因素的方法。其研究的重点是：当某种能够引起环境风险的因素发生变化时，会有什么危险发生？对整个工程项目又会发生什么作用？这正如电影上一幕又一幕的场景，供人们进行研究和比较。

幕景分析方法常用于以下几种情况：

① 提醒决策者注意某种措施可能引发的风险或危害性后果。

② 提供需要进行监控的风险的范围。

③ 研究某些关键性因素对环境以及未来的影响。

④ 处理各种相互矛盾的情形。

作为幕景分析方法的具体应用、筛选、监测和诊断常常用于环境风险识别之中。筛选是用某种程序将具有潜在性的危险及其后果，对产品、过程和现象进行分类选择的风险识别过程；监测是对应于某种危险及其后果，对产品、过程和现象进行监测、记录和分析的过程；而诊断则是根据症状或其后果，找出可疑的起因，并进行仔细分析和检查。筛选、监测和诊断是紧密相连的，它们分别从不同的侧面进行环境风险的识别。Goodman 在 1976 年提出了一个描述筛选、监测和诊断关系的风险识别各元素的序列图。他认为以上三种过程均使用相同的元素——疑因估计、仔细检查和征兆鉴别，只是各过程顺序不尽相同：

① 筛选　仔细检查—征兆鉴别—疑因估计；

② 监测　疑因估计—仔细检查—征兆鉴别；

③ 诊断　征兆鉴别—疑因估计—仔细检查。

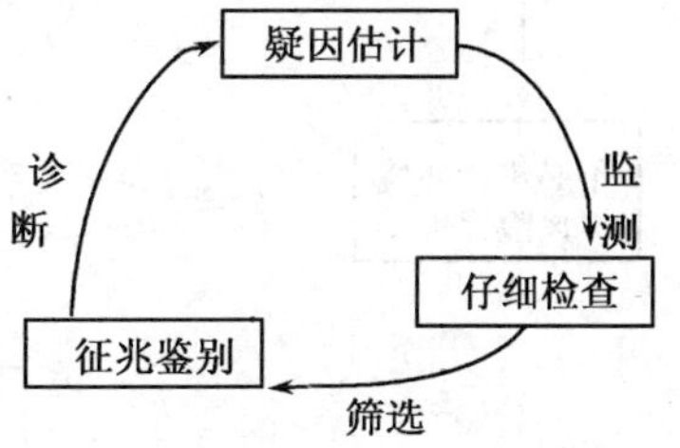

图 10-2　风险识别三元素的顺序图

图 10-2 表示了风险识别三元素的顺序图。

1. 筛选

建设项目的环境风险的筛选是指找出项目具有哪些可能的危害，需要进行什么类型的风险评价。一般说来，根据建设项目可能存在的环境影响，可以把建设项目分为需要进行环境风险评价的项目和不需要进行环境风险评价的项目两类。对于前者，首先进行初步筛选，其目的是为了挑选出哪些需要做环境风险评价的项目，如杀虫剂、石化产品、合成有机化合物的生产、加工；石油、天然气和有害废物的处理、存贮和运输；核电站、水库、大坝的兴建等，然后再进一步作化学性风险筛选和物理性风险筛选。物理性风险的筛选主要包括：

(1) 交通风险　是指有毒有害化学物品、易燃易爆物品的运输过程中发生泄漏、扩散等事故所造成的风险。对于工业项目而言，要考虑其原材料和产品的运输过程中是否可能发生的事故。如拟建项目是否会引起局部或区域性的公路、铁路、水路以及空中运输量的大量增加，拟建项目要使用的交通路线是否有反常的事故发生，交通系统是否受到拟建项目的不利影响等。

(2) 水库和大坝项目中的洪水风险　主要包括水坝或水库的建筑失事是否引发洪水，有没有采取一定防范措施防止洪水向潜在的受灾区域扩散。

(3) 自然灾害引发的环境风险　主要包括地震、台风和洪水等对建设项目造成破坏而引发的环境风险。

(4) 工程项目面临的风险常常与以下因素或条件有关：该项目是否使用高气压、高电压、高温、微波辐射、离子辐射等；该项目的流程是否错综复杂，任一部分的失事都将会引发一系列的事故；该项目是否需要工作人员执行潜在的危险性任务，操作人员的失误是否将产生不利的后果。

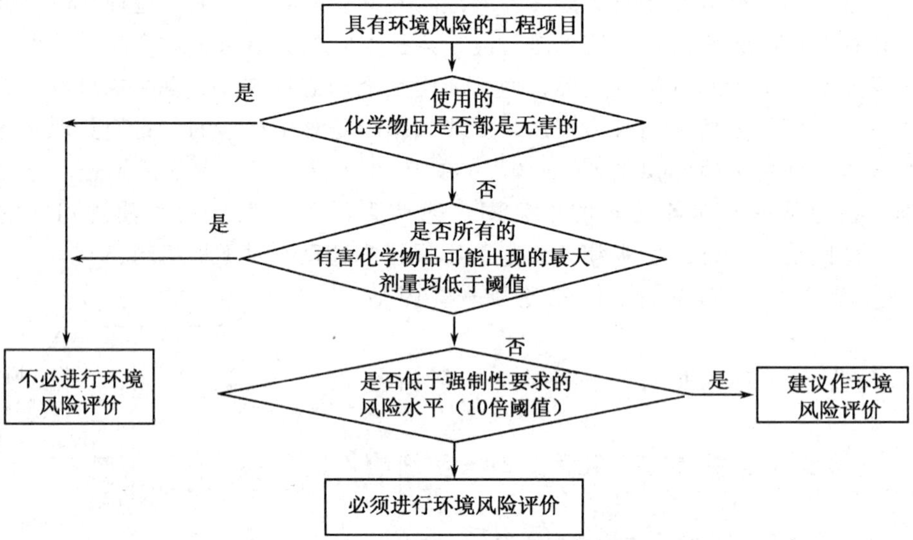

图 10-3　化学性风险筛选框图

图 10-3 给出了化学性风险的筛选过程。其中：①是根据已有成果来确定的，一些手册上给出了某些有毒有害化学物品的清单；②在这个筛选过程中，把化学物品的量用三个水平来衡量：第一，该量比阈值低，不需要进行环境风险评价；第二，该量比阈值高，又低于阈值的 10 倍；第三，该量大于阈值的 10 倍。

2. 监测

尽管人们提出了越来越多的有助于筛选的方案，但人们仍然非常注意运用监测这一手段。这里所说的监测是指事故性监测，它不同于研究性监测和监视性监测。它的特定目的是将监测技术用于建设项目和大型设备中的事故、危险等的识别。

监测是一个极其复杂的过程。为了正确描述各危险因素，首先应使监测记录或数据具有时间上和空间上的代表性。科学地布置观测采样点、确定适当的采样频率是保证监测结果具有代表性的关键；其次应根据优先监测原则，确定优先监测的因素，即确定哪些是危害严重，而且出现频率高的因素。具体地说，优先监测的因素是：

① 对环境和人体健康危害极大的污染物；

② 已有可靠方法并能获得准确数据的污染物；

③ 对环境和人体健康的影响具有一定阈值的污染物。

监测技术有许多类型，目前使用较多的是化学、物理和生物监测。根据建设项目的性质，可采用一种或几种监测方法。例如对于核工业建设项目，放射性监测是主要内容，其中放射性化学分析技术是一种重要的手段。

不论采取自动、连续监测，还是采用简易、快速的监测手段，都必须保证监测过程的准确性和良好的监测质量，这是由环境风险的不确定性决定的。由于监测对象成分复杂，时间、空间、量级上的范围广泛，而且随机多变，难以准确测量，这就要求从采样到提供的数据都具有可比性，以便作出正确的结论。如果没有一个科学的监测质量保证程序，由于人员的技术水平、仪器差异，难免出现监测资料相互矛盾、数据不能利用的现象，造成大量人力、物力和财力的浪费。

3. 诊断

诊断是依据因果关系，从不利事件的后果中分析产生原因。

目前经常使用的化学性风险筛选过程实际上是一种诊断的筛选方式。由于某些化学物品所造成的后果是比较明确的，有些手册给出了有毒有害化学品清单。只要根据手册中绘出的阈值，就可以将某些产生环境风险的因素筛选出来。

诊断作为环境风险识别的一种方式，在环境风险管理过程中也是很有用的。依据风险可能造成的后果，查找产生的原因，制定减缓风险的措施。由于是逐步向初级查找，因此最终制定的减缓措施带有根本性。

三、故障树—事故树分析法

故障树分析法是利用图解的形式将大的故障分解成各种小的故障，并对各种引起故障的原因进行分解。由于图的形状像树枝一样，越分越多，故得名故障树。这是环境风险分析的有力工具，最常用于直接经验很少的风险辨识中。

1. 故障树分析（FTA——fault tree analysis）

故障树分析是较为适用于大型复杂系统（例如应用于核电站，航天，导弹，化工厂等）安全性与可靠性的常用的有效方法，它是一个演绎分析工具，用以系统地描述导致工厂到达通常称为顶事件的某一特定危险状态的所有可能的故障。顶事件可以是一事故序列，也可以是风险定量分析中认为重要的任一状态。通过故障树的分析，能估算出某一特定事故（顶事件）的发生概率。

在应用故障树之前，先将复杂的环境风险系统分解成比较简单的、容易被识别的小系统。例如可以把建设化肥厂的环境风险分解为化学风险、物理风险等。化学风险可以分解为：有毒原料的输送和贮存，各条生产线上单元反应过程的控制和有毒物料的单元操作，有毒成品的贮存和外运等。分解的原则是将风险问题单元化、明确化。

（1）程序　故障树分析的程序为：①调查原始资料，以满足系统分析的需要；②进行初始分析；③作 FT 图；④简化 FT 图；⑤估算底（基本）事件概率；⑥计算所分析事故（顶事件）的发生概率；⑦确定系统所需的修正范围。①～④步为影响识别工作，⑤～⑦在风险变量中讨论。所谓基本事件，就是最基本的、不能再往下分析的事件。

（2）符号　在 FTA 中常用▭表示顶事件或中间事件，○——基本事件，△——转移或输入，即由另一个过程转移过来的事，与门——即几个事件同时发生时才构成继发事件；或门——即几个事件中只要有一件发生后即会继发的。

（3）示例

挥发性毒物贮槽泄漏，造成空气污染的 FTA。为使一个容器挥发性有毒物质的贮存罐不发生泄漏，需通过一个水循环系统制冷，当贮存罐中的压力超过某一阈值，贮存罐的安全阀自动泄压，或者通过放空阀将有毒物质引入充满水的安全池内。在此例中，我们将有毒物质泄漏到大气中作为顶事件。

有毒物质泄漏到大气中有两种可能性，一种是贮存罐有裂缝或破裂；另一种是自动控制失效。造成贮存罐破裂的原因有正常操作条件下的破裂和非正常操作条件下的破裂两种情况，而保险控制失效主要由于自动制冷系统失灵。故障树见图 10-4。

2. 事件树分析

以污染系统向环境的事故排放为顶事件的故障树分析，给出了导致事故排放的故障原因事件及其发生概率，而事故排放的源强或事故后果的各种可能性需要结合事件树作进一步的分析。

事件树分析是从初因事件出发，按照事件发展的时序，分成阶段，对后继事件一步一步地进行分析；每一步都从成功和失败（可能与不可能）两种或多种可能的状态进行考虑（分支），最后直到用水平树状图表示其可能后果的一种分析方法，以定性、定量了解整个事故的动态变化过程及其各种状态的发生概率。

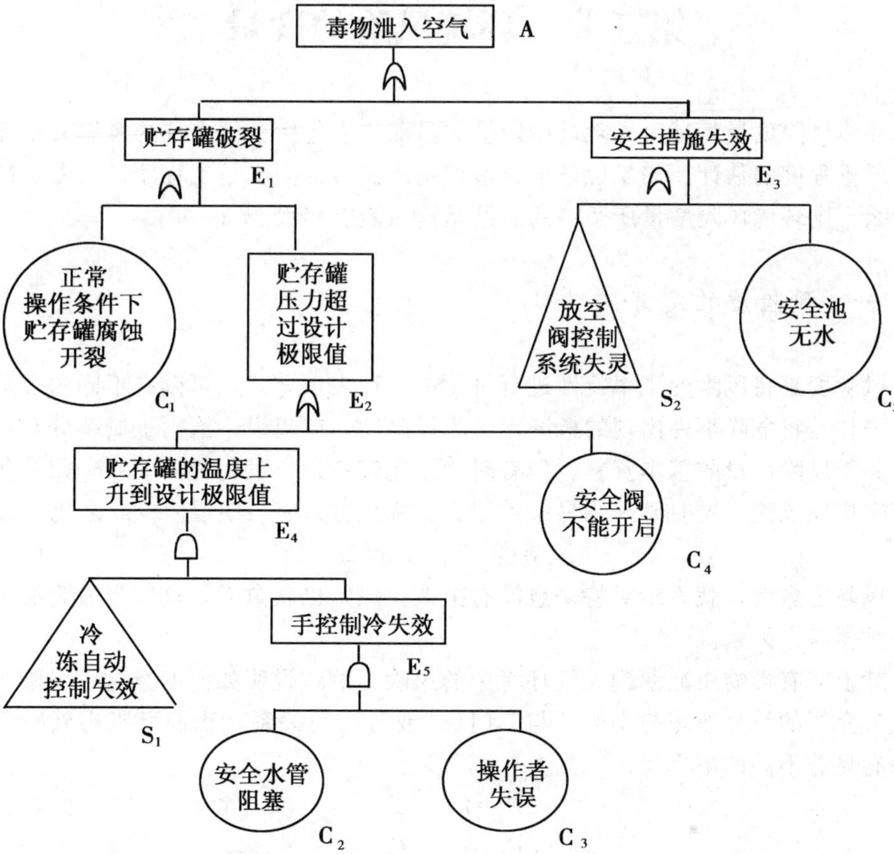

图 10-4　挥发性有毒物质泄入大气的故障树

上述图 10-4 反应器的冷却系统失效后果的事件树见图 10-5。

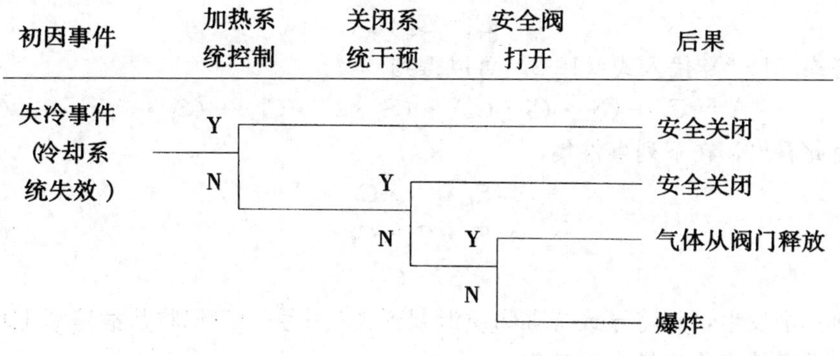

图 10-5　冷却系统失效后果的事件树

第三节　环境风险的度量

环境风险度量就是对风险进行定量的量测，它包括事件出现的概率大小和后果的严重程度的估计。如果说环境风险识别所回答的问题是工程项目引发的风险是什么，则环境风险度量所回答的问题是这风险有多大。

一、风险度的定义

风险度是将风险的概率特性进行量化的一种表示方式，可以有不同的表示方式。一种是将危险事件出现的概率定义为风险度。应当说，给出了概率分布也就有了关于风险度量的基本资料。但有时为了比较各种方案，常需要一个归一化的数字来描述风险，这时则采用另一种定义：标准方差 σ 与期望值 Mx 之比，即

$$风险度\ FD = \sigma/Mx \tag{10-1}$$

风险度愈大，就表示对将来愈没有把握，风险也就愈大，这应当成为决策时一个重要考虑因素。

就上节有毒物质泄漏到大气环境中的风险为例，说明如何度量这一风险。根据上节介绍的符号故障树中的“与”门、“或”门的关系，我们可以得到一系列的，有显著不同的事件集。

$$A = E_1 + E_3 \tag{10-2}$$

$$\begin{aligned} E_1 &= C_1 + E_2 \\ E_3 &= S_2 \times C_5 \\ E_2 &= E_4 \times C_4 \\ E_4 &= S_1 \times E_5 \\ E_5 &= C_2 + C_3 \end{aligned} \tag{10-3}$$

将式（10-3）代入式（10-2）可以得到

$$A = C_1 + (S_1 \cdot C_2 \cdot C_4) + (S_1 \cdot C_3 \cdot C_4) + (S_2 \cdot C_5) \tag{10-4}$$

由此看出，在下列事件集

$$\begin{gathered} C_1 \\ S_1 \cdot C_2 \cdot C_4 \\ S_1 \cdot C_3 \cdot C_4 \\ S_2 \cdot C_5 \end{gathered} \tag{10-5}$$

中任何一个发生，都将导致有毒物质泄漏到大气中去，我们将从故障树上切割下来的这类事件集称为最小切割集。

每一个最小切割集发生的概率，是根据概率理论计算的。如最小事件集 S_1 ·

$C_2 \cdot C_4$ 发生的概率为 $P(S_1 \cdot C_2 \cdot C_4) = P(S_1) \cdot P(C_2) \cdot P(C_4)$

为了进一步说明环境风险的概率特性，可以设想一个德尔斐法得到的各单元事件的发生概率（见表 10-2、表 10-3）。

表 10-2　各单元发生事件的概率表

事件名称	P	事件名称	P
C_1贮存罐破裂	1×10^{-7}	C_5没有水	1×10^{-2}
C_2水管堵塞	5×10^{-3}	S_1制冷系统失效	1×10^{-4}
C_3操作者无反应	4×10^{-3}	S_2压力控制系统失效	5×10^{-5}
C_4安全阀未开启	1×10^{-5}		

注：表中概率均假设，不可在实际中应用。

表 10-3　最小切割集发生概率

最小切割集	发生概率	所占全部事件的比例
C_1	$100\ 000\times10^{-12}$	17%
$S_1 \cdot C_2 \cdot C_4$	5×10^{-12}	～
$S_1 \cdot C_3 \cdot C_4$	4×10^{-12}	～
$S_2 \cdot C_5$	$500\ 000\times10^{-12}$	83%

在上述条件下，一年工作日的泄漏事件概率为最小切割集概率之和。

$$P(A) = 600\ 009 \times 10^{-12}$$

从表 10-3 中可以看出，在压力控制系统失控 S_2 和吸收池无水 C_3 而使保险控制失效造成泄漏事件的可能性最大，占全部风险的 83%，因此，对决策者来说，要减少泄漏事件的风险，可以加强 S_2 和 C_5 的改善与管理。

二、危害的估计

环境风险的另一个特征就是严重程度。在分析了有害物质泄漏后造成什么样的不利事件之后，就需要定量地分析有害物质会造成多大的影响。

1. 有害物质泄漏量的计算

有害物质的泄漏主要分为有害液体的泄漏和有害气体的泄漏。根据伯努利流量方程式计算有害液体从容器中排放的速率。对于加压贮存的有害液体，其泄漏推动力取决于液体的势能差以及容器中内部压力 P_1 和外部大气压力 P_a 的差值。

$$Q = C_d A_r \rho_1 [2(P_1 - P_a)/\rho_1 + 2gh]^{1/2} \tag{10-6}$$

式中 C_d——排放系数，取决于孔的形状和流动状态。对于液体流动，排放系数一般为 0.6～0.64；

A_r——泄漏孔所对着的有效的开阔区域（或称释放面积），m^2；

ρ_1——有害液体的密度，kg/m^3；

g——重力加速度，m/s^2；

h——流体的静力势差（高度差），m；

P_1——容器内部压力，N/m^3；

P_a——大气压力，N/m^3。

本公式所采用的单位皆为国际单位（SI）制，以下公式除有说明外，也同样为（SI）制。

上式假定贮存有害液体的容器或者管道的长度与泄漏孔的直径比值很小（<12），那么通过小孔排出的流体在排放时保持液态，不会挥发成气态。这个公式只适用于计算瞬间排放速率，而不适用于随着排放时间的延续，压力和液面势差下降的情况。

对于有害气体排放速率的计算，是在假设为理想气体的绝热可逆膨胀过程的条件下进行的。根据 Crane（1981）提供的公式计算排放率：

$$Q = YC_d A_r \rho_1 \{[(m\gamma/RT_1)\cdot(2/(\gamma+1))]^{(\gamma+1)/(\gamma-1)}\}^{1/2} \tag{10-7}$$

当 $P_a < P_1\ [2/(\gamma+1)]^{\gamma/\gamma-1}$ 时，Y 取 1～0

式中 Y——泄漏系数；

T_1——液体的温度，K；

R——气体普通常数，$J\cdot mol^{-1}\cdot K^{-1}$；

M——有害气体的分子量；

γ——热辐射率。

其他符号同式（10-6）。

此公式适用于大贮存容器或管道中的有害气体排放。

2. 有害物质泄漏后的扩散估算

有害液体泄漏后会迅速蔓延到地面。如果没有人工阻界，如堤岸、围墙，它会一直蔓延直至达到最小的厚度不能再蔓延为止，或者是直至液体的蒸发率与排放率相等使积累的液体量不再增加。为了进行计算，必须研究有害液体扩散（蔓延）过程，找出蔓延半径随时间变化的函数关系。Shaw 和 Briscoe（1978）提出了传播公式。

$$\gamma = (t/\beta)^{1/2} \qquad \beta = (\pi\rho_1/8gm)^{1/2} \tag{10-8}$$

对于连续现象

$$\gamma = (t/\beta)^{3/4} \qquad \beta = (\pi\rho_1/32gm)^{1/3} \tag{10-9}$$

式中 m——质量，kg；

ρ_1——液体的密度，kg/m^3；

γ——扩散半径，m；

t——时间，s。

$$D = D_0(\rho_{a2}/\rho_{a1})^{1/2}$$

式中　D_0—— 泄漏孔的直径，m；

ρ_{a1}——在喷射情况下，相对于周围空气的瞬时密度，kg/m^3；

ρ_{a2}—— 在常温下，相对于周围空气的密度，kg/m^3。

距孔源 x 处喷射轴上的浓度为

$$C_m = [(b_1 + b_2)/b_1]/[0.32x/D\rho_{a1}/(\rho_{a2})^{1/2} + 1 - \rho_1] \tag{10-10}$$

b_1、b_2 是形态常数。

$$b_1 = 50.5 + 48.2\rho_1 - 9.95\rho_1{}^2$$

$$b_2 = 23.0 + 41.0\rho_1$$

这个公式可以估算蒸气高速喷射的扩散行为，但对于有毒气体的排放需用其他模式计算。

有害物质在大气中的扩散近10年来引起了广泛的重视，因而发展了许多不同的扩散模式。最近，随着对有毒物质分析的发展，人们开始注意有害物质的密度与空气密度明显不同的扩散行为。在环境风险分析中，通常比空气密度大的烟云最重要，因为此烟云将下沉而造成危害。因此，这里将主要介绍高密度气体扩散模式。在这个模式中，认为瞬间泄漏的烟云形成半径为 R，高为 H 的圆柱体。在重力作用下消散，这些烟雾从中心向半径方向扩散，同时其中心又随风移动，同时又在夹卷作用和热力传递作用下改变烟云体积。

在重力作用下的扩散公式为

$$dR/dt = [Kgh(\rho_2 - 1)]^{1/2} \tag{10-11}$$

空气的夹卷作用下

$Q_e = \gamma dR/dt$（从烟雾的四周夹卷）

$U_e = au_1/Re$（从烟雾的顶部夹卷）

式中　γ——边缘夹卷系数，取0.6；

Re——雷诺数；

a——顶部夹卷系数，取0.1；

u_1——风速，m/s；

K——实验值，一般取1.0。

热量传递作用主要是因为烟与地表温差很大，地表的热量传递到烟云中，使烟云的体积发生变化。热传递量的公式为：

$q_n = h_n\ (T_e - T_g)^{4/3}$

式中　q_n——热传递量，$J/(m^2 \cdot s)$；

h_n——传导系数，取 2.7；

T_e——烟体温度，K；

T_g——地面温度，K。

需要指出，当湍流引起的扩散速率大于重力扩散速率时，高密度的扩散模型不再适用。这个过渡条件为：

$$dR/dt = d\sigma_y/dt = d\sigma_y/dx \cdot u \tag{10-12}$$

3. 有毒物质释放的影响

有毒物质泄漏引起的影响程度，取决于暴露时间和暴露浓度以及物质的毒性。遗憾的是许多物质的毒性都不知道，因为它们对人体的影响资料非常少，大部分资料都是通过实验动物获得的，实验毒物的浓度和持续时间可以人为控制，但将这些实验结果用到人体上就有问题了，因为体重及生理机能皆不相同。另一方面人群易损伤性也是不同的。因此，毒性影响表达式中的人群数只能表明某一特定人群所受的影响。由于以上诸多原因，要想总结物质的毒性并作出比较是非常困难的。比较物质毒性的常用方法有以下几种。

(1) 半致死浓度　表示在接触期间内有 50%的生物死亡的浓度。

(2) 极限阈值浓度　表示在给定的暴露时间内不产生危害的极限性接触浓度，一般应提出正常工作条件下的极限阈值浓度和紧急暴露短期极限阈值浓度。

以上数据对扩散计算中选择最低浓度都是有用的。有毒气体的浓度一般采用大气微量污染物扩散模式，连续排放时间的地面浓度计算公式为：

$$c(x,y,0) = C_t Q/\pi\sigma_y\sigma_z \cdot \exp(-y^2/2\sigma_y{}^2 - H_e{}^2/2\sigma_z{}^2)$$

式中　C_t——有害气体的排放效率系数，与温度、光照有关；

Q——泄漏率。

其他符号同高斯模式。

对于在一定时间内接触的毒性影响可用概率公式计算，概率 y 可以通过接触浓度和时间来计算

$$y = A_t + B_t \ln(C^n t_e)$$

式中　A_t、B_t、n——与有毒物质性质有关的参数；

C——接触浓度，cm^3/m^3；

T_e——接触时间，min。

表 10-4 给出一些物质毒性的参数。

如果死亡率 50%的概率为 5，对于连续排放源则有：

$$\exp[(5 - A_t)/B_t] = C^n t_e$$

表 10-4 一些物质毒性参数

物质	A_t	B_t	n	物质	A_t	B_t	n
氯气	−5.3	0.5	2.75	氯化氢	−21.76	2.65	1.0
氨	−9.82	0.71	2.0	甲基溴	−19.92	5.16	1.0
丙烯醛	−9.93	2.05	1.0	光气	−19.27	3.69	1.0
四氯化碳	0.54	1.01	0.5	氟化氢(单体)	−26.4	3.35	1.0

4. 爆炸的影响

爆炸是突然释放出大量热量产生的冲击波。常发生的爆炸有以下几种。

(1) 易燃气体扩散时产生的爆炸性燃烧或缓慢性燃烧，这就是通常所说的自由烟气爆炸。

(2) 在一个有限空间内易燃混合物的爆炸。

(3) 加压容器由于泄漏物发生反应或其他异常过程而引起的爆炸。

(4) 加压容器内物质不发生化学反应的燃烧引起的爆炸。

前三种爆炸释放出化学能量，后一种爆炸释放物理能量。物理性爆炸的影响只局限在某处，而化学性爆炸会产生广泛的影响。因此，对爆炸及危害性的研究多数集中在化学爆炸上。

根据爆炸能量与产生危害之间的关系，可以估算爆炸的影响。下面给出一个直接估计危害程度的公式，该公式可用于预测伤害半径 R

$$R = C(NE_e)^{1/3}$$

式中 C——实验常数，用来定义伤害程度（C 和伤害程度的关系见表 10-5）；

E_e——爆炸的总能量，等于燃烧物质单位质量释放的热量乘以燃烧物质的总质量，J；

N——冲击波产生的能量所占的百分数。

表 10-5 C 和伤害程度的关系

C	危害性	
	对设备	对人
0.03	对建筑及设备产生重大危害	1% 人死于冲击波的伤害，50% 以上人的耳膜破裂，50% 以上人受到爆炸片的严重伤害
0.06	对建筑物造成可修复的损坏	1% 人的耳膜破裂，1% 人受到爆炸片的严重伤害
0.15	玻璃破裂	受到爆炸片的轻微伤害
0.40	10% 的玻璃受损	

第四节 环境风险评价与管理

一、环境风险评价的目的与标准

环境风险评价的最终目的是确定什么样的风险是社会可接受的，因此也可以说环境风险评价是评判环境风险的概率及其后果可接受性的过程。判断一种环境风险是否能被接受，通常采用比较的方法，即把这个环境风险同已经存在的其他风险、承担风险所带来的效益、减缓风险所消耗的成本等进行适当的比较。

为了有利于比较环境风险的大小，经常使用环境风险值 R 来表述：

$$R = f(P \times C) \tag{10-13}$$

式中 P——事件发生的概率；

C——事件发生后果的严重程度。

从（10-13）式可以看出，有了事件发生的概率和后果的严重程度，就不难计算风险值的大小。风险值函数关系式的确定要具备可比性，否则无法判断风险的大小，也就不能决定风险能否被接受。

在环境风险评价中，有以下几种常用的比较方式：

1. 与自然背景风险进行比较：众所周知，不存在没有风险的生活方式或生活地点，但这种自然背景风险值是社会能接受的，有时也将这种风险值称为背景值。有的学者把人类遭受无法控制的自然灾害，如雷击、风暴、地震、火山爆发等对个人的风险值（10^{-6}/年），作为环境风险的背景值。也有的学者将人类遭受水灾、中毒、车祸等意外事故的风险值（10^{-5}/年），认为是社会可接受的风险水平。

2. 与减缓风险措施所需的费用及其效益进行比较：为了减少风险，就需要采取措施付出一定的代价。把采取减缓风险措施的费用与效益进行比较是要找出最有效的、所需费用最低的措施。

3. 与承受风险所带来的好处进行比较：因为承担了风险就应该有效益。一般地说，风险愈大，效益愈高。

4. 与某些风险评价的标准进行比较：可分为以下几种标准：

（1）补偿极限标准：这种补偿极限标准随着减少风险措施投资的增加，年事故发生率会下降。但当达到某点时，如果继续增加投资，从减少事故损失中得到的补偿甚微，此时的风险度可作为风险评价的标准。

（2）人群可接受的风险标准：普通人受自然灾害的危害或从事某种职业造成

伤亡的概率是客观存在的。如有毒气体的化学工业，在一年内由于化学品泄漏事故引起10个人死亡的概率是10^{-3}，引起100人死亡的概率是10^{-6}。因此，存在某一概率是社会能接受的。这样的风险度可作为环境风险的评价标准。对于从事某一单一危险作业的成组人群而言，经常采用的标准是致死人数超过某个确定的突发的事件概率。

二、环境风险评价的内容与范围

拟议开发行动或建设项目的风险评价内容与其特征和所处自然与社会环境条件、乃至人群的风险观念等都有关系。

1. 评价层次

拟议开发行动或项目就其风险影响的范围和程度可以从三个层次进行评价。

(1) 从受影响区域的社会经济层次进行风险评价，即评估该拟议项目的重大风险给社会经济带来损害，同时评估其是否从别的方面降低了带来的效益；据此全面评价项目风险的可接受性。

(2) 从拟议行动或开发项目及与之有关联的周围环境条件层次作为整体出发，按“环境风险系统”的概念，从风险源、初级控制条件、二级控制条件到目标来进行评价。

(3) 从行动或项目的具体问题出发，评价其风险的重大性和可接受性。

2. 风险评价的边界

一般从以下六个方面来考虑确定。

(1) 根据引起不利的危害事件的类型来确定　危害事件的类型有项目正常运行引起的不利事件；项目非正常状态下的事故；自然灾害等外界因素对工程项目的破坏而引发的危害事件。

(2) 根据接受风险的人群来判断　如为项目工作的人员（职业性风险）；一般的公众；特殊敏感人群。

(3) 根据工程材料流程的不同阶段来确定　因为有些危险物品除在其自身建筑边界附近会引起风险外，还会因另一些有关的行动引起风险，如原材料阶段、基本生产阶段、深加工阶段、存储阶段、运输阶段、产品作用阶段和废物处理阶段。

(4) 根据评价的地理边界来确定　一个建设项目的材料流程可以延伸到距场址很远的地方，甚至跨越国界。因此适当的确定评价的地理边界是很重要的。

(5) 根据项目进行的不同阶段来确定　包括规划、施工、调试、运营、保养等阶段。前苏联切尔诺贝利核电站事故就是发生在调试阶段。

(6) 根据风险存在的可能时间来确定　有些建设项目产生有毒材料被认为在

环境中能无限循环下去。因此，若把评价时间范围仅限在使用期内是不合理的。另外，还应注意采用什么样的风险评价指标等。

3. 风险评价的深度

根据环境风险的可接受程度和环境风险管理的不同要求，评价的深度可以不同。一般可以分为微观性、系统性和宏观性风险评价。

(1) 微观性风险评价　是针对建设项目产生的一种或几种污染物的风险评价。典型的例子是美国环保局采用的方式，经常以化学品致癌表示风险。虽然微观性风险评价有一定局限性，但可以提供许多可靠的数据资料。

(2) 系统性风险评价　是考虑一系列行为以及不同阶段的不同风险。一般通过系统性风险评价可以获得较全面的结论。

(3) 宏观性风险评价　是在经济一社会领域中进行的风险评价。一个工程建设项目处在某一系统中，它能在某一些方面引起风险，而在另一些方面能降低风险。采用宏观性风险评价可以较好地解决这一问题，能比较全面地反映风险的可接受性。

4. 风险的重大性和可接受性

评价风险的重大性的主要方法是将预测的环境风险与风险标准进行比较，超过标准可以判断为重大风险。

对于风险的可接受性，如前面已讨论的，涉及许多因素：发生概率的估计，后果或破坏范围及程度，人群健康影响大小和伤亡人数，生态系统损害和破坏程度以及人们的感觉和伦理等。在缺少定量数据时，可以采用定性地分级方法。

三、环境风险评价的管理

环境风险管理是指根据风险评价的结果，按照恰当的法规条例；选用有效的控制技术；进行削减风险的费用和效益分析；确定可接受风险度和可接受的损害水平；并进行政策分析及考虑社会经济和政治因素，决定适当的管理措施并付诸实施，以降低或消除该风险，保护人群健康与生态系统的安全。

1. 环境风险管理的目的和内容

现代工业文明带来的有害污染物的存在是一个客观事实，但仅仅风险源的存在并不意味着有什么问题，实际中的主要问题是由未被有效控制的风险源带来的。风险管理的目的是在风险评价的基础上，在行动方案效益与其实际或潜在的风险以及降低风险的代价之间谋求平衡，以选择较佳的管理方案。

众所周知，环境管理的内容按性质可以分为环境计划管理、环境质量管理和环境技术管理，相应地环境风险管理应包括以下几方面的内容：①制定毒物的环境管理条例和标准；②提高环境影响评价的质量、强化环境管理；③拟定特定区域、城市或工业的综合环境管理规划；④加强对风险源的控制，包括了解风险源的存在分布与现时状态、风险源控制管理计划、潜在风险预报、风险控制人员的培训与配备；⑤风险的应急管理及其恢复技术。通过管理的手段，以最少的代价减小风险和提高安全性是风险管理的中心任务。

通常，风险管理者在需要对人体健康或生态风险做出管理决策时，可有多种可能的选择。决策的过程必须在潜在风险和下列因素之间取得平衡：①消费者的期望；②宣传教育以便消费者做出选择；③企业所需付出的代价及最终转嫁到消费者身上的费用；④控制和减轻人体与生态暴露的能力；⑤采用危害较小替代方案的可行性；⑥加强管理的能力；⑦对未来法规政策的影响。

2. 环境风险管理基本原则

尽管我们可能用客观的方法来评价风险，但却不可能用完全客观的方法来进行风险管理，而且对风险的理解也是不可避免地带有主观性。当然无论什么样的数据资料都不可能完全取代良好的人为判断。

(1) 可接受的风险水平　人类的任何行为都包含着一定水平的风险，然而人们总是希望尽可能减小风险至可忽略的程度。这样，风险管理者就面临一个选择可接受风险水平难题，因为不可能简单地说某一化学物质是好的还是坏的，是致癌的还是不致癌的，是致畸还是不致畸的。风险管理者必须进一步确定污染物的某一特定剂量与照射所带来的风险是否超过了它所带来的效益，然后才能做出选择。

(2) 尽量客观、公正地分析风险　一个常见的误区是采用最坏情景假设来分析风险，这种风险评价法必然导致了过分偏保守的风险管理决策方法，其行为的实施会给社会资金带来浪费。

3. 环境风险管理方法

(1) 政府的职责和方法　风险管理是建立在风险评价的基础之上。风险管理是政府的职责，是实施预防性政策的基础工作。风险分析和评价为风险管理在两个方面创造了条件：

① 告诉决策者应如何计算风险，并将可能的代价和减小风险的效益在制定政策时考虑进去。与此相关联的是确定“可接受风险”。

② 使公众接受风险　往往一些较小的风险，公众不愿意接受（如建核电站），而另外一些从客观标准看来风险较大的却被接受（如火电站）。这是一类有关人的价值观与心理学、感觉、社会学、伦理道德方面的复杂问题。但是，保护社会免受灾难，始终是政府的职责。

作为政府行为，风险管理与灾害管理是密切联系的。灾害管理通常是在政府职能部门监督指导下进行的，分为三个层次：

企业级　要求其修改或采用与提高安全性有关的操作规程和技术措施；

部门级　形成良好的管理制度和工作方式；

社会级 制定和修改法规，要求在全国各地方达到确定的目标。

(2) 建设单位的职责

在政府环保和有关职能部门监督指导下，建设和运行单位应承担风险管理的职责。

1) 拟定风险管理计划和方法 对于项目的建设和运行单位，应将拟定环境风险管理计划作为首要职责。其内容有：

① 操作对象：把所有的风险源都纳入风险管理计划，但是非控制或非正常控制的环境风险源也可能呈现出不可接受的健康与经济风险。

② 计划目标：以能够获取的和尽可能少的资金或代价来最大限度地减小风险。

③ 管理方法：A. 环境风险的控制：对可能出现的和已出现的风险源开展风险评价；事先拟定可行的风险控制行动方案。B. 由专家参与风险管理计划的评判和负责行动计划的执行。C. 将潜在风险的状况及其控制方案和具体措施公之于众。D. 风险控制人员队伍训练及应急行动方案的演习。E. 风险管理计划实施效果的规范化核查。

2) 拟定并具体落实防范措施

① 对于工业生产事故的预防性措施可采用较好的零部件，改进生产维护，良好的培训来降低设备故障和人为失误频率；而污染事故可以通过加强环境管理，建造预防设施和良好的运行管理来预防，这是最主要的和根本的。

② 也可采用安全报警和控制措施来阻止事故蔓延，但这类措施必须是系统有效时才能起作用，同时也引入了报警与控制系统自身的失误率。

③ 采用缓冲系统是一种费用较少、效果较高的方法，它不能改变污染源的故障概率，但能减轻损失。

④ 最根本的措施是将风险管理与全局管理相结合，实现“整体安全”。它不只局限于技术上的预防，也包含提高效率、效益和产品质量。

习 题

1. 什么是风险，环境风险有何特点?
2. 环境风险评价包括哪几个阶段，每个阶段的主要内容是什么?
3. 环境风险评价和环境影响评价有何不同?
4. 环境风险识别有哪些方法?
5. 什么是风险度，怎样用它来度量风险的大小?
6. 环境风险管理的目的、内容、原则和方法是什么?
7. 控制环境风险的方式主要有哪些?

第十一章　环境影响报告书的编写与实例

第一节　环境影响报告书的编写

一、环境影响报告书的编制原则

（一）环境影响报告书的编制原则

环境影响报告书是环境影响评价程序和内容的书面表现形式之一，是环境影响评价项目的重要技术文件。在编写时应遵循下列原则。

1. 环境影响报告书应该全面、客观、公正，概括地反映环境影响评价的全部工作；评价内容较多的报告书，其重点评价项目另编分项报告书；主要的技术问题另编专题报告书。

2. 文字应简洁、准确，图表要清晰，论点要明确，大型项目或比较复杂的项目，应有主报告和分报告（或附件），主报告应简明扼要，分报告把专题报告、计算依据列入。环境影响报告书应根据环境和工程特点及评价工作等级进行编制。

（二）环境影响评价的工作程序

环境影响评价工作大体分为三个阶段。

第一阶段为准备阶段，主要工作为研究有关文件，进行初步的工程分析和环境调查，筛选重点评价项目，确定各单项环境影响评价的工作等级，编制评价大纲；

第二阶段为正式工作阶段，其主要工作为进一步做工程分析和环境现状调查，并进行环境影响预测和评价环境影响；

第三阶段为报告书的编制阶段，其主要工作为汇总、分析第二阶段工作所得的各种资料、数据，给出结论，完成环境影响报告书的编制。

如通过环境影响评价对原选厂址给出否定结论时，对新选厂址的评价应重新进行，如需进行多个厂址的优选，则应对各个厂址分别进行预测和评价。

（三）环境影响评价工作等级的确定

环境影响评价工作的等级是指需要编制环境影响评价报告书和各专题工作深度的划分，各单项环境影响评价划分为三个工作等级。一级评价最详细，二级次之，三级较简略。各单项影响评价工作等级划分的详细规定，可参阅本书相应章节及有关导则。每个单项影响评价的工作等级不一定相同。

对于单项影响评价的工作等级均低于第三级的建设项目，不需编制环境影响报告书，只需按国家颁发的《建设项目环境保护管理办法》的规定填写《建设项目环境影响报告表》。

工作等级的划分依据如下。

1. 建设项目的工程特点：工程性质、工程规模、能源及资源的使用量及类型、源项等。

2. 污染物排放特点：主要包括污染物的排放量、排放方式、排放去向，主要污染物种类、性质、排放浓度等。

3. 项目所在地区的环境特征：自然环境特点、环境敏感程度、环境质量现状及社会经济状况等。

4. 国家或地方政府所颁布的有关法规：包括环境质量标准和污染物排放标准等。

对于某一具体建设项目，在划分各评价项目的工作等级时，根据建设项目对环境的影响、所在地区的环境特征或当地对环境的特殊要求情况可作适当调整。

二、环境影响报告书的编制基本要求

环境影响报告书的编写要满足以下基本要求。

1. 环境影响报告书总体编排结构应符合《建设项目环境保护管理条例》要求，内容全面，重点突出，实用性强。

2. 基础数据可靠

基础数据是评价的基础，基础数据如果有错误，特别是污染源排放量有错误，即使选用正确的计算模式和精确的计算，其计算结果都是错误的。因此，基础数据必须可靠。对不同来源的同一参数数据出现不同时应进行核实。

3. 预测模式及参数选择合理

环境影响评价预测模式都有一定的适用条件，参数也因污染物和环境条件的不同而不同。因此，预测模式和参数选择应“因地制宜”。应选择模式的推导（总结）条件和评价环境条件相近或相同的模式。选择总结参数时的环境条件和评价环境条件相近或相同的参数。

4. 结论观点明确，客观可信。

结论中必须对建设项目的可行性、选址的合理性作出明确回答，不能模棱两可。结论必须以报告书中客观的论证为依据，不能带感情色彩。

5. 语句通顺、条理清楚、文字简练、篇幅不宜过长。凡带有综合性、结论性的图表应放到报告书的正文中，对有参考价值的图表应放到报告书的附件中，以减少篇幅。

6. 环境影响报告书中应有评价资格证书，报告书的署名，报告书编制人员按行政总负责人、技术总负责人、技术审核人、项目总负责人依次署名盖章，报告编写人署名。

三、环境影响报告书的编制要点

（一）按照现状调查及影响评价编制环境影响报告书的要点

建设项目的类型不同，对环境的影响差别很大，环境影响报告书的编制内容和格式也有所不同。以环境现状（背景）调查、污染源调查、影响预测及评价分章编排的居多。

1. 总论

（1）环境影响评价项目的由来

说明建设项目立项始末，批准单位及文件，评价项目的委托，完成评价工作概况。

（2）编制环境影响报告书的目的

结合评价项目的特点，阐述《环境影响报告书》的编制目的。

（3）编制依据

① 环境影响评价委托合同或委托书；

② 建设项目建议书的批准文件或可行性研究报告的批准文件；

③《建设项目环境保护管理条例》及地方环保部门为贯彻此办法而颁布的实施细则或规定；

④ 建设项目的可行性研究报告或设计文件；

⑤ 评价大纲及其审查意见和审批文件。

在编写报告书时用到的其他资料，如农业区域发展规划，国土资源调查，气象、水文资料等不应列入编制依据中，可列入报告书后面的参考文献中。

（4）评价标准

在环境影响报告中应列出当地环境保护管理部门根据当地的环境情况确定的环保标准。当标准中分类或分级别时，应指出执行标准的哪一类或哪一级。评价标准一般应包括大气环境、水环境、土壤、环境噪声等环境质量标准，以及污染物排放标准。

（5）评价范围

评价范围可按空气环境、地表水环境、地下水环境、环境噪声、土壤及生态环境分别列出，并应简述评价范围确定的理由。应给出评价范围的评价地图。

（6）污染控制及保护环境的目标

应指出建设项目中有没有需要特别加以控制的污染源，主要是排放量特别大或排放污染物毒性很大的污染源。

应指出在评价区内有没有需要重点保护的目标，例如：特殊住宅区、自然保护区、疗养院、文物古迹、风景游览区等。指出在评价区内保护的目标，例如：人群、森林、草场、农作物等。

2. 建设项目概况（工程分析）

应介绍建设项目规模、生产工艺水平、产品方案、原料、燃料及用水量、污染物排放量、环境保护措施，并进行工程影响环境因素分析等。

（1）建设规模

应说明建设项目的名称（项目名称必须与本项目批复的项目名称一致）、建设性质（新建、技改等）、厂址的地理位置（附地理位置图）、产品、产量、总投资、利税、资金回收年限、占地面积、土地利用情况、建设项目平面布置（附图）、职工人数、全员劳动生产率。若是扩建、改建项目，应说明原有规模。

（2）生产工艺简介

建设项目的类型不同（如工厂、矿山、铁路、港口、水电工程、水利灌溉工程等），其生产工艺各不相同。

生产工艺介绍，应该按产品生产方案分别介绍。要介绍每一个产品生产方案的投入产出的全过程。从原料的投入、经过多少次加工、加工的性质、排出什么污染物及数量如何、最终得到什么产品。在生产工艺介绍中，凡有重要的化学反应方程式，均应列出，应给出生产工艺流程图。

应对生产工艺的先进性进行说明。

对于扩建、改建项目，还应对原有的生产工艺、设备及污染防治措施进行分析。

（3）原料、燃料及用水量

应给出原料、燃料（煤、油）的组成成分及百分含量，以表列出原料、燃料（煤、油）、用水量（新鲜水补给量、循环水量）的年、月、日、时的消耗量。并给出物料平衡图和水量平衡图。

（4）污染物的排放量情况

应列出建设项目建成投产后，各污染源排放的废气、废水、废渣的数量，及其排放方式和排放去向。当有放射性物质排放时，应给出种类、剂量、来源、去向。对设备噪声源应给出设备噪声功率级，对振动源应给出振动级，并说明噪声源在厂区内的位置以及距离厂界的距离。

对于扩建、技改项目，应列出技改前后或扩建前后的污染物排放量的变化情况，包括污染物的种类和数量。

(5) 建设项目拟采取的环保措施

对建设项目拟采取的废气、废水治理方案、工艺流程、主要设备、处理效果、处理后排放的污染物是否达到排放标准，投资及运转费用等要详细介绍。还要介绍固体废弃物的综合利用、处置方案及去向。

(6) 工程影响环境因素分析

根据污染源、污染物的排放情况及环境背景状况，分析污染物可能影响环境的各个方面，将其主要影响作为环境影响预测的重要内容。

3. 环境概况

(1) 自然环境状况调查

自然环境状况调查应该包括以下内容：

① 评价区的地形、地貌、地质概况。

② 评价区内的水文及水文地质情况。列出评价区内的江、河、湖、水库、海的名称，数量、发源地、评价区段水文情况。对于江、河应给出年平均径流量、平均流量、河宽、比降、弯曲系数、平水期和枯水期以及丰水期的流量和流速。给出评价区地下水的类型、埋藏深度、水质类型等。

③ 气象与气候。应给出气候类型及特征，列出平均气温、最热月平均气温、年平均气温、气温年较差、绝对最高气温、绝对最低气温、年均风速、最大风速、主导风向、次主导风向、各风向频率、年蒸发量、降水量的分布、年日照时数、灾害性天气等。

④ 土壤及农作物。给出评价区内土壤类型、种类、分布、肥力特征。粮食、蔬菜、经济作物的种类及分布。

⑤ 森林、草原、水产、野生动物、野生植物、矿藏资源等情况。

(2) 社会环境状况调查

① 评价区内的行政区划，人口分布，人口密度，人口职业构成与文化构成。

② 现有工矿企业的分布概况（产品、产量、产值、利税、职工人数）及评价区内交通运输情况。

③ 文化教育概况。

④ 人群健康及地方病情况。

⑤ 自然保护区、风景游览区、名胜古迹、温泉、疗养区以及重要政治文化设施。

(3) 评价区内环境质量现状调查

根据当地环境监测部门对评价区附近的环境质量的例行监测数据或利用本次

环境影响评价时的环境质量现状监测数据，对环境空气、地表水、地下水和噪声的环境质量现状进行描述，对照当地环保局确定的有关标准说明厂区周围的环境质量状况。

① 大气环境质量现状（背景）监测

给出大气监测点的位置（附监测点布置图及列表）及布点理由，监测项目及选择理由，监测天数、每天监测次数、时段，采样仪器、方法及分析方法等。

通常以列表方式给出大气监测结果。在表中列出各监测点大气污染物的一次浓度值和日平均浓度值的范围、超标率、最大超标倍数，并计算出评价区内大气污染物背景值。

大气环境现状评价方法很多，在环境影响评价中最为常用的以超标率和最大超标倍数表示大气污染程度。结合评价区附近的大气污染源调查情况，尽量分析造成大气污染的原因。

② 地表水环境质量现状调查

给出监测断面的地理位置，每个监测断面的采样点数目及位置，监测项目，并说明选择的理由。应给出监测时期、监测天数、每天采样次数。在采样同时测量河水水文参数（水温、流速、流量、河宽、河深等）。

将地面水水质监测结果以列表形式给出。用评价标准评价地面水质状况。通常将监测值与评价标准对比，以超标率和超标倍数来表示各项指标是否符合评价标准的要求。如果水中各项指标均能满足某类水质的要求，说明该水质达到这类水质要求；如有一项超标，说明该水质不能满足这类水质标准的要求。

如果地表水受到污染，结合评价区附近的地表水污染源调查情况，尽量分析造成该地表水污染的原因。

③ 地下水质现状（背景）调查

给出地下水监测点的位置、监测项目、分析方法、采样时间及次数，指出地下水是潜水还是承压水。监测点位置的选择应考虑厂址和地下水的流向，一般至少设厂址、地下水的上游和下游三个监测点。

将地下水监测结果列表给出，把监测值与评价标准直接进行对比，给出超标率和超标倍数，评价地下水质量。

④ 土壤及农作物现状调查

给出评价区内的土壤类型、分布状况及土地利用情况。给出土壤监测点的位置、采样方法、监测项目、分析方法。

列表给出土壤监测值，把监测值与评价标准进行对比，评价土壤环境质量。由于目前我国土壤的环境标准较少。因此，评价标准多采用当地同类土壤背景值或对照点的土壤中污染物的含量。

⑤ 环境噪声现状（背景）调查

应给出环境噪声监测点的位置、监测时间、监测仪器、监测方法、气象条件、监测点处的主要噪声源。监测点一般设在厂界外1m及附近的敏感点（居民区或村庄等）。

根据噪声监测数据进行数据处理、统计分析，计算出各监测点的昼间、夜间的等效声级及标准差，并给出 L_{10}、L_{50}、L_{90} 值。将等效声级与评价标准值进行对比，评价环境噪声状况。

在评价区内，如果交通运输很忙，还应进行交通噪声监测及评价。

⑥ 评价区内人体健康及地方病调查

给出人体健康调查的区域，调查人数，性别，年龄，职业构成，体检项目，检查方法，调查结果的数理统计，污染区与对照区的比较分析。还可进行死亡回顾调查，儿童生长发育调查，地方病专项调查等。

⑦ 其他社会、经济活动污染、破坏环境现状调查

4. 污染源调查与评价

污染源向环境中排放污染物是造成环境污染的根本原因。污染源排放污染物的种类、数量、方式、途径及污染源的类型和位置，直接关系到它危害的对象、范围和程度。因此，污染源调查与评价是环境影响评价的基础工作。

说明评价区内污染源调查方法、数据来源、评价方法。分别列表给出评价区内大气污染源、水污染源、废渣污染源的污染物排放量、排放浓度、排放方式、排放途径和去向，评价结果，从而找出评价区内的主要污染源和主要污染物。绘制评价区内污染源分布图。

5. 环境影响预测与评价

(1) 大气环境影响预测与评价

① 污染气象资料的收集及观测

对于中小型建设项目，污染气象资料的获得以收集资料为主；对大型建设项目或复杂地形地区的建设项目，除收集资料外，应进行必要的污染气象现场测试。

首先说明污染气象资料来源及对评价区的适用程度。分别给出年（季）的风向、风速玫瑰图，风向、风速、大气稳定度的联合频率，月平均风速随月的变化情况，低空风场的垂直分布，气温的垂直分布，逆温的生消规律、逆温特征、混合层高度等。

在上述资料的基础上，找出四季的典型气象条件、熏烟、静风、有上部逆温等特殊气象条件的气象参数，作为计算大气污染物扩散的气象参数。

如果进行污染气象的现场观测，还应给出污染气象现场观测采用的仪器、观测方法、观测时间、数据处理方法等。

② 预测模式及参数的选用

对大气扩散模式、烟气抬升高度公式、风速廓线模式应逐一列出，并简要说明选取的理由。说明选用大气扩散参数的理由。

③ 污染源参数

列表给出建设项目正常生产和非正常生产情况下大气污染源的源强、排气筒高度，出口内径、烟气量、出口速度、烟气温度等参数。

④ 预测结果分析及评价

说明计算大气污染物浓度的类型，例如：年日均浓度、四季的日均浓度、各种不利气象条件下一次浓度，各种稳定度下的地面轴线浓度等。给出相应的各种浓度等值线图及浓度距离图。

说明在正常生产情况下，在各种气象条件下的相对最大日均浓度和最大一次浓度，最大超标倍数，超标面积，与评价标准比较作出评价。

说明在非正常生产情况下，在各种气象条件下的最大一次浓度，最大超标倍数，与标准比较作出评价。

（2）地面水环境影响预测与评价

① 根据工程影响环境因素分析排放废水中的主要污染物及河水中主要污染物，选定水环境影响预测因子。

② 给出水环境影响预测的水体参数。如河流，要给出河道特征，断面形状、河床宽度、水深、比降等。给出水文变化规律，如年径流量的变化，河水流量的月变化，丰、枯、平三个水期的流量、流速，水温的变化。特别指出影响预测选定的河流参数。

③ 给出各污染源的污染物排放量及浓度。

④ 预测模式及主要参数的选用，并应说明理由。

⑤ 说明预测的类型，列表给出水质预测结果，把预测值与评价标准进行对比，评价对水环境的影响。

（3）地下水环境影响预测与评价

地下水环境影响预测与评价比较复杂。它需要多年的地下水污染监测资料和水文地质资料，才能运用数学解析的方法预测地下水水质，在一般的评价项目中，往往不具备条件，不作数值预测，只作定性或半定量的分析。

（4）噪声环境影响预测及评价

① 噪声源声功率级的确定及噪声传播的空间环境特征。

② 根据噪声源类型及空间环境特征选择噪声预测模式。

③ 选择空间环境特征参数，进行模式预测。

④ 列表给出预测结果，把环境噪声预测值和评价标准值直接对比，评价对声学环境影响。给出噪声等值线图。

环境噪声影响预测包括建设项目环境噪声影响预测、交通噪声影响预测、飞机噪声影响预测等。

(5) 生态环境影响评价

对土壤环境影响预测模式的研究近年来渐多，但都不成熟。对土壤环境影响预测多以类比调查为主。

对农作物的影响评价多以类比调查定性说明。在评价时间允许的条件下，可进行盆栽实验、大田实验或模拟实验。

对自然生态的影响评价分为陆生生态、水生生态、海洋生态。要素有植物、动物、微生物等。

(6) 对人群健康影响分析

根据污染物在环境中浓度的预测结果，利用污染物剂量与人群健康之间的效应关系，分析对人群健康的影响。

(7) 振动及电磁波的环境影响分析

首先确定振动及电磁波的发生源的源强，根据传递空间或介质的特性选择适当的预测模式预测，列表给出计算结果，分析对环境的影响。或用类比分析其影响。

(8) 对周围地区的地质、水文、气象可能产生的影响

对于大型水库建设项目、农田水利工程、大型水电站等均应考虑这方面的影响。

6. 环境保护措施的评述及技术经济论证

(1) 大气污染防治措施的可行性分析及建议

① 给出建设项目废气净化系统和除尘系统工艺，设备种类、型号、效率、能耗、排放指标。

② 论述排放指标是否达到排放标准。

③ 论述处理工艺及设备的可行性。

④ 论述排气筒是否满足有关规定。

⑤ 建议。

(2) 废水治理措施的可行性分析与建议

① 给出建设项目废水治理措施的工艺原理、流程、处理效率、排放指标。

② 论述排放指标是否达到排放标准。

③ 论述废水治理措施的可行性、可靠性、先进性。

④ 建议。

(3) 对废渣处理及处置的可行性分析

(4) 对噪声、振动等其他污染控制措施的可行性分析

(5) 对绿化措施的评价及建议。介绍建设项目采取的绿化措施，论述绿化面积、绿化布局方案、树种、花类的合理性，并提出建议

7. 环境影响经济损益（简要）分析

环境影响经济损益分析是从社会效益、经济效益、环境效益统一的角度论述建设项目的可行性。由于这三个效益的估算难度很大，特别是环境效益中的环境代价估算难度更大，目前还没有较好的方法，使环境影响经济损益简要分析还处于探索阶段。目前，主要从以下几方面进行。

(1) 建设项目的经济效益

① 建设项目的直接经济效益，说明其利税、资金回收年限，贷款偿还期等。

② 建设项目的产品为社会其他部门带来的经济效益。

(2) 建设项目的环境效益

列表介绍建设项目的环保投资及运转费等情况。

建设项目建成后使环境恶化，对农、林、牧、渔业造成的经济损失及污染治理费用。环保副产品收益，环境改善效益。

(3) 建设项目的社会效益

建设项目的产品满足社会需要，促进生产和人民生活的提高，促进当地经济、文化的进步，增加就业机会等。

最后综合分析社会效益、经济效益、环境效益，权衡利弊，提出建设项目是否可行。

8. 环境监测制度及环境管理、环境规划的建议

根据项目特点提出项目建成以后的环境管理和环境监测机构的设置和职责要求。

① 环境管理机构的设置、领导和职责情况；

② 环境监测机构的设置、人员和仪器设备的配备等。列表给出监测仪器的配置情况。

③ 环境监测制度的建议。对环境监测布点、主要污染源的监测以及监测项目提出建议。针对建设项目环境影响特点，提出对各排放口（气、水、渣、噪声源）的监测方案或计划。

9. 结论

要简要、明确，客观地阐述评价工作的主要结论，包括下述内容。

①评价区的环境质量现状。

②污染源评价的主要结论，主要污染源及主要污染物。

③建设项目对评价区环境的影响。

④环保措施可行性分析的主要结论及建议。

⑤从“三个效益”统一的角度，综合提出建设项目的选址，规模、布局等是否可行，建议应包括各节中的主要建议。

10. 附件、附图及参考文献

附件：主要有建设项目的建议书或可行性研究报告及其批复，评价大纲及其批复。

附图：应包括项目的地理位置图；大气、地面水、地下水、噪声监测布点图；项目的总平面布置图；主要的工艺流程图等。可以将图直接编入报告书中。

参考文献：应给出作者、文献名称、出版单位、版次、出版日期等。

（二）按照环境要素分章的环境影响报告书的编制要点

1. 总论。

2. 建设项目概况。

3. 污染源调查与评价。

4. 大气环境现状及影响评价：包括大气环境现状调查及大气环境影响预测与评价两部分。

5. 地面水环境现状及影响评价：包括地面水环境现状调查及地面水环境影响预测与评价两部分。

6. 地下水环境现状及影响评价：包括地下水环境现状调查及地下水环境影响预测与评价两部分。

7. 环境噪声现状及影响评价：包括环境噪声调查及环境噪声影响预测与评价两部分。

8. 土壤及农作物现状与影响预测分析：包括土壤及农作物现状调查和土壤及农作物环境影响分析两部分。

9. 人群健康现状及影响预测和评价：包括评价区内人体健康及地方病调查和人群健康影响分析两部分。

10. 生态环境现状及影响预测和评价：包括陆生生态、水生生态、海洋生态等不同的生态系统。也可分为森林、草原、农田等典型生态系统。自然生态系统的要素有野生动物、野生植物等，评价其现状及建设项目对生物和其生境的影响。生态环境影响评价还涉及土壤、农田、水产等资源问题。

11. 特殊地区的环境现状及影响预测和评价：自然保护区、风景游览区、名胜古迹、温泉、自然遗迹、疗养区、学校、医院及重要政治文化设施等地区环境现状，建设项目对这些地区的影响预测及评价。

12. 建设项目对其他环境影响预测和评价：振动、电磁波、放射性的环境现状，建设项目对其环境影响预测及评价。

13. 环保措施的可行性分析及建议。

14. 环境影响经济损益简要分析。

15. 结论及对策建议。

第二节 环境评价图的绘制

环境质量评价图是环境质量评价报告书中不可缺少的部分。环境质量评价制图的基本任务是：使用各种制图方法，形象地反映一切与环境质量有关的自然和社会条件、污染源和污染物、污染与环境质量以及各种环境指标的时空分布等。通过制图，有助于查明环境质量在空间内分布的差异，找出规律，对研究环境质量的形成和发展，进行环境区划，环境规划和制定环境保护措施具有实际意义。环境质量评价图具有直观、清晰、对比性强等特点，能起到文字起不到的作用。因此，它在环境质量评价中愈来愈受到重视。

一、环境质量评价图的分类

环境质量评价图是环境质量评价的基本表达方式和手段。环境质量评价图有各种类型，具体分类如下。

按环境要素可分为：大气环境质量评价图、水环境（地表水、地下水、湖泊、水库）质量评价图、土壤环境质量图，等等。

表达生态环境状况的有土地利用现状图、植被图、土壤侵蚀图、生物生境质量现状图。

按区域类型可分为：城市环境质量评价图、流域水系分布与质量评价图、海域环境质量评价图、区域动植物资源分布图、自然灾害分布图、风景游览区环境质量评价图、区域环境质量评价图。

按环境质量评价图的性质分为：普通图、环境质量评价图。

二、环境评价地图

凡是以地理地图为底图的环境质量评价图统称为环境质量评价地图。它是环境质量评价所独有的图，专为表示环境质量评价各参数的时空分布而设计的，环境质量评价地图包括以下几个方面的图型。

1. 环境条件地图。包括自然条件和社会条件两个方面。

2. 环境污染现状地图。包括污染源分布图、污染物分布（或浓度分布）图、主要污染源和污染物评价图等。

3. 环境质量评价图。包括污染物污染指数图、单项环境质量评价图、环境质量综合评价图、生物生境质量评价图、植被图等。

4. 环境质量影响地图。包括对人和生物的影响，如土地利用现状图、土壤侵蚀图、自然灾害分布图。

5. 环境规划地图。包括功能区划图、资源分布图、产业布局图等。

三、环境质量评价图制图方法

1. 符号法

用一定形状或颜色的符号表示环境现象的不同性质、特征等。各种专业符号，如果不用符号的大小表示某种特征的数量关系，应保持符号大小一致；有数量值大小区别时，其符号大小或等级差别应做到既明显又不过分悬殊，使整幅图美观、大方、匀称。中、小比例尺图的符号定位，做到相对准确。

2. 定位图表法

定位图表法是在确定的地点或各地区中心用图表表示该地点或该地区某些环境特征。适用于编制采样点上各种污染物浓度值或污染指数值图、风向频率图、各区工业构成图、各工业类型的“三废”数量分配图等。

3. 类型图法

根据某些指标，对具有同指标的区域，用同一种晕线或颜色表示。对具有不同指标的各个环境区域，用不同晕线或颜色表示。适用于编制土地利用现状图，河流水质图，交通噪声图，环境区划图等。

4. 等值线法

利用一定的观测资料或调查资料，内插出等值线，用来表示某种属性在空间内的连续分布和渐变的环境形象，是环境质量评价制图中常用的方法。它适于编制温度等值线图、各种污染物的等浓度线或等指数线图等。

5. 网格法

网格法又称微分面积叠加法。网格图具有分区明显、计数方便、制图方便、能提高制图精度、并可自动化制图等特点，在城市环境质量评价中被广泛采用。

四、环境评价普通图的绘制

环境质量评价普通图是各学科、各种技术中通用的图。它主要是在分析各种资料数据时，为了便于说明这些数据之间的内在联系、相对关系而采用的各种图表。

1. 分配图表

用于表示分量和总量的比例，有圆形的、方形的等，即百分数的图形表示数。例如，环境噪声中各类噪声的比例、污灌面积占耕地面积的比例等。

2. 时间变化图

常用曲线图表示各种污染物浓度、环境要素在时间上的变化。如日变化、季变化、年变化等。

3. 相对频率图

如风向频率玫瑰图、风速频率玫瑰图等。

4. 累积图

污染物在不同环境介质中累积量，可制成毒物累积图。

5. 过程线图

过程线图表示某污染物在运动的进程中，浓度随距离变化的关系，或浓度随时间的变化关系。

6. 相关图

相关图是相关分析中必绘的图，也是环境质量评价中常绘的图。

以上是环境质量评价普通图的一部分，还有许多种。但是图表的绘制是为说明环境质量服务的。它的取舍应以既说明问题又精练为原则，不应以追求图的多样性为目的。

第三节　环境影响评价报告书编写实例（一）

本节以某热电厂建设项目的环境影响评价为例，说明如何编制建设项目的环境影响评价大纲与报告书。

一、环境影响评价大纲的编写

项目名称　某热电厂建设项目环境影响评价

项目概况　该热电厂为某煤矿建设，煤矿建设热电厂具有燃料来源充足、廉价，能进一步延长生产链，提高煤矿的经济效益等优点。

1. 编制依据

(1) 中华人民共和国国务院令［1998］253号《建设项目环境保护管理条例》

(2)《火电厂建设项目环境影响报告书编制规范》HJ/T13—1996

(3)《中华人民共和国环境保护行业标准——环境影响评价技术导则》(HJ/T2.1～2.3—93，HJ/T2.4—95)

(4) 本项目的立项报告及立项批复文件

(5) 环境影响评价委托书

(6) 可行性研究报告

2. 工程概述

2.1 工程规模及总投资

介绍工程占地总面积、地理位置和总平面布置图。介绍装机容量，包括锅炉类型、数量及相应发电机组的情况。说明工程总投资、环境保护投资情况。

2.2 热负荷

根据设计，分采暖期和非采暖期分别说明热负荷的最大值、最小值和平均值（见表 11-1），并给出热用户的分布示意图。

表 11-1　某热电厂热负荷统计表

<table>
<tr><th colspan="2" rowspan="3">热用户名称</th><th colspan="6">折算至热电厂出口热负荷（t/h）</th></tr>
<tr><th colspan="3">采暖期</th><th colspan="3">非采暖期</th></tr>
<tr><th>最大</th><th>平均</th><th>最小</th><th>最大</th><th>平均</th><th>最小</th></tr>
<tr><td rowspan="3">用户甲</td><td>采暖热负荷</td><td></td><td></td><td></td><td></td><td></td><td></td></tr>
<tr><td>其它热负荷</td><td></td><td></td><td></td><td></td><td></td><td></td></tr>
<tr><td>合计</td><td></td><td></td><td></td><td></td><td></td><td></td></tr>
<tr><td rowspan="3">用户乙</td><td>采暖热负荷</td><td></td><td></td><td></td><td></td><td></td><td></td></tr>
<tr><td>其它热负荷</td><td></td><td></td><td></td><td></td><td></td><td></td></tr>
<tr><td>合计</td><td></td><td></td><td></td><td></td><td></td><td></td></tr>
</table>

2.3 燃料消耗情况

2.3.1 燃料来源

给出燃料的来源及煤质分析报告中的主要指标（见表 11-2）。

表 11-2　某热电厂煤质分析一览表

项目	符号	单位	设计值	校核值
碳	C_{ar}	%		
氢	H_{ar}	%		
氧	O_{ar}	%		
氮	N_{ar}	%		
硫分	S_{ar}	%		
灰分	A_{ar}	%		
水分	M_{ar}	%		
挥发分	V_d	%		
低位发热量	$Q_{net,ar}$	kJ/kg		

2.3.2 燃料消耗量

表 11-3 某热电厂燃料消耗情况一览表

<table>
<tr><th rowspan="2">项目</th><th colspan="2">采 暖 期</th><th colspan="2">非 采 暖 期</th><th rowspan="2">年耗用量
(万 t/a)</th></tr>
<tr><th>小时耗用量
(t/h)</th><th>日耗用量
(t/d)</th><th>小时耗用量
(t/h)</th><th>日耗用量
(t/d)</th></tr>
<tr><td></td><td></td><td></td><td></td><td></td><td></td></tr>
<tr><td></td><td></td><td></td><td></td><td></td><td></td></tr>
</table>

2.4 水消耗情况

说明电厂用水的名称及用途。简要描述水源的位置、基本功能等。

表 11-4 热电厂用水量一览表

<table>
<tr><th rowspan="3">用水项目</th><th colspan="3">夏季</th><th colspan="3">冬季</th></tr>
<tr><th rowspan="2">循环水量
(m^3/h)</th><th colspan="2">补水量</th><th rowspan="2">循环水量
(m^3/h)</th><th colspan="2">补水量</th></tr>
<tr><th>最大时
(m^3/h)</th><th>最高日
(m^3/d)</th><th>最大时
(m^3/h)</th><th>最高日
(m^3/d)</th></tr>
<tr><td colspan="2">冷却水</td><td></td><td></td><td></td><td></td><td></td></tr>
<tr><td colspan="2">工业用水</td><td></td><td></td><td></td><td></td><td></td></tr>
<tr><td colspan="2">化学用水</td><td></td><td></td><td></td><td></td><td></td></tr>
<tr><td colspan="2">生活用水</td><td></td><td></td><td></td><td></td><td></td></tr>
<tr><td colspan="2">未预见用水</td><td></td><td></td><td></td><td></td><td></td></tr>
<tr><td colspan="2">…</td><td></td><td></td><td></td><td></td><td></td></tr>
<tr><td colspan="2">合计</td><td></td><td></td><td></td><td></td><td></td></tr>
</table>

2.5 除灰渣方式

给出热电厂投产后，全年产生灰渣总量，除灰渣的方式（灰渣混合或分除）以及灰渣的处理或利用方式。

2.6 厂区总平面布置

给出热电厂的平面布置图。

2.7 生产工艺流程

给出热电厂的生产工艺流程及排污环节，并用图示说明。

2.8 装机方案及选型

说明锅炉的型式及数量、汽轮机的类型及数量，发电机的型号及数量、除尘器的类型及效率。75t/h 及以上锅炉通常采用三电场以上的静电除尘器。

2.9 工程主要污染因素

热电厂生产过程存在的污染因素主要是废气、废水、固体废物和噪声，主要污染源及污染因子见表 11-5。

表 11-5　工程主要污染源及主要污染因子

主要污染源	主要污染因子			
	废气	废水	固体废物	噪声
锅炉房	SO_2、烟尘	SS、pH 值	灰渣	风机、发电机噪声
燃料贮存及输送系统	扬尘			破碎、筛分、输送机械噪声
矿井水处理站		SS		泵类噪声
化学水处理站		pH 值、盐类		泵类噪声
生产办公区		SS、COD		生产设备噪声
临时灰渣场	扬尘			

2.9.1 废气污染物排放及拟采取的处理措施

说明热电厂所采取的消烟除尘和脱硫措施，计算经过脱硫和除尘措施处理后各污染物的排放情况，见表 11-6。

2.9.2 废水排放及拟采取处理措施

热电厂产生的废水主要包括循环冷却水排污、化学水处理间再生酸碱废水、锅炉排污水及生活污水等，分别加以说明。给出全厂废水的排放量、各种污染物的浓度等指标。

2.9.3 固体废物综合利用

热电厂产生的固体废物主要是锅炉灰渣，产生情况见表 11-7。说明灰渣的去向或用途。

2.9.4 噪声及拟采取的控制措施

给出热电厂主要噪声源及源强，说明拟采取的防治措施等。

2.9.5 绿化

说明过程中拟采取的绿化措施及拟达到的绿化系数。

3. 环境概况

3.1 自然环境概况

地理位置与交通地理位置图；地形地貌；工程地质及地震裂度；水文；水文地质；气候气象等。

3.2 社会环境概况

3.3 环境质量概况

该煤矿位于某矿区的东部，附近主要分布有煤矿甲及煤矿乙，其它工矿企业较少，各企业烟气、废水基本达标排放，因此该煤矿周围环境质量尚可。该煤矿周围除西北部有某林场外，无其它重点文物保护区及风景名胜区。

表 11-6 热电厂锅炉烟气污染物排放情况一览表

项目	单位	采暖期	非采暖期
烟囱高度	m		
烟囱出口内径	m		
出口排烟温度	℃		
除尘器类型			
除尘效率 η	%		
脱硫方式			
脱硫效率 η	%		
烟气量	m^3/h		
烟囱出口流速	m/s		
SO_2 排放量	kg/h		
烟尘排放量	kg/h		
SO_2 排放浓度	mg/m^3		
烟尘排放浓度	mg/m^3		
标准中 SO_2 允许排放浓度	mg/m^3		
标准中烟尘允许排放浓度	mg/m^3		
全厂 SO_2 最高允许排放量	kg/h		

表 11-7 电厂锅炉灰渣产生情况一览表

项目	小时产量（t/h）		日产量（t/d）		年产生量（万 t/a）
	采暖期	非采暖期	采暖期	非采暖期	
灰量					
渣量					
灰渣总量					

4. 评价目的、等级、范围、重点和保护目标

4.1 评价目的

本评价将通过对工程所在区域环境现状调查、监测和工程分析，查清工程所在区域的环境质量现状，找出建设项目的排污环节，确定排污量，预测工程投产后对周围环境的影响范围和程度，分析工程建设的环境替代效应，从环境保护的角度论证工程建设的可行性及采取环保措施的合理性、可靠性，并按照环境、社会、经济效益相统一的原则提出降低各类污染物排放、改善环境质量的措施，为决策部门及设计部门提供科学依据。

4.2 评价等级划分

按环境影响评价技术导则 HJ/T2.1～2.3—93 和 HJ/T2.4—1995 推荐的方法划分评价等级。

4.2.1 环境空气

通过对建设项目的初步分析，选择 SO_2 为主要污染物，等标排放量为 $2.86\times10^8 m^3/h$，加上该厂地处低山丘陵区，确定大气环境影响评价等级为二级。

4.2.2 地表水与地下水

根据该工程特征与工程所在区域水环境特征，地表水环境影响评价等级为三级，地下水进行环境影响分析。

4.2.3 噪声

根据环境影响评价技术导则 HJ/T2.4—95 声环境的要求，结合该工程特征，确定噪声环境影响评价为三级。

4.3 评价重点

根据工程生产工艺及排污特征，工程对周围环境的影响主要是锅炉烟气对环境空气的影响。确定环境空气影响评价为本次评价的重点。

4.4 评价范围

环境空气：以厂址为中心，半径 5km 范围；

地表水：热电厂废水排放口至受纳水体甲河汇入乙河处。

地下水：厂址附近及受纳水体和两岸。

噪声：厂界外 1m 及附近敏感目标。

4.5 保护目标

给出主要保护目标为周围村庄及居民。

5. 评价标准和评价因子的选择

5.1 环境质量标准

(1) 环境空气执行《环境空气质量标准》(GB3095—1996) 二级标准 表 4。

(2) 地表水执行《地表水环境质量标准》(GHZB1—1999) Ⅳ类标准。

(3) 地下水执行《地下水质量标准》(GB/T14848—93) Ⅲ类标准。

(4) 环境噪声执行《城市区域环境噪声标准》(GB3096—93) 3 类标准。

5.2 排放标准

(1) 锅炉废气污染物排放执行《火电厂大气污染物排放标准》(GB13223—1996) Ⅲ时段标准。

(2) 废水排放执行《污水综合排放标准》(GB8978—1996) 新扩改二级标准。

(3) 噪声执行《工业企业厂界噪声标准》(GB12348—90) Ⅲ类标准。

5.3 评价因子的选择

5.3.1 环境空气

工程排放废气污染物主要是锅炉烟气，因此环境空气质量现状评价因子为

SO_2、TSP和NO_2。

环境影响预测及评价因子为SO_2、TSP。

5.3.2 地表水

地表水现状评价因子确定为：pH、COD_{Cr}、DO、SS、BOD_5、氟化物、硫酸盐、石油类、挥发酚共9项。

5.3.3 地下水

地下水现状评价因子为：pH、高锰酸盐指数，总硬度、氟化物、硫酸盐、总大肠菌群、挥发酚共7项。

5.3.4 噪声

确定等效连续A声级L_{eq}为现状评价和环境影响预测评价因子。

6. 专题设置与专题内容

6.1 工程分析

通过对该煤矿现状和拟建热电厂工程的综合分析，确定工程建成投产后存在的主要污染因素，为环境影响预测和污染防治提供依据。

6.1.1 现有工程分析

(1) 阐述现有工程地点、规模，厂区总平面布置，锅炉特征参数及运行情况，燃料种类、特征及数量，除尘器类型及除尘效率，给排水、用电等情况。

(2) 围绕生产工艺重点剖析产生污染的环节。

(3) 分析确定热电厂主要污染源，主要污染因素的排放情况，采取的防治措施及污染控制效果、达标情况及排放去向等。

(4) 找出现有工程存在的主要环境问题。

6.1.2 新建工程分析

(1) 阐述新建工程名称、建设性质、规模、地点、工程投资、占地面积、劳动定员、厂区总平面布置变化、供热规划等情况。

(2) 分析生产工艺流程，剖析生产过程产生污染的环节，列出该工程主要生产设备及环保设施。

(3) 分析脱硫工艺。

(4) 阐明拟用燃料种类、来源、用量及全分析结果。

(5) 新增锅炉类型、数量、特征参数，除尘器型号及除尘效率。

(6) 分析用水来源、用水量、消耗量及循环量，绘制水量平衡图。

(7) 根据“以新带老”的原则，提出解决现有环境问题的切实可行的对策。

(8) 工程污染因素分析：列出该工程建设前后存在的污染因素，确定各污染因素污染因子的数量与质量指标；计算SO_2及烟尘排放量、排放浓度；污水量、水质、排放去向；主要噪声源分布、数量、声压级；临时灰渣场面积、位置、灰渣产生量及利用途径等；分析达到规划容量后各污染因素特征。

（9）针对热电厂生产特征，提出清洁生产建议。

6.1.3 工程分析方法

工程分析主要是在建设单位提供项目建议书、可行性研究报告等资料的基础上采用类比分析的方法。

6.2 环境空气质量现状及影响评价

6.2.1 环境空气质量现状监测及评价

6.2.1.1 空气污染源调查

对厂址周围 3km 废气污染源进行调查，根据调查结果，利用等标污染负荷法对周围的污染源和污染物进行评价。

6.2.1.2 环境空气现状监测

监测布点：依据以环境功能为主、兼顾均匀性原则，在评价范围内布设 6 个环境空气质量现状监测点。各点名称、方位相对位置及功能见表 11-8 及环境空气质量现状监测布点图。

表 11-8　环境空气质量现状监测布点一览表

编号	名称	与厂址相对方位	相对距离（km）	功能
1	厂址		0	拟建厂址
2		S	3.0	保护对象
3		SSW	2.0	冬季主导风向下风向
4		NW	1.8	年主导风向下风向
5		NE	2.5	冬季主导风向上风向
6		SSE	4.0	年主导风向上风向

监测项目及方法：监测项目为 SO_2、TSP、NO_2 三项，监测方法按《空气和废气监测分析方法》中有关规定进行。

监测时间和频率：监测时间拟于某年某月进行，连续监测 5 天，每天监测 4 次，时间为 7：00、11：00、15：00、19：00，其中 1# 点为连采点。采样同步记录风向、风速、云量、相对湿度、气温、气压等基本气象参数。

6.2.1.3 环境空气质量现状评价

对监测数据进行统计整理，给出一次值及日均值浓度范围，采用单因子指数法对环境空气质量现状进行评价。

6.2.2 污染气象特征分析

搜集整理当地近 3 年常规气象资料，分析评价区风速、风频、污染系数、大气稳定度、混合层厚度等污染气象特征，利用现有资料分析逆温生消规律、逆温强度及厚度，并拟合风速高度幂指数。利用以上气象资料，综合分析评价区环境空气污染潜势。该部分资料可以由项目所在地的气象部门有偿提供。

6.2.3 环境空气影响评价

6.2.3.1 预测因子

根据工程废气污染物排放特征，确定预测因子为 SO_2、TSP。

6.2.3.2 预测模式

预测模式及扩散参数的选取采用《环境影响评价技术导则》（HJ/T2.1～2.3—93）中推荐的方法。由于热电厂烟囱排放烟尘经过三电场的静电除尘，除尘效率在 99.2%以上，剩余粒径较小，其重力沉降速度较小，重力沉降作用可忽略，扩散计算按气态污染物处理。

（1）有风时（距地面 10m 高平均风速 $u_{10} \geqslant 1.5$m/s）点源扩散模式

（2）排气筒下风向最大落地浓度 c_{max} 及其距烟囱的距离 x_{max} 计算模式

（3）小风（1.5m/s$>u_{10} \geqslant$0.5m/s）和静风（$u_{10}<$0.5 m/s）时点源扩散模式

（4）日均浓度计算模式

（5）长期平均浓度计算模式

（6）熏烟模式

（7）烟气抬升计算模式：分为

① 有风时，中性和不稳定条件下，烟气抬升高度的计算模式；

② 有风时，稳定条件下，烟气抬升高度的计算模式；

③ 静风和小风时，烟气抬升高度的计算模式。

6.2.3.3 预测内容

（1）小时浓度：一般气象条件下轴线小时浓度，下风向小时最大落地浓度和距离，静风、小风条件下小时浓度；

（2）日均浓度和年均浓度：选择典型日，计算典型日条件下的各代表点日均浓度及日均浓度替代效应，计算各代表点日均浓度贡献；根据联合频率，计算并绘出评价区年均浓度分布和年均浓度替代情况。

6.2.3.4 影响评价

（1）以二氧化硫的日均浓度为代表，选择典型日对评价点进行评价。

评价点污染物浓度＝该评价点现状浓度（本底值）＋ 技改工程最大贡献值 － 削减的最大浓度值＝本底值 ＋ 变化值

参照环境空气质量标准，评价工程建成后对评价区环境空气质量影响的程度和范围，提出防治和减轻大气污染的对策和建议。

（2）工程投产后可替代供热范围内高能耗小型锅炉 X 台，总容量为 Y t/h，取消烟囱 Z 座。这些小型锅炉除尘脱硫效率低，且排放源低。拟建工程采用高效除尘、脱硫措施，且为高架源排放，扩散能力强，将使该区域环境空气质量有较大改善。

评价从大气污染物排放总量变化情况和典型日条件下对代表点浓度变化分析该工程建设环境空气替代效应，绘出年替代效应分布图。

(3) 对燃料的储存场和灰渣场产生的扬尘进行环境影响分析，并提出防尘的措施。

6.3 地表水环境影响评价

6.3.1 目的

通过对工程排放废水受纳水体现状监测，评价其水质现状，利用工程分析得出的排污资料，评价工程建成后对受纳水体的影响。

6.3.2 地表水环境质量现状监测与评价

6.3.2.1 地表水现状监测

(1) 监测布点：共布设5个监测断面：

1#断面在该厂排水入甲河处上游100m，

2#断面位于该厂排水入甲河处下游100m，

3#断面位于甲河与乙河汇合处前100m，

4#断面位于甲河与乙河汇合后下游100m，

5#位于甲河与乙河汇合流入第三条河处下游200m。

具体监测点位见地表水环境质量现状监测布点图。

(2) 监测频率：在某年某月进行，连续监测两天，每天采样1次。采样同步测量有关水文参数。

(3) 监测项目：pH、COD_{Cr}、SS、DO、BOD_5、氟化物、硫酸盐、石油类、挥发酚共9项。

(4) 监测分析方法：采用《水和废水监测分析方法》第三版及国家标准分析方法。

6.3.2.2 地表水环境质量现状评价

(1) 评价方法：单因子污染指数法。

(2) 评价因子：与现状监测因子相同。

(3) 评价标准：采用《地表水环境质量标准》(GHZB1—1999) 中Ⅳ类标准。

6.3.3 地表水环境影响分析

根据工程排放污水特征分析该工程建设废水污染因素对地表水体可能造成的影响，提出污水处理措施及回用方案。

6.4 地下水环境影响分析

6.4.1 地下水环境现状监测与评价

6.4.1.1 监测点的布设

在甲河两岸共布设两个监测点，分别为1#、2#。监测点具体位置见地下水环境质量现状监测布点图。

6.4.1.2 监测项目

地下水监测项目为：pH、高锰酸盐指数、总硬度、氟化物、硫酸盐、总大肠菌群、挥发酚共7项。

6.4.1.3 采样和监测分析方法

2000年6月采样两次，采样时同步测量井深和水位埋深。监测分析方法按照国家标准检验方法进行。

6.4.1.4 地下水环境质量现状评价

根据《地下水质量标准》（GB/T14848—93）对评价方法的规定，本次评价采用单组分评价法对地下水水质进行现状评价。

6.4.2 地下水环境影响分析

根据工程所在区域水文地质条件，分析污水下渗对该区地下水的影响，提出保护本区地下水的措施。

6.5 固体废物环境影响分析

通过分析灰渣对环境的影响，提出保护环境的相应措施。

6.5.1 固体废物环境影响分析

对灰渣排放方式、排放量、堆存方式等进行综合性分析，从环境保护角度论证临时灰渣场选址的合理性，分析灰渣临时堆存对周围环境的影响，并提出相应的防治措施。

6.5.2 灰渣综合利用

根据灰渣特征及本地需求状况，提出灰渣综合利用的途径和建议。

6.6 噪声环境影响评价

分析评价区噪声现状，预测热电厂建成后噪声对环境的影响，提出控制措施。

6.6.1 环境噪声现状监测与评价

6.6.1.1 监测布点

根据工程所在区域环境噪声现状，在该煤矿的工业广场场界共布设5个噪声监测点。监测点位置见表11-9。

表 11-9 噪声现状监测点一览表

编号	位置	距厂址距离（m）	功能
1	东场界	厂界外1m	场界
2	北场界	厂界外1m	场界
3	西北场界	厂界外1m	场界
4	西场界	厂界外1m	场界
5	南场界	厂界外1m	场界

注：场界四个方位的噪声监测点位均选在离热电厂主要噪声源最近处。

6.6.1.2 监测时间与频率

2000 年 6 月进行监测，监测一天，昼夜各一次。

6.6.1.3 测量方法及项目

测量方法按《工业企业厂界噪声测量方法》（GB12349—90）进行，测定 L_{eq} 并统计 L_{10}、L_{50}、L_{90}。

6.6.1.4 环境噪声现状评价

根据环境噪声现状监测结果，对厂址周围环境噪声水平进行现状评价。

6.6.2 噪声环境影响评价

6.6.2.1 噪声源分析

在工程分析基础上分析找出工程主要噪声源分布情况及噪声源特征。

6.6.2.2 预测模式

采用《环境影响评价技术导则——声环境》HJ/T2.4—1995 中推荐模式进行预测。

模式包括：

噪声户外传播声级衰减模式；预测点总声压级计算模式。

6.6.3 噪声环境影响评价

根据上述模式，计算噪声源到预测点的衰减值，求出工程投产后对预测点的贡献值，预测厂界环境噪声叠值，对项目投产后的环境噪声影响进行评价。

6.6.4 防治对策

根据噪声评价结果，提出噪声综合防治措施。

6.7 污染防治措施及其技术经济论证

分析现有工程污染物治理的合理性，找出现存主要环境问题，根据“以新带老”、“总量控制”等原则，提出污染防治措施。

从技术上、经济上论述锅炉烟气除尘脱硫、污水处理、噪声控制、灰渣综合利用等措施的技术可行性、经济合理性与环境效果，提出相应的措施与建议。

6.8 污染物总量控制分析

根据热电厂排污特征和该区域污染物总量控制指标，选择国家污染总量控制的污染因子，列举其排放量，分析工程建成后污染物排放总量变化，提出污染物排放总量控制建议，为决策部门实行总量控制提供科学依据。

6.9 环境经济损益分析

采用简易分析法，对热电厂建设的环境投资进行估算，计算投资比例，并分析环保投资可能带来的经济效益、环境效益和社会效益。

6.10 环境监测制度与环境管理

提出热电厂环保管理与监测机构设想，仪器配备和日常监测方案。

分析厂区绿化措施的合理性，提出防治污染、美化环境的绿化方案。

6.11 公众参与

采用问卷调查方法，分析工程周围居民对该工程建设的意见和建议。

7. 组织分工

评价工作由某大学环境科学研究所总体负责，环境质量现状监测由某某市环境监测站协作完成。

8. 提交成果

提交成果为《某某煤矿热电厂环境影响报告书》。

9. 评价工作进度安排

2000 年 4 月：现场踏勘、收集资料、编制评价实施方案；

2000 年 5～6 月：环境现状监测、编制报告书、上报审批。

10. 评价经费概算

评价大纲编制完成后由建设单位向负责审批的环境保护部门申报，并抄送行业主管部门。环境保护部门根据情况确定审评方式，提出审查意见。

评价单位在环境影响报告书的编写中必须把审查意见列为大纲内容。

二、热电厂环境影响报告书的编写

1. 总论

1.1 编制依据：见大纲部分，略。

1.2 评价目的：见大纲部分。

1.3 指导思想：

根据项目特点，抓住影响环境的主要因素，有重点地进行评价。评价方法力求科学严谨，实事求是；分析论述要客观公正；提出的环保措施和建议要注意可行性和合理性，并贯彻“以新带老”、“总量控制”、“清洁生产”和“达标排放”等原则。

1.4 评价等级

按《环境影响评价技术导则》（HJ/T2.1～2.3—93 和 HJ/T2.4—1995）推荐的方法和要求，即本项目所处的地理位置、环境现状、新上和技改项目的污染物排放种类、排污数量等特点，确定本项目环境影响评价的等级见表 11-10 。

1.5 评价范围和重点保护目标：见大纲部分。

1.6 评价标准：见大纲部分。

1.7 评价因子的选择：见大纲部分。

2. 环境概况

2.1 自然环境概况：见大纲部分。

2.2 社会环境概况：见大纲部分。

2.3 环境质量状况：见大纲部分。

表 11-10　环境影响评价等级表

评价等级	等级判据	等级确定
环境空气	空气污染物 SO_2 的等标排放量最大为 $2.86\times10^8 m^3/h$，大于等于 $2.5\times10^8\ m^3/h$，该厂地处低山丘陵区	二级
地表水	废水排放量少，污染物浓度低	三级
地下水		影响分析
噪声	标准要求Ⅲ类	三级

3. 工程分析

3.1 现有工程概况

3.1.1 概况

介绍该煤矿的地理位置、建井及投产时间、设计生产能力、煤层情况、储量、可开采储量、职工人数、煤质状况等。

3.1.2 现有污染因素及控制

介绍该煤矿现有污染因素，包括排放污染物的种类等。

煤炭生产、利用和贮运过程中存在的环境污染和生态环境破坏主要包括地表塌陷、废水外排、废气及扬尘、固体废弃物堆存等。

(1) 废气：该矿现有锅炉房 3 座，烟囱 9 根，分别位于工业广场和生活区。现有锅炉及烟囱统计情况见表 11-11。

表 11-11　该煤矿现有锅炉一览表

锅炉房位置	锅炉数量（台）	锅炉型号	投入运行时间	烟囱数量（座）	烟囱参数	
					高度（m）	出口内径(mm)
工业广场						
宿舍区						

这些锅炉分别配备双塔立式碱性水膜除尘器，除尘效率平均为 90%、脱硫效率 60%左右。采暖期 9 台锅炉全部使用，非采暖期仅使用工业广场 1 台 4t/h 蒸汽锅炉，全部锅炉均燃用本矿原煤，原煤含硫率 2%，灰分 30%，低位发热量 20 935kJ/kg，年用煤量 8 400t/a，锅炉烟气经净化装置除尘脱硫后排入大气，锅炉烟气排放已经过当地环境保护部门验收达标。SO_2、烟尘排放量均符合《锅炉大气污染物排放标准》（GWPB1—1999）Ⅰ级标准要求，SO_2、烟尘排放量分

别为 107.52t/a、17.976t/a。热电厂建成后将替代该矿现有 9 台锅炉，SO_2、烟尘替代削减量分别为 107.52t/a、17.976t/a。

(2) 废水：介绍该矿的矿井水、生活污水、生产废水的产生、处理和排放情况，并列表表示。该矿废水污染物排放情况见表 11-12。

表 11-12　该煤矿废水主要污染物排放情况一览表

项　　目	COD 排放浓度 (mg/L)	废水排放量 (万 m^3/a)	COD 排放量 (t/a)
工业广场生产及生活污水			
矿井水			
合　　计			

(3) 固体废物：该矿产生的固体废物主要是煤矸石和锅炉灰渣，平均年排矸石约 3.8 万吨，灰渣约 2 400 吨。矸石运往工厂西北部矸石山堆存，现已累积堆存约 190 万吨，而锅炉灰渣则被当地老百姓及时清运利用。

(4) 地表塌陷：该矿区约 6km^2 范围内出现不同程度塌陷，最大塌陷深度 3.5m。

该矿对现存污染因素采取了一些控制措施，并取得了一定的成果。锅炉烟气及废水均达标排放，但仍存在着矸石利用量不够，堆存占地的问题。

3.2 拟建工程概况

3.2.1 工程名称

给出本项目立项批复中确定的该建设项目的详细名称，该名称中一般包括建设的规模和性质（新建或技改）。

3.2.2 工程地点、性质及规模

说明该项目的位置，本项目在该煤矿的工业广场中进行，占地面积 5 万 m^2。给出该煤矿工业广场的总平面布置图及热电厂的平面布置图。

该热电厂分期进行建设，本期设计装机容量为 12MW，包括 1 台 75t/h 次高温次高压循环流化床锅炉和 1 套 12MW 抽汽式汽轮发电机组，规划容量 36MW。一期工程总投资 4 968 万元，其中环境保护投资 224.58 万元，占工程总投资的 4.52%。热电厂劳动定员 112 人，由该矿内部调剂。

3.2.3 热负荷

工程建成后，除发电外，供热有两种方式：一是将汽轮机抽汽直接供给热用户；二是将汽轮机抽汽供给热交换站，经汽水交换后采用 95/70℃热水向热用户供暖。

根据调查，热用户采暖期最大负荷为100t/h、平均为88.5t/h，非采暖期热负荷21t/h。热电厂一期工程建成投产后，可解决该矿供热问题，取消该矿9台锅炉，拔掉9根烟囱。热负荷情况见大纲中表11-1，给出热用户分布示意图。

3.2.4 燃料消耗量

给出燃料的来源、消耗及煤质分析情况，并列表。见大纲部分。

3.2.5 水消耗情况：见大纲部分。给出全厂水平衡图，见下面示意图。

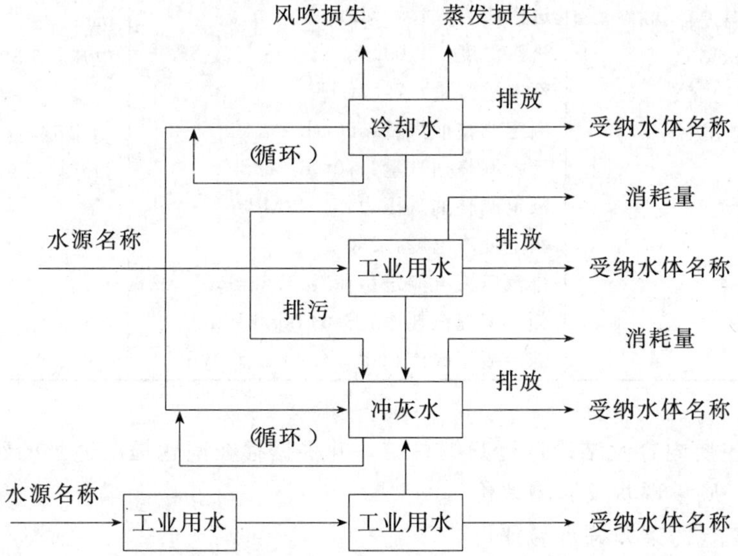

图 11-1　热电厂水量平衡示意图

3.2.6 除灰渣方式

热电厂投产后，全年产生灰渣总量为9.9万吨，拟采用灰渣分除方式。为了不影响灰渣的使用，灰渣均采用干除法。

3.2.7 厂区总平面布置：见大纲部分。

3.2.8 装机方案及选型

该工程装机方案为1×75t/h次高温次高压循环流化床锅炉和1×12MW抽汽式汽轮发电机组，主要设备参数见表11-13。

3.3 拟建热电厂工程污染因素分析及拟采取的污染防治措施

3.3.1 废气污染物排放及拟采取的防治措施：见大纲部分。

3.3.2 废水排放及拟采取处理措施：见大纲部分。

3.3.3 固体废物综合利用：见大纲部分。

3.3.4 噪声及拟采取的控制措施

表 11-13 工程主要设备参数

项目	锅炉	汽轮机	发电机
型号	75t/h 次高温次高压循环流化床锅炉	C12-4.90/0.49 型次高温次高压抽汽式汽轮机	QF-12-2
规格	额定蒸发量：75t/h 过热蒸汽压力：5.3MPa 过热蒸汽温度：485℃ 给水温度：150℃ 排烟温度：150℃ 锅炉效率：85%	额定功率：12MW 额定转速：3 000r/min 进汽压力：4.90MPa 进汽温度：470℃ 额定进汽量：79.7t/h 额定调整抽汽量：50t/h 最大调整抽汽量：70t/h 额定调整抽汽压力：0.49MPa 额定抽汽温度：230℃ 排汽压力（额定负荷）：4.66kPa 额定工况汽耗率：6.642kg/kWh 纯冷凝工况汽耗率：4.204kg/kWh	功率：12MW 转速：3 000r/min 电压：6 300V 电流：1 375A 功率因数：0.8 效率：0.97

3.4 小结

对本章的主要内容及结论进行归纳总结，并根据存在问题提出适当的建议。

4 环境空气质量现状及影响评价

4.1 环境空气污染源调查与评价

污染源的调查对象为以厂址为中心 3km 半径范围内的燃煤锅炉，调查其主要污染源的数量、燃煤量、烟囱数量和高度、烟气排放量、SO_2 和烟尘排放量，调查结果列于表 11-14。

表 11-14 环境空气污染源调查与评价结果

序号	单位名称	烟囱高（m）	燃煤量（t/a）	烟气量（万 m^3/a）	烟尘（t/a）	SO_2（t/a）	P_j	K_j（%）	顺序
1	单位 A	30	8 500	7 320	14.0	151.8	1 058	52.6	1
2	单位 B	30	3 350	3 670	15.0	89.9	649	32.3	2
3	单位 C	25	1 060	1 166	4.3	27.6	199	9.9	3
4	单位 D	40	550	621	3.21	14.2	105	5.2	4
	合计		13 460	12 777	36.51	283.5	2 011	100	
	K_i（%）				6.0	94.0			

4.2 环境空气质量现状监测与评价

4.2.1 环境空气质量现状监测

监测布点、监测项目及方法、监测时间和频率及说明见大纲部分。

检测结果统计表见表 11-15。

4.2.2 环境空气质量现状评价

(1) 评价方法：环境空气质量现状评价采用单因子指数法。单因子指数 I_i 计算公式：

$$I_i = C_i / S_i$$

式中　C_i——i 污染物的实测浓度，mg/m^3；

S_i——i 污染物的评价标准，mg/m^3。

评价标准为《环境空气质量标准》(GB3095—1996) 二级标准。

表 11-15　环境空气污染物监测结果统计表 (mg/m^3)

点位	项目	小时浓度		日均浓度	
		样品数	范　围	样品数	范　围
1# 点	SO_2			5	0.010～0.067
	NO_2			5	0.025～0.040
	TSP			5	0.116～0.429
2# 点	SO_2	20	0.011～0.279	5	0.018～0.098
	NO_2	20	0.014～0.045	5	0.020～0.038
	TSP	20		5	0.145～0.468
3# 点	SO_2	20	0.012～0.212	5	0.033～0.098
	NO_2	20	0.017～0.044	5	0.020～0.032
	TSP	20		5	0.125～0.364
4# 点	SO_2	20	0.019～0.219	5	0.073～0.118
	NO_2	20	0.009～0.061	5	0.024～0.044
	TSP	20		5	0.116～0.353
5# 点	SO_2	20	0.011～0.159	5	0.015～0.096
	NO_2	20	0.015～0.053	5	0.016～0.039
	TSP	20		5	0.100～0.632
6# 点	SO_2	20	0.013～0.205	5	0.019～0.087
	NO_2	20	0.012～0.054	5	0.017～0.034
	TSP	20		5	0.109～0.424

(2) 评价结果

环境空气质量现状评价结果见表 11-16。

表 11-16 环境空气质量现状评价

监测点	评价因子	小时浓度		日均浓度		评价标准	
		超标率%	最大指数	超标率%	最大指数	小时浓度	日均浓度
1#	SO_2			0	0.45	0.50	0.15
	NO_2			0	0.33	0.24	0.12
	TSP			20	1.43		0.3
2#	SO_2	0	0.56	0	0.65	0.50	0.15
	NO_2	0	0.19	0	0.32	0.24	0.12
	TSP			40	1.56		0.3
3#	SO_2	0	0.42	0	0.65	0.50	0.15
	NO_2	0	0.18	0	0.26	0.24	0.12
	TSP			20	1.21		0.3
4#	SO_2	0	0.44	0	0.78	0.50	0.15
	NO_2	0	0.25	0	0.37	0.24	0.12
	TSP			40	1.18		0.3
5#	SO_2	0	0.32	0	0.64	0.50	0.15
	NO_2	0	0.22	0	0.33	0.24	0.12
	TSP			40	2.11		0.3
6#	SO_2	0	0.41	0	0.58	0.50	0.15
	NO_2	0	0.23	0	0.28	0.24	0.12
	TSP			40	1.41		0.3

分析上表中的评价结果，并进行归纳总结如下：

现状评价结果表明，评价区域环境空气 SO_2、NO_2 环境容量较大，污染较轻，环境空气质量较好；TSP 日均浓度较高，有超标现象。分析原因，主要是地面扬尘对空气中 TSP 的贡献。

4.3 污染气象特征与污染潜势分析

4.3.1 气候背景

表 11-17　某地历年各气候要素（资料年代：1961—2001 年）

月份	1	2	3	4	5	6	7	8	9	10	11	12	全年
气压（hPa）													
气温（℃）													
降水量（mm）													
蒸发量（mm）													
相对湿度（%）													
平均风速（m/s）													
最多风向及频率													
日照时数（h）													
大风日数（d）													
降水日数（d）													
雾日数（d）													
雷暴日数（d）													

4.3.2 近地面风场基本特征

风是影响大气污染物扩散、稀释的最重要的一个因子，风速决定着污染物的扩散速率，风向则决定着污染物落区。利用当地气象站近 3 年（1999—2001 年）逐日定时观测资料分析该区域的近地面风场特征。

表 11-18　近 3 年各月及平均风速（单位：m/s）

月份	1	2	3	4	5	6	7	8	9	10	11	12	年均
风速	1.5	1.7	1.8	2.2	2.0	2.3	2.0	1.8	1.6	1.7	1.7	1.5	1.8

表 11-19　某地各级风速出现频率（%）（1999—2001 年）

风速级别（m/s）	静风	≤1.5	1.5～3.0	3.1～5.0	5.1～7.0	>7.0
出现频率（%）	22.92	19.86	44.93	10.52	1.56	0.21

4.3.3 污染系数

污染系数与风向频率成正比，和风速成反比，含静风效应的污染系数计算公式为：

$$X_i = 16 \times \frac{f_i}{u_i} + \frac{4}{3} \times f_0$$

式中 f_i——各风向出现频率；

f_0——静风频率；

u_i——各风向下的平均风速，$i=1, 2, 3, \cdots, 16$。

通过计算，将某地近三年各月、各季、全年各风向下污染系数进行列表，格式如同表11-20。

表 11-20 某地近三年各月、各季、全年各风向出现频率（%）

	1	2	3	4	5	6	7	8	9	10	11	12	年	春	夏	秋	冬
N																	
NNE																	
NE																	
ENE																	
E																	
ESE																	
SE																	
SSE																	
S																	
SSW																	
SW																	
WSW																	
W																	
WNW																	
NW																	
NNW																	
C																	

4.3.4 大气稳定度

影响大气污染物扩散、稀释的最直接的因素是大气中的湍流运动。大气湍流强，则大气污染物的稀释能力强，反之则弱。表征大气这种湍流强弱的标志就是大气稳定度。

用当地近三年各月各时次定时风向、风速、云量观测资料，采用帕斯奎尔稳定度分类法，把大气的湍流状况由强不稳定到强稳定划分为六级，分别用A、

B、C、D、E、F 表示。强不稳定 A 类天气下大气扩散能力强，而强稳定 F 类天气下大气扩散能力弱。见表 11-21 及表 11-22。

表 11-21 某地近三年各月各级大气稳定度出现频率（%）

月份或季节	稳定度					
	A	B	C	D	E	F
1						
2						
…						
n						

表 11-22 某地近三年各时次各级稳定出现频率（%）

时次	稳定度					
	A	B	C	D	E	F
02						
08						
14						
20						
日						

4.3.5 大气混合层

由于热力因素和动力因素，大气边界层内强烈湍流混合的层次称为大气混合层。它表征污染物在铅直方向被热力和动力作用湍流稀释的范围，是表征大气扩散能力的又一重要参数。大气混合层越高，污染物扩散稀释的空间越大，地面污染物的浓度越小，反之将会在地面造成高浓度污染。

表 11-23 某地近三年各季各时次的混合层高度（单位：m）

季节	时次				
	02	08	14	20	日均
春季					
夏季					
秋季					
冬季					
全年					

表 11-24 某地近三年各级稳定度下的混合层高度（单位：m）

稳定度	B	C	D	E	F
混合层高度（m）	651.0	1 365.6	579.2	167.0	53.6

4.3.6 联合频率

统计出该区域全年、冬季、夏季各气象条件下的联合频率，见表 11-25。

表 11-25 某地近三年各气象条件联合频率（‰）

稳定度	风速	N	NNE	NE	ENE	E	ESE	SE	SSE	S	SSW	SW	WSW	W	WNW	NW	NNW	静风
B类	<1.5																	
	1.5～3.0																	
C类	1.5～3.0																	
	3.1～5.0																	
D类	<1.5																	
	1.5～3.0																	
	3.1～5.0																	
	5.1～7.0																	
	>7.0																	
E类	<1.5																	
	1.5～3.0																	
	3.1～5.0																	
F类	<1.5																	
	1.5～3.0																	

4.3.7 逆温特征分析

逆温是强稳定天气指标。逆温出现时，如污染源有效源高在逆温层内，则不利于大气污染物的扩散稀释；如高架污染源的有效源高超过逆温层高度，则辐射逆温防止大气污染物向地面扩散，从而降低地面浓度。根据气象资料统计分析给出当地的逆温情况，包括：逆温出现频率；逆温层厚度；逆温出现的时间；逆温强度等。

4.4 环境空气影响预测和评价

4.4.1 污染源参数

见工程分析部分。

4.4.2 环境空气预测模式和参数

给出预测模式和参数选择见大纲部分。

4.4.3 预测内容

一次浓度：不同气象条件下轴线浓度、最大落地浓度和距离。

日均浓度和年均浓度：选典型日、计算典型日条件下的各代表点日均浓度；根据联合频率计算 SO_2 和 TSP 的长期平均浓度贡献值。

4.4.4 预测结果

（1）小时浓度

1h 浓度主要针对不利气象条件分析最大落地浓度，按表 11-26 格式进行填写。

表 11-26 1h 平均浓度最大值预测结果一览表

不利气象条件说明	预测因子	最大地面浓度（mg/m^3）	离源距离（m）	占评价标准百分比（%）	所处功能区	出现频率（%）	其它

（2）日均浓度

日均浓度重点分析日均浓度的一般规律，最大地面浓度状况及对主要关心点、敏感点的影响。按照表 11-27 格式列表。

表 11-27 日均浓度预测结果一览表

日期	预测因子	最大地面浓度（mg/m^3）	离源距离（m）	方位	占评价标准百分比（%）	超标面积（km^2）	所处功能区	其它
日均浓度范围								

要求绘制日均浓度等值线图。图中标明电厂位置、比例尺、方向、主要道路、重点保护目标及最大落地浓度发生的位置、数值等，注明时间及浓度单位。每个典型日需要一张等值线图。

（3）长期平均浓度

需要进行年平均浓度预测时，绘制年平均浓度分布图，简要分析计算结果。

（4）熏烟条件下污染物浓度预测

预测在熏烟的情况下，对特征污染物 SO_2 在高稳定度下（E、F）和风速较小的情况下的 1h 浓度进行预测。

（5）环境空气污染的替代效应

一般热电项目建设后要替代一些小型锅炉，而这些小锅炉对周围的大气环境影响也比较大，一般要预测对这些污染源替代后的长期浓度。

4.4.5 影响评价

评价标准采用《环境空气质量标准》。评价方法见大纲部分。

表 11-28 热电厂对主要关心点日均浓度评价结果（单位：mg/m³）

评价点	典型日	日均现状浓度		项目贡献浓度	替代削减浓度	评价结果	
		浓度	比标值			叠加值	比标值

4.5 小结

对本章的结论和所提出的建议进行简要总结。

5. 地表水环境质量现状及影响评价

5.1 污染源调查与评价

表 11-29 地表水污染源调查一览表

污染源	主要污染物及废水排放量（m^3/h）					
	污水量	COD	BOD	SS	石油类	…
1						
2						
…						

5.2 地表水环境质量现状监测

监测布点及监测方法见大纲部分。监测结果按表 11-30 格式列表表示。

表 11-30 地表水环境质量现状监测结果

项　　目	1# 断面	2# 断面	3# 断面	…
水温（℃）				
水深（m）				
流量（m^3/s）				
pH				
COD（mg/L）				
…				

5.3 地表水环境质量现状评价

评价标准与方法见大纲部分。评价结果按表 11-31 格式表示。

表 11-31　地表水各评价因子的标准指数一览表

项　目	1# 断面	2# 断面	3# 断面	…
pH				
COD				
…				

对照评价标准简要说明各断面的现状情况。

5.4 地表水环境影响评价

5.4.1 地表水环境影响预测

预测方法与预测范围：由工程分析知，该热电厂建成后热电厂排水均不超过《污水综合排放标准》（GB8978—1996）二级标准要求。根据地表水现状监测数据及河流的基本情况等确定采用完全混合模型预测热电厂排污后排污口下游 2# 断面的水质。

预测因子选择 COD_{Cr}、BOD_5、氟化物、悬浮物四项。

预测模式采用完全混合模式，计算公式为：

$$C = (C_pQ_p + C_hQ_h) \div (Q_p + Q_h)$$

式中　C ——某污染物预测浓度，mg/L；

C_h——现状监测断面污染源污染物浓度，mg/L；

C_p——污染源排放污染物浓度，mg/L；

Q_p——污染源排放污水量，m^3/s；

Q_h——现状监测断面河水流量，m^3/s。

预测结果：由完全混合模式得到预测计算结果见表 11-32。其中煤矿排水量按全年平均水量计算。

从以上预测结果看，热电厂排水进入甲河后将使 2# 断面 BOD_5、COD_{Cr}、氟化物、悬浮物的浓度增加。

5.4.2　地表水环境影响评价

评价标准采用《地表水环境质量标准》Ⅳ类水质标准。

表 11-32 地表水预测结果

项目	现状监测平均值	预测值
COD_{Cr}	15.5	47.0
BOD_5	1.06	6.75
氟化物	0.55	0.58
悬浮物	25	34.6

选择评价因子为 COD_{Cr}、BOD_5、氟化物三项。

评价方法采用单因子指数法，评价模式同地表水现状评价。

根据评价标准及预测结果计算得各监测断面污染物的标准指数，见表 11-33。

表 11-33 地表水环境影响评价结果

项目	预测值标准指数
COD_{Cr}	1.57
BOD_5	1.12
氟化物	0.39

由表 11-33 可知，热电厂排水将使甲河 2# 断面 COD_{Cr}、BOD_5 浓度升高，加重甲河的污染。

5.5 小结

对本章的结论和所提出的建议进行简要总结。

6. 地下水环境影响分析

6.1 地下水环境质量现状监测

监测布点及监测方法见大纲部分。监测结果见表 11-34。

表 11-34 地下水现状监测结果

项目	1#	2#
pH 值	7.27	7.82
总硬度	467.6	212.2
氟化物	0.46	0.38
挥发酚	未	未
高锰酸盐指数	0.78	0.37
硫酸盐	138	18.3
总大肠菌群（个/L）	161	<3

注：除 pH 与标注的外其余单位为 mg/L；“未”代表未检出。

6.2　地下水环境质量现状评价

评价标准：采用《地下水质量标准》（GB/T14848—93）中的Ⅲ类标准，有关标准中的数据见表 11-35。

表 11-35　地下水质量评价标准

项目	标准值
pH	6.5～8.5
总硬度	≤450
氟化物	≤1.0
挥发酚	≤0.002
高锰酸盐指数	≤3.0
硫酸盐	≤250
总大肠菌群（个/L）	≤3

注：除 pH 与标注的外其余单位为 mg/L；“未”代表未检出。

评价方法：采用单因子指数法，评价模式为：

$$S_{i,j}=C_{i,j}\div C_{si}$$

式中　$S_{i,j}$——第 i 项评价因子在第 j 点的标准指数；

$C_{i,j}$——i 评价因子在 j 点的实测浓度，mg/L；

C_{si}——i 评价因子评价标准，mg/L。

评价结果：见表 11-36。

表 11-36　地下水环境质量现状评价结果

项 目	1#	2#
pH	0.18	0.55
总硬度	1.04	0.47
氟化物	0.46	0.38
挥发酚	0	0
高锰酸盐指数	0.26	0.12
硫酸盐	0.55	0.07
总大肠菌群	53.7	<3

从表 11-36 可知，除总硬度在 1# 点超标 0.04 倍，总大肠菌群在 1# 点超标

52.7倍外，其它监测项目在2个监测点中均符合标准。简要分析超标的原因。从评价结果可知目前两个井点地下水水质较好，未受到明显的污染。

6.3 环境影响分析

采用类比法简要分析工程排水对地下水可能产生的影响。

7. 噪声环境现状及影响评价

7.1 环境噪声现状监测及评价

监测布点及监测方法见大纲部分。

监测结果见表11-37。

表11-37 环境噪声现状监测结果（单位：dB（A））

项目	昼间					夜间				
	L_{eq}	L_{10}	L_{50}	L_{90}	SD	L_{eq}	L_{10}	L_{50}	L_{90}	SD
1#	54.5	54.8	52.0	48.4	3.2	41.9	44.8	40.8	38.4	2.3
2#	52.3	54.8	50.0	46.4	3.4	39.6	42.4	36.8	34.0	3.2
3#	52.6	54.8	51.6	49.6	2.0	43.8	46.4	40.8	37.2	3.7
4#	46.4	49.6	44.0	41.2	3.2	41.8	43.6	38.0	34.8	3.9
5#	50.3	52.0	49.2	47.6	2.2	37.4	40.4	35.2	32.4	3.1

评价标准：本项目所在区域为工业区，根据当地环保部门的管理要求，本评价执行《工业企业厂界噪声标准》（GB12348—90）中的Ⅲ类标准，采用等效连续A声级L_{eq}评价。

评价方法：采用超标值法，计算公式为：

$$P=L_{eq}-L_{b}$$

式中 P——噪声超标值，dB（A）；

L_{eq}——某点实测的等效连续A声级，dB（A）；

L_{b}——执行的噪声标准值，dB（A）。

评价结果见表11-38。

表11-38 噪声现状评价结果（单位：dB（A））

项目	1#	2#	3#	4#	5#
昼间	−9.5	−12.7	−12.4	−18.6	−14.7
夜间	−13.1	−15.4	−11.2	−13.2	−17.6

从表11-38可知，工业广场周界噪声昼间、夜间均不超标。

7.2 噪声环境影响评价

7.2.1　工程噪声源位置及源强分析

根据工程分析及调查结果，列表给出噪声源的名称、强度、数量、位置、特征等情况。

7.2.2　噪声环境影响评价

预测方法：采用《环境影响评价技术导则》（HJ/T2.4—1995）中推荐的数学模式进行预测。根据情况选用有关模式进行预测。本评价实例中将所有的设备声源都视为点声源。室内声源预测的模式如下：

$$L_A(r)=L_{Aref}(r_0)-(A_{div}+A_{bar}+A_{atm}+A_{exc})$$

式中　$L_A(r)$——距声源 r 处的 A 声级，dB；

$L_{A\,ref}(r_0)$——参考位置 r_0 处的 A 声级，dB；

A_{div}——声波几何发散引起的 A 声级衰减量，dB；

A_{bar}——遮挡物引起的 A 声级衰减量，dB；

A_{atm}——空气吸收引起的 A 声级衰减量，dB；

A_{exc}——附加 A 声级衰减量，dB。

噪声源的几何发散衰减 A_{div} 按下式计算：

$$A_{div}=20\lg(r/r_0)$$

式中以下计算 r_0 均取 1m。

预测结果：运用以上模式并选取适当参数计算得到预测结果，见表 11-39。

表 11-39　噪声环境影响预测结果

预测点	昼间 dB（A）			夜间 dB（A）		
	现状值	影响值	叠加值	现状值	影响值	叠加值
3#	54.5	54.7	56.8	43.8	54.7	55.0
4#	46.4	50.0	51.5	41.8	50.0	50.6
5#	50.3	48.0	52.3	37.4	48.0	48.4

评价方法：评价方法采用超标值法，与现状评价相同。

评价结果：评价结果见表 11-40。

表 11-40　噪声环境影响评价结果

预测点	昼间 dB（A）			夜间 dB（A）		
	现状值	影响值	叠加值	现状值	影响值	叠加值
3#	−10.5	−10.3	−8.2	−11.2	−10.3	0.0
4#	−18.6	−15.0	−13.5	−13.2	−15.0	−5.0
5#	−14.7	−17.0	−12.7	−27.6	−17.0	−6.6

对以上结果进行简要评价。

8. 固体废物环境影响分析

热电厂排放的固体废物有锅炉灰渣和生活垃圾。生活垃圾由环卫部门负责处理。环境影响评价中主要进行锅炉灰渣的影响分析。

8.1 灰渣排放状况

热电厂产生的固体废物主要是锅炉灰渣，其组成包括燃料燃烧后的灰渣，还有少量未反应的石灰石，以及石灰石与 SO_2 反应生成物等。热电厂锅炉灰渣产生情况见表 11-41。

表 11-41 热电厂锅炉灰渣排放状况

项 目	小时产量（t/h）		日产量（t/d）		年产生量（万 t/a）
	采暖期	非采暖期	采暖期	非采暖期	
灰量	9.816	7.82	215.952	172.04	5.52
渣量	6.54	5.22	143.88	114.84	4.38
灰渣总量	16.356	13.04	359.832	286.88	9.9

8.2 灰渣综合利用途径及影响分析

循环流化床锅炉产生的灰渣因其低温燃烧而具有良好的活性，综合利用途径广泛，目前国内主要利用途径有：

①生产建材制品，如水泥、粉煤灰免烧砖、混凝土砌块等，电除尘器粉煤灰可直接掺入水泥熟料中使用。

②用作房基、路基充填材料。

③用于充填矿井塌陷区，利于塌陷区土地复垦。

④用作井下大巷锚喷材料。

由于锅炉灰渣的综合利用途径较多，热电厂附近已建有砖厂、水泥厂，而且井田内塌陷区较多，因此热电厂可只设临时灰渣场，不设永久灰渣场。

灰渣综合利用后对环境的影响较小。

9. 环境保护措施及技术经济论证

9.1 大气污染防治措施的技术经济论证

烟囱高度论证：根据电厂的设计规模，论证烟囱的高度、出口内径等。论证时应该给出不同烟囱高度方案的允许排放量、地面浓度以及技术经济状况等的比较。

脱硫、除尘的措施论证：热电厂的主要污染物是燃煤产生的 SO_2 及烟尘，要根据当地环境保护部门的要求（排放要求及总量要求）论证脱硫剂除尘设施的技术、经济合理性。如果拟采取的措施达不到要求，应提出新的脱硫、除尘方法的建议。目前，热电厂一般选择循环流化床锅炉，采用静电除尘器（3电场），运行中添加石灰石炉内固硫。通过计算如果该措施的排放浓度或排放总量达不到要求，就需要提出新的脱硫除尘措施。例如，改用4电场除尘器、增加炉外脱硫设施等。

9.2 水污染防治措施的技术经济论证

通过论证提出废（污）水的处理设施。从是否满足排放标准及水体功能的要求，是否做到了在经济合理的前提下最大限度减少向水体排放废水，是否做到了一水多用及优化用水、排水方案等方面进行考虑。提出电厂节水的基本考虑、措施和效果。

9.3 噪声防治措施的技术经济论证

从设备噪声、隔音降噪、平面布置、建筑设计和绿化等方面，论述控制、防治噪声的原则。列出对主要噪声源设备的噪声值要求及隔音、降噪和防震措施。

10. 污染物排放总量控制分析

说明污染物总量控制在可持续发展中的重要意义。给出我国实行总量控制的污染物的种类。给出当地政府分配给该企业的污染物排放的总量指标。

计算分析该项目建设前后污染物排放的总量变化，对照所分配的排放指标论述是否达到总量控制的要求。如果排放总量不能达到总量控制指标的要求，应提出进一步削减污染物排放使其达到总量控制要求的可行性措施。

11. 环境经济损益分析

11.1 经济效益分析

根据电厂建设的经济效益指标，结合当地或行业经济发展状况和有关政策，简要分析经济效益。电厂经济效益情况分析详见表11-42。

表11-42 电厂经济效益一览表

项目	单位	指标	项目	单位	指标
工程总投资	万元		投资回收期	a	
机组装机容量	万 kW		财务内部收益率	%	
流动资金	万元		财务净现值	万元	
投资利润率	%		售电单位成本	元/(MW·h)	
投资利税率	%		售热单位成本	元/GJ	

11.2 环境保护投资估算及环境效益分析

环境效益的分析主要从以下及各方面进行分析论述：

表 11-43 电厂环境保护投资估算表

项目	投资（万元）	项目	投资（万元）
除尘系统		废水处理系统	
烟囱及烟道		噪声防治	
取排水环保系统		厂区绿化	
环境监测站及监测系统		固废收集及处理系统	
脱硫系统		环境影响评价及验收	

①环保投资所带来的经济效益。例如：废水的循环利用减少新鲜水的利用从而节省的费用；污染物排放降低减少排污费的缴纳；废物的综合利用带来的经济效益等。

②改善区域环境质量。由于采取集中供热并采取高效脱硫除尘设施，替代了脱硫除尘设施差的小型锅炉，改善了电场所在区域的环境质量。

③废物的综合利用。由于该热电厂采用煤矸石、煤泥、洗末煤等低热值燃料，实现了废物的综合利用，同时也减少了这些废物（如煤矸石等）对环境的污染。

11.3 社会效益分析

主要从改善供电、供热状况，教育、文化、医疗、娱乐设施优先发展和健全，提供就业机会，提高人民生活水平等方面进行论述。

12. 环境监测制度与环境管理

12.1 环境管理及监测机构

提出热电厂设立环境管理机构的具体要求，提出环境管理机构的职能和要求。

12.2 环境监测计划

根据热电厂的特点和有关规定提出环境监测计划，包括监测的项目、频次及监测布点的位置等。

环境空气和废气：环境空气主要监测厂区及生活区的环境；废气主要监测除尘器前后、烟道永久采样口、煤场灰场等。监测项目主要是烟尘、SO_2 和 TSP 等。

水体和废水：主要监测化学处理站废水和厂区总排口的水质。根据情况确定包括 pH、COD_{Cr}、SS 等在内的指标。

噪声监测：噪声监测的对象主要为厂界及生活区和附近的敏感点。分昼间和夜间进行监测。

监测方法：根据国家有关监测的技术规范和火电厂环境监测的技术规范进行

监测。

12.3　环境监测站及主要仪器设备

根据环境监测的要求提出环境监测站的面积及基本要求，列表提出主要环境监测仪器设备的名称、数量、规格等要求。

12.4　环境绿化

提出环境绿化的原则和要求及实施方案。

13. 公众参与

公众参与越来越受到人们的重视。目前我国的 EIA 中实施公众参与的工作思路和具体方法可以用以下流程图来表示。

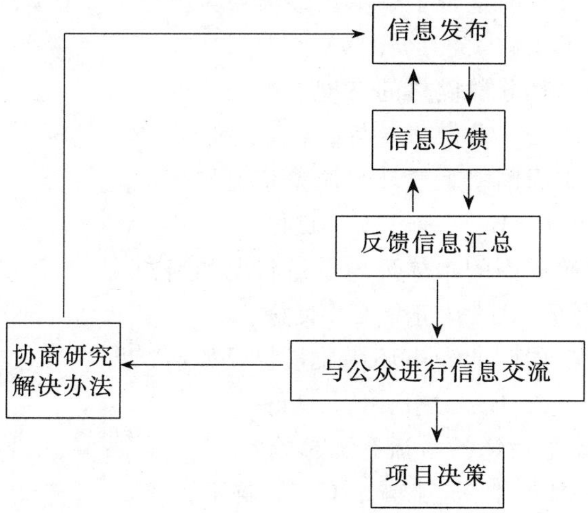

图 11-2　中国 EIA 中公众参与流程图

流程图表明了 EIA 中公众参与的 5 个必要步骤。其中“信息发布”是首要环节，任何项目的公众参与活动一定要在项目建设的准备阶段，即在环境影响评价的大纲阶段向可能受影响的群体发布信息，表明拟建项目的整体情况。“信息交流”是公众参与的核心部分。

为了获得反馈信息，可通过设置热线电话、公众信箱等方式回答公众提出的问题，接收和记录公众提出的建议。另外还有一种常用的方法即社会调查方法，通过访谈、通讯、问卷、电话等社会调查方式收集信息。在调查中通常要设计调查表格的形式和内容，表格形式内容涉及安排是否合理、全面，直接影响到调查结果的成败。调查表格的形式与内容一般包括以下方面：

第一，基本情况调查，应包括：性别、年龄、民族、文化程度、行业、职业、个人经济收入、健康状况等。

第二，根据环境影响评价类型拟定调查表格内容，具体实例如下：

1）您的年龄：

A ＜18岁；B 19～34岁；C 35～55岁；D ＞56岁

2）您的职业：

A 干部；B 农民；C 学生；D 工人；E 其他

3）您的文化程度：

A 文盲或半文盲；B 高中以下；C 高中或中专；D 大专、本科及以上

4）您的住址：

A 厂址周围1公里内；B 距离厂址1～5公里；C 距离厂址5公里以外

5）您在接受本调查前是否了解本技改项目？

A 了解；B 不了解

6）您对集中供热和分散供热的态度：

A 集中供热好；B 分散供热好；C 无所谓

7）您认为该煤矿周围的大气环境质量状况如何？

A 污染比较严重；B 一般；C 良好

8）您认为该煤矿周围的水体环境质量状况如何？

A 污染比较严重；B 一般；C 良好

9）您认为该煤矿周围的噪声环境质量状况如何？

A 污染比较严重；B 一般；C 良好

10）您认为该煤矿对您的生活有无影响？

A 影响很大；B 有一定影响；C 影响不大

11）您认为该项目对当地经济发展和人民生活水平提高的作用如何？

A 有较大促进作用；B 作用不明显；C 无所谓

12）您认为本工程建设排放的污染物对周围环境影响情况如何？

A 影响严重；B 有轻微影响；C 影响不大

13）环境影响评价是我国建设项目环境管理的重要措施，该工程是否要进行环境影响评价？

A 有必要；B 没有必要；C 无所谓

14）综合考虑本工程建设后的各种影响，您对本项目建设的态度如何？

A 支持；B 反对；C 无所谓

15）您对该热电厂的建设和以后的运行有何意见和建议？

14. 结论与建议

在结论中应明确提出以下各方面的内容：

①热电厂建设的重要性和必要性。

②环境质量现状。简要描述环境空气、水体、声学等环境质量现状。说明有

无超标和存在的主要问题。如果有超标现象，应说明超标功能区、面积、超标倍数及频率，简要分析超标的原因。

③工程概述。简要说明工程的基本情况。包括工程规模、建设地点、建设内容、建设性质、原辅材料的消耗、污染物的排放及污染防治措施等情况。

④环境影响评价。简要给出环境空气、水体、噪声、固体废物等的环境影响评价结论。

⑤综合结论。明确给出该项目建设的环境可行性。

⑥建议。根据国家环境保护法律的规定，环境影响报告书中提出的对策必须执行。但由于特殊原因对某项措施或工艺无法确定时，应提出原则性要求和下一步工作的建议。

15. 环境影响评价报告书的审批

审批程序：一律由建设单位负责提出，报主管部门预审，主管部门提出预审批意见后转报负责审批的环境保护部门审批。

另外，建设项目的性质、规模、建设等发生较大改变时，按照规定的审批程序重新报批。

对于环境问题有争议的建设项目其环境影响报告书（表）可提交上一级环境保护部门审批。

各级主管部门和环保部门在审批环境报告书时应贯彻下述原则：

①审查该项目是否符合国家产业政策。

②审查该项目是否符合城市环境功能区划和城市总体发展规划，做到合理布局。

③审查该项目的技术与装备政策是否符合清洁生产。

④审查该项目是否做到污染物达标排放。

⑤审查该项目是否满足国家和地方规定的污染物总量控制指标。

⑥审查该项目建成后是否能维护地区环境质量，符合功能区要求。

环境影响报告书的审查以技术审查为基础，审查方式是专家评审会还是其他形式可由负责审批的环境保护行政主管部门根据具体情况而定。

第四节　环境影响评价报告书编写实例（二）

本节以中国小规模肉牛发展项目的环境影响评价为例，介绍农业项目环境影响报告书的编写方法和内容。

一、项目简介

1. 项目意义

为发展我国养牛事业，满足城乡人民生活需要，安徽、河北、河南、山西四省拟利用世界银行贷款在各省部分地区进行肉牛生产和加工体系、以及市场、服务体系的建设，使养牛尽快成为项目区农村经济发展的支柱产业。

牛是我国农民广泛饲养的品种。养牛具有明显的经济、社会和生态环境效益，在农区发展肉牛有特别重要的意义。项目区可利用农作物秸秆和农产品加工的副产品养牛，为市场提供肉产品，提高农民收入，并可带动饲料业、食品加工业和商业的发展；项目可吸收妇女参与，提高妇女的社会地位；该项目充分利用秸秆等饲料资源，实现秸秆过腹还田，增加有机肥数量，减少化肥、农药使用量，减少秸秆焚烧污染，实现农牧业协同发展和生态良性循环。因此，该项目有利于农村经济和环境的可持续发展。

2. 项目概况

2.1 项目范围

本项目在安徽、河北、河南、山西四省的16个地市（包括72个县区）实施（见表11-44）。

表11-44 项目实施的省、地、县

省	地市	县
安徽	阜阳、宿县、淮北、合肥	13
河北	石家庄、保定、廊坊、唐山、秦皇岛	22
河南	南阳、驻马店、周口、商丘	25
山西	忻州、晋中、临汾	12
总计 4	16	72

2.2 项目投资与建设周期

项目拟在世界银行贷款10 008万美元，折合人民币83 063万元，加上国内配套资金，总费用173 924万元（包括建设期利息）。建设周期为5年（1998—2002年）。

2.3 项目组成及主要内容

2.3.1 肉牛养殖体系

包括发展养牛户（每户2～10头架子牛、母牛或育肥牛）和育肥场。养牛户和育肥场的建设规模见表11-45。

表 11-45　各省养牛体系规模

	养牛户（个）	育肥场（个）
安徽	33 904	26
河北	39 450	53
河南	31 150	75
山西	27 450	12
合计	131 954	166

2.3.2　饲料生产加工体系

利用农业副产品或工业副产品，包括氨化肥和青贮秸秆、饼粕、糠麸、糟渣等；利用冬闲田种植黑麦草，利用果园林场套种各种牧草；建设两个饲料加工厂，项目为：在河北建设一个年产 2 万 t 的牛饲料厂，在山西建设一个年产 1 000t的牛添加剂预混料饲料厂。

2.3.3　肉牛屠宰加工体系

为提高项目区肉牛集中屠宰加工的能力与水平，拟扩建屠宰、加工生产线 4 条，见表 11-46。

表 11-46　扩建屠宰加工生产线的地点与规模

地点		屠宰量（万头）	加工量（t）
安徽	阜阳		4 500
	灵璧		3 750
河北	秦皇岛	3	7 712
河南	周口		8 000

2.3.4　市场交易体系

主要通过完善地市或县级肉牛及其产品交易市场逐步引导农民进行科学交易，并使其成为科技与信息交流的场所。各省各级交易市场数量列于表 11-47。

表 11-47　各省建设的交易市场数量

地点	地市级	县级	乡级
安徽	3		
河北		22	75
河南	4		
山西		12	

2.3.5 支持服务体系

建立省级培训中心服务站，地市和县级服务站（畜牧兽医站），数量列于表11-48。

表 11-48 各省建设的各级服务站（畜牧兽医站）

地点	省级	市级	县级	乡级
安徽	1	4	13	70
河北			22	75
河南	1	4	25	75
山西	1		12	100

3. 项目所在地环境状况

3.1 安徽省项目区环境状况

安徽项目区大气环境质量较好，据大气监测结果，项目区城市 SO_2 全部符合国家二级标准，NO_x96%符合国家二级标准，TSP 超标率较高。合肥市大气质量最好，其次是阜阳，淮北最差，主要污染物是 TSP。

项目区河流主要集中在淮河流域。淮河各支流水质较差，颍河、涡河、泉河、新汴河、沱河、浍河的水质都属于劣五类，西淝河和茨淮新河（阜阳段）属于五类水质。地面水主要污染物为高锰酸盐、BOD_5 和氨氮。由于两个肉制品加工厂都位于淮河支流附近，淮河支流应为重点保护对象。

3.2 河北省项目区环境状况

河北省项目区大气质量除廊坊属清洁～轻污染，秦皇岛属轻污染外，其他城市属中污染（煤烟型）。农村空气环境质量好于城市。

流经项目区的主要河流有滦河、交河、石津渠、滏阳河、北运河、潮白河、陡河、拒马河和唐河，部分河流监测断面水质为五类或超过五类，主要污染物为高锰酸盐、BOD_5 和氨氮、亚硝酸盐氮。秦皇岛为著名风景旅游区，在该市建设肉制品加工厂应注意对水环境的污染，附近水域为敏感区。

3.3 河南省项目区环境状况

河南项目区的大气质量较好，商丘、周口、驻马店、南阳等市的大气质量介于一级到二级之间。但项目区内淮河水系各支流水体质量较差，其中以洪河、浍河污染最为严重，主要污染物为高锰酸盐、BOD_5 和氨氮、挥发酚，地表水的环境容量已十分有限。

3.4 山西省项目区环境状况

项目区忻州、临汾等城市的大气质量较差，SO_2、TSP 两项指标均超标，但农村的大气质量较好。项目区的河流均为排泄性河流，河水对地下水没有补充作用。尽管汾河、滹沱河的水质较差，但不会对项目区地下水造成影响；沁河的水质较好。山西项目区的地面水环境容量也已很小。

4. 污染源分析

4.1　肉牛生产排放粪尿及废水

肉牛养殖排放的污染物主要是粪尿和废水。各种牛排泄的粪尿数量不同，见表 11-49。

表 11-49　肉牛生产各种模式排泄粪尿量

类型	头数	折合标准牛数	排泄量（kg/（头·日））		排泄量（t/（头·a））	
			粪	尿	粪	尿
能繁母牛	1	1	20	10	7.3	3.65
犊牛	1	0.5	10	5	3.65	1.83
架子牛	1	0.75	15	7.5	5.48	2.74
后备牛	1	0.75	15	7.5	5.48	2.74
育肥牛户	2	2	15	10	10.95	7.30
	3	3	15	10	16.43	10.95
	10	10	15	10	54.75	36.5
育肥牛场	100	100	15	—	547.5	—
	200	200	15	—	1 095.0	—
	300	300	15	—	1 642.5	—
	400	400	15	—	2 190.0	—
	500	500	15	—	2 737.5	—

四省年产生牛粪尿的总量见表 11-50。

表 11-50　项目区四省年排泄牛粪尿总量

项目区	养牛头数（百头）	排泄粪量（百 t/a）	排泄尿量（百 t/a）
安徽	1 503	7 146	3 573
河北	1 158	8 072	4 225
河南	996	6 541	3 636
山西	1 698	9 295	4 880
合计	5 355	31 054	16 314

在养牛生产的四种模式中，母牛繁殖户、混养户及育肥户生产规模小，粪尿成为圈肥，基本上无废水排出，但各种规模的育肥场每年产生的尿液、冲洗废

水、夏季降温用水及工人生活废水数量较大，见表 11-51。

表 11-51　四省养牛废水年产生量（单位：t）

省别	尿液	冲洗废水	降温用水	生活废水	合计
安徽	37 600	10 300	1 550	7 330	57 180
河北	35 410	9 700	1 730	8 630	55 470
河南	27 380	7 500	1 130	5 630	41 630
山西	21 900	6 000	900	4 500	33 300
合计	122 290	33 500	53 100	26 490	187 580

4.2 饲料厂污染源分析

饲料厂污染主要为粉尘排放和噪声，粉尘来源主要为：下料处、粉碎机处、旋转分配处和打包处，见表 11-52。

表 11-52　饲料厂粉尘来源及控制措施

来 源	粉尘浓度（$mg/m^3_{标}$）	控制措施
原料入口	16	通风除尘系统
粉碎机	150	通风除尘系统
分配器	50	通风除尘系统
包装间	69	包装袋内衬塑料布
发货区	34	洒水

产生噪声的主要设备为粉碎机、混合机和空气压缩机，其产生噪声的源强及降噪措施见表 11-53。

表 11-53　饲料厂噪声源强及降噪措施

来源	声强 dB（A）	降噪措施
粉碎机	90	安装在地下，底座装防震垫 上放覆盖隔音板
混合机	85	底座装防震垫，四周用吸音材料
空气压缩机	90	单独建压缩机房

4.3　屠宰加工项目污染源分析

新建屠宰加工厂 1 个，位于河北省秦皇岛市，名为秦皇岛华兴肉牛屠宰厂；扩建肉制品加工厂 3 个，地点在河南省周口市、安徽省灵壁县和涡阳县，名称分别为：周口地区食品总公司、荷来金肉牛集团公司、涡阳县牛羊肉加工厂。肉牛屠宰与加工的主要污染源是废水和固体废弃物的排放。这四个厂的废水和污染物的排放情况见表 11-54。

表 11-54　屠宰加工项目废水污染源情况

厂名	废水排放量（万 t）		废水处理前后 COD 浓度 mg/L		COD 年排放总量（t）	
	项目前	建成后	项目前	建成后	项目前	建成后
华兴厂	0	9.29	0	1 300/130	0	12.1
周口厂	5.16	7.14	911/ 205	868/120	10.6	8.6
荷来金厂	12	12.2	1 180/130	1 180/120	15.6	14.5
涡阳厂	7.95	13.7	1 100/1 100	1 100/120	52.5	16.4

四厂污水处理工艺和能力列于表 11-55 。

表 11-55　屠宰加工项目污水处理工艺与能力

厂名	污水处理工艺	处理能力（t/d）
华兴厂	射流曝气或厌氧滤池	280
周口厂	活性污泥曝气	288
荷来金厂	活性污泥曝气	1 500
涡阳厂	序批式活性污泥曝气	500

4.4　其他污染源分析

除以上主要污染源外，还有肉牛繁育中心、肉牛交易市场有一定数量的粪尿和少量废水排放，饲料厂和屠宰加工厂的锅炉有烟尘和二氧化硫排放。

二、评价思路

1. 本项目的特点

本项目是一个畜牧业的评价项目，但不是大中型的规模化养殖场的建设项目，而是以农户养殖为主的小规模养牛项目，项目区面积大且分散，涉及四个省 72 个县和 10 余万个农户，这是根据我国农村的特点，为了扶持广大农民发展养殖业，帮助农民脱贫致富，同时吸取了近年来规模化养殖场带来的废水和废弃物造成环境污染的经验教训，而采取的一种对发展经济和保护环境比较有利的养殖方式。这种方式对生态环境既有较大的正效益，也有少量的不利影响。本项目的第二个特点是项目组成比较复杂，包含的生产种类较多，除以养殖业为主外，还有饲料加工业、屠宰与肉制品加工、交易市场和支持服务体系等，其中屠宰与肉制品加工对环境的影响较大。

2. 评价的重点

根据本项目的特点，肉牛生产子项目和屠宰加工子项目是评价重点。肉牛生产子项目重点评价分析肉牛饲养对资源利用和生态环境的正效益及粪便、废水对环境的不利影响，提出减缓措施与管理计划；屠宰加工子项目重点是废水的环境影响和污染控制措施。

项目区中安徽、河南部分县市位于淮河流域，河北部分县市位于海河流域，是我国的重点污染控制流域；秦皇岛市是环境敏感地区。以上区域作为评价的重点区域。

3. 评价工作的技术路线和采用的方法

3.1　技术路线

根据项目的内容、特点及国家和国际金融组织对环境影响评价的要求，拟订评价工作的技术路线为：

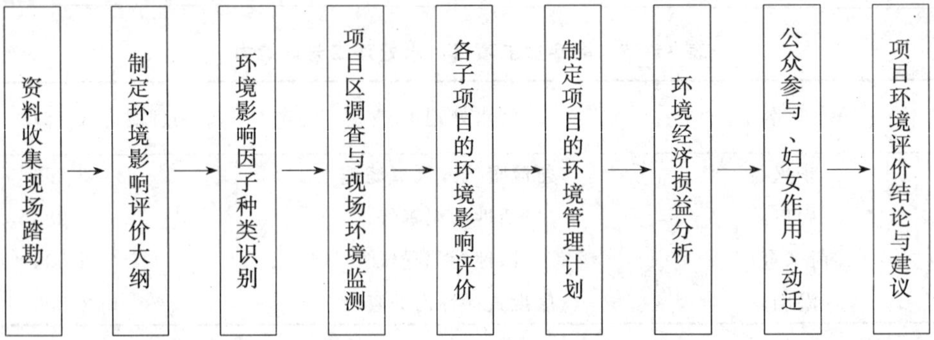

3.2　评价方法

3.2.1　项目中包含肉牛饲养、屠宰加工、饲料生产、交易市场等类型不同的子项目，分属畜牧业、加工业和商业等不同行业类别，按照《关于加强国际金融组织贷款建设项目环境影响评价管理工作的通知》文件精神，分专项分别对此项目进行评价。

3.2.2　对各子项目既分析评价其对生态环境的不利影响，也分析评价其对生态环境的有利影响。尤其是肉牛饲养项目，重点评价分析其对秸秆资源的利用和对农村生态环境的有利影响，并将其与当地的生态农业建设结合起来。

3.2.3　宏观分析和微观评价相结合，点面结合，定性与定量分析结合，重视分析面源污染，重视对重点控制地区和敏感地区的评价，对废水排放要满足当地对污水和主要污染物排放总量的控制要求。

3.2.4　在屠宰加工业和饲料加工业项目评价中注意与清洁生产相结合。

3.2.5　在执行我国环境影响评价有关规定的同时，满足世界银行对项目环境评价的有关要求，特别注意回答有关养牛生产环境管理计划和动迁问题。

3.2.6　充分利用已有的和收集到的现状资料进行评价工作。根据需要，进行必要的现场监测。

由于畜牧业的环境影响评价在我国开展较晚，基本上没有先例可以借鉴，我们只有根据国家和世界银行的有关要求，结合该项目的特点与实际情况，根据我们的专业知识，采用以上技术路线和评价方法开展评价工作，因此本项目的环境评价工作具有一定的探索性。

三、预测评价

1. 肉牛生产项目环境影响预测评价

1.1　农业生态系统适宜性评价

要正确评价畜牧业对农业生态系统的影响，必须选择适合的评价指标。本项目选用适宜性指数评价畜牧业生产对农业生态系统的影响。适宜性指数是指畜牧业在农业生态系统中的适宜程度，由下式计算求得：

$$适宜性指数=\frac{畜牧群饲料消耗量（R）}{农业生态系统可提供畜牧群的饲料量（P）}$$

在对项目区的四个省进行了详细的调查，取得了大量的统计资料后，对各省的适宜性指数进行了计算，计算结果见表 11-56。

表 11-56　项目区各省适宜性指数计算结果（单位：千吨）

项目区	精料				粗料				适宜性综合指数（i）
	项目区可用量（a）	项目区牛以外牲畜用量（b）	项目区牛需要量（c）	适宜性指数（d）	项目区可用量（e）	项目区牛以外牲畜用量（f）	项目区牛需要量（g）	适宜性指数（h）	
安徽	2 549.2	2 076.6	3 49.9	0.951 6	11 372	1 183.1	2 230.0	0.300 1	0.419 5
河北	4 279.5	2 968.1	378.3	0.782 0	9 680.3	1 948.1	2 338.6	0.443 0	0.547 0
河南	7 099.3	2 784.5	1 281.6	0.572 7	12 667	1 119.2	5 893.9	0.553 6	0.561 0
山西	1 470.2	540.7	120.2	0.449 5	1 481.4	871.9	185.8	0.713 9	0.582 2

注：计算方法为：$d=(b+c)/a$，$h=(f+g)/e$，$i=(b+c+f+g)/(a+e)$

根据适宜性指数的大小可将其分为四级，各级的划分和意义见表 3-2。从计算结果可见，四个省的适宜性指数分别为 0.4195、0.5470、0.5610 和 0.5822，均处于低度适宜状态（C 级），可供量超过需求量，系统功能和经济效益较低，同时也说明，从总体上看四省项目区饲料资源还有很大潜力发展畜牧业。

表 11-57 适宜性指数的级别划分

级别	数值	适宜程度	特点
A	0.8±0.1	最佳适宜	可供量大于畜牧群需求量，有一定缓冲余地，系统稳定，系统功能、经济效益均高
B	1.0±0.1	临界值	供需相等或基本相等，无缓冲余地或很小，系统功能和经济效益高，但稳定性小
C	≤0.7	低度适宜	可供量超过需求量，生态系统有机质浪费，系统功能和经济效益较低
D	≥1.1	超负荷	可供量小于需求量，生态系统结构和功能可能受到破坏，经济效益暂时高，但不稳定

1.2 肉牛产生的粪尿替代化肥量分析

肉牛养殖中产生的粪尿施于土地，作为有机肥料替代化肥，具有良好的生态环境效益，根据其利用程度可评价其对生态环境的正面影响。四省肉牛养殖年产生的粪尿与可替代的化肥量见表 11-58。

表 11-58 四省肉牛养殖年产生的粪尿与可替代的化肥量

项目区	头数（千头）	粪尿产生量（千 t）		相当的化肥（千 t）			可施用土地（千 ha）	
		粪	尿	尿素	过磷酸钙	氯化钾	高产田	中低产田
安徽	150.3	714.6	357.3	7.92	8.16	6.80	14.29	35.73
河北	115.8	807.2	422.5	10.2	10.21	11.68	16.39	40.99
河南	99.6	654.1	363.6	7.53	7.77	6.45	13.56	33.92
山西	169.8	929.5	488.0	10.48	10.80	8.99	18.90	47.25
合计	535.5	3 105.4	1 631.4	36.13	36.94	33.92	63.14	157.89

由上表可见，项目实施后，养牛产生的粪尿可替代氮、磷、钾等化肥 10 多万吨，施用土地 10 多万公顷，具有良好的经济效益和环境效益。

1.3 肉牛生产对环境影响的综合评价

选择五项指标，即粪便、传染病、废水、废气和人群健康，采用综合指数法，根据各指标对生态环境影响的大小，给予不同的权重，每个指标根据其对生态环境的影响分为四级（A、B、C、D），如 A 级表示粪便、废水利用程度高，传染病完全控制，废气影响很小，对人群健康无不利影响，B 级表示粪便、废水基本得到利用，传染病基本控制，废气影响较小，对人群健康影响很小。综合指数按下式计算：

$$S=\Sigma W_i K_j$$

式中 S——综合评价指数；

W_i——各指标的权重；

K_j——各指标的级别。

表 11-59　肉牛生产项目综合评价指标级别与权重

指标级别	A	B	C	D	权重
粪便	1.0	0.75	0.50	0.25	30
传染病	1.0	0.75	0.50	0.25	15
废水	1.0	0.75	0.50	0.25	25
废气	1.0	0.75	0.50	0.25	15
人群健康	1.0	0.75	0.50	0.25	15

根据项目中户养和育肥场养牛两种方式，分别计算确定其对环境影响的综合指数。

表 11-60　肉牛生产项目环境影响综合评价指数

饲养方式	粪便	传染病	废水	废气	人群健康	综合指数
户养	A	B	A	B	B	88.75
育肥场	B	A	B	A	A	86.25

2. 环境经济损益分析

2.1　项目的社会效益分析

该项目实施后带来多方面的社会效益，特别是在以下方面有明显的促进作用：

（1）为项目区提供就业机会，特别是增加农村妇女就业。项目区肉牛存栏增量分别是，养牛户中增加 43.93 万头（标准牛）、育肥场中增加 3.31 万头（标准牛）。养牛户中以一个劳动力喂养 3 头牛计，育肥场中以一个劳动力喂养 10 头牛计，则该项目提供农村剩余劳动力就业 14.95 万人。农村剩余劳动力中妇女占 50％以上，该项目可为农村妇女提供 7.5 万个就业机会。

（2）为项目区培养大批肉牛生产、加工、防疫、交易等方面的技术人员、管理人员。包括肉牛繁殖（人工授精）、快速育肥、秸秆氨化、疫病防治、牛肉深加工等方面的技术人员培训，促进项目区畜牧业进步。该项目计划培训 11.28 万人，其中包括培训农民 10.34 万人，培训技术人员 6 242 人，培训管理人员 2 803 人。

（3）加快肉牛品种改良，优化畜牧业结构。项目引进利木赞、西门塔尔与地方优良品种晋南牛、秦川牛、南阳牛等进行杂交，加快了品种改良，使肉牛良种率由 23.5％提高到 50％左右，促进了肉牛良种化，提高牛肉品质。

（4）增加农民收入，加快脱贫致富，促进农村经济繁荣。根据对养牛户的生产成本和收入核算，项目建成后，每个养牛户平均每年可增加纯收入 998～2 170 元/年不等，总计使养牛户每年增收 2.78 亿元，从而可使项目区 20％～30％贫困人口脱贫。

(5) 项目建设及建成后带动相关产业发展，如种植业、养牛服务业、肉牛加工业以及运输服务业等。肉牛生产是农业增值链条中最长的一条，可以有效地促进农业产业化。

(6) 优化农业产业结构，促进大农业发展。项目区农业产业结构（种植业；畜禽、水产养殖业；林业；农副产品加工业的比例）中，种植业所占的比例很大，这不利于农产品的增值和农民收入的提高。引进肉牛生产项目后，项目区畜牧业比重增大，这一方面扩大了种植业初级农副产品的需求，促进了种植业的发展；另一方面提高了项目区农民收入，改变了农村人口就业结构，促进了农业进步和大农业的发展。畜牧业产前联系种植业，产后联系加工业，肉牛业的发展能带动玉米种植业和牛肉加工业的发展，促进农业产业结构的全面优化。

2.2 项目的经济效益分析

项目建成后具有良好的经济效益。每年销售收入可达24.21亿元，年均利税总额为5.3亿元。平均每年可上交销售税金5 194万元，上交所得税4 780万元。整个项目财务内部收益率为27.3%，净现值为11.39亿元（$i=12\%$），投资回收期为5.43年。

其中，各省项目区各子项目的经济效益指标汇总见表11-61。

表11-61 项目经济效益指标（各省各子项目）

		内部收益率（%）	净现值（万元）	投资回收期（a）
总项目（省水平）：	山西	24	17 907	6.6
	河南	18.38	12 898	10.3
	安徽	29	40 042	4.98
	河北	34.26	43 100	4.74
养牛户（省子项目）：	山西	29	1 221	4.4
	河南	20.22	3 073	9.1
	安徽	35.16	11 825	3.8
	河北	40.75	25 400	3.96
育肥场（省子项目）：	山西	21	104	6.2
	河南	31.29	3 303	5.3
	安徽	43.0	4 308	3.5
	河北	22.85	1 300	5.8
屠宰加工厂（单个项目）：	河南	43.03	8 031	4.7
	安徽	33.33	5 295	4.1
	河北	29.64	6 700	5.13

注：贴现率$r=12\%$。

由表 11-61 可知，该项目有明显的经济效益，有强大的经济再生产能力。

2.3　项目的环境效益分析

（1）该项目利用当地秸秆养牛，有很大的环境效益。一方面可以减少农民焚烧秸秆造成的环境污染；另一方面可以通过秸秆过腹还田，增加有机肥，提高土壤肥力，减少化肥使用，因而减少了化肥引起的不良环境影响，如氮化肥过量使用引起的地下水污染、地表水污染、水系富营养化以及土壤板结等。

据研究，化肥引起的外部环境费用为 0.79 元/kg，这一费用会因化肥品种、使用量、使用方式以及使用地社会经济水平的不同而不同。这里取氮肥的外部费用为 0.79 元/kg，磷肥、钾肥的外部费用暂时忽略不计。利用秸秆的环境效益等于秸秆过腹还田产生有机肥节省化肥的购买费用加上避免化肥的外部环境费用。

通过表 11-62 计算得知，一头牛每年排泄的粪尿经无害化处理以后可以产生的有机肥，按有效成分（N、P、K）折合，能代替 152.6 公斤的化肥。以 1996 年当年价格计算，节省化肥费用 183.0 元，同时减少因化肥引起的外部环境费用 42.9 元。共计一头牛每年产生的有机肥的价值为 225.9 元。

项目区增加的标准牛存栏为 47.24 万头（1 个牛犊按 0.5 个标准牛计算），乘以每头牛每年产生有机肥的环境效益 225.9 元，共计项目利用秸秆的环境效益为每年 1.07 亿元。

表 11-62　一头牛每年粪尿的养分含量及折合化肥量

	N	P_2O_5	K_2O
一头牛每年排泄量			
粪（kg）5 475	17.52	13.69	8.2
尿（kg）3 650	18.25	1.10	23.7
小计（kg）	35.77	14.79	31.9
入田量（70%）（kg）	25.0	10.4	22.3
折合化肥（kg）	54.3（尿素）	57.8（过磷酸钙）	40.5（氯化钾）
节省化肥费用（元）	86.9	47.5	48.6
减少化肥外部环境费用（元）	42.9	0	0
小计（元）	129.8	47.5	48.6
总计（元）		225.9	

（2）环境保护投资的费用和效果分析

育肥场、交易市场、纯种肉牛繁育中心和屠宰加工项目的环境保护投资、运行费用和效果，汇总见表 11-63。

表 11-63 项目环保投资费用、效果一览表

项目	环保投资（万元/a）	运行费用（万元/a）	效果
1. 育肥场（166个）			
污水处理	136.33	42.2	处理废水 26.64 万 t/a
粪便处理	30.0	89.06	处理牛粪 14.02 万 t/a
绿化	15.0	22.5	
2. 交易市场（116个）			
污水处理	3.16	24.96	处理污水 1.72 万 t/a
粪便处理	0.72	4.0	处理废物 1.28 万 t/a
3. 省繁育中心（1个）			
排污环保	14.4	4.0	处理污水 0.55 万 t/a
绿化	18.6	—	粪便 0.60 万 t/a
4. 屠宰加工厂（4个）			
污水处理	268	40.2	处理污水 23.76 万 t/a
其他	687.4	103.11	
5. 饲料厂（2个）	55.36	8.30	除尘、防噪
总　　计	1 228.97	338.33	

环境保护投资是贯彻环境管理计划、落实环境管理措施的资金保证。环境保护投资占项目总投资的比重，反映了项目对环境保护的重视程度。不同类型的建设项目环境保护投资比重是不同的。本项目的重点是肉牛的小规模饲养，其分散化的特点决定了环境保护初始投资规模不大。环境保护投资主要集中在屠宰加工厂、育肥场、支持性服务体系（兽医站等）和饲料加工厂。但从环境保护运行费用来看，其占总运行费用的比重相对较高，这是由肉牛生产的特点所决定的。

总的来说，项目环境保护投资 1 228.97 万元，每年环境保护运行费用 338.33 万元，可以使育肥场、屠宰加工厂、交易市场每年处理废水 52.67 万 t，处理牛粪 15.9 万 t，解决饲料厂的噪声、粉尘污染问题，达到规定的环境标准。

3. 环境管理与监控计划

为了最大限度地减轻项目在施工期和建成后对环境造成的不利影响，确保本项目各项环保措施的顺利实施，必须建立环境管理和监控体系，制定严格的环境管理和监控计划，并配备必要的环境监测仪器设备和专业技术人员．监督和控制项目施工和生产运行中各项环保指标，实行清洁生产。对项目管理人员、监测分

析人员及广大养牛户要进行环保培训。

3.1　环境管理计划

3.1.1　管理体系

3.1.1.1　政府系统

由各省环境保护局负责督促、协调项目区各地市的环保局对项目依法进行环境监督管理；各地市环保局将本项目纳入正常的环境监督管理工作程序。省、地市和县环保局分别对省、地市和县项目办的环境管理工作进行指导。

3.1.1.2　项目主管部门

各省畜牧局项目办应有领导负责环保工作，应有专人统一组织项目的环境管理及监控工作，对整个项目计划的环保工作负责。项目所在地市和县级项目主管部门（畜牧局）也应指定专人负责当地项目的环境管理工作。

3.1.1.3　肉牛屠宰加工厂和饲料加工厂

各省肉牛屠宰加工厂应建立企业环境管理机构，由一名副厂长主管，技术上由一名高级技术人员全面负责，配备专职的环境管理人员 2～3 人，主要排污车间（屠宰、加工）设兼职环境管理人员 1～2 人。饲料加工厂应建立企业环境管理机构，由一名副厂长主管，由一名技术人员全面负责环境管理。各厂的环境管理机构要接受省项目环境管理机构和当地环保部门的监督与指导。

3.1.1.4　肉牛养殖生产项目

肉牛生产项目县畜牧局应配有兼职人员负责环境管理工作。育肥场、交易市场应配有兼职的技术人员负责环境管理工作。肉牛生产项目县的环保工作接受县环保部门的技术监督和指导。

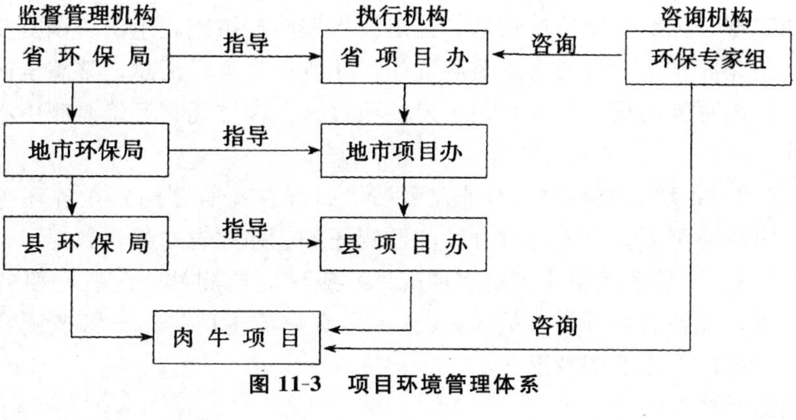

图 11-3　项目环境管理体系

3.1.1.5　环保专家组

各省应建立项目环保专家组作为项目的环境保护咨询机构，调查研究养牛生产中的环境保护问题，发现潜在的环境问题，提出解决问题的对策，供环境保护领导部门决策时参考。各省项目环境管理体系结构见图 11-3。

3.1.2 管理机构职责

3.1.2.1 政府系统环保管理机构的职责

省、地、市、县各级环保局贯彻执行国家和地方的环保法规和标准，对所辖地区的环境保护工作进行监督管理。审查企业的环境保护报表、报告，对企业污染治理设施进行验收，有权对企业的环境保护工作进行现场检查，检查养牛项目县的环境保护落实情况。

3.1.2.2 项目主管部门的职责

对本项目涉及各单位的环境保护工作进行监督管理，制定项目的环境管理计划并进行实施，组织开展本项目的环保宣传培训，提高各级管理人员和农户的环境意识和环境管理水平。

3.1.2.3 企业（包括肉牛场）环保管理机构的职责

（1）制定企业的环境管理规章制度，并监督执行。

（2）制定并组织实施本企业环保规划和计划，组织领导企业的环境监测，按时完成各种报表。

（3）检查监督全厂环保设备的运行和维修，保证环保设备正常运行。

（4）组织开展全厂的环保定期培训，不断提高业务水平。

（5）参与污染事故的调查及处理。

3.2 环境监控计划

3.2.1 监测体系

3.2.1.1 由各省环保局下属省环境监测中心站负责组织实施该省项目区的环境监测工作，包括编制监控计划，提出技术和质控措施，组织协调有关行业和地市监测站完成整个项目的环境监测工作，并负责收集、汇总、整编全区监测数据、资料，编写监测报告。省“肉牛发展项目办”应委托省环境监测中心站承担此项工作。

3.2.1.2 各地市监测站、行业监测站（如省农业监测站）在省环境监测中心站统一组织协调下，完成各自分工的监测任务，并向省站报告数据。

3.2.1.3 项目重点企业（屠宰加工厂）应建立监测站，配备必要的监测分析仪器设备；配备监测分析人员 3～4 人，负责完成本厂排污日常监测，并定期向当地环保部门报告监测情况。

项目监测体系结构如下：

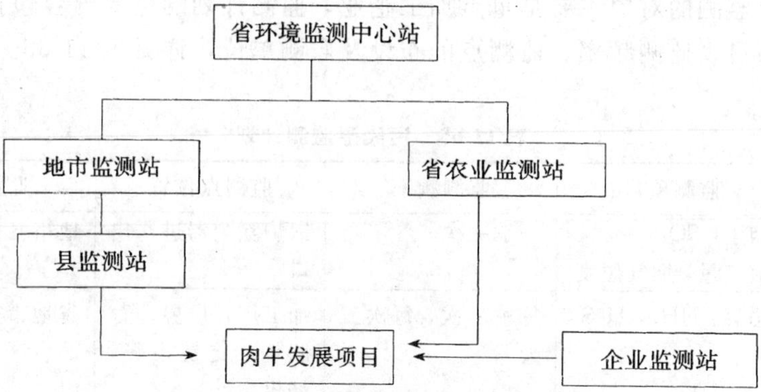

图 11-4　项目环境监测系统结构图

3.2.2　监测计划

本项目监测内容主要包括项目区的环境质量监测和重点加工项目的污染源监测。

3.2.2.1　环境质量监测

环境质量监测计划的主要内容包括：监测类别、监测项目、监测频率、监测点（断面）布设以及监测单位的落实，详见表 11-64。其中土壤肥力指标的监测是为了比较项目实施前后土壤肥力的变化。

表 11-64　环境质量监测计划

类　别	监测项目	监测频率	监测点(断面)布设	监测单位
大气质量	TSP、SO_2、恶臭	每年 1、7 月份各 1 次，每次 5 天	重点加工企业周围和大型育肥场、交易市场附近	地市、县监测站
地表水质	水量、水温、pH、SS、高锰酸盐指数、BOD_5、非离子氨、动植物油	半年一次，全年 2 次	在与项目排水有关的河流布设断面	地市监测站
地下水质	总硬度、氯化物、氨氮、硝态氮、亚硝态氮、pH、大肠菌群、细菌总数	半年一次，全年 2 次	育肥场，交易市场，重点加工企业的水井	省地市监测站或卫生防疫站
噪声	厂界噪声 L_{eq}	半年一次，全年 2 次	加工企业围墙 1 米外	地市县监测站
土壤肥力	N，P，K，有机质	每年 1 次	施用牛粪的土壤	省农业监测站

3.2.2.2 污染源监测

污染源监测的对象主要是重点加工企业，监测计划的主要内容包括：监测类别、监测项目、监测频率、监测点的布设及监测单位，详见表 11-65。

表 11-65 污染源监测计划

类 别	监测项目	监测频率	监测点位置	监测单位
锅炉烟气	烟尘，SO_2 烟气量，烟气黑度	每季一次	锅炉除尘器进、出口	地市县监测站
工艺废气	恶臭：NH_3，H_2S	每季一次，每次三天	加工厂，厂界，育肥场，交易市场，场界	省地市监测站
废水	流量，pH，SS，COD，BOD，NH_3－N，动植物油	两个月一次，每次三天	全厂总排污口	地市县监测站
污水处理站	流量，pH，COD，SS，COD，BOD，NH_3－N，动植物油	每天一次	进、出水口	厂监测站
噪声源	L_{eq}	半年一次	距声源 1 米处	地市县监测站 厂监测站

3.2.2.3 监测报告制度

各基层监测单位（包括企业监测站，县、地市监测站）于每次监测后一个月内，将监测结果及阶段报告按组织系统逐级上报到省监测中心站，省监测中心站汇总的上一年度监测报告于每年 3 月份编制完成，由省肉牛项目办提交世行。

四、小结

畜牧业项目的环境影响评价在我国开展较少，积累的经验也不多，通过进行养牛项目的环境影响评价，编写者认为在进行此类项目的评价工作时，所应关注的主要问题包括：

1. 畜牧业项目的环境影响主要是对当地生态环境的影响，主要体现在饲料平衡方面和粪便等废弃物的处理方面。如果饲料数量不能满足牲畜的需求，必然造成生态环境破坏，特别是放牧，这个问题更为突出。本项目采用的是小规模的圈养方式，对生态环境的不利影响较小。牲畜粪便处理得当，可以成为有益的资源，替代化学肥料，减轻农田的化学污染和氮、磷流失。本项目的环境评价中重点进行了适宜性指数的计算和牛粪便替代化肥数量的计算与分析，评价了该项目对生态环境的正面影响，同时也评价了该项目对生态环境可能产生的不利影响，并提出了减缓措施。在进行环境评价时，必须用辩证的观点，对项目可能产生的影响一分为二地进行分析，既看到有利的一面，又看到不利的一面，而不能过分强调某一方面。

2. 本项目涉及的生产方式较多，既有肉牛养殖，又有饲料加工和屠宰与肉制品加工，还有交易市场和服务体系，既有畜牧业项目又有工业项目，因此评价工作比较复杂，工作量也较大。此外项目分布比较分散，涉及四个省 72 个县，评价单位在工作开始时铺的面较大，没有抓住重点，花费时间精力较大；在评价大纲审定后根据专家的意见和建议，把工作重点放在肉牛生产的生态环境影响方面和制定环境管理计划方面，既符合国内环境评价的要求，又满足了世界银行环境评价的需要。

3. 由于养殖项目点分散，不可能集中管理和治理，根据世界银行的要求和我国的实际情况，制定了项目的环境管理计划和环境监测计划，由地方环境保护部门和项目主管部门配合工作，落实环境管理和监测的机构、人员和具体计划、措施，使项目对环境的不利影响受到监控，得到减缓，通过项目建设，提高当地畜牧部门和企业与从业人员的环境意识和环境管理、污染治理技术水平。

4. 对于比较敏感的区域应特别关注，如本项目中的淮河流域和秦皇岛市，应根据国家对当地环境和淮河流域的要求，采用相关的标准和总量控制指标进行评价。

习　题

1. 简述环境影响报告书编制的原则。
2. 简述环境影响报告书编制的基本要求。
3. 试述环境影响报告书编制要点。
4. 简述环境评价图的绘制。
5. 环境影响评价大纲的基本组成包括哪些部分？
6. 简述热电厂项目建设环境影响报告书的编写方法和主要内容。
7. 畜牧业项目环境影响评价中应关注的主要问题有哪些？
8. 如何制定建设项目的环境管理计划和环境监测计划？

参考文献

1. 叶文虎，栾基胜编著．环境质量评价学．北京：高等教育出版社，1994.
2. 陆雍森编著．环境评价．(第二版)，上海：同济大学出版社，1999.
3. 郦桂芬．环境质量评价．(第一版)，北京：中国环境科学出版社，1989.
4. 国家环境保护总局监督管理司编．中国环境影响评价培训教材．北京：化学工业出版社，2000.
5. 赵毅编．环境质量评价．北京：中国电力出版社，1997.
6. 丁桑岚主编．环境评价概论．北京：化学工业出版社，2001.
7. 刘常海等．环境管理．北京：中国环境科学出版社，1994.
8. 刘天齐等．区域环境规划方法指南．北京：化学工业出版社，2001.
9. 陈玉成等．环境数学分析，重庆：西南师范大学出版社，1998.
10. 史宝忠编著．建设项目环境影响评价．(修订版)，北京：中国环境科学出版社，1999.
11. 李天杰主编．土壤环境学：土壤环境污染防治与土壤生态保护．北京：高等教育出版社，1996.
12. 林谷成主编．土壤污染与防治．北京：中国农业出版社，1996.
13. 李玉文主编．环境分析与评价．哈尔滨：东北林业大学出版社，1999.
14. 赵振纪，杨仁斌主编．农业环境质量评价．北京：中国农业科技出版社，1993.
15. 胡二邦主编．环境风险评价实用技术和方法．北京：中国环境科学出版社，2000.
16. 杨贤智，杨海真．环境评价．北京：中国环境科学出版社，1995.
17. 毛文永．生态评价概论．北京：中国环境科学出版社，1998.
18. 国家环保局计划司．环境规划指南．北京：清华大学出版社，1994.
19. 郜风涛主编．建设项目环境保护管理条例释义．北京：中国法制出版社，1999.
20. 彭应登编著．区域开发环境影响评价．北京：中国环境科学出版社，1999.
21. 舒军龙等．论战略环境评价在中国的有效实施．环境科学动态，2001，4：5～9.
22. S. Contini，A. Servida，Risk analysis in environmental impact studies，“environmental impact assessment”(G Colomha ed.)，79～103，ECSE，EEC，EAEC，1992.
23. 中华人民共和国环境保护行业标准，火电厂建设项目环境影响报告书编制规范（HJ/T 13—1996)，北京：中国环境科学出版社，1996.
24. 中华人民共和国环境保护行业标准．环境影响评价技术导则（HJ/T2.1～2.3—93，HJ/T2.4—95)．北京：中国环境科学出版社，1993，1996.
25. 环境保护部环境工程评估中心编．环境影响评价相关法律法规．北京：中国环境科学出版社，2010..
26. 环境保护部环境工程评估中心编．环境影响评价技术导则与标准．北京：中国环境科学出版社，2010.